领域驱动设计 .Net 实践

甄 镭 编著

U0062774

清华大学出版社
北京

内 容 简 介

本书介绍领域驱动设计的基本概念和在.Net 环境下使用领域驱动设计开发应用软件的基本方法。全书分为3 个部分：第 1 部分（第 1~6 章）介绍领域模型和如何创建与验证领域模型；第 2 部分（第 7~16 章）介绍与领域驱动设计相关的.Net 技术；第 3 部分（第 17~26 章）介绍如何以领域模型为核心构造各种类型的应用系统，并讲解项目的升级和演化方法。为了帮助读者更好地理解和应用领域驱动设计，本书选取诗词游戏项目作为示例，贯穿全书的 3 个部分，引导读者从零开始构建该项目，最终完成一个前后端分离的单页面应用和基于微服务架构的应用。

本书围绕示例项目开发，介绍使用行为驱动开发辅助领域模型验证、在开发中进行持续集成、源代码管理和程序包发布等技术，还介绍使用成熟的 DDD 技术框架进行项目开发的优缺点，以及系统提升与持续改进过程中需要注意的问题。

本书面向对领域驱动设计感兴趣的开发人员，包括刚入行的程序员，只要读者对.Net 环境和 C#语言有一定的了解就可以阅读本书。此外，本书也适合作为高等院校和培训机构相关专业的教学参考书。

图书在版编目（CIP）数据

领域驱动设计.Net实践 / 甄镭编著.—北京：清华大学出版社，2024.1

ISBN 978-7-302-64935-9

Ⅰ.①领… Ⅱ.①甄… Ⅲ.①软件设计 Ⅳ.①TP311.1

中国国家版本馆CIP数据核字（2023）第 225866 号

责任编辑：赵　军
封面设计：王　翔
责任校对：闫秀华
责任印制：宋　林

出版发行：清华大学出版社
　　　　　网　　　址：https://www.tup.com.cn，https://www.wqxuetang.com
　　　　　地　　　址：北京清华大学学研大厦 A 座　　　邮　　编：100084
　　　　　社 总 机：010-83470000　　　　　　　　　邮　　购：010-62786544
　　　　　投稿与读者服务：010-62776969，c-service@tup.tsinghua.edu.cn
　　　　　质 量 反 馈：010-62772015，zhiliang@tup.tsinghua.edu.cn

印 装 者：涿州汇美亿浓印刷有限公司
经　　销：全国新华书店
开　　本：190mm×260mm　　　印　张：33　　　字　数：890 千字
版　　次：2024 年 1 月第 1 版　　　印　次：2024 年 1 月第 1 次印刷
定　　价：138.00 元

产品编号：099833-01

前 言

如果你的用户、老板或者产品经理告诉你"这个需求很简单"，请千万不要相信。真实世界中，需要动手编程去解决的问题都不是简单的问题，你会面临业务复杂性和技术复杂性的双重挑战。首先是业务复杂性，用户一目了然的问题对你来说却是一头雾水，用户不会告诉你对他们来说是理所当然的事情，这还不算用户在提需求时可能根本没考虑周全，希望你"先出一个版本再说"。好不容易弄懂了需求（或者说以为弄懂了需求），接下来需要对付技术复杂性，这时时间已经过半，想不了那么多了，只能用自己最熟悉的框架或者参考以前做过的项目开始开发。终于出了一个版本，用户看了感觉还行（运气好的话），但是总会提出"还有几个小问题"，或者说"上次漏了几点"，希望"尽快再出一版"。这时，你会发现现有的架构已经无法支撑新增的需求。重写？一方面舍不得，另一方面"时间紧"，只好硬着头皮上。几轮循环下来，你自己清楚，软件已经摇摇欲坠了，如果再有一点新的需求加入可能就会崩溃。你已经准备离职了，只希望到新公司不要经历同样的情况。

软件的复杂性是固有的，既包括业务复杂性，也包括技术复杂性，领域驱动设计的目的在于寻求应对软件复杂性的方法。Eric Evans 著名的《领域驱动设计——软件核心复杂性应对之道》这本书的书名正说明了这一点。但由于对"复杂性"的理解不同，导致很多人认为所开发的系统没那么复杂，因此没有必要使用领域驱动设计。在实践中，需要进行编程的项目都不是"简单"的：一方面由于所处的领域不同，对用户或业务专家而言是简单的问题，而对于开发人员来说往往是复杂的；另一方面，很多"复杂"的项目往往是从最初被认为是"简单"的项目演化而来的。所以说，不管在实际项目中是否使用领域驱动设计，了解相关的理论和概念都是非常必要的。

如何学习领域驱动设计？动手实践是学习软件开发的唯一有效途径，学习领域驱动设计也不例外。本书以一个读者易于理解并且具有一定弹性的项目为例，从零开始使用领域驱动设计的理论构建该项目，帮助读者从实践中了解领域驱动设计的各种概念，并提供这些概念对应的.Net 实现方案。在理解概念的基础上，本书引导读者使用领域驱动设计方法构建各种类型的应用。

本书面向的读者

本书面向希望了解领域驱动设计的软件开发人员，包括刚入门的普通程序员，只要具备基本的面向对象编程基础并能使用 C#编写代码，就可以阅读本书。领域驱动设计的一大主要优势在于将业务复杂性与技术复杂性分离出来：在业务建模阶段，只需具备基本的编程技能，就能够使用代码编写领域模型，而不需要对技术框架有过多的了解；在技术实现阶段，由于已经完成了领域模型的编写，因此可以更多地关注技术，而业务问题遵循领域模型即可。

本书的结构也是按照先业务后技术的顺序展开的。

本书的结构

本书分为 3 个部分：

第 1 部分介绍领域模型的基本概念、建模方法和如何验证领域模型。在这一部分中，以诗词游戏为实例介绍领域模型涉及的概念，如实体、值对象、聚合与聚合根、存储库、领域事件以及领域服务等，并使用这些概念完成领域模型的构建。另外，还介绍了如何使用单元测试和行为驱动开发工具对领域模型进行验证。最后，基于领域模型完成了简单的控制台应用。

第 2 部分着眼于技术实现。在领域模型中，使用接口抽象了技术实现，这些技术实现需要在基础设施层完成。这些技术实现包括：如何使用 EF Core 实现面向关系数据库的存储库，如何实现面向非关系数据库（如 MongoDB）的存储库，以及如何实现领域事件等。

第 3 部分介绍如何构建各种类型的应用系统。在这一部分中，使用第 1 部分创建的领域模型和第 2 部分介绍的技术实现，根据软件架构，创建各种类型的应用，包括单体应用、前后端分离的单页面应用、桌面应用、移动应用和基于微服务的应用。最后，介绍了基于.Net 的领域驱动设计技术框架 ABP vNext，以及如何对系统进行提升与持续改进。

致谢

感谢同事和客户对笔者热心帮助，感谢家人对笔者的全面支持。

感谢清华大学出版社对笔者的信任和支持，感谢本书责任编辑为本书所做的工作。

反馈与交流

限于笔者的水平，书中难免存在疏漏之处，敬请各位读者批评指正。读者可以发送电子邮件至 zhenl@163.com 提出意见或建议。

本书配套源码可通过微信扫描下方的二维码进行下载。如果在下载过程中遇到问题，请发送电子邮件至 booksaga@126.com，邮件主题写"领域驱动设计.Net 实践"。

最后，感谢各位读者选择本书，希望本书能对读者的学习有所助益。

笔　者

2023 年 11 月

目　录

第 1 部分　创建领域模型

第 **1** 部分

创建领域模型

第1章

领域驱动设计的概念

软件开发需要领域专家与开发人员协作完成，然而隔行如隔山，交流问题往往是软件开发的最大障碍。领域驱动设计所要解决的问题就是让领域专家和开发人员在一起工作时尽量无障碍地交流，业务核心可以使用代码完整准确地描述，这也是领域驱动设计的吸引力所在。本章首先概要介绍领域驱动设计，包括所要解决的问题、所包含的内容以及学习和使用过程中的难点；然后给出学习和使用领域驱动设计的一些体会；最后简单介绍本书的结构，包括选择的示例、使用的开发环境以及使用的数据和示例代码。

1.1 软件的复杂性

软件，特别是应用软件，是某种特定业务的计算机代码实现，为用户解决特定的业务问题。软件的开发过程，就是将业务问题映射为计算机代码的过程，这个过程涉及多种角色的人员——最终用户、产品经理、需求分析人员、软件开发人员等。不管这个过程如何组织，也不管这个过程中采用什么形式的信息交换方法，最终都是要由开发人员编写代码形成可以运行的软件。所以开发人员在开发软件（特别是应用软件）时需要同时面对两种复杂性：业务复杂性和技术复杂性。一方面，需要理解各种业务问题，将这些问题用软件技术来解决；另一方面，需要解决存储、数据交换以及性能、安全、可靠性等诸多技术问题，这两方面的问题常常交织在一起。更糟糕的是，这些问题随着项目的进行还会发生变化——几乎没有哪个软件项目的需求是不发生变化的。这两种复杂性是天然存在的——从小项目到大项目都有，只是规模越大的项目，复杂性越高。

软件的业务复杂性有两方面的因素：一是软件开发者对于软件所涉及的领域不熟悉，所谓"隔行如隔山"，对领域中的用户来说是简单的问题，对开发人员来说却是复杂的问题；二是业务本身就比较复杂，很多业务只有行业专家才能说得清楚。可以这样说，软件开发人员对于软件所要解决的业务问题通常是外行，软件使用者对于构建软件的技术通常也是外行，而软件通常必须由这两种外行合作完成。外行和外行之间的沟通往往是困难的，经常只能将软件的原型或半成品作为交流的媒介，然后经过一遍又一遍的修改和迭代逐渐统一认识，在此过程中消耗时间、经费、彼此的信任和耐心。

软件的技术复杂性也有两方面的因素：一是技术本身就比较复杂，应用软件构建的系统涉及的方面很多，例如数据库、中间件、安全等，软件开发人员需要使用这些技术来解决业务问题，然而软件开发人员不一定是所有技术的专家，经常是在实际项目中遇到特定问题时再有针对性地学习；二是软件技术发展速度很快，上半年的技术下半年可能就过时了，经常是"老革命遇到新问题"。

软件的业务复杂性和技术复杂性纠缠在一起，业务因素混杂在技术解决方案之中，当一个业务要素发生变化时，往往会影响到系统的多个方面，这使得软件的开发和维护变得困难。此外，还有一种因素会让这个过程变得更加困难，那就是"变化"。变化有两方面的含义：一是已知业务规则的调整，比如审批流程的改变、税率的变化、健康宝弹窗规则的调整等；二是软件系统（特别是应用软件系统）存在深度和广度上的扩展需求。对于软件而言，变化是必然的，如何应对变化是在软件设计之初就需要考虑的问题。变化本身作为一种潜在的需求，大大增加了软件的复杂性。

1.2　领域驱动设计简介

为了解决软件开发过程中的各种问题，软件界的专家们提出了很多理论和方法，总结了许多最佳实践。其中有些实践是将业务模型化，抽象成各种信息模型，比如数据模型、面向对象模型、工作流模型等，这些模型试图将业务复杂性抽取出来，与实现技术分离。根据这些模型形成代码的过程就是后来所谓的模型驱动开发方法，这些开发方法一直在实践中使用，却没有明确的名称和系统的总结。到了 2003 年，Eric Evans 在 *Domain-Driven Design: Tackling Complexity in the Heart of Software*（领域驱动设计——软件核心复杂性应对之道）一书中提出了领域驱动设计（Domain-Driven Design，简称 DDD），以模式的形式总结了这种开发方法。按 Martin Flower 的说法，Eric Evans 的贡献在于定义了一套用于讨论模型驱动设计方法的词汇，并确定了关键的概念元素。领域驱动设计与模式一样，是先有实践，然后进行总结，将实践中已经存在的"无名的特质"发掘出来，以模式的形式进行描述和命名，形成可供开发人员使用的设计方法。

由于领域驱动设计具有强大的吸引力，因此越来越多的人员投入其中，使之能够快速推广和发展。在发展过程中，衍生出来的概念越来越多，所涵盖的范围越来越广泛，但带来的副作用是原本的基本概念反而不太受关注了，而恰恰是这些基本概念在实践中最有价值。本书将重点放在领域驱动设计的基本概念上，通过实践，使读者对这些概念有深入的理解。

这里首先简单介绍一下领域驱动设计的几个核心概念，这些概念在后面会详细解释。

1.2.1　限界上下文

限界上下文是领域驱动设计引入的重要概念，也可能是最重要的概念。限界上下文的概念不仅可以用在领域驱动设计中，在任何软件分析设计方法中都可以使用，具有很高的实用价值。

在实际项目中，很多术语在不同的业务中的含义是不一样的，比如"成本"，在生产部门只是指原材料等实际生产中发生的费用，而在财务核算时，还要分摊销售、研发等费用，两个部门所指单位产品的成本构成是不一样的。限界上下文解决了这个问题：使用限界上下文规定术语的适用范围，避免不同上下文中术语的二义性。在生产上下文中的"成本"和在"财务上下文"中的"成本"是两个领域概念，在交流语言中（通用语言）需要进行区分，在软件中需要分别进行建模。如果这两种"成本"在某个上下文中有一定的关系，就需要通过映射反映出这种关系。

限界上下文的目的在于限定范围，在此范围之内，所有的业务概念只有一种含义，而在此范围之外，字面上相同的业务概念可能的含义是不同的。业务概念在领域驱动设计中用领域模型表示，领域模型也是领域驱动设计的核心，而限界上下文规定了领域模型适用的边界。在限界上下文指定的边界范围内，领域模型与通用语言中的概念是一致的，没有二义性。

术语与上下文关系的例子

领域驱动设计的术语本身就是上下文的一个好的例子，当使用领域驱动设计时，所说的"实体"指的是有唯一标识的对象，不是"实体–关系"模型中的实体，所说的"聚合"是指若干关联的实体和值对象，不是统一建模语言（UML）中的"聚合"关系。

还有一个常见的术语是"容器"，读者看到这个词想到的肯定不是锅碗瓢盆，但"容器"到底指的是什么？在不同的上下文中，容器的含义大相径庭，可能是 Docker 中的虚拟化容器，也可能是依赖注入中的组件容器，还可能是集合、列表等的对象容器。

不同的限界上下文之间可能存在某种关系，这些关系可以采用上下文映射（Context Map）进行描述。如果不同的上下文中的模型发生重叠，就需要慎重处理，模型的重叠意味着不同的限界上下文之间存在强耦合关系，首先要考虑的是上下文的划分是否合理，接下来要考虑的是将重叠的模型分离出来，作为共享内核独立存在。

限界上下文中不只包括领域模型，还包括领域模型驱动产生的其他部分，例如，由领域模型驱动产生的数据库结构、用户界面等。这些不是领域模型的一部分，但与领域模型密切相关，同样存在于限界上下文中。

为什么说限界上下文可以应用在任何开发方法中？因为不管使用什么开发方法，都需要对目标系统进行某种形式的分解，而分解结果是否合理，往往不易验证。限界上下文恰好为系统分解提供了依据——业务概念的唯一性。不同的开发方法对系统的划分有不同的术语，在领域驱动设计中，这部分工作称为"战略设计"。

1.2.2　战略设计

领域驱动设计中将应用系统的整体规划或者整体设计称为"战略设计"，这是与在限界上下文内进行领域模型开发的"战术设计"相对应的。

"战略设计"首先要在明确系统业务目标的前提下，使用领域、子域的概念对系统进行分析。子域可以分为核心子域、支撑子域和通用子域。领域和子域是问题空间，对应的解决方案就是限界上下文。一个限界上下文中通常包含一个子域，限界上下文之间的关系使用上下文映射进行描述。

"战略设计"所规划的限界上下文可以独立完成，不是所有限界上下文都必须采用领域驱动设计的方法实现。对于通用限界上下文，可以采用购买第三方产品或使用成熟的开源项目等方式。对于数据维护类的限界上下文，可以使用数据驱动开发完成基本的 CRUD 功能。只有涉及核心业务、包含核心子域的限界上下文，才需要创建领域模型，并使用模型驱动完成开发。

1.2.3　领域模型

在软件开发过程中，使用多种模型对开发的软件进行描述，比如实体-关系模型用来描述系统的数据结构，对象模型用来描述软件结构等。这些模型大多是高层的抽象模型，并不规定具体的实现方式，比如使用实体-关系模型绘制的 E-R 图，并不规定使用的数据库类型；同一个 E-R 图，既可以使用 MySQL，也可以使用 Oracle 创建对应的数据结构。使用 UML 描述的类图也是如此，同一个类图，既可以使用 C# 实现，也可以使用 Java 实现。这些抽象的高层模型具有相同的特征，就是必须通过某种转换才能得到具体的可执行代码，这就决定了这些模型是不能直接使用和测试的。领域模型与这些模型不同，它不是抽象模型，而是使用具体编程语言编写的代码，这些代码可以被测试，可以被项目的其他部分引用，作为可执行系统的一部分参与运行。

领域模型是领域驱动设计的核心。领域模型用代码描述领域问题，使用的概念包括实体、值对象、领域事件、领域服务等。领域模型与诸如持久化等实现技术无关，这些部分在领域模型中被定义为接口（比如存储库接口），将具体的实现分离到技术层面，通常这些技术层面的代码叫作基础设施。也就是说领域模型是远离技术复杂性的。如果你使用 C#，那么领域模型应该是基本的 C# 类，也就是 POCO；如果你使用 Java，那么领域模型应该是 POJO。领域模型不涉及数据库类型、授权与认证、消息发送方式等，如果你发现在领域模型中引用了与这些技术相关的类库，那么这个领域模型大概率是需要进行重构了。

在设计领域模型时，经常会用到前面提到的高层抽象模型以及相应的建模方法，这些建模方法与领域驱动设计没有矛盾，在构建领域模型时，经常需要使用这些方法进行辅助设计。需要注意的是，领域模型的最终交付物是可使用的代码，而不是类图等描述文档。虽然这些文档化的模型可以帮助用户理解系统，但最终的交付物是使用代码实现的可测试、可使用的领域模型。

1.2.4　通用语言

前面提到了，软件的开发是由领域外行（软件开发人员）和软件开发外行（领域专家）合作完成的，两种外行之间的交流存在复杂性，通用语言就是用于这两种外行之间交流的工具。通用语言中的"通用"是指在项目中通用，在项目划定的上下文中只使用这一种语言。通用语言是严格规定了的自然语言，其中涉及的术语和词汇需要严格定义，没有二义性。通用语言与领域模型是一致的，通用语言描述的业务在领域模型中有对应的代码描述，并且是可以通过测试验证的。

在学习领域驱动设计时，一定要正确理解通用语言的概念，理解它与其他建模语言（如统一建模语言）之间的区别。虽然它们都叫"语言"，但内涵不同，通用语言强调的是交流的属性，并不具备统一建模语言所有的严格语义定义和语言的完备性。通用语言中的"通用"强调的是在单一项目上下文中的通用，是上下文中业务术语的通用，与具体的业务密切相关，脱离了相关的上下文，该"通用语言"就失效了。而使用统一建模语言却可以为几乎所有的软件类型建模，因为它具有完整的语义并且与具体的业务无关。

1.3　领域驱动设计使用中的难点

与所有分析设计方法一样，将理论应用到实践总会遇到各种各样的问题。很多问题是相同的，例如将某种方法作为包治百病的万灵药（英文中一般称 Silver Bullet，即银弹）、团队的组织问题、与用户的沟通问题等。对领域驱动设计来说也有特定的问题，在参考文献[1][2][3]中也列出了很多，不再重复，这里只列出笔者在实践中遇到的一些问题。

1.3.1 对软件复杂性理解的偏差

可能是由于 Eric Evans 著名的《领域驱动设计——软件核心复杂性应对之道》这本书的书名的原因，导致领域驱动设计被认为是开发复杂软件的方法，只有架构师或者高级开发人员才能涉足，大多数开发人员要么觉得它过于高深而望而却步，要么觉得所开发的软件不是那么复杂，没有必要使用。实际上，软件的复杂性不单决定于规模，更决定于所要实现的业务。在实践中，需要编程完成的项目都不是"简单"的：一方面由于所处的领域不同，对用户或业务专家而言是简单的问题，对于开发人员来说却是复杂的；另一方面，很多最终"复杂"的项目往往是从起初被认为是"简单"的项目演化而来的。很多情况是，当意识到软件的复杂性时，项目已经进行一大半了，只能硬着头皮做下去。

1.3.2 术语的理解

领域驱动设计引入了很多术语，其中有些术语与其他设计方法中的术语在字面上是相同的，但实际含义不同，实体、值对象、聚合这些术语在不同的上下文中的含义也是不同的，这就对领域驱动的学习和使用造成了障碍。下面通过几个例子进行简单的说明，在后面各章有详细介绍。

- 通用语言：在软件开发的语境中提到"语言"，给人的第一感觉是一种完备的编程语言或者建模语言，比如"统一建模语言（UML）"。而"通用语言"所强调的是在项目团队中的"通用"：参与项目的领域专家和开发者使用同一种语言进行交流，在设定的范围内（限界上下文），语言中的术语没有二义性。因此，"通用语言"应该理解为"限界上下文内的专用语言"。
- 实体：它是一个使用广泛的术语，在很多设计方法中都有使用，这里简单说明"实体-关系"模型和 UML 中的实体与领域驱动设计中实体的区别。在"实体-关系"模型中，实体是数据的抽象和概念表示；而在领域驱动设计中，实体不仅包含数据抽象（属性），还包含行为抽象（方法和函数）。在 UML 中，将类分为 3 种——"实体类""控制类"和"边界类"。这里的"实体类"强调的是数据，虽然也包括方法，但主要用于操作数据，执行逻辑一般在"控制类"中完成；而在领域驱动设计中，没有"控制类"和"边界类"的概念，执行逻辑在实体或者领域服务中实现。
- 聚合："聚合"在 UML 中表示对象间的一种关联关系；而在领域驱动设计中，"聚合"表示若干有密切关系的实体和值对象，这些实体和值对象之间的关系可能是 UML 中的"聚合"关系，也可能是"组合"关系。

还有很多术语，这里不一一说明。正确理解领域驱动设计中术语的含义是用好领域驱动设计的前提。

1.3.3　技术框架问题

任何软件开发方法在实现时都离不开技术框架的支撑，领域驱动设计也不例外。一方面，如果缺乏技术框架的支撑，很多设计思想就无法实现，可以想象一下如果没有依赖注入框架，那该如何实现软件分层架构；另一方面，技术框架的使用或多或少会引入框架依赖，而这种依赖可能会破坏原本应该遵守的设计原则。

1. 缺乏技术框架的支撑

前面提到了，领域驱动设计早在 2003 年就已经提出了，但并不是立刻就得到大规模的使用，并且经常被认为会增加架构的复杂性。导致这种问题的原因是缺乏技术框架的支撑，特别是缺乏符合领域驱动设计理念的对象-关系映射框架（ORM）。在.Net Framework 的早期版本中，访问数据库采用的是数据访问组件模式，所提供的框架是 ADO.Net，这个框架可以将数据库中的数据模型映射为数据集（DataSet）和数据表（DataTable），应用代码可以操作数据集和数据表，如果映射到对象，则需要编写复杂的开箱装箱代码。由于缺乏成熟的 ORM 框架，因此需要手工编写这些代码，这大大增加了系统开发的工作量和复杂程度。当然，到了现在，这个问题已经基本解决了，EF Core 等框架天然支撑领域驱动设计的开发。

2. 技术框架的约束

这个问题与前面一个问题有一定的关系。实际项目开发时，我们不会从零开始创建项目，而是选择一个已完成的类似项目作为样板，或者选择一个脚手架模板创建项目的基础框架。这样做的好处是充分利用了已有的技术积累，可以缩短开发周期，降低技术风险。由于代码基架中已经隐含了某种设计方法，因此带来的问题是很难引入新的设计方法。

框架本身是基于特定的设计理念或者设计模式，并采用了特定的技术。有些框架会明确指出所基于的设计模式（比如 Python 世界中的 Django 就明确说明基于 Activate Record 模式），而有些框架虽然没有明示，但潜在包含某种设计理念。基于框架进行开发就需要按照框架的设计理念将业务逻辑进行分解，并映射到框架的相应部分。很多早期的框架仍然采用表模式，并使用 ADO.Net 等数据库访问组件。在这些框架上很难应用领域驱动设计的方法。

3. 技术框架的侵入

理想状态下，领域模型应独立于具体的实现框架，但在实际中要完全做到却并不那么容易。检查领域模型是否依赖于某种框架很容易，只需查看领域模型所在类库的依赖关系即可。如果依赖于某特定的框架，就可能存在框架侵入。

框架侵入带来的一个问题是，领域模型必须依赖于这种框架，如果框架发生了变化，领域模型也必须变化，尽管其描述的业务没有发生改变。另一个问题是很难进行框架的替换，由于框架植入了系统的核心，采用其他框架进行替换的代价非常高昂。

下面列举两个技术框架侵入的例子。

常见的一个例子是在领域模型中使用数据描述标签。很多 ORM 框架（如 EF、Dapper 和 PetaPOCO）都支持在类中使用标签描述对应的数据库结构，比如下面的代码：

```
[Table("Player_tb")]
public class Player
```

```
{
    [Key]
    public int Id { get; set; }
    public string UserName{ get; set; }
    public string NickName { get; set; }
}
```

上面的代码说明 Player 对应的数据库表是 Player_tb，Id 作为这个表的关键字。

这种方式的好处是可读性强，可以简化数据库和对象之间的对应关系。缺点有两个：一是领域模型必须依赖相应的框架，二是数据库的结构被硬编码在代码中（想象一下表的名称需要改变的情况）。

还有一个例子是在领域事件定义中使用特定框架的接口。在.Net 生态中，MediatR 是最流行的消息传递框架，如果使用 MediatR 实现事件机制，所定义的事件必须实现特定的接口，示例如下：

```
public class Ping : INotification
{ }
```

如果在领域模型中使用 MediatR 定义领域事件，就会导致 MediatR 对领域模型的侵入。

在开发领域模型时，需要避免框架侵入，尽量将对框架的依赖放到接口的实现中完成。比如前面的第一个例子，可以使用 FluntAPI 代替数据标签实现相同的功能。第二个例子就稍微复杂一些，需要对领域事件在实现层进行二次封装，这个问题在后面会详细讨论。

如果无法完全避免框架入侵，或者避免框架入侵的代价过大，就需要对依赖的技术框架进行评估，并明示可能的风险，从而将影响降到最低。

1.3.4 英语障碍

英语障碍来源于两方面：

一方面是很多术语是由英文翻译过来的，属于外来语，很多术语本身就让人费解；而有些障碍则是翻译过程中人为制造的，笔者高度怀疑有些翻译者故弄玄虚，把简单的词语翻译得高深莫测。这个障碍不仅存在于领域驱动设计中，在其他很多地方都可以遇到。例如，上中学学习物理时，对"功"的概念感觉很高深，不好理解，等到后来发现是从"work"翻译过来的，就觉得这个概念其实不那么复杂；上大学时，有个"鲁棒性"的概念，感觉很神秘，后来发现是从"robustness"音译过来的，就觉得为什么不译成"健壮性"，这样一看就懂。领域驱动设计的翻译中倒是没有这些难以理解的翻译，却存在很多不一致性。比如 Ubiquitous Language，有翻译为统一语言的，有翻译为通用语言的；再比如 Repository，有翻译为资源库的，有翻译为存储库的。这些术语的障碍只能通过标准化来解决，可是没有这方面的权威机构进行这种标准化工作，目前也只能以现状为基础，将现状作为事实标准。

英语障碍的另一方面是编程语言和交流语言的不一致。我们采用以英文作为基础的计算机语言编写代码，这至少在目前是无法改变的现状。而现代编程技术更强调代码的人类可读性，很多编程的技术都要求命名具有人类可读性，包括函数的名称、测试用例的名称、变量的命名等，都要求其描述性易于人类理解。领域驱动设计中领域模型和通用语言也是基于这种理念提出的，这样确保代码与交流语言（包括文档）的一致性，而所有这一切所基于的基础是代码与文档使用同一种语言——英语，这对于使用汉语进行交流使用英语进行开发的我们来说，增加了一重挑战。我们不仅需要将业务语言变为计算机语言，还要在中文与英文之间频繁切换，这对于英文差强人意的开发人员（比如笔者）来说一直是挑战。不仅领域驱动设计如此，很多建模方法都有类似的问题，这就需要我们自己摸索和建立适合国情的方法。

1.4　学习和使用领域驱动设计的一些体会

对于如何学习和使用领域驱动设计，文献[1][2][3][4][5][6][7]中有很多建议可供参考，不再重复，本节只结合笔者的一些体会，提出一些建议。

1.4.1　理解领域驱动设计的精髓

领域驱动设计与技术框架不同，不能像学习大多数技术框架那样按照示例照猫画虎，而应该在实际项目中边学边用。领域驱动设计与项目所使用的软件开发技术和采用的软件生命周期模型密切相关，如果对相关概念没有完整的理解，只是实现某些技术相关的内容，就达不到预期的效果。

下面简单概括一下领域驱动设计的原则。领域驱动设计是打通软件全开发过程交流障碍的开发方法，采用的手段是将业务复杂性和技术复杂性分开。在"战略设计"阶段完成限界上下文的划分，每个限界上下文有通用语言和相应的领域模型。模型、术语和通用语言在限界上下文之间不重叠，限界上下文之间的集成通过"映射"完成。领域模型是贯穿整个开发过程的核心，在设计领域模型时，遵循持久性忽略（Persistence Ignorance）和基础结构忽略（Infrastructure Ignorance）原则。领域模型与通用语言是一致的，可以使用通用语言驱动领域模型的迭代。在实践中，可以尝试建立自己的通用语言，使用通用语言驱动开发，并且经常检查通用语言和模型的一致性。

如果使用领域驱动设计进行开发，可以对照上述原则对正在开发的项目进行检查，看是否有违反这些原则的地方。下面是需要检查的几个例子：

● 项目中领域模型、应用服务和基础设施等是否可以分离到独立的软件模块中？
● 是否存在共用代码库？共用代码库中是否包含模型？
● 包含领域模型的模块是否引用了持久化框架？

如果对第一个问题的回答是"否"，对后面两个问题的回答是"是"，那就要审查项目的代码结构了。

1.4.2　使用"战略设计"规划项目

拿到初始需求后如何下手？首先是明确系统的业务目标，然后了解为了完成业务目标软件需要实现的功能，以及这些功能之间的关系，在此基础上，对项目进行整体设计。整体设计的目的就是将系统进行分解，划分为相对独立的子系统或者模块，这些子系统或模块可以独立进行开发。如果系统很大（涉及众多业务目标），例如面向整个企业的管理系统，那么需要先进行业务级别的建模和规划，逐级进行分解，并分解到每一个子系统承担明确可验收的业务目标后，再进行子系统级别的设计。

在项目规划或者说是整体设计的过程中，可以使用领域驱动设计的"战略设计"。"战略设计"

中的领域、子域以及限界上下文的概念不仅适用于领域驱动设计，也可以用于其他开发方法。使用"战略设计"划分的子系统处于自己的上下文，在这个上下文中，业务术语的含义保持一致性，而这个业务术语在其他上下文中可能有不同的含义。

当使用限界上下文的概念审视以往的项目规划时，往往会发现很多之前没有发现但现在看来是显而易见的问题。这里举一个例子，很多应用系统中都有"基础信息维护"或者类似的模块，这个模块的作用是为其他业务子系统或模块提供公用的基础信息，有些是通用的信息，例如组织机构、人员等，有些是与应用相关的专用信息，例如"设备管理系统"中可能有设备类型、故障类型、设备档案等。然而，被忽略的问题是，很多基础信息代表的概念在不同的子系统或模块中可能具有不同的属性，甚至具有不同的业务含义，尽管所指向的客观实体相同。如果使用限界上下文的概念进行术语确定，会发现大部分的基础信息需要分解到各个限界上下文中，因为在不同的限界上下文中，这些基础信息具有不同的业务含义。

需要说明的是，使用"战略设计"完成限界上下文的划分和映射后，不一定所有的限界上下文都使用领域驱动设计的"战术设计"来完成，甚至有可能完全不使用。每个限界上下文选择的开发方法要依据实际情况确定。因此，领域驱动设计中的"战略设计"更为通用也更为重要。

1.4.3　在开发过程中使用"战术设计"

学习领域驱动设计的最好方法是在开发过程中使用领域驱动设计，将这种设计方法融入开发过程中。

当系统相关的限界上下文都确定了以后，就可以开始针对每个限界上下文确定相应的通用语言，同时开始领域模型的设计了。也就是说从这时起，编码的工作就开始了。这是与很多传统开发方式不同的地方，很多开发方式要求需求分析文档固定下来后才开始编码，而在领域驱动设计中，领域模型是采用代码表达的，编码是分析设计方法的一部分。这样的好处是，作为领域模型的代码是最终项目的一部分，可以避免需求与代码的不一致。需要注意的是，在领域模型编写的过程中，不要涉及具体的技术实现，也不要引入特定的框架。可以创建.Net 类库项目作为领域模型的载体，采用单元测试或者行为驱动测试来验证领域模型。如果涉及业务用例，可以编写服务层代码，用来进行业务编排。服务层也采用.Net 类库作为载体，独立于领域模型，同样采用单元测试进行验证；如果需要进一步的验证，可以编写交互简单的控制台应用程序。如果在领域模型设计中需要使用特定的技术，比如数据库访问、通信等，可以将这些技术涉及的功能抽象为接口，在领域模型外部进行实现。在领域模型创建过程中，技术实现要尽可能简单，能够验证业务过程即可。

当领域模型基本完成后，可以参考软件框架模型搭建应用系统，可选择的模型包括分层模型、六边形框架、洋葱圈框架等，软件框架在第 17 章有详细的介绍。在软件框架中，领域模型处于核心的位置，系统的其他部分引用领域模型，并实现领域模型中定义的接口，所有的业务用例在应用层进行组织，表示层通过调用应用层实现用户与系统的交互。

上面描述的是开发的大致过程，实际上在这个过程中系统的各个部分需要反复迭代、重构和优化。在迭代的过程中，领域模型与通用语言需要保持一致，领域模型需要始终做到与特定实现技术无关，并且尽量避免框架的侵入，虽然这在很多情况下是不可避免的。为了管理这个过程，需要使用各种管理工具和技术，这在后面的章节会有介绍。

1.4.4 在学习中尽量尝试各种技术，在实践中保持简洁

分清楚学习场景和实际应用场景。如果处于学习场景，可以使用复杂的技术和方法实现简单的需求，这样可以在业务复杂度锁定的情况下，练习掌握技术实现。反过来也是一样，可以使用相同的技术反复解决各种假定的业务问题。在学习时，尽量从零开始构建项目，而不是使用项目模板或者项目基架。虽然这样会花费一些时间，但可以深入了解软件各组成部分之间的内在关系。

而在实际项目中，一定要牢记简洁原则（KISS，Keep It Simple，Stupid），避免过度设计。这种原则的体现首先表现在技术路线的选择上，项目中能用一种技术解决的问题，就不要用多种技术，这样可以降低开发成本，增加项目的可维护性。如果是企业级的项目，这一点更加重要。从大的方面来说，技术选型包括使用的关系数据库类型、消息中间件类型、认证服务类型等；从小的方面来说，技术选型包括项目中使用的依赖注入框架、持久化框架等。在开发中，简洁原则首先体现在标准化的解决方案上，开发人员使用标准化的解决方案去处理实际问题，不需要花时间重复解决同样的问题。

1.4.5 实事求是，避免将理论当作教条

在实际项目开发中，一定要结合实际情况运用理论知识，不要将理论作为教条生搬硬套，更不能片面地理解某些示例，在项目中不分场合地套用示例中的模式。

实际项目中经常遇到的一个问题就是如何处理领域模型与持久化架构的关系。理论上讲，领域模型应该对持久化架构无感，可在实际中，很多持久化架构需要在实体类中使用特定的标记来标注实体类与数据库中表或者字段的关系,这种标记的使用已经使领域模型与特定的架构绑定在一起了。这种情况，在 1.3.5 节已经讨论过，在第 10 章介绍关系数据库的存储库时会进行详细介绍。如果由于各种原因，这种方式是唯一的选择，那么在实际中只能接受，同时需要评估对框架的依赖会对项目带来何种影响，并明确说明可能的影响。

实际中经常遇到的另一个问题是应用层和领域层的界限问题，例如某些服务不太好确定是应用服务还是领域服务。很多资料中提到，领域模型负责细粒度的业务，应用服务负责调用编排这些业务，领域模型与用例无关，应用服务完成某个用例。而在实际中，业务编排本身就包含业务含义，如果仅仅将业务编排按照应用服务来设计，就会导致在领域模型中存在的是缺乏主线的碎片化的业务，在应用层中出现大量的复杂的负责编排的服务，从更高层的角度看，整个软件更像是使用"贫血模型"设计的。这时，更多的可能是业务分析不彻底，需要将业务过程模型化，在基础的领域模型之上形成更高层次的领域模型，而复杂的应用服务很可能是一个新的限界上下文。因此，在实际中，需要注意：

①应用层经常是跨限界上下文的。
②如果应用层过于复杂，那么很有可能这是一个候选的限界上下文。

1.5 本 书 概 况

1.5.1 本书的目标和结构

本书的目标是介绍在.Net 环境下使用领域驱动设计开发软件系统的基本方法。本书力求低门槛，

只要对.Net 环境和 C#语言有一定的了解就可以。

本书以一个实例为线索,说明采用领域驱动设计的方法和技术构建软件的过程。本书分为 3 个部分:

第 1 部分介绍领域模型和如何创建领域模型,第 2 部分介绍与领域驱动设计实现相关的.Net 技术,第 3 部分介绍如何以领域模型为核心构造各种类型的应用系统,以及如何实现项目的升级和演化。建议读者跟随本书从零开始学习,完成从创建领域模型到构造可运行的软件这一升级过程。

1.5.2　为什么选择.Net

领域驱动设计不是基于某种具体的编程语言或者平台的,但在实际项目中却需要使用具体的编程语言和平台来实现,特别是很多实现细节,更加依赖所使用的平台。因此,学习领域驱动设计需要依托某一种具体的实现技术,本书选择.Net 平台。

选择.Net 平台的原因有两个。一是.Net 平台是有生命力的发展迅速的平台。现在的.Net 平台摆脱了.Net Framework 的束缚,经过.Net Core 的若干次迭代,已经成为广泛用于构建新式应用和强大的云服务的跨平台框架。二是目前介绍领域驱动设计的书籍[1][2][3][6],基本上都将 Java 语言和其相关的框架作为实现平台,文献[5]虽然以 C#作为编程语言,但所基于的框架仍是过时的.Net Framework,基于.Net 平台的十分少见。

基于上述两个原因,本书选择 C#作为编程语言,选择.Net 平台作为依托框架,所开发的示例是可以运行在 Docker 容器中的跨平台的前后端分离的分布式应用。

1.5.3　本书选择的示例

领域驱动设计的对象是领域,也就是某种业务,而不是某种计算机技术实现。所以学习领域驱动设计,必须选择一个业务场景作为示例。业务场景过于简单,读者就体会不到使用领域驱动设计的必要性。业务场景复杂,领域驱动设计可以发挥很大的作用,但这需要读者首先学习相关领域的背景知识,而这会导致偏离学习领域驱动设计的初衷。因此,本书需要选择既易于理解,又有一定复杂度的业务场景作为示例。

还有一个问题就是,领域驱动设计用于解决领域专家与开发人员的交流问题,而读者在阅读时是独自一人,这就使得读者具有领域专家和开发者的双重身份,并且易于切换。

本书选择将编写诗词游戏作为示例。首先,诗词游戏易于理解,不需要过多的业务背景,这样,读者的注意力会集中在对业务复杂性的处理上,而不必花过多的时间理解业务本身的复杂性。

其次,所设计的系统具有一定的复杂度:需要玩家登录认证、需要对诗词进行管理、游戏的类型应该可以进行扩展、玩家可以在游戏中进行社交活动等。系统具有很大的弹性,可以做得比较简单,也可以做得很复杂,可以让读者体会应用系统的演化过程。

最后,诗词游戏作为中文为主的文字游戏,可以在很大程度上体现领域驱动设计落地或者说本地化的难点,使读者可以理解领域模型与通用语言之间保持一致性的重要性和难度。

1.5.4　本书使用的开发环境

本书大部分内容采用 C#语言,面向.Net 平台(采用稳定的.Net 6),示例大部分使用 Visual Studio 2022 社区版进行构建。前端部分采用 Visual Studio Code 进行构建,采用 JavaScript 语言,使用的技术架构包括 Vue.js、Vant 等。

本书中使用的其他工具和环境包括：

- Docker：容器环境。
- Git：源代码管理工具。
- Nuget：.Net 的包管理工具。
- xUnit：单元测试框架。
- SpecFlow：行为驱动设计测试框架。
- MongoDB：NoSQL 文档数据库管理系统。
- MS SQL Server：关系数据库管理系统。
- RabbitMQ：消息中间件。
- Kafka：消息中间件。
- Identity Server 4：基于 OIDC 的认证服务。
- Jenkins：持续集成框架。

在附录 A 中有这些环节和工具的安装与使用的简单介绍。

1.5.5　本书中的数据和代码

本书选取《全唐诗》的一部分作为测试数据。简化起见，很多示例使用了 **XML** 文件作为数据源。《全唐诗》收录了唐代一千七百余位诗人的四万三千多首诗，作为试验项目，不需要使用所有数据，示例数据中只包括了李白、杜甫、白居易、李商隐和杜牧的五千余首诗，这些示例数据以 XML 文件和 Sqlite 数据库文件的形式包含在示例项目中。

本书的代码分为下面几个部分：

- 诗词游戏上下文诗中的领域模型
- 诗词服务上下文
- 诗词管理上下文
- 人机诗词游戏应用
- 多人诗词游戏应用

需要注意的是，上面的代码是结果代码，而书中所列的代码大部分是过程代码，笔者希望读者可以从过程代码中理解软件的构建过程，而不是只看最后的结果。

1.6　本 章 小 结

领域驱动设计的目的是应对软件的复杂性，方法是使用领域模型驱动软件的开发。本章概要介绍了领域驱动设计的基本概念，包括限界上下文、领域模型和通用语言等，这些概念在后面各章会展开介绍。

针对领域驱动设计学习和使用的难点，本章给出了一些建议。在后面各章中，会将 C#作为实现语言，将.Net 平台作为依托，将诗词游戏开发作为示例进行具体说明。

第2章

从零开始构建诗词游戏

从本章开始,将从零开始构建示例应用——诗词游戏,在构建过程中逐步引入领域驱动设计相关的概念。

2.1 需 求 概 述

我们希望开发一个诗词游戏的应用,用户可以通过各种终端(Web、客户端、移动应用)参与游戏,并进行社交活动。该游戏是围绕古诗词设计的文字游戏,可以是单人与计算机进行,也可以多人参与。参与者轮流作答或者抢答,答错或答不出者淘汰,答对加分,最后没有被淘汰的参与者为赢家。游戏类型包括对诗、飞花令、接龙等,游戏类型可以增加。我们将不同类型游戏的初始条件称作游戏条件。下面是几种有代表性的游戏介绍。

- 对诗:对诗就是"上句接下句",比如一个玩家起头"床前明月光",接下来对"疑是地上霜",再下来是"举头望明月",这里的游戏条件就是"床前明月光"。
- 飞花令:飞花令需要作答的诗句中带有规定的字或词,比如游戏设定"花",那么"花间一壶酒""黄四娘家花满蹊"都是符合要求的作答,这里的游戏条件就是"花"。
- 接龙:接龙就是上一句的尾,是下一句的开头,比如"小时不识月"可以接"月里青山淡如画",这里的游戏条件就是"小时不识月"。

游戏的类型可以扩展,扩展的形式有多种。常见的扩展形式是在现有类型上增加限制条件,而常见的限制条件包括限定某个或某几个作者,或者限定在"唐诗三百首"范围内等。另一种扩展是改变现有游戏类型的规则,超级飞花令就是这种扩展的一个实例,将词句中包含某个字或词改变为可以包含某种类型的字或词,比如"四季""颜色"等。还有一种扩展是新的玩法,比如"唐诗集对",用唐诗对对子。游戏应用对游戏类型的扩展应该是开放的,新类型的加入不应该影响已有的类型。

游戏可以由玩家创建,其他的玩家可以加入没有开始的游戏,游戏开始前也可以退出(创建者不能退出),创建者可以决定何时开始游戏。游戏也可以由系统自动创建,系统可以从希望参与游戏的玩家中挑选若干组成游戏,创建完成后就自动开始。游戏创建时需要设定游戏的类型(对诗、接龙、飞花令等)、游戏上下文以及作答的顺序(轮流作答还是抢答)。

　　游戏开始后,玩家根据游戏的类型和游戏上下文作答,回答正确加分,回答错误出局,然后轮到下一个玩家作答,最后回答正确的玩家是赢家,游戏结束。

　　玩家可以进行社交活动,比如交友、创建群组、对游戏进行评论等,参见一般的社交系统功能。

　　玩家的注册、登录、管理可以参照一般流程。

　　游戏使用的诗词资源是《全唐诗》,可以使用诗词管理进行扩展。

2.2　领域、子域与限界上下文

　　在开发应用系统时,首先要解决的问题是从何处下手。不管使用什么开发方法,在确定了系统目标之后要做的事情都是将系统进行逐级分解,分解到可以进行编程的粒度。如果一次分解后粒度仍然过大,就在第一次分解的基础上再次分解,直到可以编程实现为止。不同的开发方法分解系统的方法不同,比如传统结构化开发中的 IDEF 方法[17]等。使用领域驱动设计同样需要将系统进行划分,所使用的概念是领域和子域,划分的结果是限界上下文。

　　一个领域代表一定的业务范围,所谓领域就是这个业务范围的边界,边界以内属于领域内,边界以外属于其他领域。领域内的业务可以继续划分为子域,子域内部的业务元素内聚性高,彼此联系紧密,与子域外部的元素耦合性低,仅存在少量确定的关联关系。子域仍可以继续划分,直到分解为单一职责的业务单元。子域按照在业务中的作用可以分为"核心子域""支撑子域"和"通用子域"。

- "核心子域"是业务的核心部分,具有很强的个性化业务。
- "通用子域"可以在很多业务中使用,如"用户管理"就是常见的通用子域,用于管理用户信息,可以和很多"核心子域"一起使用。
- "支撑子域"对系统起支撑作用,为核心子域提供必要的服务。

　　子域划分完成,表示对问题域的分解基本完成,需要使用恰当的解决方案处理这些问题,这就是限界上下文的划分。一个限界上下文中可以包含若干子域,但最好是一个限界上下文只包含一个子域。在限界上下文中,业务元素的名称是唯一的,与其他限界上下文中同名的业务元素表示不同的业务概念。限界上下文规定了业务范围,并将这个范围带到领域模型中,从而贯穿项目的始终。在限界上下文中,使用通用语言描述业务,通用语言需要与领域模型保持一致。领域模型是对象模型,既包括功能也包括数据,是功能模型和信息模型的统一。

　　现在来分析一下诗词游戏的需求,确定这个应用的子域和限界上下文。

　　根据 2.1 节的需求描述,可以初步确定系统所涉及的要素:首先是游戏,然后是参与游戏的用户,也就是玩家。由于游戏限定为诗词的文字游戏,因此诗词也是一个要素。可以使用思维导图的方式列出这些要素的关系,具体如图 2-1 所示。

　　从图 2-1 中可以看出,"用户子域"是通用子域,因为涉及的用户管理和认证可以使用第三方的应用实现,同时也是一个支撑子域,为"游戏子域"和"社交子域"提供支撑;"游戏子域"和"社交子域"是核心子域,是系统的核心业务部分;"诗词服务"和"游戏管理"属于支撑子域,为核心子域提供支撑。

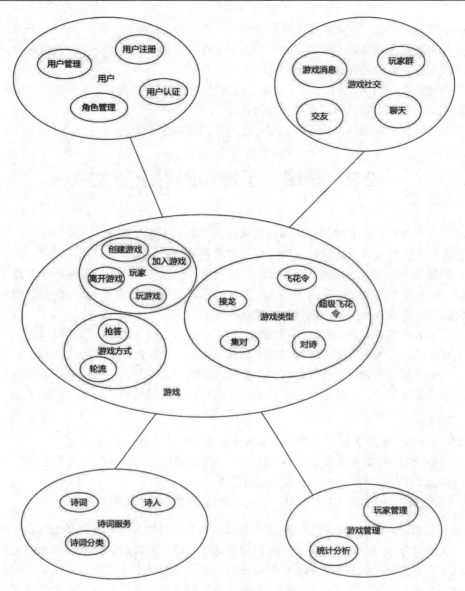

图 2-1　子域的初步划分

2.3　限界上下文的初步确定

在系统构建之初，前面通过对各种涉及的要素进行领域划分，可以帮助我们进行思考，但这毕竟不是语义严格的模型，而且我们的目标系统比较简单，需求易于理解，采用这种方式得出的结果偏差不会太大。在实际中，这种方法只能用在项目初期，用于抛砖引玉。随着对业务理解的加深，需要使用更具体的模型来进行分析。

回到诗词游戏，可以使用类图来描述概念模型，如图 2-2 所示。

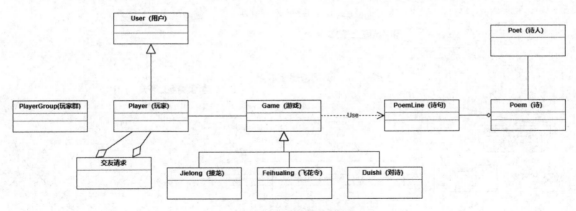

图 2-2 简化的概念模型

　　上面的类图是初步的概念模型,将系统中的业务要素以类图的方式进行描述,确定这些要素之间的关系。由于是概念模型,不需要细化到属性和方法,因此只需描述出关键概念之间的关系即可。

　　现在结合需求对初步的概念模型进行分析。可以将思维导图中对系统的直观划分方法应用到初步概念模型中,在图中设置边界,如图 2-3 所示。

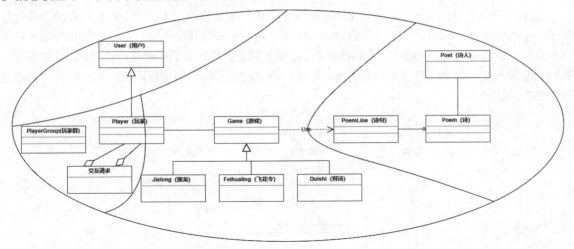

图 2-3 在概念模型上增加边界

　　从上面的分析模型可以看出,在游戏和社交中,不需要关心玩家的来历,换句话说,即使没有玩家和用户之间的关系,游戏和社交也照样可以存在。如果去掉玩家和用户之间的关系会如何呢?没有太大的影响,因此可以通过一套独立的系统完成用户注册登录,然后采用某种方式将用户映射到游戏系统的玩家。这样,就得到了一个独立的限界上下文,可以称之为用户认证上下文。继续分析会发现,游戏中的玩家和社交中的玩家具有不同的特性和方法,在游戏中,需要改变玩家的积分和等级,而在社交中,会有玩家的朋友、参与的群组等。因此,需要将游戏和社交分开为两个不同的限界上下文,在这两个上下文中都存在玩家,但含义却不相同。最后看一下诗词和游戏的关系,进一步分析发现,诗词只是文字形式的一种,如果将诗词换为成语或者其他文字形式,游戏的规则和结构没有太大的变化。因此,诗词服务也是一个独立的上下文。划分后的上下文以及它们之间的关系如图 2-4 所示。

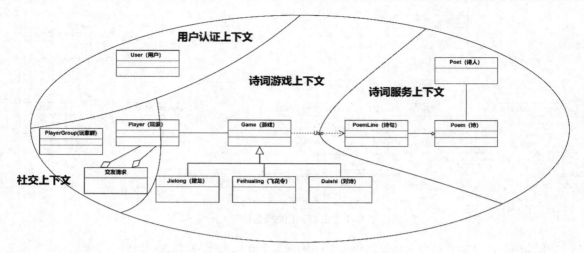

图 2-4 初步划分的限界上下文

2.3.1 用户认证上下文

从上面的分析可以看出，用户认证可以作为独立的上下文存在，用户认证作为独立的系统进行部署，可以完成用户注册、第三方平台登录、认证、用户管理等功能。用户认证系统与游戏系统可以不在同一个进程。当玩家访问游戏系统时，首先要重定位到用户认证系统进行认证，认证完成后，返回到游戏系统。如果用户在游戏系统中不存在，则在游戏系统中创建相同用户名的玩家。认证过程如图 2-5 所示。

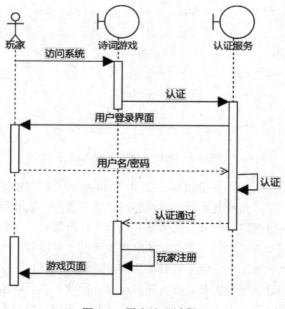

图 2-5 用户认证过程

第三方认证系统只要满足上面的要求，就都可以作为用户认证上下文的实现集成到系统中。

2.3.2　诗词游戏上下文

诗词游戏上下文是系统的核心限界上下文，也是需要重点关注的部分。后面各章主要以诗词游戏上下文为例，说明领域模型的创建与验证。

社交上下文所涉及的主要是用户之间的关系，可以认为是与诗词游戏上下文平行的部分，不作为本书重点。

2.3.3　诗词服务上下文

前面已经分析了，诗词在这里只是一种结构化文字，只是作为游戏进行的条件。因此，只要规定了访问接口，通过什么方式获得诗词的内容对于游戏来说就不重要了，可以从 XML 文件、数据库或者远程主机访问获得。诗词游戏不需要关心如何维护和管理这些诗词。本书示例使用《全唐诗》作为游戏的文字来源，保存在 XML 文件和数据库中，诗词数据的维护和管理可以认为是与诗词服务无关的独立部分，属于另一个限界上下文。

2.3.4　游戏管理上下文

诗词游戏在运行过程中会逐渐积累数据，进而产生对这些数据进行查询、统计和管理的需求。玩家希望查询自己参与的游戏过程，数据分析师希望统计哪些诗句被引用得最多，管理员希望可以限制恶意玩家、删除过时的游戏等。积累的数据本身就是财富，随着时间的推移，这些功能会越来越重要。游戏管理上下文依赖诗词游戏上下文，是诗词游戏上下文的下游。

2.4　限界上下文映射

前面提到了，领域驱动设计将领域内的业务划分为子域，逐级划分后，形成若干相对独立的限界上下文，这些限界上下文可以独立进行编程开发。然而，用户最终需要的是作为整体运行的系统，而不是一个个孤立的软件模块。因此，这些相对独立的限界上下文必须集成起来，才能形成有机的系统。限界上下文之间的集成方式在领域驱动设计中叫作限界上下文映射。

可以使用图形的方式表示限界上下文之间的映射，如图 2-6 所示，使用 U 代表上游，使用 D 代表下游。

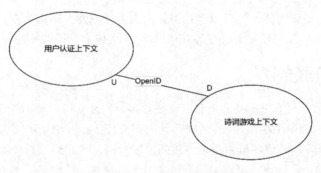

图 2-6　限界上下文之间的关系

在图中为什么使用"上游（U）"和"下游（D）"，而不使用箭头表示呢？因为带箭头的线段在各种模型中有不同的含义，很容易引起歧义。比如，在 UML[23]中，带箭头的实线表示引用关系，带箭头的虚线表示依赖关系，如果箭头是三角形，那么实线就是继承关系，虚线就是实现关系；在数据流图中，箭头方向表示数据的流向；在流程图中，箭头方向表示执行过程。在限界上下文关系图中，如果使用带箭头的线段，则很容易产生歧义，有人可能认为是依赖关系，有人可能认为是数据流向。使用明示的标记可用避免歧义的产生。

需要注意的是，限界上下文映射不仅是指生成的软件产品之间的集成关系，还包括负责上下文开发的团队之间的集成关系和使用的通用语言之间的转换关系。由于开发过程是动态的，限界上下文的映射也不是一成不变的，随着开发过程的进行，限界上下文的映射关系会发生变化，为了避免映射关系变化带来的不一致问题，需要使用持续集成对系统进行验证。在使用限界上下文的映射关系时，一方面要了解限界上下文对应的软件产品之间的集成关系，另一方面也要了解负责限界上下文开发的团队之间的关系。常见的限界上下文映射有如下一些关系，映射模式的名称来源于文献[3]。

2.4.1　各行其道

各行其道（或者叫作各自为政）方式下，各个限界上下文是独立的，不互相集成。上下文之间如果需要数据交互，则需要通过人工完成。导致这种情况的原因很多，原因之一是安全等非技术因素，一个最典型的实例是物理隔离的内网和外网系统之间的集成。有很多组织出于安全等考虑，需要内网系统和外网系统物理隔离，不能互相访问。这种情况下，如果数据需要集成，就只能采用人工导入导出的方式进行。

2.4.2　已发布语言

已发布语言可以是某种协议或者标准，也可以是某种 DSL（领域特定语言）。不同的限界上下文之间可以根据已发布语言开发与自己内部的通用语言对应的转换工具。已发布语言的形式有很多种，可以是某种格式化的文档，比如 XML 格式、JSON 格式的数据交换文件，也可以是某种协议，或者是 C#编写的 DSL 类库。

在诗词游戏示例中，认证服务采用 OIDC 协议，这就是一种已发布语言。因为认证的过程以及在这个过程中传递的数据格式都符合协议规定，所以只要符合协议的要求，就可以设计和编写相关的代码。

在实际项目中，应尽量采用"已发布语言"实现限界上下文之间的映射。采用通用的标准协议作为"已发布语言"是最优选择。也可以制订组织内部的"已发布语言"在开发中加以应用。

"已发布语言"通常与"开放主机服务"和"客户–供应商"模式一起使用。

2.4.3　开放主机服务

开放主机服务指限界上下文定义了一套协议或者接口，使其可以被当作服务来使用。这个协议是"开放的"，有详细的说明文档，很容易被其他上下文使用。开放主机服务经常使用 Web API 或者 gRPC 等方式提供服务。开放主机服务也经常同已发布语言一起组成对外服务。

在诗词游戏示例中，诗词服务可以采用开放主机服务模式，提供基于 Web API 或者 gRPC 的诗词查询接口。

在开放主机服务中，提供服务的一方规定了访问协议和数据格式。比如诗词服务 Web API 提供了根据诗句进行查询的功能，这个功能的接口和返回的数据格式是诗词服务上下文确定的，使用这个功能的其他限界上下文需要访问这个接口，并能够解析接收的数据。为了减少下游上下文对上游的依赖，可以创建"防腐层"，将从服务中获取的数据转换为需要的格式。这样，当上游发生变化时，只会影响到"防腐层"，不会影响下游的其他部分。

2.4.4　客户-供应商

客户-供应商描述的也是一种上下游的关系，客户向供应商定制需要的内容，供应商可以根据定制发布客户需要的内容。与开放主机服务不同的是，客户不是从供应商主动获取内容，而是供应商向客户推送内容。

在诗词游戏中，游戏上下文和社交上下文之间就是客户-供应商关系。诗词游戏中产生的各种消息（游戏创建、玩家加入游戏、玩家进行游戏等），通过消息中间件发布给社交上下文中的"游戏信息动态"。所发布的内容由游戏上下文决定，但内容的格式等需要两个上下文的团队协商制定。

如果客户无法参与决定供应商发布的内容格式，那么客户就成为供应商的"跟随者"。为了减少客户对供应商的依赖，就需要设置"防腐层"。

2.4.5　跟随者

跟随者也是指上游和下游之间的关系，但规则由上游制定，下游必须遵守，不存在商量的余地。使用第三方服务和产品一般都是这种情况。需要注意的是，使用"开放主机服务"或者"客户-供应商"模式时，下游都有可能是上游的"跟随者"。

诗词游戏上下文和游戏管理上下文之间就是这种关系。游戏管理的数据完全来源于诗词游戏，诗词游戏的类型、条件、参与方式等决定了游戏的数据结构，当有新的游戏类型加入时，就会有新的游戏数据结构。向游戏管理上下文提供什么样的数据，完全由诗词游戏上下文决定，游戏管理完全是被动的，所以游戏管理是诗词游戏的跟随者。

2.4.6　防腐层

在跟随者模式中，如果使用的第三方系统发生了变化，或者希望替换第三方系统，那么现有的部分势必需要更改。为了控制这种情况，将可能的更改限制在最小的范围内，可以使用"防腐层"模式，在下游与上游上下文之间建立一套翻译机制，将上游上下文的通用语言翻译为本上下游的通用语言，这种翻译机制就是防腐层。如果上游发生了变化，那么只需改变这种翻译机制就可以了。

2.4.7　合作方式

合作方式是指两个上下文之间存在合作关系，表现在工作内容上的重叠。这种关系有可能是由于上下文划分不合理导致的，也有可能是组织工作分配不合适导致的。总之，如果两个上下文之间存在合作方式，那么就需要考虑是否将这两个上下文合并，或者以某种方式进行重新划分。在很多情况下，合作方式可以由其他低耦合的方式实现。

2.4.8 共享内核

共享内核指不同的上下文共用领域模型的一部分，也可以认为是两个上下文中有领域模型重叠的部分。很多情况下，这是合作方式的一种解决方案：将需要合作的部分识别出来，以共享内核的方式存在。虽然共享内核导致了两个上下文之间的耦合，但还是为两个上下文之间的合作给出了明确的定义。

2.5 诗词游戏上下文的通用语言

现在可以创建诗词游戏上下文的通用语言了，规定在这个上下文中所涉及的词汇的含义。这些词汇是构建领域模型中各种元素的基础，并且和领域模型一致。也就是说，如果领域模型进行了改进，所涉及的通用语言的词汇也需要改进；反过来，如果通用语言发生了变化，领域模型也需要进行相应的调整。由于通用语言使用中文，而领域模型使用英语或者拼音，因此需要将这些词汇进行对应，形成词表。在关键的描述中，需要在词汇后面加上带括号的说明，例如"玩家（Player）"。我们尝试将需求使用通用语言进行描述，在描述中尽量使用英文，但对于无法翻译为英文的，比如飞花令，使用汉语拼音；某些词可以翻译为英文，比如"接龙"和"对诗"，但这些英文词过于生僻，不好理解，所以也使用拼音；某些词比如"抢答"，采用缩写 FCFA（First Come, First Answer）。

我们使用 PoemGame 表示诗词游戏上下文，在这个上下文中，游戏（Game）有多个玩家（Player）参与，游戏规则由游戏的类型（GameType）和条件（GameCondition）确定，游戏类型（GameType）包括飞花令（Feihualing）、接龙（Jielong）和对诗（Duishi），游戏类型应该可以扩展。游戏说明如下：

- 飞花令（Feihualing）：在游戏条件（GameCondition）中指定了作答（Answer）中必须包含的字或词。例如，如果在游戏条件（GameCondition）中的设置为"花"，那么"花间一壶酒""黄四娘家花满蹊"都是符合要求的作答。在同一游戏中，答案（Answer）不能重复。
- 接龙（Jielong）：接龙就是上一句的尾是下一句的开头。例如"小时不识月"可以接"月里青山淡如画"。在游戏条件（GameCondition）中指定了起头的诗词，这里的游戏条件（GameCondition）是"小时不识月"，在同一游戏中，答案（Answer）不能重复。
- 对诗（Duishi）：对诗就是"上句接下句"。在游戏条件（GameCondition）中设置第一句。比如，游戏条件（GameCondition）是"床前明月光"，那么答案（Answer）应该是"疑是地上霜"。

由于在很多游戏类型中都需要判断玩家的作答是否重复，因此需要使用游戏记录（PlayRecord）来保存游戏的过程。

玩家（Player）可以加入游戏（JoinGame）或者离开游戏（LeaveGame）。玩家在游戏中轮流（Inturn）作答（Play）或者抢答（FCFA），在游戏创建时确定该游戏采用轮流作答还是抢答的方式。如果是人-计算机形式的单机游戏，就只有轮流作答方式。

诗词游戏上下文通过访问诗词服务上下文（PoemService）对答案进行判断，不同类型的游戏判断的算法不同。

现在有了初步的通用语言,下一步在此基础上创建领域模型的第一个版本。

2.6 创建第一个版本

现在创建第一个版本,这个版本中没有引入任何领域驱动设计的概念,只是按照面向对象的基本方法进行设计。

使用 Visual Studio 2002 创建一个空的解决方案,在解决方案中添加两个解决方案文件夹,名称分别为 PoemGame 和 PoemService,用来保存游戏上下文和诗词服务上下文的相关项目;在这两个文件夹中创建 tests 文件夹,用来保存测试项目。

在 PoemGame 中创建类库 PoemGame.Domain 和 PoemGame.Domain.Feihualing,这两个类库分别为游戏的基础模型和针对飞花令的模型。在 PoemService 中创建 PoemService.Shared,在这里定义诗词服务的接口,然后创建 PoemService.Xml 项目,使用 XML 数据源实现诗词服务接口。最后,创建一个控制台应用,名称为 PoemGame.Console,用来模拟游戏过程。项目的结构如图 2-7 所示。

图 2-7 第一版诗词游戏解决方案的结构

在 PoemGame.Domain 中定义了 Game 和 Player,在 Game 中实现游戏的过程,Game 的代码架构如下:

```csharp
public abstract class Game
{
    public Guid Id { get; set; }
    private List<Player> Players { get; set; } = new List<Player>();
    private List<Player> ActivatePlayers = new List<Player>();

    protected List<PlayRecord> Records { get; set; } = new List<PlayRecord>();
    public GameStatus Status { get; private set; }
    public string GameCondition { get; set; }

    public Player GetCurrentPlayer()
    {
        return ActivatePlayers[currentPlayerIndex];
    }

    private int currentPlayerIndex;
```

```csharp
public Game()
{
    Status = GameStatus.Ready;
}
public void AddPlayer(Player player)
{
    if (Status != GameStatus.Ready) throw new Exception("不能加入");
    Players.Add(player);
    ActivatePlayers.Add(player);
}


public GamePlayResult Play(string answer)
{
    var res=new GamePlayResult();

    if (string.IsNullOrEmpty(answer))
    {
        res.Message = "不能输入空值，请重新输入";
        res.IsAnswerCorrect = false;
        return res;

    }
    var IsProperly = CheckAnswer(answer);
    var record = new PlayRecord
    {
        Answer = answer,
        PlayDateTime = DateTime.Now,
        PlayerId = GetCurrentPlayer().Id
    };
    Records.Add(record);
    if (IsProperly)
    {
        currentPlayerIndex++;
        if (currentPlayerIndex == ActivatePlayers.Count)
                            currentPlayerIndex = 0;
        res.Message = "回答正确";
    }
    else
    {
        var current = GetCurrentPlayer();
        ActivatePlayers.Remove(current);

        if (ActivatePlayers.Count == 1)
        {
            currentPlayerIndex = 0;
            Status= GameStatus.Done;
        }
        else if (currentPlayerIndex == ActivatePlayers.Count)
            currentPlayerIndex = 0;
```

```
        res.Message = current.UserName + "出局,";
    }
    return res;
}
protected abstract bool CheckAnswer(string answer);
}
```

在 Game 中保存了参与游戏的玩家，根据玩家的加入顺序确定回答问题的顺序。在游戏进行过程中，将玩家的答案保存在 PlayRecord 中。具体的游戏类中实现了判断答案是否正确的方法（CheckAnswer）。在这个例子中，FeihualingGame 实现了 CheckAnswer 方法：

```
public class FeihualingGame : Game
{
    private readonly IPoemService poemService;
    public FeihualingGame(IPoemService _poemService,string gamecontext)
    {
        GameCondition = gamecontext;
        poemService = _poemService;
    }
    protected override bool CheckAnswer(string answer)
    {
        foreach(var record in Records)
        {
            if (record.Answer == answer) return false;
        }
        if (!poemService.IsPoemLineExist(answer)
        || !answer.Contains(GameCondition)) return false;
        return true;
    }

}
```

判断方法很简单——在诗词库中有符合要求的答案并且答案不能重复。CheckAnswer 方法中使用诗词服务来判断诗句是否存在。这个版本的诗词服务的定义也很简单，只有判断诗句是否存在这一个方法：

```
public interface IPoemService
{
    bool IsPoemLineExist(string line);
}
```

这里省略了诗词服务的实现，留待下一章介绍。

Player 的代码如下：

```
public class Player
{
    public Guid Id { get; set; }
    public string UserName { get; set; }
    public string NickName { get; set; }
    public int Score { get; set; }
    public Guid? CurrentGameId { get; private set; }
```

```
            public void JoinGame(Game generalGame)
            {
                if (generalGame.Status != GameStatus.Ready) throw new Exception("不能加入已开
始或已完成的游戏");

                CurrentGameId = generalGame.Id;

                generalGame.AddPlayer(this);
            }
        }
```

在控制台中编写模拟代码对这个模型进行测试：

```
var game = new FeihualingGame(new PoemServiceXml(), "花");

var player1 = new Player { UserName = "张三" };
var player2 = new Player { UserName = "李四" };
var player3 = new Player { UserName = "王五" };

player1.JoinGame(game);
player2.JoinGame(game);
player3.JoinGame(game);

var note = "请输入一句唐诗，带"花"";
Console.WriteLine(note);
do
{
   Console.WriteLine("当前用户:"+game.GetCurrentPlayer().UserName);
   var answer = Console.ReadLine();
   var res = game.Play(answer);
   Console.WriteLine(res.Message);
} while (game.Status != GameStatus.Done);
Console.WriteLine("赢家:" + game.GetCurrentPlayer().UserName);
Console.WriteLine("游戏结束");
```

运行效果如图 2-8 所示。

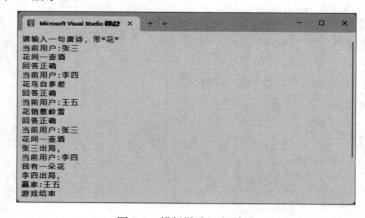

图 2-8　模拟游戏运行效果

　　现在看一下 PoemGame.Domain 中定义的类，分别是 Game、Player、PlayRecord 和 GamePlayResult，从形式上看，它们都是 C#的 class 类型，但从作用上看似乎又有些区别：GamePlayResult 的作用是输出结果，只有属性并没有方法；PlayRecord 用于记录游戏的过程，由于历史是不能修改的，因此 PlayRecord 的实例一旦创建就不能修改，并且游戏的记录与游戏密切相关，只能通过游戏访问；Game 和 Player 具有属性和方法，并且在运行时状态会发生改变。如果模型变得复杂，就有必要引入新的概念为不同的类型进行命名，便于模型的理解，这些概念在领域驱动设计中有相应的定义。在后面各章中，会引入领域模型的概念，在这个项目的基础上，进行重构和迭代。

2.7　本章小结

　　领域、子域、限界上下文这些概念属于领域驱动设计的战略设计部分。"战略"这个词总是感觉有些大，对应系统开发时常用的术语应该是"总体设计""总体规划"或者诸如此类的东西。到了限界上下文内部，就属于战术设计的范畴了。不管叫什么，这个阶段所解决的问题是一样的，就是系统以某种形式拆解为可以由小团队独立开发的部分，并能够将这些部分以某种形式集合起来，完成系统所需要的所有功能。在领域驱动设计中，划分的结果是子域，子域可以分为"核心子域""支撑子域"和"通用子域"。一般情况下，"通用子域"一定是"支撑子域"。子域和限界上下文的划分往往凭经验进行，没有可以操作的简单方法，本章提出了一种在概念建模的基础上进行限界上下文划分的方法。需要注意的是，子域和限界上下文的划分是动态的迭代过程，因为不管使用什么方法划分，都有合理性和不合理性，需要在后续的开发中，随着对业务的深入理解而进行调整。不会有一开始就有的、完美的、解决一切的方案，只要大的方向不错，其他的部分可以在迭代中不断完善。

第3章

理解领域模型

领域模型是领域驱动设计战术设计的核心，内容包括实体、值对象、聚合（聚合根）和领域事件等。与其他建模方法中抽象的模型（抽象模型不依赖于具体的编程语言）不同，领域模型是用代码实现的，贯穿项目始终，存在于最终交付的可执行代码中。本章将带领读者理解领域模型。

3.1　领域模型概述

领域模型属于解决方案的一部分，用代码描述了业务问题的解决办法，在特定的限界上下文内起作用，并与该限界上下文所使用的通用语言保持一致。领域模型包括实体、值对象、聚合（聚合根）、存储库接口和领域事件等内容，遵守面向对象设计的一般原则。领域模型最主要的特点就是使用具体的编程语言编写，可以测试和执行，这是与软件开发过程中使用的其他模型的最大区别。

领域模型与分析模型的区别。分析模型通常是描述问题的抽象模型，可以采用 UML 等通用建模语言进行图形化描述。分析模型可以帮助开发人员理解业务问题，但对如何解决问题没有约束，因为分析模型通常不包括解决问题的细节，需要开发人员在此基础上进行设计，才能完成可执行的代码。因此，经常会出现这种情况——最初的代码设计是从分析模型出发，但若干次迭代后，最终代码与当初的模型已经是大相径庭。领域模型不存在这个问题，其本身就是开发的交付物，不会存在不一致的问题。在领域模型开发过程中，分析模型可以作为辅助工具，但不作为开发的依据。

3.2　实　　体

实体是领域驱动设计中的重要概念，在学习实体时需要注意与"实体-关系模型"中的同名术语的区别和联系。

3.2.1　实体的基本概念

1. 实体的定义

前一章的工作中，引入了两个领域概念——玩家（Player）和游戏（Game）。这两个概念产生的对象状态是可变的。当一个玩家注册到游戏中时，会产生一个玩家对象，比如这个玩家的用户名是"张三"，昵称是"三郎"，当觉得这个昵称不合适的时候，可以进行修改，昵称发生了变化，但对象所代表的玩家仍是原来的那个玩家。游戏对象也是如此，在游戏对象的生命周期中，状态是不断发生变化的：有玩家的加入和退出，游戏从准备到进行再到结束等。这种对象在 DDD 中称为实体（Entity），为了标识这个对象，需要设置一个不变的属性，这个属性的值是唯一的，使用它来区分不同的对象。实体对象的标志就是有唯一的身份标识，并且其自身状态具有可变性。

需要注意 DDD 中的实体与实体-关系模型中的实体的区别和联系。实体-关系模型描述的是数据模型，以数据库表的形式存在，其中的实体只有数据，实体之间的关系通过关键字进行关联。DDD 中的实体是面向对象中的类，以代码的形式存在，不仅有属性，还有行为，实体之间的关系有继承、引用等。在持久化设计时，这两种实体之间存在某种映射关系，但不一定是一一对应。如果不特别说明，本书所说的实体指的都是 DDD 中的领域概念。

2. 实体标识

实体使用标识进行区分，两个实体如果标识相同，就会认为是相同的实体。实体的标识理论上可以是任意类型，在实际中常用的是字符串、整型、GUID 或 UUID 类型。

在 Vaughu Vernon 的《实现领域驱动设计》[2]中，给出了 4 种产生实体标识的方法：

（1）用户提供唯一标识：通常由用户通过人机界面进行输入。

（2）应用程序生成唯一标识：由程序使用某一种算法产生，比如产生 GUID。

（3）持久化机制生成唯一标识：在实体进行持久化时产生，通常由数据库自动产生。

（4）另一限界上下文提供唯一标识：从另一限界上下文获取表示相同实体的标识。

实际项目中通常采用上述方式 2 或 3 生成标识，这样产生的标识是无意义的序号。是否可以采用带有业务含义的属性作为标识呢？在实际项目中，很多设计人员倾向于采用带有业务含义的标识，理由是既更容易识别，也有利于实现诸如统计等业务需求。这就需要使用一定的编码规则来产生这种标识，这种标识最典型的示例就是身份证号。这种方式有一定的优点，但不建议采用。一方面，从职责单一的角度出发，标识只是为了区分不同的实体，除此之外不应该承担其他职责；另一方面，业务规则有可能发生变化，变化后的编码规则产生的标识与现有的历史标识共存，会带来理解上的混乱。

在诗词游戏中，玩家的用户名是唯一的，是否可以作为标识使用？从目前的需求看是可以的，但从长期看，可能会有风险，如果希望创建多租户系统，那么用户名就不能作为唯一标识，因为同一个用户可以存在于多个租户。因此在示例项目中，统一使用 GUID 类型作为实体标识类型。

实体的标识还有一个主要作用是实现不同上下文之间的集成，同一个标识可以跨越多个不同的限界上下文。比如"玩家"，在游戏上下文中和在社交上下文中有不同的属性和行为，通过相同的标识，在客户端可以获取这两个上下文中的实体，从而实现集成。游戏中的玩家可以向同一游戏中的其他玩家发出加好友的申请，这个用例就是跨越两个上下文集成的实例。

关于实体标识还有一个需要注意的问题，就是生成标识的时间：是在创建对象时生成的，还是在实体对象持久化时生成的。在创建对象时生成标识的好处是不会存在标识为空的"临时实体"，这可以避免由于标识为空带来的很多问题，代价是需要显式地生成标识的算法，还要确保标识的唯一性。在实体对象持久化时由数据库生成标识，可以确保标识的唯一性，也不需要为标识编写特定的生成算法，所付出的对价是需要对临时实体进行处理。在实际项目中，需要根据实际情况决定使用哪一种方法。如果标识类型使用 GUID 或者 UUID，建议使用第一种方法，因为可以直接使用.Net框架提供的生成算法；如果标识使用整型等数值类型，那么最好使用第二种方法，因为数据库可以确保标识的唯一性。

3. 实体基类的代码实现

根据领域驱动设计中实体的定义，可以为实体类编写框架代码，在这个框架类中包括标识的定义和对象比较算法的处理，在对实体进行比较时，使用实体的标识判断两个实体是否相等。

.Net 对象进行比较时调用 Equals 方法：

```
public virtual bool Equals (object? obj);
```

如果指定的对象等于当前对象，则为 true；否则为 false。

实体需要重载比较函数，确保具有相同 ID 的实体对象的比较结果是相同的。为此，为实体创建一个基类，在这个基类中重载 Equals 函数，当实体使用 Equals 进行比较时，就可以使用重载的比较算法。

```
public class EntityBase
{
    public Guid Id { get; protected set; }

    public override bool Equals(object? obj)
    {
        if (obj == null)
        {
            return false;
        }

        var entity= obj as EntityBase;

        if (entity == null)
        {
            return false;
        }

        if (ReferenceEquals(this, obj))
        {
            return true;
        }

        var typeOfEntity1 = GetType();
        var typeOfEntity2 = obj.GetType();
        if (!typeOfEntity1.IsAssignableFrom(typeOfEntity2)
```

```
                      && !typeOfEntity2.IsAssignableFrom(typeOfEntity1))
            {
                return false;
            }

            if (!Id.Equals(entity.Id)) return false;

            if(Id.Equals(Guid.Empty)|| entity.Id.Equals(Guid.Empty)) return false;

            return true;
        }

    public override int GetHashCode()
    {
        if(Id.Equals(Guid.Empty)) return new Guid().GetHashCode();
        return Id.GetHashCode();

    }
}
```

实体类可以继承这个基类。

3.2.2 从业务概念中发现实体

创建领域模型时，首先要从业务概念中发现实体。实体对象的可变性和标识的唯一性是实体这种领域概念的基本特征，这个特征也是发现实体的基本方法。当一个概念具有上述特征时，就是一个候选的实体。

现在回到诗词游戏，继续进行游戏项目的分析工作。目前只有两个显而易见的实体——玩家（Player）和游戏（Game），它们之间是多对多的关系：游戏有多个玩家参与，一个玩家可以参与多个游戏，但在同一时间只能参与一个游戏。在代码中可以这样实现这个逻辑：在游戏中有一个玩家集合代表参与游戏的玩家，加入游戏和退出游戏时，在这个集合中添加和移除玩家记录，在另一个集合中保存目前没有被淘汰的玩家；在玩家中需要有一个属性来保存当前所在的游戏，在加入游戏和退出游戏时，需要调用游戏中相应的方法，并设置这个属性。在第 2 章的第一个版本中，使用的就是这种实现方法，看起来也可以工作。

进一步分析发现，这个方案有些问题。第一个问题是游戏和玩家之间的关系过于复杂，玩家进行游戏时需要维护两个对象的状态。第二个问题是很难增加与参与游戏相关的属性。如果需要增加玩家的答题顺序，该如何处理？目前，使用玩家加入游戏的顺序作为答题顺序，但如果希望能够在加入后调整玩家的答题顺序，该怎么办呢？目前没有保存答题顺序的地方，在 Player 中增加一个属性显然不合理，在 Game 中增加一个集合？结构会变得更加复杂，并且难以理解，关键是如果再增加其他与游戏中的用户有关的属性，又该怎么办呢？比如增加用户加入游戏的时间。这说明目前的概念不够用了，需要引入新的概念。

通常情况下，如果两个实体间是多对多的关系，可以采用增加中间实体的方法将多对多关系变为两个一对多关系，这与“实体-关系”模型中采用的方法是一样的。在本例中，通过增加一个新的实体“游戏中的玩家”（PlayerInGame）来解决这个问题，这个结构的演变过程如图 3-1 所示。

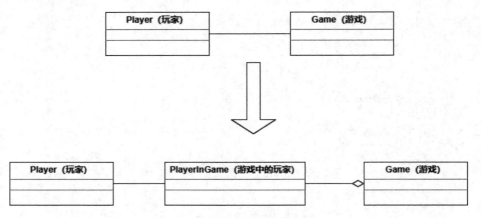

图 3-1　PlayerInGame 实体的产生

PlayerInGame 实体的定义如下：

```
using PoemGame.Domain.Base;

namespace PoemGame.Domain.GameAggregate
{
    /// <summary>
    /// 玩家在游戏中的状态
    /// </summary>
    public enum PlayerGameStatus
    {
        /// <summary>
        /// 轮到回答
        /// </summary>
        Inturn,
        /// <summary>
        /// 等待
        /// </summary>
        Waiting,
        /// <summary>
        /// 出局
        /// </summary>
        Out
    }
    /// <summary>
    /// 游戏中的玩家
    /// </summary>
    public class PlayerInGame:EntityBase
    {
        private PlayerInGame()
        {
        }
        /// <summary>
        ///
        /// </summary>
        /// <param name="gameId"></param>
```

```
        /// <param name="playerId"></param>
        public PlayerInGame(Guid gameId, Guid playerId, string userName)
        {
            GameId = gameId;
            PlayerId = playerId;
            UserName = userName;
        }
        /// <summary>
        /// 玩家 ID
        /// </summary>
        public Guid PlayerId { get; private set; }
        /// <summary>
        /// 游戏 ID
        /// </summary>
        public Guid GameId { get; private set; }

        public string UserName { get; private set; }
        /// <summary>
        /// 状态
        /// 轮到、等待、出局
        /// </summary>
        public PlayerGameStatus PlayerStatus { get; set; }
        /// <summary>
        /// 顺序
        /// </summary>
        public int Index { get; set; }
        /// <summary>
        /// 是否创建者
        /// </summary>
        public bool IsCreator { get; set; }
        /// <summary>
        /// 是否赢家
        /// </summary>
        public bool IsWinner { get; set; }
    }
}
```

可以看到，与游戏中的玩家相关的属性增加到实体 PlayerInGame 后，模型的业务含义更加明确。增加了这个实体后，Player 和 Game 需要进行相应的调整，在 3.2.3 节和 3.2.4 节会优化这两个实体的代码。

3.2.3　实体中数据的封装

实体中的数据需要进行封装，以避免实体对象处于无效状态。因此，实体中的属性需要标记为只读，对属性的修改需要有业务含义的显式方法，最好不要直接修改属性。根据这个要求，首先改造 Player，由于引入了 PlayerInGame，在 Player 中就不需要有对 Game 的引用，相应的加入游戏和离开游戏也移动到 Game 中完成，而重构后的 Player 代码如下：

```
namespace PoemGame.Domain
```

```
{
    public class Player:EntityBase
    {
        public string UserName { get; private set; }
        public string NickName { get; private set; }
        public int Score { get; private set; }

        /// <summary>
        /// 持久化框架使用
        /// </summary>
        private Player()
        { }

        public Player(Guid id,string userName,string nickName, int score)
        {
            Id=id;
            UserName=userName;
            NickName = nickName;
            Score=score;
        }

        public void IncreaseScore(int number)
        {
            Score += number;
        }

        public void DecreaseScore(int number)
        {
            Score -= number;
        }

        public void ChangeNickName(string newNickName)
        {
            NickName = newNickName;
        }
    }
}
```

从上面的代码可以看到，属性 Score 和 NickName 需要使用相关的方法进行改变，而 UserName 和 Id 在使用构造函数创建对象之后就不能发生变化。以 Score 为例，被限制为只能增加和减少，不能直接修改值。例如下面的语句编译就不能通过：

```
player.Score=100;
```

与分数相关的通用语言是这样的：在创建玩家时设置初始分数，在游戏过程中可以根据作答正确与否增加或减少分数，上面的模型是与通用语言完全一致的。如果将 Score 的 setter 设置为 public，同时去掉 IncreaseScore 和 DecreaseScore 这两个方法，领域模型就没有实现通用语言所描述的业务，这些业务就必须在应用层完成，最终导致业务碎片化。

实体模型中的一个常见问题是对集合的处理，尽管集合属性设置为只读，使用实体模型的开发人员仍然可以修改集合中的内容，比如 Game 中前面定义的 PlayerRecord：

```
public List<PlayRecord> Records { get; set; }
```

如果修改为下面的代码：

```
public List<PlayRecord> Records { get; private set; }
```

尽管集合是只读属性，但这只能保证这个集合不能被其他集合替换，却不能保证集合不能够被操作，开发人员可以直接向集合内插入或者删除内容：

```
game.Records.RemoveAll();
```

这样做可能会使实体中定义的相关业务规则失效，进而可能使对象处于错误的状态。针对这种问题，需要将公开的集合属性设置为只读集合，在内部定义一个针对这个集合的私有变量，用于实体内的操作。Records 的定义修改如下：

```
public IReadOnlyList<PlayRecord> Records { get { return _playRecords; } }
private List<PlayRecord> _playRecords { get; set; } = new List<PlayRecord>();
```

通过这样的处理，Records 成为只读集合，不能够进行增加或删除等操作。

在前面提到了 PlayerInGame（游戏中的玩家），在 Game 中需要有 PlayerInGame 的集合，这个集合对外是只读的，外部代码不能操作这个集合。因此，所以对外使用 IReadOnlyList 作为返回值，在内部定义一个私有集合进行操作，示例代码如下：

```
public IReadOnlyList<PlayerInGame> PlayersInGame { get { return _players; } }
private List<PlayerInGame> _players { get; set; } = new List<PlayerInGame>();
```

3.2.4　实体中的方法

"游戏中的玩家"（PlayerInGame）这个实体的引入，解决了玩家和游戏之间的关系，使这两个实体相对独立，不互相引用。Player 和 Game 的代码也需要进行修改。在前面数据封装中已经优化了 Player 的代码，这里对 Game 进行优化。将玩家加入游戏和退出游戏移动到 Game 中进行处理，并对游戏过程进行相应的调整。

首先，在 Game 中定义游戏中的玩家：

```
    /// <summary>
    /// 游戏中的玩家
    /// </summary>
    public IReadOnlyList<PlayerInGame> PlayersInGame { get { return _players; }
 private set { _players.AddRange(value); } }
    private List<PlayerInGame> _players { get; set; } = new List<PlayerInGame>();
```

然后可以改写 PlayerJoinGame 和 PlayerLeaveGame：

```
    /// <summary>
    /// 玩家加入游戏
    /// </summary>
    /// <param name="player"></param>
    /// <returns></returns>
    public GeneralResult PlayerJoinGame(Player player)
    {
        var res = new GeneralResult();
```

```csharp
            var p = _players.Find(o => o.PlayerId == player.Id);
            if (p != null)
            {
                res.Success = false;
                res.Message = "已经加入游戏";
            }
            else
            {
                var playeringame = new PlayerInGame(Id, player.Id,player.UserName)
                {
                    PlayerStatus = PlayerGameStatus.Waiting,
                    Index = PlayersInGame.Count + 1,
                    IsCreator = false
                };
                _players.Add(playeringame);
                res.Success = true;
                res.Message = $"{player.UserName}加入游戏";

            }
            return res;
        }


        /// <summary>
        /// 玩家离开游戏
        /// </summary>
        /// <param name="player"></param>
        /// <returns></returns>
        public GeneralResult PlayerLeaveGame(Player player)
        {
            if (Status == GameStatus.Running)
            {
                return new GeneralResult
                {
                    Success = false,
                    Message = "已经开始，不能离开"
                };
            }

            if (Status == GameStatus.Done )
            {
                return new GeneralResult
                {
                    Success = false,
                    Message = "已经结束，不能离开"
                };
            }

            var obj = _players.Find(p => p.PlayerId == player.Id);
            if (obj != null)
            {
                if (obj.IsCreator)
```

```
        {
            return new GeneralResult
            {
                Success = false,
                Message = "创建者不能离开"
            };
        }
        _players.Remove(obj);

        foreach (var item in PlayersInGame)
        {
            item.Index = _players.IndexOf(item) + 1;
        }

        return new GeneralResult
        {
            Success = true,
            Message = $"{player.UserName}离开游戏"
        };
    }
    return new GeneralResult
    {
        Success = false,
        Message = "没有在游戏中"
    };
}
```

通常情况下，改变状态的方法需要遵循"查询和命令分离"的原则，需要采用 void 类型，但如果这样做，就无法获知操作是否成功，很多情况下就只能通过抛出异常来解决，这样会增加程序结构的复杂度。这里使用返回结果对象的方法处理这个问题，如果成功就返回 true，如果失败就返回 false 并在 Message 中说明失败的原因。由于可以通过操作 PlayerInGame 的集合来处理玩家在游戏中的状态，因此在 Player 中就不需要相关的代码了。

游戏进行的代码仍然保留，只是略作修改，在下一章会做比较大的修改。

3.2.5　为什么要避免"贫血"模型

所谓贫血模型是指对象中只保存数据，没有对数据的操作，下面是按照这种方式构建的玩家模型：

```
public class Player
    {
        public string UserName { get; set; }
        public string NickName { get; set; }
        public int Score { get; set; }
    }
```

该模型只有属性，没有方法和函数，只保存数据，不对数据进行操作。数据的操作完全由使用对象的服务或者客户进行。如果需要增加用户的分数，就需要编写一个服务：

```
public class PlayerService
{
    public void AddPlayerScore(Player player,int score)
    {
        player.Score +=score;
    }
}
```

这样带来的问题是 Score 等属性可以在任何可以访问 Player 的地方修改,如果在运行时出现分数异常,就很难确定是哪里出了问题。而在前面的领域模型中,将属性设置为只读,并且只能通过特定的方法进行修改,这样,领域对象的状态不会被意外破坏。

贫血模型的另一个问题是业务逻辑需要在应用层(或者叫作业务层)完成,在服务层形成若干服务对象,最终会形成面条式代码或者事务脚本,使领域模型失去应有的意义。

领域模型的约束越多,在领域模型基础上编写应用服务就越简单明了,应用服务只需关注实现特定的用例即可。同样,应用服务的约束越明确,客户程序(表示层等)就越不用关心业务,只需关注用户交互以及输入输出即可。

3.3 值 对 象

本节主要介绍值对象的相关内容。

3.3.1 值对象的概念

我们发现游戏记录与前面的实体有些不同:所记录的内容是不发生变化的,一旦玩家作答完毕,游戏记录就会产生,并且不能被修改。这种领域概念称为值对象。值对象有两个特征:

- 值对象没有任何标识。
- 值对象不可变。

与实体不同,值对象的概念在以数据模型为基础的"实体-关系"模型中是不存在的,值对象可以采用某种方式映射到数据库结构,但反过来是不成立的,我们无法从现有的数据模型中以某种直接的对应方式获取值对象。值对象在数据库中要么保存为实体,要么作为实体的字段保存。很多基于数据模型的系统中,值对象被当作实体对待,在这种情况下,需要保存不变属性的字段,而在数据库设计时保存了相关记录的 ID。因此,单从数据模型的分析上无法发现值对象。在改造遗留系统时我们经常只能基于数据模型了解现有系统,此时就会遇到如何确定一个业务对象是实体还是值对象的问题。下面这个例子来源于实际项目,可以说明值对象的作用。

在人事系统中,人员的"毕业院校"是个值对象,值就是毕业证上注明的毕业学校,如果对应到数据库存储,就是不能只保存学校的编码,还需要保存学校的名称。这是因为学校的名称是会发生变化的,学校可能被合并、分解或关闭。而一个人的毕业院校不会发生变化,1985 年从"北京钢铁学院"毕业的学生,不能说自己是从"北京科技大学"毕业的。类似的例子存在于系统的人员组织机构管理中,人员的升迁调动记录中所在的组织机构也是一个值对象,不能只保存组织机构的编码。

　　需要注意的是，一个业务概念在某些上下文中是值对象，而在另一些上下文中则是实体。例如股票交易系统中的股票信息，在交易记录中，股票需要作为值对象保存，因为相同的股票代码对应的股票名称是会发生变化的，在刚上市、除权、警告退市时，这些状态信息会体现到股票名称中，在交易记录中需要记录名称和股票代码。而在当前的持仓状态中，只保存股票的代码，股票作为实体看待，我们需要了解的正是股票信息的变化。

3.3.2　值对象的实现

　　由于值对象没有标识，因此在进行值对象的比较时，需要比较所有的属性，当这些属性值都相同时，认为两个值对象相等。值对象的基类的实现如下：

```
public abstract class ValueObject
    {
    protected static bool EqualOperator(ValueObject left, ValueObject right)
    {
        if (ReferenceEquals(left, null) ^ ReferenceEquals(right, null))
        {
            return false;
        }
        return ReferenceEquals(left, null) || left.Equals(right);
    }

    protected static bool NotEqualOperator(ValueObject left, ValueObject right)
    {
        return !(EqualOperator(left, right));
    }

    protected abstract IEnumerable<object> GetEqualityComponents();

    public override bool Equals(object obj)
    {
        if (obj == null || obj.GetType() != GetType())
        {
            return false;
        }

        var other = (ValueObject)obj;

        return
this.GetEqualityComponents().SequenceEqual(other.GetEqualityComponents());
    }

    public override int GetHashCode()
    {
        return GetEqualityComponents()
            .Select(x => x != null ? x.GetHashCode() : 0)
            .Aggregate((x, y) => x ^ y);
    }
    }
```

上面的代码对值对象中所有的属性进行了比较，如果所有的属性值相同，就认为这两个值对象相等。

游戏记录（PlayRecord）的实现如下：

```csharp
public class PlayRecord:ValueObject
{
    private PlayRecord()
    {

    }
    /// <summary>
    ///
    /// </summary>
    /// <param name="gameId"></param>
    /// <param name="playerId"></param>
    /// <param name="playerName"></param>
    /// <param name="playDateTime"></param>
    /// <param name="answer"></param>
    /// <param name="isProperAnswer"></param>
    public PlayRecord(Guid gameId, Guid playerId, string playerName, DateTime
playDateTime, string answer, bool isProperAnswer)
    {
        GameId = gameId;
        PlayerId = playerId;
        PlayerName = playerName;
        PlayDateTime = playDateTime;
        Answer = answer;
        IsProperAnswer = isProperAnswer;

    }


    /// <summary>
    /// 游戏 ID
    /// </summary>
    public Guid GameId { get; private set; }
    /// <summary>
    /// 玩家 ID
    /// </summary>
    public Guid PlayerId { get; private set; }
    /// <summary>
    /// 玩家用户名
    /// </summary>
    public string PlayerName { get; private set; }
    /// <summary>
    /// 进行时间
    /// </summary>
    public DateTime PlayDateTime { get; private set; }
    /// <summary>
    /// 回答
    /// </summary>
```

```
public string Answer { get; private set; }
/// <summary>
/// 回答是否合适
/// </summary>
public bool IsProperAnswer { get; private set; }

protected override IEnumerable<object> GetEqualityComponents()
{
    yield return PlayerId;
    yield return GameId;
    yield return PlayerName;
    yield return PlayDateTime;
    yield return Answer;
    yield return IsProperAnswer;
}
}
```

3.3.3　在模型中使用值对象的好处

模型中的属性定义使用基本类型时，需要根据属性的名称确定属性的含义，比如在 Player 中有两个属性——UserName 和 NickName，分别是玩家的用户名和昵称：

```
public string UserName { get; private set; }
public string NickName { get; private set; }
```

这两个属性都是 string 类型，所以从类型上是没有办法对两者进行区分的，只能通过属性名称进行区分。如果某个方法的参数包括这两个属性，在使用时就需要小心了，因为参数顺序的颠倒是不会被编译器发现的。

下面的例子可以说明这个问题，如下的方法为具有某个用户名的玩家设置昵称：

```
void SetNickName(string username,string nickname)
```

在使用时这样调用：

```
SetNickName("张三","三郎")
```

很难分清哪个是用户名，哪个是昵称，并且这种错误不易察觉。

如果将 UserName 和 NickName 定义为值对象，对应的类型分别为 PlayerUserName 和 PlayerNickName，这种情况就容易解决。属性的定义变为：

```
public PlayerUserName UserName { get; private set; }
public PlayerNickName NickName { get; private set; }
```

SetNickName 变为：

```
SetNickName(PlayerUserName username,PlayerNickName nickname)
```

那么在使用 SetNickName 时，必须明示所使用的类型：

```
SetNickName(new PlayerUserName("张三"),new PlayerNickName("三郎"))
```

由于参数类型的限制，不会混淆用户名和昵称。

因此，使用值对象而不是基本类型定义属性的好处之一是，可以使模型的业务含义更明确。使用值对象的另一个好处是，由于值对象具有不变性，值对象中的方法和函数没有副作用，因此验证、转换等功能可以在值对象内部完成。

使用值对象是有一定的代价的。在关系数据库中没有值对象所对应的概念，所以在关系数据库中进行保存时，值对象要么作为实体保存，要么作为实体的字段保存，这种失配需要在进行持久化实现时对值对象进行特殊的处理。因此，在实际项目中，如何使用值对象，何时使用值对象，需要根据实际情况做决定。

3.4　聚合和聚合根

围绕游戏（Game）已经有了一个实体（Game）、一个实体集合（PlayerInGame）和一个值对象集合（PlayRecord），这几个领域概念联系紧密，形成一个新的领域概念，在 DDD 中称为聚合。当访问"游戏中的玩家"（PlayerInGame）和"游戏记录"（PlayRecord）时，需要通过"游戏"（Game）进行访问，"游戏"（Game）就是这个聚合的聚合根。

聚合就是联系紧密的若干实体和值对象，其中某一个实体是这个聚合的聚合根，访问聚合中的其他实体或值对象，必须通过这个聚合根。

在进行聚合设计时，需要遵循一些原则。首先，聚合的层次不能过深，如果聚合中的对象关系超过了两层，聚合就过于复杂，难以维护。这种情况下，需要对聚合进行拆解。

其次，聚合根之间不能互相引用，之间的关系只能通过标识确定。在第 2 章中，Player 与 Game 之间有相互引用，在本章中，通过引入 PlayerInGame 加以解决。

最后，如果聚合中的集合在实际中的记录数有可能超过数十条，那么这个集合的实体需要当作聚合根处理。一个例子是博客的评论，一篇博客的评论可能有成千上万条，如果评论作为博客聚合根的一部分，那么加载博客时，就需要同时加载博客的所有评论，这显然是不可取的。

游戏上下文中的聚合根、实体和值对象之间的关系，如图 3-2 所示。

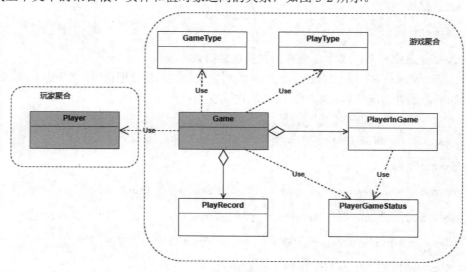

图 3-2　游戏聚合

图 3-2 中有两个聚合：游戏和玩家，聚合根分别为 Game 和 Player。图 3-2 使用 UML 进行描述。注意图中的各种关系，带箭头的虚线是依赖关系，在图中标注的是"Use"（使用），当一个类型作为另一个类型的输入参数、内部变量（通常是局部变量）时，会有这种关系。这种关系与引用关系不同，引用关系属于静态关系，在持久化时需要作为状态的一部分进行保存，而依赖（或者说使用）关系则不需要在持久化时保存。

接下来为聚合根定义接口和基类，和实体进行区别。目前，聚合根接口中没有属性和方法，只起到标记作用。如果需要增加其他与聚合根相关的功能，比如保存领域事件，就需要对聚合根的定义进行修改，在后面会有详细介绍。

聚合根的接口定义如下：

```
public interface IAggregateRoot
{
}
```

聚合根的基类如下：

```
public class AggregateRoot:EntityBase,IAggregateRoot
{
}
```

将 Player 和 Game 定义为聚合根的子类：

```
public class Player : AggregateRoot
```

```
public abstract class Game : AggregateRoot
```

到目前为止，Game 还是一个抽象类，在后面会进行重构。

3.5　存　储　库

前面提到了，要访问聚合中的实体和值对象，需要通过聚合根，因为这些实体和值对象被聚合根引用。那么，如何访问聚合根呢？这需要有一个地方可以保存聚合根，访问时可以从这个地方获取。这个地方就是存储库。

3.5.1　存储库的概念

存储库解决聚合根的访问和持久化问题。存储库在领域模型中被定义为接口，在领域模型中不包括存储库的具体实现。存储库是保存和访问聚合根的唯一途径，不能仅把存储库作为持久化工具。

对于存储库是否应该在领域模型中定义，一直有争论，这涉及领域模型的定位。如果领域模型中没有对存储库的调用，那么存储库就可以不在领域模型中定义。通常情况下，不会在实体、聚合根或者值对象中使用存储库，但在领域服务中是经常需要使用存储库的，在下一章可以看到。如果没有领域服务，领域模型只能定义细粒度的业务规则和离散的数据结构，没有办法组成完整的业务，业务组合只能在应用服务中完成，所带来的问题就是很多业务规则泄露到应用层，而领域模型中却没有完整地描述业务。

笔者认为领域模型需要完整描述业务，既包括细粒度的业务规则，也包括关键的业务过程，只要业务过程是与用例无关的，不管粒度大小，都需要在领域模型中实现。因此，在本书的实例中，仍然将存储库的定义放在领域模型中，这样领域服务在必要时可以使用存储库获取聚合根。

存储库在设计时有两种选择：一是为每个聚合根设计个性化存储库，二是设计通用的泛型存储库。这两种选择各有优缺点。

- 为每个聚合根设计存储库，可以根据相应聚合根进行个性化设计，这样做的好处是每个存储库可以独立地维护，如果发生变化，不会影响到其他部分。但如果系统存在大量聚合根，这些聚合根对应的存储库结构基本相同，都是基本的 CRUD 和一般查询，为每个聚合根设计一个存储库会产生大量的冗余代码。这也是这个方法的劣势。
- 为所有的聚合根设计通用的泛型存储库可以解决重复代码问题，但如果某个聚合根有特殊的需求，就需要继承通用的存储库基类，这样会增加类的层次，增加代码的复杂性。

3.5.2　存储库接口示例

在本例中采用第一种方法，因为聚合根不多，不需要考虑代码的冗余问题。

为 Game 创建的存储库接口如下：

```
public interface IGameRepository
{
    /// <summary>
    /// 获取游戏
    /// </summary>
    /// <param name="id"></param>
    /// <returns></returns>
    Task<Game> GetAsync(Guid id);
    /// <summary>
    /// 添加游戏
    /// </summary>
    /// <param name="game"></param>
    /// <returns></returns>
    Task<Guid> AddAsync(Game game);
    /// <summary>
    /// 更新游戏
    /// </summary>
    /// <param name="game"></param>
    /// <returns></returns>
    Task UpdateAsync(Game game);
    /// <summary>
    /// 删除游戏
    /// </summary>
    /// <param name="game"></param>
    /// <returns></returns>
    Task RemoveAsync(Game game);
    /// <summary>
    /// 获取所有游戏
    /// </summary>
```

```
    /// <returns></returns>
    Task<List<Game>> GetAllAsync();
    /// <summary>
    /// 根据条件获取游戏
    /// </summary>
    /// <param name="predicate"></param>
    /// <returns></returns>
    Task<List<Game>> GetByConditionAsync(Expression<Func<Game, bool>> predicate);
}
```

为 Player 创建的存储库接口如下：

```
public interface IPlayerRepository
{
    /// <summary>
    /// 根据用户名获取玩家
    /// </summary>
    /// <param name="username"></param>
    /// <returns></returns>
    Task<Player> GetPlayerByUserNameAsync(string username);
    /// <summary>
    /// 根据用户 Id 获取玩家
    /// </summary>
    /// <param name="id"></param>
    /// <returns></returns>
    Task<Player> GetPlayerByIdAsync(Guid id);
    /// <summary>
    /// 添加玩家
    /// </summary>
    /// <param name="player"></param>
    /// <returns></returns>
    Task<Guid> AddAsync(Player player);
    /// <summary>
    /// 删除玩家
    /// </summary>
    /// <param name="player"></param>
    /// <returns></returns>
    Task RemoveAsync(Player player);
    /// <summary>
    /// 更新玩家
    /// </summary>
    /// <param name="player"></param>
    /// <returns></returns>
    Task UpdateAsync(Player player);
    /// <summary>
    /// 获取所有玩家
    /// </summary>
    /// <returns></returns>
    Task<List<Player>> GetAllAsync();
    /// <summary>
    /// 根据条件获取玩家
```

```
    /// </summary>
    /// <param name="predicate"></param>
    /// <returns></returns>
    Task<List<Player>> GetByConditionAsync(Expression<Func<Player, bool>>
predicate);
    }
```

需要注意的是，在定义存储库接口的时候，已经有了框架侵入——由于使用了.Net 的异步编程模式，要求所有返回值为 Task 类型。尽管在可预见的将来，这种技术在.Net 中不会发生变化，但仍然使领域模型对某种特定的技术有了依赖。不过这种妥协在本项目中是可以接受的。

3.5.3 是否可以使用 EF Core 等技术代替存储库

EF Core 本身就是存储库模式的实现，那么是否可以直接使用 EF Core 代替存储库呢？这要看项目的具体情况。由于存储库在领域模型中定义，使用 EF Core 就会带来架构依赖，领域模型必须依赖于 EF Core 框架。如果项目确定使用 EF Core 并且今后不会发生变化，这样做是可以的，可以简化项目的结构。但如果开发比较通用的领域模型，不确定将来使用的数据库类型以及框架技术，那么就不能在领域模型中引用特定的框架。这样做的代价是多了一层封装，需要自己定义存储库接口，在实现接口时引用 EF Core 等框架，增加了系统的复杂性。

3.5.4 构建测试用的存储库实现

现在构建简单的存储库实现，在内存中使用集合进行存储。创建一个新的.Net 类库，名称为PoemGame.Repository.Simple，这个类库引用 PoemGame.Domain。

GameRepositry 的实现如下：

```
public class GameRepository : IGameRepository
{
    private List<Game> _games;
    public GameRepository()
    {
        _games = new List<Game>();
    }
    public Task<Guid> AddAsync(Game game)
    {
        _games.Add(game);
        return Task.FromResult(game.Id);
    }
    public Task<IEnumerable<Game>> GetAllAsync()
    {
        return Task.FromResult(_games as IEnumerable<Game>);
    }
    public Task<Game?> GetAsync(Guid id)
    {
        return Task.FromResult(_games.Find(o => o.Id == id));
    }
    public Task<IEnumerable<Game>> GetByConditionAsync(
                        Expression<Func<Game, bool>> predicate)
```

```
    {
        return Task.FromResult(_games.AsQueryable()
                .Where(predicate).ToList() as IEnumerable<Game>);
    }
    public Task RemoveAsync(Game game)
    {
        _games.Remove(game);
        return Task.CompletedTask;
    }
    public Task UpdateAsync(Game game)
    {
        return Task.CompletedTask;
    }
}
```

PlayerRepository 的实现如下：

```
public class PlayerRepository : IPlayerRepository
 {
    private List<Player> _players;

    public PlayerRepository()
    {
        _players = new List<Player>();
    }
    public Task<Guid> AddAsync(Player player)
    {
        _players.Add(player);
        return Task.FromResult(player.Id);
    }

    public Task<IEnumerable<Player>> GetAllAsync()
    {
        return Task.FromResult(_players as IEnumerable<Player>);
    }

    public Task<IEnumerable<Player>> GetByConditionAsync(
                        Expression<Func<Player, bool>> predicate)
    {
        return Task.FromResult(_players.AsQueryable()
                    .Where(predicate).ToList() as IEnumerable<Player>);
    }

    public Task<Player?> GetPlayerByIdAsync(Guid id)
    {
        return Task.FromResult(_players.Find(o => o.Id  == id));
    }

    public Task<Player?> GetPlayerByUserNameAsync(string username)
    {
        return Task.FromResult(_players.Find(o => o.UserName == username));
```

```
    }

    public Task RemoveAsync(Player player)
    {

        _players.Remove(player);
        return Task.CompletedTask;
    }

    public Task UpdateAsync(Player player)
    {

        return Task.CompletedTask;
    }
}
```

针对关系数据库和 NoSQL 数据库的存储库在本书的第 2 部分介绍。

3.6 领 域 事 件

本节主要介绍领域事件的相关内容。

3.6.1 为什么需要领域事件

前面的游戏规则提到了，诗词游戏进行过程中，如果用户回答正确就会加分，如何处理这个逻辑呢？最简单的办法就是在游戏过程中增加相应的逻辑：

```
bool IsProperAnswer = await game.Play(player, answer, checkAnswerServiceFactory);
if (isAnswerProper)
    {
        player.IncreaseScore(ANSWER_CORRECT_SCORE);//回答正确加分
    }
```

这样处理方式逻辑上最为直接，但缺乏灵活性，如果需要增加新的逻辑，比如玩家答错会被扣分，就需要修改代码。此时可能的变化无法预测：比如玩家到达一定分数需要晋级，该如何处理；玩家获胜后，可以增加更多的分数，如何处理；等等。

一种处理办法是在应用层进行，将可能出现的变化抽象出来，以插件或者代理的方式注入，比如将上面的代码修改为：

```
bool IsProperAnswer = await game.Play(player, answer);
await AfterPlayerAnswer(player, IsProperAnswer);
```

这里 AfterPlayerAnswer 是一个代理，具体实现可以从外部传入。但这种情况只限于这个服务本身的扩展，如果对于每个服务都这样处理，服务的入口就会变得过于复杂。

另一个办法是由 Game 在 Play 完成后发布一个消息，需要在 Play 完成后进行处理的其他对象接收到消息后，可以根据需要处理自己的逻辑。这个消息就是领域事件。

3.6.2 领域事件的概念

领域事件顾名思义就是领域中发生的事件，这些事件是领域专家希望跟踪或被通知的事情，或者与其他模型对象的状态改变有关。根据事件接收对象的不同，领域事件分为内部事件和外部事件。如果事件处理在限界上下文内部进行，那么这个事件就是内部事件；如果事件处理在限界上下文以外进行，那么这个事件就是外部事件。在内部事件中，聚合根可以作为参数进行传递；在外部事件中，只能传输事件传输对象。

领域事件的实现有很多种方案，最常用的是在领域模型中定义领域事件，在聚合根中发起并存储领域事件，在持久化时，在存储库中由事件总线发布。

3.6.3 在项目中增加领域事件

在项目中增加领域事件之前，可以先参考 3.7 节对项目框架进行重构。在项目中增加内部领域事件和外部领域事件的基类，这些共用的基类保存在 Seedwork 文件夹中。内部事件中定义了事件发生的时间和发布事件的聚合根，在具体的领域事件中根据需要添加自定义属性。内部事件在限界上下文内消费，聚合根可以被访问，因此可以将发布事件的聚合根包括在事件数据内。内部事件的基类的代码如下：

```
namespace PoemGame.Domain.Seedwork
{
    /// <summary>
    /// 内部事件数据的基类
    /// </summary>
    public class BaseEventDataLocal
    {
        public BaseEventDataLocal(DateTime eventDate, AggregateRoot sender)
        {
            EventDate = eventDate;
            this.Sender = sender;
        }
        /// <summary>
        /// 事件发生时间
        /// </summary>
        public DateTime EventDate { get; private set; }
        /// <summary>
        /// 发布时间的聚合根
        /// </summary>
        public AggregateRoot Sender { get; private set; }
    }
}
```

外部事件向限界上下文之外发布消息，因此事件数据中不能带有领域对象的引用，只能包括基本数据，事件源只能传输标识（Id）。外部事件数据对象的基类的代码如下：

```
namespace PoemGame.Domain.Seedwork
{
    /// <summary>
```

```
        /// 外部事件数据基类
        /// </summary>
        public class BaseEventDataOutBound
        {
            public BaseEventDataOutBound(DateTime eventDate, Guid senderId)
            {
                EventDate = eventDate;
                this.SenderId = senderId;
            }
            /// <summary>
            /// 事件发生时间
            /// </summary>
            public DateTime EventDate { get; private set; }
            /// <summary>
            /// 事件源的标识
            /// </summary>
            public Guid SenderId { get; private set; }
        }
    }
```

现在定义具体的事件，需要定义的事件如表 3-1 所示。

表3-1　需要定义的事件及其描述

序　号	名　称	说　明
1	GameStartEventDataLocal	游戏开始事件
	GameStartEventDataOutBound	
2	GameFinishEventDataLocal	游戏结束事件
	GameFinishEventDataOutBound	
3	GamePlayEventDataLocal	游戏进行事件
	GamePlayEventDataOutBound	
4	PlayerJoinGameEventDataLocal	玩家加入游戏事件
	PlayerJoinGameEventDataOutBound	
5	PlayerLeaveGameEventDataLocal	玩家退出游戏事件
	PlayerLeaveGameEventDataOutBound	

由于这些事件都是 Game 聚合根发出的，因此在 GameAggregate 文件夹下创建 Events 文件夹，在这个文件夹中添加需要的事件定义类。以游戏进行事件为例，首先创建 GamePlayEventDataLocal：

```
using PoemGame.Domain.Seedwork;

namespace PoemGame.Domain.GameAggregate.Events
{
    /// <summary>
    /// 游戏进行事件，游戏进行时产生
    /// </summary>
    public class GamePlayEventDataLocal : BaseEventDataLocal
    {
        public GamePlayEventDataLocal(Game game,
```

```
                              string playerUserName,
                              Guid playerId,
                              string answer,
                              bool isProper,DateTime date)
                              :base(date,game)
        {
            GameId = game.Id;
            GameDescription = game.Description;
            PlayerUserName = playerUserName;
            PlayerId = playerId;
            Answer = answer;
            IsProper = isProper;
        }


        /// <summary>
        /// 游戏 ID
        /// </summary>
        public Guid GameId { get; private set; }
        /// <summary>
        /// 游戏描述
        /// </summary>
        public string GameDescription { get; private set; }
        /// <summary>
        /// 玩家用户名
        /// </summary>
        public string PlayerUserName { get; private  set; }
        /// <summary>
        /// 玩家 ID
        /// </summary>
        public Guid PlayerId { get; private set; }
        /// <summary>
        /// 回答
        /// </summary>
        public string Answer { get; private set; }
        /// <summary>
        /// 回答是否合适
        /// </summary>
        public bool IsProper { get; private set; }
    }
}
```

然后定义外部事件数据 GamePlayEventDataOutBound。

```
using PoemGame.Domain.Seedwork;

namespace PoemGame.Domain.GameAggregate.Events
{
    /// <summary>
    /// 游戏进行事件，游戏进行时产生
    /// </summary>
    public class GamePlayEventDataOutBound : BaseEventDataOutBound
```

```
{
    public GamePlayEventDataOutBound(Guid gameId,
                                     string gameDescription,
                                     string playerUserName,
                                     Guid playerId,
                                     string answer,
                                     bool isProper,
                                     DateTime date):
                                     base(date,gameId)
    {
        GameId = gameId;
        GameDescription = gameDescription;
        PlayerUserName = playerUserName;
        PlayerId = playerId;
        Answer = answer;
        IsProper = isProper;
    }

    /// <summary>
    /// 游戏 ID
    /// </summary>
    public Guid GameId { get; private set; }
    /// <summary>
    /// 游戏描述
    /// </summary>
    public string GameDescription { get; private set; }
    /// <summary>
    /// 玩家用户名
    /// </summary>
    public string PlayerUserName { get; private set; }
    /// <summary>
    /// 玩家 ID
    /// </summary>
    public Guid PlayerId { get; private set; }
    /// <summary>
    /// 回答
    /// </summary>
    public string Answer { get; private set; }
    /// <summary>
    /// 回答是否合适
    /// </summary>
    public bool IsProper { get; private set; }
}
}
```

其他事件的定义与此类似，不再一一列出。

事件由聚合根发起，发起的事件保存在聚合根内部，在聚合根的基类中增加两个列表，用来保存内部事件数据和外部事件数据，还需要增加操作事件列表的相关方法。改造后的聚合根代码如下：

```
public class AggregateRoot:EntityBase,IAggregateRoot
{
```

```
/// <summary>
/// 保存内部事件列表
/// </summary>
private readonly List<EventRecordLocal> _localEvents =
                                new List<EventRecordLocal>();
/// <summary>
/// 保存外部事件列表
/// </summary>
private readonly List<EventRecordOutBound> _outBoundEvents =
                                new List<EventRecordOutBound>();


/// <summary>
/// 获取内部事件列表
/// </summary>
/// <returns></returns>
public IReadOnlyList<EventRecordLocal> GetLocalDomainEvents()
{ return _localEvents; }
/// <summary>
/// 获取外部事件列表
/// </summary>
/// <returns></returns>
public IReadOnlyList<EventRecordOutBound> GetOutBoundDomainEvents()
{ return _outBoundEvents; }


/// <summary>
/// 清除内部事件
/// </summary>
public void ClearLocalDomainEvents()
{
    _localEvents.Clear();
}
/// <summary>
/// 清除外部事件
/// </summary>
public void ClearOutBoundDomainEvents()
{
    _outBoundEvents.Clear();
}
/// <summary>
/// 增加内部事件
/// </summary>
/// <param name="record"></param>
public void AddLocalEvent(EventRecordLocal record)
{
    _localEvents.Add(record);
}
/// <summary>
/// 增加外部事件
/// </summary>
/// <param name="record"></param>
public void AddOutBoundEvent(EventRecordOutBound record)
```

```
    {
        _outBoundEvents.Add(record);
    }
}
```

在聚合根中增加了两个列表，分别保存内部事件和外部事件，保存的记录分别为 EventRecordLocal 和 EventRecordOutBound，下面的代码是 EventRecordLocal 的定义：

```
/// <summary>
/// 内部事件记录
/// </summary>
public class EventRecordLocal
{
    /// <summary>
    /// 事件数据
    /// </summary>
    public BaseEventDataLocal EventData { get; }
    /// <summary>
    /// 事件加入顺序
    /// </summary>
    public long EventOrder { get; }

    public EventRecordLocal(BaseEventDataLocal eventData, long eventOrder)
    {
        EventData = eventData;
        EventOrder = eventOrder;
    }
}
```

事件记录中包括事件的数据和加入事件队列的顺序，在处理事件时，按照这个顺序进行处理。现在，在 Game 中添加用于增加这些事件的方法，代码如下：

```
#region Events
/// <summary>
/// 增加游戏开始事件
/// </summary>
private void AddGameStartEvent()
{
    AddLocalEvent(new EventRecordLocal(
            new GameStartEventDataLocal(this, DateTime.Now),
            GetLocalDomainEvents().Count));
    AddOutBoundEvent(new EventRecordOutBound(
            new GameStartEventDataOutBound(Id,
            Description, DateTime.Now),
        GetOutBoundDomainEvents().Count));
}

/// <summary>
/// 增加玩家加入游戏事件
/// </summary>
/// <param name="player"></param>
```

```
private void AddPlayerJoinGameEvent(Player player)
{
    AddLocalEvent(new EventRecordLocal(
        new PlayerJoinGameEventDataLocal(this,
            player.Id, player.UserName, DateTime.Now),
        GetLocalDomainEvents().Count));
    AddOutBoundEvent(new EventRecordOutBound(
        new PlayerJoinGameEventDataOutBound(Id,
            Description, player.Id, player.UserName, DateTime.Now),
        GetOutBoundDomainEvents().Count));
}

/// <summary>
/// 增加玩家离开游戏事件
/// </summary>
/// <param name="player"></param>
private void AddPlayerLeaveGameEvent(Player player)
{
    AddLocalEvent(new EventRecordLocal(
        new PlayerLeaveGameEventDataLocal(this,
            player.Id, player.UserName, DateTime.Now),
        GetLocalDomainEvents().Count));
    AddOutBoundEvent(new EventRecordOutBound(
        new PlayerLeaveGameEventDataOutBound(Id,
            Description, player.Id, player.UserName, DateTime.Now),
        GetOutBoundDomainEvents().Count));
}

/// <summary>
/// 增加游戏进行事件
/// </summary>
/// <param name="player">玩家</param>
/// <param name="answer">作答</param>
/// <param name="isProper">作答是否合适</param>
private void AddPlayGameEvent(Player player, string answer, bool isProper)
{
    AddLocalEvent(new EventRecordLocal(
        new GamePlayEventDataLocal(this,
            player.UserName, player.Id, answer, isProper, DateTime.Now),
        GetLocalDomainEvents().Count));
    AddOutBoundEvent(new EventRecordOutBound(
        new GamePlayEventDataOutBound(Id,
            Description, player.UserName, player.Id, answer, isProper,
            DateTime.Now), GetOutBoundDomainEvents().Count));
}

/// <summary>
/// 增加游戏结束事件
/// </summary>
/// <param name="player">游戏赢家</param>
private void AddGameFinishEvent(Player player)
```

```
{
    AddLocalEvent(
        new EventRecordLocal(
            new GameFinishEventDataLocal(this,
                true, player.UserName, player.Id, DateTime.Now)
            , GetLocalDomainEvents().Count));
    AddOutBoundEvent(
        new EventRecordOutBound(
            new GameFinishEventDataOutBound(this.Id,this.Description,
                true,player.UserName,player.Id,DateTime.Now)
            , GetOutBoundDomainEvents().Count));
}
/// <summary>
/// 增加没有赢家的游戏结束事件
/// </summary>
private void AddGameFinishNoWinnerEvent()
{
    AddLocalEvent(
        new EventRecordLocal(
            new GameFinishEventDataLocal(this,
                false, "", Guid.Empty, DateTime.Now)
            , GetLocalDomainEvents().Count));
    AddOutBoundEvent(
        new EventRecordOutBound(
            new GameFinishEventDataOutBound(Id,
                Description, false, "", Guid.Empty, DateTime.Now)
            , GetOutBoundDomainEvents().Count));
}
#endregion
```

在需要加入事件的位置，调用这些方法。以游戏进行为例，示例代码如下：

```
/// <summary>
/// 游戏进行
/// </summary>
/// <param name="player">进行游戏的玩家</param>
/// <param name="answer">玩家的回答</param>
/// <param name="checkAnswerServiceFactory">检查工厂</param>
public async Task<bool> Play(Player player,
        string answer,
        IDomainServiceFactory<ICheckAnswerService>
        checkAnswerServiceFactory)
{
    var checkAnswerService =
                checkAnswerServiceFactory.GetService(GameType);
    CheckAnswerServiceInput checkinput =
                GetCheckAnswerServiceInput(this);
    bool isProper = await checkAnswerService.CheckAnswer(
                    checkinput, answer);
    AddPlayRecord(player, answer, DateTime.Now, isProper);
    AddPlayGameEvent(player,answer,isProper);
```

```
        return isProper;
    }
```

在领域模型中定义了领域事件，领域事件的注册和编排是在服务层完成的，因此领域事件处理的代码应该在领域模型之外实现。我们可以定义一个独立的类库，用于定义发布领域事件的总线接口：创建一个名为 PoemGame.Events.Shared 的类库，添加 PoemGame.Domain 为项目引用。

针对内部事件和外部事件的发布分别定义接口：

```csharp
using PoemGame.Domain.Seedwork;

namespace PoemGame.Events.Shared
{
    /// <summary>
    /// 发布内部事件的事件总线
    /// </summary>
    public interface ILocalEventBus
    {
        Task PublishAsync<T>(T data) where T : BaseEventDataLocal;
    }
}

using PoemGame.Domain.Seedwork;

namespace PoemGame.Events.Shared
{
    /// <summary>
    /// 发布外部事件的事件总线
    /// </summary>
    public interface IOutBoundEventBus
    {
        Task PublishAsync<T>(T data) where T : BaseEventDataOutBound;
    }
}
```

至此，完成了领域事件的创建，还定义了发布领域事件的总线接口，但还没有涉及如何发布事件和如何处理事件。因为这两部分不在领域模型范围内，这里先不做介绍，我们将在"第 13 章 领域事件实现"中介绍这两部分的实现。

3.7　重构项目框架

本章引入了实体、值对象、聚合根、存储库和领域事件等概念，现在有必要对项目进行重构。

首先，在 PoemGame.Domain 中增加一个目录，名称为 Seedwork，用于保存实体、值对象、聚合根、存储库和领域事件等的接口和基类。

Seedwork 是指项目中可重用的接口和基类，因为仅包含可重用类的一个小型子集，所以不能将其视为一个框架。Seedwork 是由 Michael Feathers 引入的一个术语，Martin Fowler[7]对其有更深入的解释（参见其官网）。

在 Seedwork 文件夹中保存 EntityBase、ValueObject、IRepository 等。当然也可将该文件夹命名为 Common、SharedKernel 或类似名称，所起的作用是一样的。Seedwork 中的接口需要在基础设施层实现，在应用层使用，并且可以通过依赖注入获取接口的实现。

Seedwork 中的接口一般通过文件复制粘贴共享，不需要创建独立的框架。但如果涉及的接口和基类很多，可以创建独立的类库供其他项目引用。

然后，按照聚合组织相关的代码。在领域模型项目 PoemGame.Domain 中，为每个聚合创建一个文件夹，将与聚合根相关的文件保存在一起，使文件的结构更为清晰。现在项目中有两个聚合 GameAggregate 和 PlayerAggregate，所以创建两个文件夹，将相关的文件移动到这两个文件夹中，重新组织后的文件结构如图 3-3 所示。

图 3-3　重构后的项目结构

3.8　完善诗词服务

现在完善与诗词服务上下文之间的集成。前面已经提到了，游戏上下文使用诗词服务上下文的数据。我们创建独立的诗词服务（PoemService）获取诗词的数据。在 PoemService.Shared 中定义服务接口和获取数据的结构，相关代码如下：

定义诗词 Poem：

```
namespace PoemService.Shared
{
    public class Poem
    {
        public string PoemId { get; set; }
```

```
        public string PoetId { get; set; }
        public string Title { get; set; }
        public string Content { get; set; }
    }
}
```

定义诗句 PoemLine：

```
namespace PoemService.Shared
{
    /// <summary>
    /// 诗句
    /// </summary>
    public class PoemLine
    {
        /// <summary>
        /// 诗句标识
        /// </summary>
        public string PoemLineId { get; set; }
        /// <summary>
        /// 诗标识
        /// </summary>
        public string PoemId { get; set; }
        /// <summary>
        /// 内容
        /// </summary>
        public string LineContent { get; set; }
        /// <summary>
        /// 序号
        /// </summary>
        public int Order { get; set; }
    }
}
```

定义诗人 Poet：

```
namespace PoemService.Shared
{
    /// <summary>
    /// 诗人
    /// </summary>
    public class Poet
    {
        public string PoetID { get; set; }
        public string Name { get; set; }
        public string Description { get; set; }
    }
}
```

诗词服务接口：

```
namespace PoemService.Shared
{
```

```
/// <summary>
/// 诗词服务
/// </summary>

public interface IPoemService
{
    /// <summary>
    /// 诗句是否存在
    /// </summary>
    /// <param name="line"></param>
    /// <returns></returns>
    Task<bool> IsPoemLineExist(string line);
    /// <summary>
    /// 获取诗句
    /// </summary>
    /// <param name="line"></param>
    /// <returns></returns>
    Task<PoemLine> GetPoemLine(string line);
    /// <summary>
    /// 获取诗的诗句
    /// </summary>
    /// <param name="poemId"></param>
    /// <returns></returns>
    Task<List<PoemLine>> GetPoemLineByPoemId(string poemId);
    /// <summary>
    /// 获取诗人
    /// </summary>
    /// <param name="name"></param>
    /// <returns></returns>
    Task<Poet> GetPoetByName(string name);
}
}
```

在 PoemService.Xml 中实现 XML 数据源的 PoemService：

```
public class PoemServiceXml : IPoemService
{
    private readonly DataTable poemlinedt;
    private readonly DataTable poetdt;

    public PoemServiceXml()
    {
        var ds = new DataSet();
        string resourceName = @"PoemGame.PoemService.data.PoemLine.Xml";
        Assembly someAssembly = Assembly.GetExecutingAssembly();
        using (Stream resourceStream =
someAssembly.GetManifestResourceStream(resourceName))
        {
            ds.ReadXml(resourceStream);
            poemlinedt = ds.Tables[0];
        }
```

```csharp
            var ds1 = new DataSet();
            string resourceName1 = @"PoemGame.PoemService.data.Poet.Xml";
            Assembly someAssembly1 = Assembly.GetExecutingAssembly();

            using (Stream resourceStream1 =
someAssembly1.GetManifestResourceStream(resourceName1))
            {
                ds1.ReadXml(resourceStream1);
                poetdt = ds1.Tables[0];
            }


        }
        public async Task<bool> IsPoemLineExist(string line)
        {
            var rows = poemlinedt.Select("LineContent='" + line + "'");
            return await Task.FromResult(rows.Count() > 0);
        }

        public async Task<PoemLine> GetPoemLine(string line)
        {
            var rows = poemlinedt.Select("LineContent='" + line + "'");
            if (rows.Count() > 0)
            {
                var poemLine = new PoemLine();
                poemLine.PoemLineId = rows[0]["PoemLineId"].ToString();
                poemLine.PoemId = rows[0]["PoemId"].ToString();
                poemLine.LineContent = rows[0]["LineContent"].ToString();
                poemLine.Order = int.Parse(rows[0]["Order"].ToString());
                return await Task.FromResult(poemLine);
            }
            return null;
        }

        public async Task<List<PoemLine>> GetPoemLineByPoemId(string poemId)
        {
            var rows = poemlinedt.Select("PoemId='" + poemId + "'", "Order asc");
            var lst = new List<PoemLine>();
            foreach (var row in rows)
            {
                var poemLine = new PoemLine();
                poemLine.PoemLineId = row["PoemLineId"].ToString();
                poemLine.PoemId = row["PoemId"].ToString();
                poemLine.LineContent = row["LineContent"].ToString();
                poemLine.Order = int.Parse(row["Order"].ToString());
                lst.Add(poemLine);
            }
            return await Task.FromResult(lst.OrderBy(o => o.Order).ToList());
        }

        public async Task<Poet> GetPoetByName(string name)
        {
```

```
            var rows = poetdt.Select("Name='" + name + "'");
            if (rows.Count() > 0)
            {
                var poet = new Poet();
                poet.PoetID = rows[0]["PoetID"].ToString();
                poet.Name = rows[0]["Name"].ToString();
                poet.Description = rows[0]["Description"].ToString();
                return await Task.FromResult(poet);
            }
            return null;
        }
    }
```

要使用 XML 作为数据源，需要将数据一次加载到内存，所带来的问题是应用启动时会比较慢，后面会使用数据库作为数据源实现诗词服务。

3.9 本章小结

本章首先介绍了领域模型的基本概念，包括实体、值对象、聚合与聚合根、存储库、领域事件等。然后按照这些概念将诗词游戏进行了重构，还完善了诗词服务，为下一步的开发打下基础。

第 4 章

领域服务与应用服务

一般情况下，业务规则应该在实体或者值对象中实现，但如果业务规则涉及多个聚合根或者其他复杂情况，在实体中实现就不合适了，这种情况下需要使用领域服务。领域服务是领域模型的重要组成部分，是无状态的方法或者函数，用于完成不适合在实体或者值对象中实现的功能。本章从对游戏类型的改造入手，引入领域服务的概念和实现方法。

4.1　第一个领域服务

创建游戏时遇到的一个问题是如何判断游戏条件是否符合要求。在创建游戏之前需要根据游戏类型对游戏条件进行检查。例如，如果是接龙游戏或者对诗游戏，那么游戏的条件必须是一句可以使用诗词服务检索到的诗句；如果是飞花令，那么游戏条件是一个字或词等，条件不符合时不能创建游戏。针对不同的游戏类型，判断条件也是不同的。这个功能放在哪里合适呢？放在游戏子类中显然不合适，因为要在游戏实例创建之前判断游戏是否成立。

这个问题的解决方案是创建一个领域服务来完成游戏条件的检查工作，这个服务所完成的工作不适合放在实体或者值对象中，并且这个服务所完成的工作不需要保存状态。检查游戏条件是否合适的领域服务的结构如图 4-1 所示。

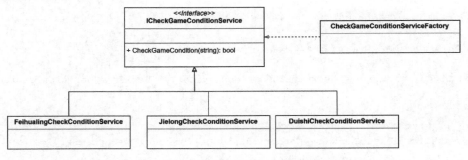

图 4-1　检查游戏条件是否合适的领域服务

图 4-1 说明了检查游戏条件服务的结构：创建一个接口定义检查游戏条件，为每种游戏类型创建一个检查服务类，实现这个接口，由一个工厂根据游戏类型实例化该游戏类型的检查服务。下面是这个结构的实现过程。

在 PoemGame.Domain 中创建一个接口，名称为 ICheckGameConditionService，在接口中定义方法 CheckGameCondition，用于检查输入的条件是否符合要求。针对每种具体的游戏，创建实现这个接口的服务，用于判断针对这种游戏类型的条件，图 4-1 中的 FeihualingCheckConditionService、JielongCheckConditionService 和 DuishiCheckConditionService 就是针对"飞花令""接龙"和"对诗"的服务。为了根据游戏类型创建检查服务，引入一个工厂，就是图 4-1 中的 CheckGameConditionServiceFactory。

ICheckGameConditionService 接口的定义如下：

```
namespace PoemGame.Domain.Services
{
    /// <summary>
    /// 检查游戏条件是否成立
    /// 不同的游戏，其条件不同
    /// 比如，飞花令是一个字或者词
    /// 对诗和接龙是一句诗句
    /// </summary>
    public interface ICheckGameConditionService:IDomainService
    {
        /// <summary>
        /// 检查条件是否合适
        /// </summary>
        /// <param name="condition"></param>
        /// <returns></returns>
        Task<bool> CheckGameCondition(string condition);

    }
}
```

上面的定义中 IDomainService 是一个空接口，用来标记接口是一个领域服务，它的作用在 4.3 节会解释。

我们为每种游戏类型创建一个独立的类库来实现这个接口，这样，领域模型就与具体的游戏类型没有关系了，在增加新的游戏类型时，只要增加新的类库实现这个接口即可。以接龙为例，实现如下：

```
using PoemService.Shared;

namespace PoemGame.Domain.Services.Jielong
{
    public class JielongCheckGameConditionService : ICheckGameConditionService

    {
        private readonly IPoemService poemService;
        public JielongCheckGameConditionService(IPoemService _poemService)
        {
            poemService = _poemService;
```

```
    }

    public async Task<bool> CheckGameCondition(string condition)
    {
        return await poemService.IsPoemLineExist(condition);
    }
    }
}
```

在构造函数中传入诗词服务（IPoemService）的实例，实现在 CheckGameCondition 方法中使用它来判断传入的诗句是否存在。

此外，还需要实现这个领域服务的工厂，用于根据游戏类型创建相应的服务对象。工厂的实现也在独立的类库中完成，在开发初期可以创建一个简单工厂用于测试，第 9 章会介绍创建基于依赖注入的工厂。

到这里就完成了第一个领域服务，接下来使用领域服务的概念对游戏进行改进。

4.2　对游戏进行优化

本节介绍如何使用领域服务对游戏进行优化。

4.2.1　问题分析

在已经完成的领域模型中，游戏是一个抽象类，具体的游戏类型由子类实现，可以使用如图 4-2 所示的 UML 描述这种结构。

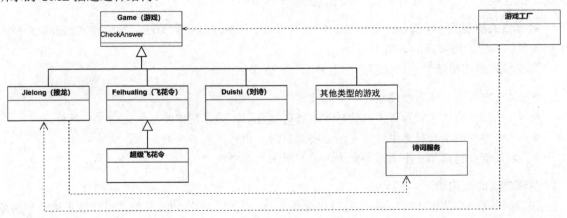

图 4-2　使用 UML 描述结构

为了简化起见，图中只标注了 Jielong（接龙）与游戏工厂和诗词服务的关系，其他类型的游戏子类关系相同。

在这个方案中，游戏的子类从游戏中派生，实现游戏中定义的 CheckAnswer 方法，用于判断作答是否正确。游戏工厂根据需要创建的游戏类型来创建游戏子类的实例。如果游戏类型是确定的，可以采用简单工厂模式，根据游戏类型使用子类的构造函数创建游戏子类实例。

这个方案遇到的一个问题是工厂如何创建新增加的游戏类型实例。假设需要增加一个新的游戏类型"诗词集对"，该如何处理呢？可以创建一个新的类库，在这个类库中创建一个新的类，继承 Game 基类，然后编写适合这个游戏的 CheckAnswer 方法。这部分易于理解，不是很困难，但是如何创建这个类型的游戏实例呢？最直接的办法就是修改游戏工厂，增加判断分支。但这样每增加一种游戏，就要修改游戏工厂，显然不是我们所希望的。还有一种办法是使用抽象工厂：为游戏创建一个抽象的工厂，每个具体的游戏都由一个具体的游戏工厂负责创建，这个具体工厂实现抽象工厂的接口。这样，在扩展游戏时，编写新的游戏子类和针对这个子类的工厂，就可以解决这个问题。但这个方案的结构过于复杂，还需要一个"工厂的工厂"，用于创建工厂实例。这里就不进行展开了。

这种方案的另一个问题是如何持久化游戏。由于游戏采用层级结构，相关的存储库结构会比较复杂。如果为每一种游戏子类都创建一个存储库，那么在获取所有游戏时会遇到麻烦；如果只创建一个存储库，就需要一个特定的工厂，根据游戏类型创建不同子类的实例。这两种方案都不太理想。当然还可以有更复杂的方案，但只是应对目前的需求，有点"杀鸡用牛刀"的感觉（如果需求有很大的变化，就需要用复杂的方案，在本书最后会讨论这种情况），所以目前还是从程序结构上入手解决。

4.2.2　设计模式的使用

仔细研究一下 Game 的结构，发现所有的子类只是实现了 CheckAnswer 方法，如果能够根据游戏类型找到相应的 CheckAnswer，就不再需要各个子类了。

这个场景符合"以组合代替继承"的设计原则[24]，"策略模式"[8][22]就是这个原则的一个具体体现，在这里我可以使用这种模式。首先，回顾一下策略模式的定义。

策略模式的意图：将算法进行封装，使系统可以更换算法或扩展算法。策略模式的关键是所有子类的目标一致，但实现的方法不同。

策略模式的使用场景：如果遇到如下情况，可以采用策略模式：

● 算法有多种变体可供使用。

● 多个相似的类仅行为不同，这时可以合并这些类，并采用策略模式处理这些行为。

● 一个类中的某个行为中有太多的分支，这时可以将这些行为封装为不同的算法。

● 如果希望隐藏算法中采用的数据，也可以采用策略模式。

策略模式的结构如图 4-3 所示。

在诗词游戏中，检查作答是否正确可以看作一个"策略"，不同游戏类型对作答正确的判断就是具体策略的实现，其结构如图 4-4 所示。

在这个解决方案中，还需要使用一个工厂（CheckAnswerServiceFactory）来根据不同的游戏类型创建不同的策略实例。"游戏类型"以前作为游戏的子类出现，现在需要将其抽象出来，形成一个新的领域概念。

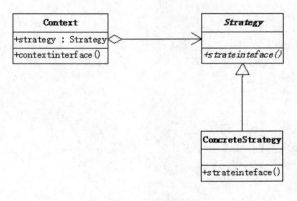

图 4-3 策略模式

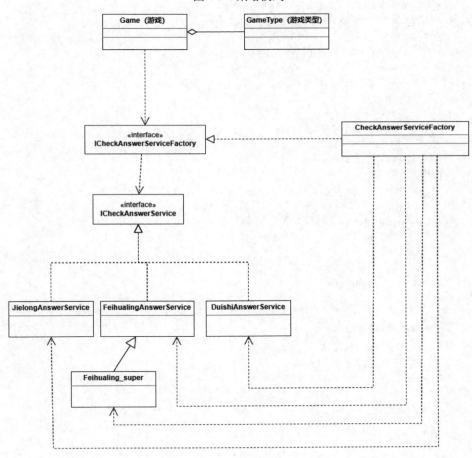

图 4-4 使用策略模式完成作答检查

4.2.3 解决方案

按照上一节提出的思路，需要引入游戏类型（GameType），这是一个值对象，在游戏创建时游戏类型就已经确定了，在游戏的生命周期内不能更改。GameType 的定义如下：

```csharp
using PoemGame.Domain.Seedwork;

namespace PoemGame.Domain.GameAggregate
{
    /// <summary>
    /// 游戏类型
    /// </summary>
    public class GameType : ValueObject
    {
        /// <summary>
        /// "主类型", "比如飞花令、对诗、接龙等"
        /// </summary>
        public string MainType { get; private set; }
        /// <summary>
        /// "次类型", "比如超级飞花令、两字飞花令等"
        /// </summary>
        public string SubType { get; private set; }
        /// <summary>
        /// 私有构造函数，为持久化框架使用
        /// </summary>
        private GameType()
        {
        }
        /// <summary>
        /// 构造函数
        /// </summary>
        /// <param name="mainType">游戏类型</param>
        /// <param name="subType">游戏子类型</param>
        public GameType(string mainType, string subType)
        {
            MainType = mainType;
            SubType = subType;
        }
        /// <summary>
        /// 值对象要求的实现
        /// </summary>
        /// <returns></returns>
        protected override IEnumerable<object> GetEqualityComponents()
        {
            yield return MainType;
            yield return SubType;
        }
    }
}
```

GameType 包括主类型和子类型两个属性，这两个属性定义了游戏类型。注意，这里使用字符串而没有使用枚举类型，这样做的目的是在游戏类型扩展时不修改核心领域模型。私有构造函数的存在也是对架构的妥协——持久化框架在恢复对象时需要使用无参构造函数创建实例。

现在 Game 不再是一个抽象类了，所有的游戏类型通过 GameType 进行区分，对于不同游戏类型需要的特定行为，使用特定的服务来完成，这个服务就是领域服务。

4.3　领域服务的引入

如 4.2 节的解决方案所示，Game 中的 CheckAnswer 方法被抽取出来，作为服务实现。现在领域服务登场了。我们创建名称为 ICheckAnserService 的领域服务，不同的游戏类型根据需要实现这个接口，在 Game 中调用这个接口实现原来 CheckAnswer 的功能，原来存在于实体中的功能被转移到领域服务中。

现在完成这个解决方案。首先创建服务的接口，叫作 ICheckAnswerService，接口中只有一个方法 CheckAnswer，针对每一种游戏类型，创建一个实现这个接口的类，在 CheckAnswer 中完成该游戏类型的作答检查。这个类可以创建在独立的类库中，新增一个游戏类型，就创建一个新的类库。这些类库可以注册到依赖注入容器中，由特定的工厂根据游戏类型返回相应的服务对象。

前面提到了标记领域服务的接口 IDomainService，这个接口是个空接口，定义如下：

```
/// <summary>
/// 标识 DomainService
/// </summary>
public interface IDomainService
{
}
```

ICheckAnswerService 的定义如下：

```
namespace PoemGame.Domain.Services
{
    /// <summary>
    /// 回答是否正确判断服务
    /// 检查游戏创建是否合法以及回答是否正确
    /// </summary>
    public interface ICheckAnswerService : IDomainService
    {
        /// <summary>
        /// 判断回答是否正确
        /// </summary>
        /// <param name="game"></param>
        /// <param name="answer"></param>
        /// <returns></returns>
        Task<bool> CheckAnswer(CheckAnswerServiceInput game, string answer);

    }
}
```

马上就会看到空接口 IDomainService 的作用。现在的问题转换为如何根据游戏类型获取具体的服务对象。这需要一个工厂，这个工厂根据游戏类型返回需要的服务对象实例。可以为 IDomainService 定义一个通用的工厂，这个工厂根据游戏类型返回需要的实现接口的服务对象：

```
using PoemGame.Domain.GameAggregate;

namespace PoemGame.Domain.Services
```

```
{
    /// <summary>
    /// 创建 DomainService 的工厂
    /// </summary>
    /// <typeparam name="T"></typeparam>
    public interface IDomainServiceFactory<T> where T : IDomainService
    {
        /// <summary>
        /// 根据游戏类型获取相应的服务
        /// </summary>
        /// <param name="gamePlayType"></param>
        /// <returns></returns>
        T GetService(GameType gamePlayType);
    }
}
```

现在可以改造游戏的 Play 方法了，Play 中的过程部分不需要修改，只需要传入 IDomainServiceFactory<ICheckAnswerService>的实例：

```
public async Task<GamePlayResult> Play(string
answer,IDomainServiceFactory<ICheckAnswerService> checkAnswerServiceFacotry)
```

主要改变的是 CheckAnswer 方法，这个方法原来是抽象的，需要子类实现，现在这个方法被去掉了，改为调用 ICheckAnswerService 中的 CheckAnswer 方法：

```
    /// <summary>
    /// 游戏进行
    /// </summary>
    /// <param name="player">进行游戏的玩家</param>
    /// <param name="answer">玩家的回答</param>
    /// <param name="checkAnswerServiceFactory">检查工厂</param>
    public async Task<bool> Play(Player player,
        string answer,
        IDomainServiceFactory<ICheckAnswerService> checkAnswerServiceFactory)
    {
        var checkAnswerService =
                        checkAnswerServiceFactory.GetService(GameType);
        CheckAnswerServiceInput checkinput = GetCheckAnswerServiceInput(this);
        bool isProper = await checkAnswerService.CheckAnswer(
                        checkinput, answer);
        AddPlayRecord(player, answer, DateTime.Now, isProper);
        AddPlayGameEvent(player,answer,isProper);
        return isProper;
    }
```

现在为每个具体的游戏类型创建实现 ICheckAnswerService 的类，以飞花令为例，创建一个类库项目，名称为 PoemGame.Domain.Services.Feihualing，在项目中添加 PoemGame.Domain 和 PoemService.Shared 的引用，在项目中新增一个类，名称为 FeihualingCheckAnswerService，实现接口 ICheckAnswerService，代码如下：

```
using PoemService.Shared;
```

```
namespace PoemGame.Domain.Services.Feihualing
{
    public class FeihualingCheckAnswerService : ICheckAnswerService
    {
        protected readonly IPoemService poemService;
        public FeihualingCheckAnswerService(
            IPoemService _poemService
            )
        {
            poemService = _poemService;
        }
        public virtual async Task<bool> CheckAnswer(
            CheckAnswerServiceInput game,
            string answer)
        {
            var targetWord = game.GameCondition;
            if (!await poemService.IsPoemLineExist(answer)
                || !answer.Contains(targetWord)) return false;
            var records = game.ProperAnswers;
            var record = records.Find(o => o == answer);
            return record == null;
        }
    }
}
```

使用同样的方式可以实现接龙和对诗的作答检查服务。

现在创建工厂来根据具体的游戏类型返回适当的作答检查服务（ICheckAnswerService）的实例，这里先实现一个简单工厂，更为复杂的工厂在第 9 章依赖注入部分介绍。创建一个类库，项目名称为 PoemGame.Domain.Services.Factory.Simple，在项目中新增类 CheckAnswerServiceFactory，在这个类中实现简单的工厂，代码如下：

```
public class CheckAnswerServiceFactory: IDomainServiceFactory<ICheckAnswerService>
    {
        private readonly IPoemService poemService;
        public CheckAnswerServiceFactory(IPoemService _ poemService)
        {
            poemService = _ poemService;
        }

        public ICheckAnswerService GetService(GameType gamePlayType)
        {
            switch (gamePlayType.MainType)
            {
                case "Duishi":
                    return new DuishiCheckAnswerService(poemService);
                case "Feihualing":
                    return new FeihualingCheckAnswerService(poemService);
                case "Jielong":
                    return new JielongCheckAnswerService(poemService);
```

```
        }
        return null;
    }
```

测试用的客户端修改如下：

```
using PoemGame.PoemDataXml;
using PoemGame.Domain.GameAggregate;
using PoemGame.Domain.PlayerAggregate;
using PoemGame.Domain.Services.Factory.Simple;

var game = new Game(Guid.NewGuid(), new GameType("Feihualing",""), "花");
var factory = new CheckAnswerServiceFactory(new PoemServiceXml());

var player1 = new Player(Guid.NewGuid(), "张三","三郎",100 );
var player2 = new Player(Guid.NewGuid(), "李四", "四郎", 100);
var player3 = new Player(Guid.NewGuid(), "王五", "五郎", 100);

game.PlayerJoinGame(player1);
game.PlayerJoinGame(player2);
game.PlayerJoinGame(player3);

var note = "请输入一句唐诗，带"花"";
Console.WriteLine(note);
do
{
    Console.WriteLine("当前用户:"+game.GetCurrentPlayer().UserName);
    var answer = Console.ReadLine();
    var res = await game.Play(answer,factory);
    Console.WriteLine(res.Message);
} while (game.Status != GameStatus.Done);
Console.WriteLine("赢家:" + game.GetCurrentPlayer().UserName);
Console.WriteLine("游戏结束");
```

至此，完成对游戏的改造，游戏类型从类的层级结构转换为带有游戏类型属性的单一结构，与游戏类型有关的作答检查被转移到领域服务中。

这里使用的是简单工厂，如果增加新的游戏类型，这个工厂就需要改变。在"第 9 章　工厂与依赖注入容器"中，会介绍使用依赖注入服务实现的工厂，这样在增加新的游戏类型时不需要改变工厂代码。

4.4　应 用 服 务

领域服务解决的是领域内的核心问题，而应用服务是面向用例的，通过调用领域模型来完成某一用例，通常通过对领域模型中的实体以及领域服务的编排实现某一业务功能。

4.4.1　创建游戏

再研究一下游戏的创建。可以直接使用游戏的构造函数来创建游戏，但游戏的构造函数不能够确保游戏条件是正确的，所以首先要验证游戏的条件的正确性，如果输入的条件不正确，就不能创建游戏，需要抛出异常或者返回错误信息。我们已经有了验证游戏条件的领域服务，可以在创建游戏前，使用这个服务对游戏条件进行验证。"验证条件"和"创建游戏"这两个步骤构成了一个创建游戏的应用服务，当用户需要创建一个游戏时，可以调用这个服务。

那么，创建游戏是否可以作为领域服务呢？可以考虑以下几种情况：

- 由某个玩家发起一个游戏，等待其他玩家加入，这个玩家就是这个游戏的创建者。
- 由后台创建游戏，等待用户加入，这种情况下没有玩家是创建者。
- 由后台创建游戏，创建游戏时随机选择若干玩家加入游戏。这种情况出现在玩家选择自动匹配时。
- 玩家发起游戏，选择若干好友加入。

还有很多种情况，随着系统的应用，会有新的用例产生，同时，也会有不常用的用例退出。所以创建游戏是与用例相关的，针对不同的游戏产生规则，可以有多个创建游戏的服务。因此，创建游戏服务不能作为领域服务。

创建游戏的应用服务接口如下：

```csharp
using PoemGame.Domain.GameAggregate;
using PoemGame.Domain.PlayerAggregate;

namespace PoemGame.ApplicationService
{
    /// <summary>
    /// 游戏工厂
    /// </summary>
    public interface IGameFactory
    {
        /// <summary>
        /// 系统的游戏
        /// </summary>
        /// <param name="gameType"></param>
        /// <param name="description"></param>
        /// <param name="context"></param>
        /// <returns></returns>
        Task<GameCreationResult> CreateGame( GameType gameType,
PlayType playtype, string description, string context);
        /// <summary>
        /// 玩家创建游戏
        /// </summary>
        /// <param name="player"></param>
        /// <param name="gameType"></param>
        /// <param name="playtype"></param>
        /// <param name="description"></param>
        /// <param name="context"></param>
```

```
        /// <returns></returns>
        Task<GameCreationResult> CreateGame(Player player,
GameType gameType, PlayType playtype,
string description, string context);


        /// <summary>
        /// 系统或者管理员创建的多玩家游戏
        /// </summary>
        /// <param name="players"></param>
        /// <param name="gameType"></param>
        /// <param name="playtype"></param>
        /// <param name="description"></param>
        /// <param name="context"></param>
        /// <param name="gameOptions"></param>
        /// <returns></returns>
        Task<GameCreationResult> CreateGame(Player[] players,
GameType gameType, PlayType playtype, string description, string context);
    }
}
```

应用服务通过调用领域服务进行实现，IGameFactory 的实现如下：

```
using PoemGame.Domain.GameAggregate;
using PoemGame.Domain.PlayerAggregate;
using PoemGame.Domain.Services;

namespace PoemGame.ApplicationService
{
    /// <summary>
    /// 游戏工厂
    /// </summary>
    public class GameFactory : IGameFactory
    {
        private readonly IDomainServiceFactory<ICheckGameConditionService>
checkerFactory;

        /// <summary>
        /// 游戏工厂
        /// </summary>
        /// <param name="_checkerFactory"></param>

        public GameFactory(IDomainServiceFactory<ICheckGameConditionService>
_checkerFactory)
        {
            checkerFactory = _checkerFactory;
        }

        /// <summary>
        /// 创建游戏
        /// </summary>
        /// <param name="player"></param>
```

```
        /// <param name="gameType"></param>
        /// <param name="playtype"></param>
        /// <param name="description"></param>
        /// <param name="context"></param>
        /// <param name="gameOptions"></param>
        /// <returns></returns>
        public async Task<GameCreationResult> CreateGame(Player player,
GameType gameType, PlayType playtype,
string description, string context)
        {
            if (player == null) return new GameCreationResult(null,
false, EnumGameCreateFaultReason.PlayerIsNull,
"玩家不能为空");
            var srv = checkerFactory.GetService(gameType);
            bool b = await srv.CheckGameCondition(context);
            if (b)
            {
                var game = new Game( gameType, playtype, description, context) ;
                game.CreatorJoinGame(player);
                return new GameCreationResult(game, true,
 EnumGameCreateFaultReason.None,
$"{player.UserName}游戏创建成功"); ;
            }
            return new GameCreationResult(null, false,
EnumGameCreateFaultReason.WrongParameter,
"游戏条件不成立");
        }
        /// <summary>
        ///
        /// </summary>
        /// <param name="gameType"></param>
        /// <param name="playtype"></param>
        /// <param name="description"></param>
        /// <param name="context"></param>
        /// <param name="gameOptions"></param>
        /// <returns></returns>
        public async Task<GameCreationResult> CreateGame(GameType gameType,
PlayType playtype, string description, string context)
        {
            var srv = checkerFactory.GetService(gameType);
            bool b = await srv.CheckGameCondition(context);
            if (b)
            {
                var game = new Game(gameType, playtype, description, context);
                return new GameCreationResult(game, true,
EnumGameCreateFaultReason.None, $"游戏创建成功"); ;
            }
            return new GameCreationResult(null, false,
EnumGameCreateFaultReason.WrongParameter,
"游戏条件不成立");
        }
```

```
        /// <summary>
        ///
        /// </summary>
        /// <param name="players"></param>
        /// <param name="gameType"></param>
        /// <param name="playtype"></param>
        /// <param name="description"></param>
        /// <param name="context"></param>
        /// <param name="gameOptions"></param>
        /// <returns></returns>
        /// <exception cref="NotImplementedException"></exception>
        public async Task<GameCreationResult> CreateGame(Player[] players,
GameType gameType,
PlayType playtype,
string description,
string context)
        {
            var srv = checkerFactory.GetService(gameType);
            bool b = await srv.CheckGameCondition(context);
            if (b)
            {
                var game = new Game(gameType, playtype, description, context);
                foreach (var player in players)
                {
                    game.PlayerJoinGame(player);
                }
                return new GameCreationResult(game, true,
EnumGameCreateFaultReason.None, $"游戏创建成功"); ;
            }
            return new GameCreationResult(null, false,
EnumGameCreateFaultReason.WrongParameter, "游戏条件不成立");
        }
    }
}
```

这里需要注意的有两点：

- 创建游戏服务既是一个工厂也是一个服务，在命名上根据这个服务的直接业务目标命名为 GameFactory。相比工厂而言，服务的范围更宽泛。
- 尽管创建游戏服务与用例有关，不能归结为领域服务，但该服务与一般的应用服务也有区别：这个服务需要被其他应用服务使用，用于创建从控制台到微服务的各种类型的应用，具有一定的通用性，也具有某种领域服务的特征。

因此这个服务包含在独立的模块中，这个模块处于领域层和服务层之间。在实际应用中，这种类型的服务很常见，一方面，这些服务只适用于某些用例，但却是这些用例的抽象；另一方面，面向更具体用例的应用服务在实现时需要使用这些服务。这些服务经常处于领域模型与应用层之间，作为应用层的底层存在。这种情况下，不需要纠结这些服务到底是领域服务还是应用服务，只要分层结构合理即可。

4.4.2 游戏过程

现在再仔细分析一下游戏进行的过程,可以发现这个过程中有很多地方可能发生变化,如图 4-5 所示。

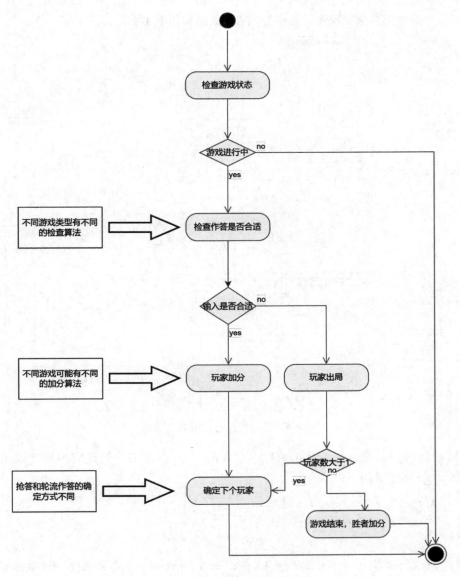

图 4-5 游戏过程中的可变化部分

轮流作答和抢答在处理时是不同的,答对和胜者的奖励积分规则也是可能发生变化的,目前游戏的 Play 方法显然无法胜任所有这些可能的变化。我们发现这些变化实际上与具体的用例相关,而用例的变化和增加是无法控制的,这部分不应该放在领域层,而应该在领域层之外进行编排。在领域层需要做的是将这个大的过程拆分成小粒度的函数,在应用层创建应用服务编排这些函数,形成面向用例的大粒度的功能。

首先改造 Game，将 Play 的过程进行拆分，使其与作答方式无关。在 Play 中仅进行答案的判断和游戏过程的记录，增加设置当前作答用户、用户出局、游戏结束等方法。

然后，创建一个新的类库，作为实现答题方式的应用服务。

简单的奖励积分规则可以采用配置的方式进行修改，这里不详细讨论，而作答方式要复杂一些，这里引入另一个领域服务来实现不同的作答方式，其结构如图 4-6 所示。

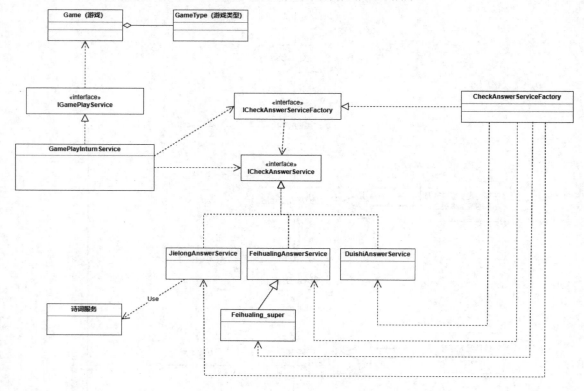

图 4-6　将游戏过程从游戏中分离

现在这种结构中，将可能变化的算法从 Game 中分离出来，创建应用来完成这些工作。IGamePlayService 的定义如下：

```
namespace PoemGame.ApplicationService
{
    /// <summary>
    /// 游戏进行服务
    /// 游戏进行涉及轮次，轮流作答还是抢答。在服务封装游戏过程中，不同的作答顺序带来的变化在具体的子类
中实现
    /// </summary>
    public interface IGamePlayService
    {
        /// <summary>
        /// 玩家进行游戏
        /// </summary>
        /// <param name="player"></param>
        /// <param name="game"></param>
```

```
        /// <param name="answer"></param>
        /// <returns></returns>
        Task<GamePlayResult> GamePlay(Player player, Game game, string answer);
        /// <summary>
        /// 设置当前回答的玩家，抢答时显式调用
        /// </summary>
        /// <param name="player"></param>
        /// <param name="game"></param>
        /// <returns></returns>
        Task<GeneralResult> SetPlayer(Player player, Game game);

    }
}
```

从定义中可以看出，应用服务中的方法完成粒度较大的过程，在这个过程中，需要调用和编排领域模型中的聚合根和领域服务。针对不同的用例，使用不同的应用服务。在这个例子中，玩家轮流作答和抢答就是两个用例，需要不同的编排过程。IGamePlayService 的结构如图 4-7 所示。

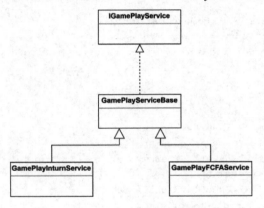

图 4-7　游戏过程服务的结构

GamePlayServiceBase 的代码如下：

```
using PoemGame.Domain.GameAggregate;
using PoemGame.Domain.PlayerAggregate;
using PoemGame.Domain.Seedwork;
using PoemGame.Domain.Services;

namespace PoemGame.ApplicationService
{
    /// <summary>
    /// 封装游戏的过程，将回答顺序等在子类中实现
    /// </summary>
    public abstract class GamePlayServiceBase : IGamePlayService
    {
        protected const int WINNER_SCORE = 10;
        protected const int ANSWER_CORRECT_SCORE = 1;
        protected readonly IGameRepository gameRepository;
        protected readonly IPlayerRepository playerRepository;
```

```csharp
protected readonly IDomainServiceFactory<ICheckAnswerService>
   checkAnswerServiceFactory;


/// <summary>
///
/// </summary>
/// <param name="_gameRepository"></param>
/// <param name="_playerRepository"></param>
/// <param name="_checkAnswerServiceFactory"></param>
/// <param name="_aftergameActionFactory"></param>
public GamePlayServiceBase(
   IGameRepository _gameRepository,
   IPlayerRepository _playerRepository,
   IDomainServiceFactory<ICheckAnswerService> _checkAnswerServiceFactory
   )
{

   gameRepository = _gameRepository;
   playerRepository = _playerRepository;
   checkAnswerServiceFactory = _checkAnswerServiceFactory;
}
/// <summary>
/// 游戏进行
/// </summary>
/// <param name="player"></param>
/// <param name="game"></param>
/// <param name="answer"></param>
/// <returns></returns>
public async Task<GamePlayResult> GamePlay(Player player,
   Game game, string answer)
{

   if (player == null)
      return new GamePlayResult
         { IsSuccess = false,
            Message = "玩家不存在",
            FaultReason = EnumGamePlayFaultReason.PlayerIsNull };
   if (game.Status == GameStatus.Done)
      return new GamePlayResult
         { IsSuccess = false,
            Message = "游戏已经结束",
            FaultReason = EnumGamePlayFaultReason.GameIsDone };
   if (game.Status == GameStatus.Ready)
      return new GamePlayResult
         { IsSuccess = false,
            Message = "游戏没有开始",
            FaultReason = EnumGamePlayFaultReason.GameNotStart };
   var playeringame =
      game.PlayersInGame.FirstOrDefault(o => o.PlayerId == player.Id);
```

```
if (playeringame == null)
    return new GamePlayResult
        { IsSuccess = false,
            Message = "没有在游戏中",
            FaultReason = EnumGamePlayFaultReason.PlayerNotInGame };
if (playeringame.PlayerStatus == PlayerGameStatus.Out)
    return new GamePlayResult
        { IsSuccess = false,
            Message = "已经出局",
            FaultReason = EnumGamePlayFaultReason.PlayerIsOut };

GamePlayResult resbefore = CheckPlayerIsInturn(playeringame);
if (!resbefore.IsSuccess) return resbefore;

var res = new GamePlayResult
{
    IsSuccess = true,
    FaultReason = EnumGamePlayFaultReason.None,
    IsGameDone = false
};

if (string.IsNullOrEmpty(answer))
{
    answer = "";
}

bool IsProperAnswer =
    await game.Play(player, answer, checkAnswerServiceFactory);

var message = "";
if (IsProperAnswer)
{
    playeringame.PlayerStatus = PlayerGameStatus.Waiting;
    message = player.UserName + "回答正确,";
    res.Message = message;
    res.IsAnswerCorrect = true;
}
else
{
    playeringame.PlayerStatus = PlayerGameStatus.Out;
    message = player.UserName + "出局,";
    res.Message = message;
    res.IsAnswerCorrect = false;
}

await AfterPlayerAnswer(player, IsProperAnswer);

var activateplayers = game.GetWaitingPlayers();
if (activateplayers.Count == 1 && IsProperAnswer)
{
    var activateplayer =
```

```
                await playerRepository.GetPlayerByIdAsync(activateplayers[0].PlayerId);
            message += $"游戏结束,{activateplayer.UserName}获胜";
            await PlayerWin(activateplayer);
            game.GameOver(activateplayer);
            res.Message = message;
            res.IsGameDone = true;
        }
        else if (activateplayers.Count == 0)
        {
            //游戏结束，没有赢家
            message += $"游戏结束,没有赢家";
            game.GameOver();
            res.Message = message;
            res.IsGameDone = true;
        }
        else
        {
            string mess = await SetNextPlayer(player, game);
            if (!string.IsNullOrEmpty(mess)) message += mess;
            res.Message = message;
        }
        await gameRepository.UpdateAsync(game);
        return res;
    }
    /// <summary>
    ///
    /// </summary>
    /// <param name="activateplayer"></param>
    /// <returns></returns>
    protected virtual async Task PlayerWin(Player activateplayer)
    {
        activateplayer.IncreaseScore(WINNER_SCORE);//获胜加十分
        await playerRepository.UpdateAsync(activateplayer);
    }
    /// <summary>
    /// 设置下一个作答的玩家
    /// </summary>
    /// <param name="player"></param>
    /// <param name="game"></param>
    /// <returns></returns>
    protected abstract Task<string> SetNextPlayer(Player player, Game game);
    /// <summary>
    ///
    /// </summary>
    /// <param name="playeringame"></param>
    /// <returns></returns>
    protected GamePlayResult CheckPlayerIsInturn(PlayerInGame playeringame)
    {
        if (playeringame.PlayerStatus == PlayerGameStatus.Waiting)
            return new GamePlayResult
                { IsSuccess = false,
```

```
                            Message = "没有轮到",
                            FaultReason -= EnumGamePlayFaultReason.PlayerNotInturn };
            return new GamePlayResult { IsSuccess = true,
                Message = "",
                FaultReason = EnumGamePlayFaultReason.None };
        }
        /// <summary>
        /// 
        /// </summary>
        /// <param name="player"></param>
        /// <param name="isAnswerProper"></param>
        /// <returns></returns>
        protected virtual async Task AfterPlayerAnswer(Player player,
            bool isAnswerProper)
        {
            if (isAnswerProper)
            {
                player.IncreaseScore(ANSWER_CORRECT_SCORE);
                await playerRepository.UpdateAsync(player);
            }
        }

        public abstract Task<GeneralResult> SetPlayer(Player player,
            Game game);
    }
}
```

从代码中可以看出应用服务的编排过程。

4.5　领域服务与应用服务的区别

领域服务和应用服务的相同点是二者都是无状态的方法或者函数，区别是领域服务完成的是领域相关的算法，与用例无关；而应用服务调用领域对象完成某个具体的用例。领域服务通常是细粒度的操作，而应用服务完成的操作经常是粗粒度的。注意，正如前面所提到的，如果服务中涉及的业务过程是核心业务并且与用例无关，那么这个服务就需要包括在领域服务中。所涉及业务的粒度大小，不是决定领域服务和应用服务的关键。

应用服务经常涉及事务处理，而领域服务中通常不包括事务处理。工作单元会在应用服务中使用，在领域服务中一般不使用工作单元。

应用服务可以在表示层直接被调用，也可以被封装为 Web API 或者其他方式以对外提供服务，领域服务不对外暴露。

前面已经提到了，有些情况下，应用服务和领域服务不好区分。遇到这种情况，不需要过多纠结，只要把这些服务进行分层处理，将这些服务封装在独立于领域层和应用层的模块中，作为独立的服务层进行使用就可以了。

4.6　避免滥用领域服务

在实践中经常遇到的问题是实体和聚合根只保存数据，业务动作都由领域服务完成。这种情况常常导致贫血模型，使实体和聚合根退化为数据模型。导致这种情况的一个直接原因是在建模时采用数据优先的方法，先设计数据模型，然后根据数据模型生成对应的实体代码，针对这些实体的操作则放在服务中。如果在数据模型对应的实体代码中增加代表业务动作的方法是否可以解决这个问题呢？理论上可以，但在实际操作过程中往往受限于迭代过程。

数据模型通常使用实体-关系模型进行描述，表现形式是 E-R 图。实体-关系模型很容易转换为数据库的结构（Schema），而数据库结构采用某种辅助工具很容易生成 ORM 框架可以操作的实体类，在这个工作过程中，实体类代码的改变依赖于数据库和自动化工具，如果在这些类中设计了业务方法，那么当数据模型发生变化时，自动化工具对代码的生成会覆盖已编写的代码，从工程化操作的角度出发，这些自动生成的代码一般不能手工进行修改。为了解决这个问题，实体的操作部分就需要在实体之外的服务中编写。因此，领域驱动设计的实施与团队采用的开发方法密切相关。这也就是为什么在数据模型设计时，推荐采用代码优先的原因。在代码优先的场景下，属性和方法是一起设计的，数据模型由代码生成，不会因为数据结构的变化而影响代码。如果确定采用领域驱动设计完成项目，就要选择适当的代码构建流程。

4.7　本 章 小 结

本章介绍了领域模型的另一个重要概念——领域服务。对于在聚合根或者实体中无法实现的功能或者需要多个聚合根和实体合作完成的功能，需要在领域服务中实现。领域服务实现的是领域功能，与用例无关，这也是领域服务与应用服务的最大区别。应用服务是面向用例的，通过对领域模型中的功能调用和编排实现用例。设计领域服务需要注意的是不要滥用领域服务，如果将实体中的方法都移动到领域服务中，就会导致"贫血模型"。

第5章

领域模型的验证与演化

领域模型是领域驱动设计战术设计的核心，也是使用领域驱动设计构建的系统的核心。领域模型包括实体、值对象、聚合根、存储库接口、领域事件、领域服务等内容。一方面，领域模型描述了所在限界上下文的业务；另一方面，领域模型通过接口定义，规定了领域模型相关的技术实现要求。领域模型的创建不是一蹴而就的，需要反复试错，在迭代中演化。在模型创建过程中，需要使用领域知识和软件知识进行模型构建，同时使用测试工具对模型进行验证，还需要构建简单的应用通过模拟使用场景进行确认。本章介绍在领域模型迭代和演化过程中使用的建模方法和验证方法。

5.1 领域模型构建过程回顾

在前面几章，针对游戏上下文构建了领域模型，现在回顾一下构建过程。

通过战略设计，将系统划分为若干限界上下文：用户管理与认证上下文、游戏上下文、诗词服务上下文、游戏管理上下文、社交上下文、诗词管理上下文等。每个限界上下文有相应的通用语言，在上下文内创建与通用语言一致的领域模型。下面以游戏上下文为例，说明进行领域模型开发的过程。

首先，根据需求创建了领域模型的第一个版本，这个模型没有使用领域驱动设计中的概念，只是使用一般的面向对象编程方式将通用语言描述的需求用代码进行描述。将这个步骤作为起点，是为了引入后面的各种概念，而在实际项目中，要尽可能使用领域驱动设计中的概念进行建模。

然后，引入领域驱动设计的各种概念，并使用这些概念优化现有的模型。我们对 Player 和 Game 之间的关系进行建模，引入了新的实体 PlayerInGame，在此基础上改造了 Player 和 Game，这两个实体也是两个聚合的聚合根。游戏记录（PlayerRecord）作为值对象成为 Game 聚合的一部分，只能通过聚合根 Game 进行访问。我们还创建了针对聚合根的存储库接口，并创建了用于测试的存储库实现。

接下来的深入研究发现使用继承游戏基类的方式创建新的游戏类型有一些缺陷，通过分析，引入了策略模式，将游戏过程从 Game 中抽取出来，创建领域服务，并通过对领域服务的扩展实现增加新的游戏类型。采用同样的方法，对游戏作答方式进行抽象，定义作答方式的接口，将"轮流作答"与"抢答"从领域模型中剥离出来。

在整个过程中我们使用控制台程序和单元测试等方式对领域模型进行验证。从这个过程中可以看到,领域模型的开发过程是围绕业务目标进行的迭代过程,每一次迭代都以完成业务目标为基础,发现问题并改进模型。实际项目中领域模型的开发过程也是如此,是一个不断精化和迭代的过程。整个过程中要对不断地代码进行重构,将可能的变化抽象为接口,将具体实现从核心类库中剥离。最终会发现,核心代码越来越抽象,也越来越通用。再次审视已经开发完成的领域模型,发现它已经和诗词没有关系了,比如接龙,如果更换数据服务,很容易就变为"成语接龙"或者其他类型的接龙游戏。到了这个程度,可以将领域模型打包发布,并在此基础上完成基础设施层的各种实现,进而形成面向用户的应用系统。

5.2 领域模型设计需要注意的几个问题

领域模型与业务密切相关,个性化极强,建模的结果不存在标准答案,"没有最好,只有更好",只能用是否能够满足业务需要来进行衡量。也不存在标准化的领域模型的设计方法,很多方法都是辅助性的,用于帮助了解业务和使模型更加符合一般性的规律。在参考文献[1][2][3][4][34]中有很多关于建模的方法和模式可供参考,这里不再重复,只列出几个需要注意的问题。

5.2.1 学习领域知识,充分沟通

获取领域知识是领域模型创建的前提,这个过程包括阅读相关领域的资料档案、分析相关应用系统的历史数据以及与领域专家进行沟通。在学习和沟通的过程中,要注意围绕项目的业务目标展开,对于帮助理解项目的辅助性知识可以一带而过,而对于与项目有关的业务术语要重点关注,在思维导图中标注出来,形成围绕业务目标的体系结构。如果有不明白的问题,一定及时解决。

5.2.2 分析模式与设计模式的使用

模式是前人知识的积累,如果项目中遇到与已存在的分析模式[30]或者设计模型相似的场景,就可以将模式应用到项目中。恰当地使用模式,可以减少设计的工作量,使解决方案易于理解,代码易于实现和维护。

需要注意的是不要滥用模式,如果没有合适的应用场景,就不需要使用模式。一定要确保应用场景符合模式的"意图(intention)",否则,使用模式会带来不必要的复杂和混乱。

另一个需要注意的问题是,在使用模式时,不要将模式中的术语引入通用语言中,避免产生混淆。

5.2.3 遵守软件设计的一般规律

领域模型是软件设计的一部分,因此也需要遵守软件设计的一般规律,在面向对象设计中涉及的一切原则,在领域模型设计时同样适用。最主要的原则是 SOLID,这是面向对象编程的 5 个重要原则的缩写。

（1）单一职责原则（SRP）：一个类应该只有一个引起改变的原因。

这个原则不仅适用于小粒度的类的设计，也适用于模块或者更大粒度的子系统。虽然职责的范围可能不同，但原则是一样的。

（2）开闭原则（OCP）：软件实体（类、模块、方法等）应该对扩展开放，对修改封闭。

这个原则对于需要扩展的系统来说尤其重要。在诗词游戏中，游戏类型需要扩展，在设计时就需要考虑如何遵守开闭原则。

（3）里氏替换原则（LSP）：程序里的对象都应该可以被它的子类实例替换而不用更改程序。

（4）接口隔离原则（ISP）：多个专用的接口比一个通用接口好。

这个原则看起来比较容易，但实际遵守却不那么容易。一种情况是为了避免定义过多的接口，将类似的功能进行合并；还有一种情况是泛型接口——对多种类型的类似操作定义的接口。

（5）依赖倒转原则（DIP）：高层次的模块不应该依赖于低层次的模块，它们都应该依赖于抽象。抽象不应该依赖于细节，而细节应该依赖于抽象。

还有其他一些原则。这些原则的遵守并不困难，只要记住领域模型也是软件的一部分，同样适用软件开发的一般原则。

5.2.4　避免过度抽象

领域模型是面向业务的，在领域模型中进行抽象，实际上是对业务进行抽象，所以不要从软件设计角度对领域模型进行抽象。抽象会引入新的术语，这些术语在业务上如果不能使用通用语言描述，就会给领域专家或者用户带来困扰。

5.3　使用测试框架创建验证领域模型的测试用例

领域模型是使用代码编写的，所以进行验证的最直接的方式是使用开发环境提供的测试工具。使用测试框架创建领域模型的测试用例是进行领域模型验证的有效方法之一。需要注意的是，这种测试用例与单元测试用例的不同，尽管使用的是相同的测试框架和技术。为领域模型编写的测试与单元测试的目的不同：一般的单元测试是程序员为了验证自己编写的代码的正确性而创建的，针对领域模型的测试用例是为了验证领域模型是否正确描述了业务，因此测试结果需要团队中的领域专家或其他领域相关人员的确认。

5.3.1　创建测试项目

在创建领域模型的过程中，需要对模型不断进行验证，使用测试用例验证是最方便也是最有效的方式。本节的例子是在 Visual Studio 2022 中使用 xUnit 框架作为领域模型的测试框架，当然也可以使用其他框架，如 nUnit。

首先，在领域模型所在的解决方案中添加一个 xUnit 的测试项目，如图 5-1 所示。

图 5-1　创建单元测试项目

单击"下一步"按钮后，输入项目名称"Test.PoemGame.Domain"，框架选择.NET 6，单元测试项目就创建完成了。然后将 PoemGame.Domain 添加到项目引用，如图 5-2 所示。

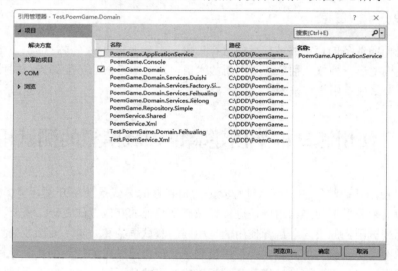

图 5-2　添加项目引用

现在就可以编写第一个测试用例了。

首先，创建一个新的测试类，名为 PlayerTest，在其中编写针对 Player 的测试用例，代码如下：

```
using PoemGame.Domain.PlayerAggregate;

namespace Test.PoemGame.Domain
{
    public  class PlayerTest
    {
        [Fact]
        public void Player_IncreaseScore_Test()
```

```
    {
        var player = new Player(Guid.NewGuid(), "Zhangsan", "张三", 0);

        player.IncreaseScore(10);

        Assert.Equal(10,player.Score);
    }
  }
}
```

[Fact]是 xUnit 的特有标签，标识方法是一个测试方法，在测试方法中使用 Assert 判断测试结果是否与预期一致。

然后，在 Visual Studio 2022 中打开测试资源管理器执行测试项目，可以在"视图"菜单中找到"测试资源管理器"，也可以使用快捷键（Ctrl+E，T）来激活测试资源管理器。测试资源管理器如图 5-3 所示。

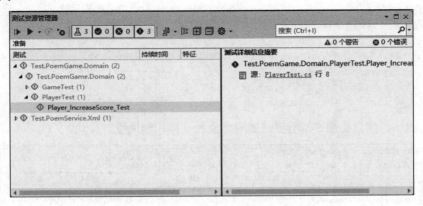

图 5-3　测试资源管理器

在左侧的测试中找到刚刚编写的 Player_IncreaseScore_Test，选中后单击工具条中的"执行"按钮，开始执行测试，如图 5-4 所示。

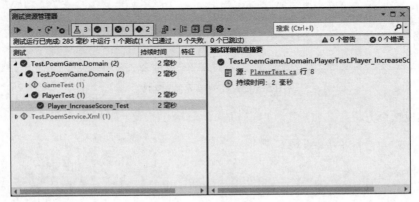

图 5-4　单元测试

如果测试成功，则显示绿色标记。

需要注意的是，这里并没有介绍使用 TDD（测试驱动开发）的开发方法开发领域模型，这是因为我们关注的是领域模型本身，如果过于强调使用某种方法，则脱离了本书的目的。但这并不代表不可以使用 TDD 来开发领域模型，相反，如果对 TDD 开发已经比较熟悉了，还是建议在领域模型创建中使用这种方法，在这里简单介绍一下。

如果使用 TDD 开发领域模型，那么过程是这样的：首先，确定领域模型中的方法，但不进行实现；然后针对这些方法编写单元测试，此时进行单元测试肯定不成功；接下来完成这些方法的实现，直到测试完全成功。例如，需要为 Player 增加一个"分数倍增"的功能，首先，在 Player 中增加这个方法的签名：

```
public void DoubleScore()
{
    throw new NotImplementedException();
}
```

然后，编写单元测试：

```
[Fact]
public void Player_DoubleScore_Test()
{
    var player = new Player(Guid.NewGuid(), "Zhangsan", "张三", 10);
    player.DoubleScore();
    Assert.Equal(20, player.Score);
}
```

运行单元测试，结果如图 5-5 所示。如同想象的一样，测试没有成功。

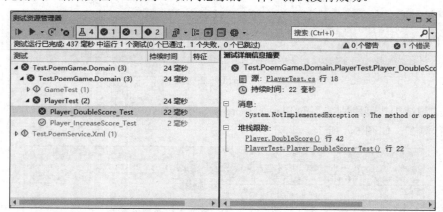

图 5-5　失败的单元测试结果

现在，实现这个方法：

```
public void DoubleScore()
{
    Score *= 2;
}
```

再次运行单元测试，结果如图 5-6 所示，说明测试通过了。

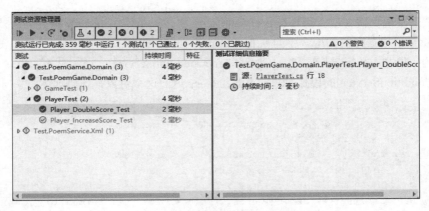

图 5-6　修改后成功的单元测试

5.3.2　模拟对象的使用

现在我们希望测试方法 Game.ValidateGame。在创建 Game 之前，需要调用 Game.ValidateGame 方法验证游戏是否符合创建条件，这个方法的定义如下：

```
public async static Task<bool> ValidateGame(GameType gameType,
    string gameCondition,
    IDomainServiceFactory<ICheckGameConditionService> factory)
{
    var service=factory.GetService(gameType);
    return await service.CheckGameCondition(gameCondition);
}
```

传入的参数包括游戏条件、游戏类型，还有用于判断的 ICheckGameConditionService 的工厂，这个工厂根据游戏类型获取具体的判断类。在编写这段代码时，还没有实现 IDomainServiceFactory 和 ICheckGameConditionService，那么如何进行单元测试呢？

在测试时，我们经常希望创建模拟对象，这些对象可能是某个接口的实现。这种情况下，编写的测试用例往往先于编写接口的实现，为了实现测试经常不得不编写辅助的接口实现。此时，模拟对象或者伪装对象就派上了用场。FakeItEasy 就是这样一个.Net 的动态对象模拟库，提供各种对象的模拟创建，使用起来也非常简单。首先在包管理器中进行安装：

```
Install-Package FakeItEasy
```

然后就可以使用了。现在可以创建针对 ValidateGame 的测试了。首先创建一个测试方法，在这个方法中使用 FakeItEasy 创建 IDomainServiceFactory 的模拟对象，然后使用这个对象来测试方法：

```
[Fact]
public async void ValidateGame_test()
{
    var factory= A.Fake<IDomainServiceFactory<ICheckGameConditionService>>();
    var res=await Game.ValidateGame(new GameType("Feihualing", ""),
        "花",
        factory);
    Assert.True(res);
}
```

运行测试，发现测试失败。因为在 ValidateGame 中，不是使用 factory 来判断游戏是否可以创建，而是由 factory 根据游戏类型产生的 ICheckGameConditionService 进行判断，所以测试代码中需要模拟产生可以进行判断的 ICheckGameConditionService。修改代码，创建一个 ICheckGameConditionService 的模拟对象，并让 factory 返回这个对象，代码如下：

```
[Fact]
public async void ValidateGame_test()
{
    var factory= A.Fake<IDomainServiceFactory<ICheckGameConditionService>>();
    var service = A.Fake<ICheckGameConditionService>();

    A.CallTo(() => factory.GetService(new GameType("Feihualing", "")))
        .Returns(service);
    A.CallTo(() => service.CheckGameCondition("花"))
        .Returns(true);

    var res=await Game.ValidateGame(new GameType("Feihualing", ""),
        "花",
        factory);
    Assert.True(res);
}
```

上面的代码说明了如何使模拟对象返回需要得到的结果。首先创建了两个模拟对象，factory 和 service；然后使用 A.CallTo 配置在调用 factory.GetService 方法时返回 service 对象，这里传入的参数是 new GameType("Feihualing", "")；接下来配置 service.CheckGameCondition，在接收参数"花"时，返回 true。经过这些配置，在测试时，模拟对象就可以返回需要的结果了。

与此类似的是对 Game.Play 的测试，需要使用 ICheckAnswerService 来判断回答是否正确。

5.3.3　对异常的测试

如果程序的逻辑不能正常执行，可以抛出异常。在特定的场景下抛出特定的异常也是程序设计的一部分，需要进行测试。例如，需要测试当玩家不在游戏中时，如果参与游戏回答问题，则应该抛出异常，这个场景的测试用例如下：

```
[Fact]
public async void GamePlay_Feihualingtest()
{
    var factory = A.Fake<IDomainServiceFactory<ICheckAnswerService>>();
    var service = A.Fake<ICheckAnswerService>();

    A.CallTo(() => factory.GetService(
        new GameType(
            "Feihualiing", ""
            )
        )
    )
    .Returns(service);
    A.CallTo(() => service.CheckAnswer(
```

```
                        new CheckAnswerServiceInput
                        {
                            GameCondition="花",
                            ProperAnswers = new List<string>()
                        },
                        "花间一壶酒"))
                .Returns(true);

            var game = new Game(
                new GameType("Feihualing", ""),
                PlayType.Inturn,
                "测试",
                "花");

            var player = new Player(
                Guid.NewGuid(),
                "Zhangsan",
                "张三",
                0);


            var ex=await Assert.ThrowsAsync<PlayerNotInGameException>(() =>
game.Play(player, "花间一壶酒", factory));

            Assert.True(ex.Message?.Contains("Zhangsan not in game"));

        }
```

上面代码中的关键点是下面这段代码：

```
            var ex=await Assert.ThrowsAsync<PlayerNotInGameException>(() =>
game.Play(player, "花间一壶酒", factory));
```

当执行 game.Play 时可能抛出异常，所以使用 Assert.ThrowsAsync 来调用这个语句。这样，如果出现异常，就会返回到变量 ex 中，然后就可以判断 ex 是否与预测的异常结果一样。

5.4　使用行为驱动设计工具 SpecFlow 验证领域模型

前面一节讲了使用单元测试对领域模型进行验证，这在实践中是有效的方法。然而其不足之处是：① 必须由软件开发人员编写，领域专家或者团队内其他相关人员不容易参与进来；② 单元测试通常是面向开发人员的，粒度较小，针对的是领域模型中的方法，如果需要对诸如应用服务等包含业务规则组织与调度的模块进行测试，就有些力不从心。

本节介绍面向业务的测试方法和工具——基于行为驱动设计（BDD）的工具在领域驱动设计中的使用。

5.4.1 行为驱动设计与领域驱动设计

行为驱动设计与领域驱动设计的目标是相同的，都是试图打通业务与开发之间的屏障，以某种方式使业务人员与开发人员能够顺畅一致地工作。领域驱动设计使用通用语言和领域模型，行为驱动设计使用接近自然语言的测试用例。在进行领域模型设计时，可以引入行为驱动设计的工具和方法，建立面向通用语言的测试用例，更好地验证领域模型。

行为驱动设计试图将测试设计从实现空间移到问题空间，在设计测试用例时更接近实际用例，并且采用接近自然语言的方式设计测试用例。行为驱动设计将验收标准明确化，将用户故事的所有场景以某种方式进行描述，并且这种描述是可执行的测试。行为驱动设计采用的描述方式叫作 GWT 格式，GWT 是 Given、When、Then 的首字母组合，代表初始条件，执行动作和结果。

比如下面的描述：

```
Given 玩家的初始分数为 10
When 给玩家增加的分数为 10
Then 玩家的最终分数为 20
```

如果这些描述形成的测试能够通过，就说明软件满足这个场景。

BDD 测试分为两个部分：上面的描述为第一个部分，称为特征（Feature）；第二个部分是针对特征中的每一个步骤的实现，称为步骤定义（StepDefinition），在上面的描述中有三个步骤，即 Given、When 和 Then 步骤。在进行领域模型验证时，第一个部分可以由领域专家使用通用语言中定义的术语进行描述，第二个部分由开发人员编写测试，在测试中调用领域模型或者应用服务来完成。

.Net 社区有多种 BDD 工具可供选择，这里介绍使用 SpecFlow 进行 BDD 测试。

5.4.2 使用 SpecFlow 验证领域模型

在 Visual Studio 2022 中使用 SpecFlow，首先要安装插件。在菜单中找到"扩展→管理扩展"，打开管理扩展界面，搜索 SpecFlow，如图 5-7 所示。

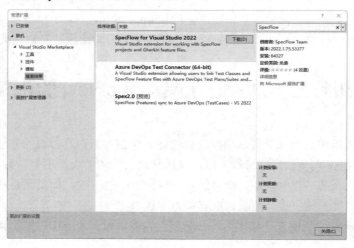

图 5-7 搜索 SpecFlow

找到对应的插件进行下载安装。安装完成后，就可以创建 SpecFlow 测试项目了。在解决方案中添加新项目，选择 SpecFlow Project，如图 5-8 所示。

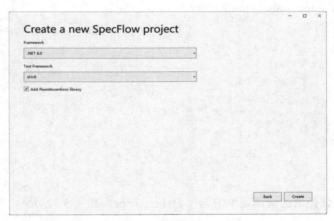

图 5-8　创建 SpecFlow 项目

创建项目的名称为 SpecFlow.PoemGame.Domain，接下来选择.Net 6 和 xUnit 作为测试框架，如图 5-9 所示。

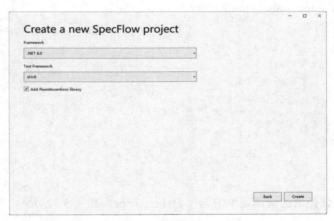

图 5-9　选择项目依赖框架

项目创建完成后，添加 PoemGame.Domain 的项目引用。

项目创建完成后的结构如图 5-10 所示。

图 5-10　SpecFlow 项目结构

Calculator.feature 和 CalculatorStepDefinitions 是示例文件，删除这些文件。创建自己的 Feature

文件，在 Features 目录上右击，在弹出的快捷菜单中选择"添加→新建项"，如图 5-11 所示。

图 5-11　添加 Feature 文件

选择创建 Feature File for SpecFlow，名称为 player.feature。

然后编写如下内容：

```
Feature: PlayerScore

增加玩家的分数

@tag1
Scenario: 增加玩家分数
    Given 创建玩家
    When 分数加 10
    Then 玩家分数为 10
```

在文件中右击，在弹出的快捷菜单中选择 Define Steps，如图 5-12 所示。

图 5-12　在快捷菜单中选择 Define Steps

在弹出的对话框中勾选 Given、When 和 Then 这三个方法（对应三个步骤），如图 5-13 所示。

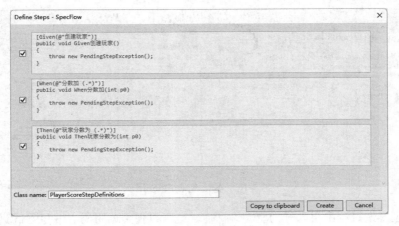

图 5-13　创建步骤

单击 Create 按钮创建步骤文件，步骤文件中已经有了空的实现，需要把步骤填好：

```
using PoemGame.Domain.PlayerAggregate;

namespace SpecFlow.PoemGame.Domain.StepDefinitions
{
    [Binding]
    public class PlayerScoreStepDefinitions
    {
        private Player player;
        [Given(@"创建玩家")]
        public void Given 创建玩家()
        {
            player = new Player(Guid.NewGuid(), "Zhangsan", "张三", 0);
        }

        [When(@"分数加 (.*)")]
        public void When 分数加(int p0)
        {
          player.IncreaseScore(p0);
        }

        [Then(@"玩家分数为 (.*)")]
        public void Then 玩家分数为(int p0)
        {
            Assert.Equal(p0,player.Score);
        }
    }
}
```

编写完成后，就可以在测试资源管理器中运行了，如图 5-14 所示。

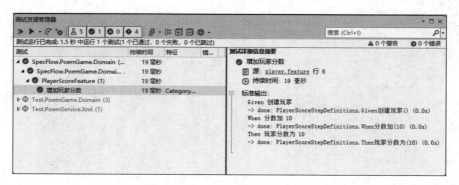

图 5-14　测试 SpecFlow 用例

在领域模型开发过程中引入行为驱动设计后，既可以使用通用语言编写测试领域模型的用例，也可以使领域专家参与到开发过程中。

5.5　创建控制台应用验证领域模型

对领域模型进行验证的直接方法就是使用领域模型创建可以运行的应用程序。但在领域模型构建阶段，不能过多地陷入技术实现细节。这种情况下，创建简单的控制台应用程序来验证领域模型是最合适的。

在创建控制台应用时，需要明确目的就是验证领域模型，所以在技术实现上尽可能使用最简单的方式。所涉及的技术实现工作包括创建基于内存集合的存储库、创建使用文件系统的外部数据源、创建简单的事件总线和工作单元等。

虽然控制台应用程序只是用于验证，但我们希望领域模型的调用方式与真实系统一样，也就是通过应用层调用领域模型。因此，控制台应用程序的设计与实际使用的应用系统一样，采用分层结构，需要创建调用领域模型的应用层。因为应用层是面向用例的，所以为控制台应用编写的应用层对其他类型的应用也可能适用。对不同的应用场景，可能需要编写不同的应用层。在下一章会详细讲解使用控制台应用验证领域模型的方法。

5.6　领域模型发布

前面已经提到了，领域模型独立于业务用例，因此领域模型应该适用于各种应用场景，比如移动应用、Web 应用、桌面应用等。这些应用程序应该是可以独立开发的项目，有着针对不同应用场景的应用层和基础设施层。而领域模型是公用的，所以我们希望领域模型可以像.Net 的基础类库一样被分发和使用。在组织内部也需要领域模型的分发，不同的项目组使用相同的领域模型构建各种不同类型的应用。

每种开发环境都有各自不同的包管理工具，Python 有 pip，Node.js 有 npm，Java 有 maven，.Net 世界使用 NuGet。这里介绍如何构建本地的 NuGet 库以及如何将领域模型打包为 NuGet 库进行发布。

在 Visual Studio 中为.Net 的项目生成 NuGet 包非常方便，只需在项目属性中启动"在构建时生成 NuGet 包"就可以了，如图 5-15 所示。

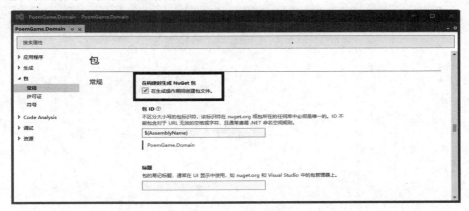

图 5-15　选择生成 NuGet 包

重新生成解决方案后，在 bin 目录下会发现同时生成了 NuGet 包，如图 5-16 所示。

图 5-16　生成的 NuGet 包

使用同样的方法，可以生成其他项目的 NuGet 包。

如果希望公开发布这些包，可以登录 nuget.org，将包上传，这样，所有人都可以使用这些包了。如果希望在组织内部使用，可以创建本地的包管理器，最简单的方式是在 Windows 中使用文件共享的方式。这里说明一下这种方式如何实现。

首先在本地创建一个文件夹用来保存 NuGet 包，比如在 C 盘创建目录 C:\nuget。然后从 https://www.nuget.org/download 下载 nuget.exe 文件，将这个文件复制到 C:\nuget 文件夹中。将生成的 NuGet 包也复制到 C:\nuget 目录下，然后在命令行中执行以下命令：

```
nuget.exe add PoemGame.Domain.1.0.0.nupkg -source c:\nuget
```

结果如图 5-17 所示。

```
C:\nuget>nuget.exe  add PoemGame.Domain.1.0.0.nupkg -source c:\nuget
Installed PoemGame.Domain 1.0.0 from  with content hash U58h2mCCpBj8iupaN8FD/DxyyX11fSf4V+ga0veVvJzus0+fgpuhLiPxNYmpT11a
8fEVGJRTpk/D2+RIHRU1NQ==.
Successfully added package 'PoemGame.Domain.1.0.0.nupkg' to feed 'c:\nuget'.

C:\nuget>
```

图 5-17　在本地生成 NuGet 库

再看一下 C:\nuget 目录，发现多了文件夹 poemgame.domain，如图 5-18 所示。

图 5-18　生成后的 NuGet 库文件

如果要发布多个 NuGet 包，就需要多次重复执行上面的命令，我们可以编写一个简单的批处理文件来简化这个工作，批处理文件的名称为 nuget.bat，内容如下：

```
@echo off
for  %%i in (*.nupkg) do nuget.exe add %%i -source .
pause@echo off
for  %%i in (*.nupkg) do nuget.exe add %%i -source .
pause
```

现在，回到 Visual Studio，将本地的 NuGet 源添加到配置中，这样 Visual Studio 就可以发现本地发布的 NuGet 包了。

选择"工具→NuGet 包管理器→程序包管理器设置"，如图 5-19 所示。

图 5-19　设置程序包管理器

选择程序包源，如图 5-20 所示。

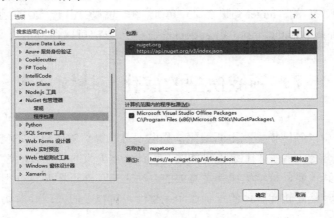

图 5-20　编辑程序包源

单击右上角的添加按钮（"+"），将本地的 C:\nuget 增加到列表中，如图 5-21 所示。

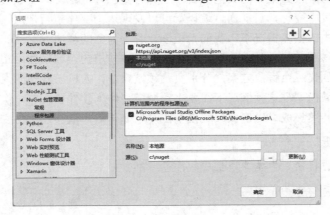

图 5-21　增加程序包

重新启动 Visual Studio，创建一个新的控制台项目，进入程序包管理器，将右上角的程序包源转换为"本地源"，就可以看到新增加的 NuGet 包了，如图 5-22 所示。

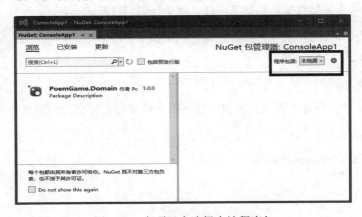

图 5-22　在项目中选择本地程序包

在组织内部的局域网中，可以使用文件共享的方式实现 NuGet 包在内部的发布。如果希望在远程服务器创建私有的 nuget 服务，可以考虑使用开源的服务器，比如：https://loic-sharma.github.io/BaGet/installation/docker/。具体方法可以参考相关说明，这里不再赘述。

5.7 领域模型的演化与持续集成

在软件开发过程中，领域模型在不断演化，我们不可能等到领域模型完全稳定后再进行其他部分的开发，并且"完全稳定"基本上是不可能的。因此，在开发过程中及时发现变化带来的问题并进行解决，就变得尤其重要，持续集成就是有效的办法之一。通过在开发过程中持续集成组成软件的各个部分，可以及时验证软件整体的正确性和完整性，可以及时发现并解决问题。这里简单介绍一下持续集成的过程。

.Net 支持模块化的开发，在开发时，这些模块以项目的形式存在，若干项目组成一个解决方案，一个项目可以引用相同解决方案中的其他项目。这种方式的好处是，一个项目发生变化，引用该项目的其他项目也随之发生变化，只需通过编译就可以发现这个变化是否带来缺陷。缺点是所有项目必须在同一解决方案中。很多情况下，我们希望创建若干独立的解决方案，比如，有两种类型的诗词游戏，一种是人机游戏，一种是多人游戏，这两种游戏使用的领域模型是相同的，但其他部分有很多不同，所以我们创建三个解决方案，分别负责领域模型、人机游戏和多人游戏。人机游戏和多人游戏都需要引用领域模型，这种情况下需要将领域模型作为软件包发布，供其他项目引用。这种模式下，就需要用到持续集成，以确保领域模型在发生变化后，能够及时将变化反映到引用它的项目中。集成的步骤如下：

步骤 01 在命令行将领域模型编译生成软件包，命令如下：

```
dotnet pack
```

步骤 02 软件包生成后，可以使用 nuget 命令将软件包发布到 NuGet 资源库（NuGet 的详细介绍参见附录 A.3）：

```
dotnet nuget push
```

步骤 03 引用领域模型的项目更新软件包，编译并测试这些项目。

引用这些包进行开发的其他项目需要在软件包更新后进行升级，可以使用 outdated 工具进行检查和升级，outdated 的安装命令如下：

```
dotnet tool install --global dotnet-outdated-tool
```

在解决方案 sln 文件所在文件夹位置执行以下命令可以检查需要升级的软件包：

```
dotnet outdated
```

图 5-23 所示是该命令的执行结果。

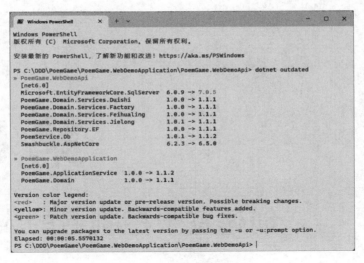

图 5-23　outdated 执行结果

如果要升级软件包，可以使用以下命令：

```
dotnet outdated -upgrade
```

升级完成后，需要对软件包进行编译和测试。

步骤 04　如果测试通过，就发布这些软件包。

步骤 05　引用这些项目的其他项目，重复 步骤 03 和 步骤 04，直到所有的项目都完成发布。

可以使用持续集成工具实现上面命令行的自动执行，支持持续集成的软件平台有很多，最具代表性的是 Jenkins[14]，在本书的第三部分，会结合实例介绍使用 Jenkins 实现持续集成的方法。

5.8　本 章 小 结

领域模型的构建是一个循环迭代的过程，需要反复进行"提炼-构建-验证"，通过对领域知识的提炼，构建领域模型，然后对领域模型进行验证。在领域模型开发过程中，可使用测试框架创建领域模型的测试用例。需要注意的是，尽管测试框架一般用于单元测试的编写，但针对领域模型的测试与单元测试有所不同，这种测试是根据业务用例进行编写的，其目的是验证领域模型与业务是否吻合。

另一种有效的验证方法是使用行为驱动开发方法创建测试用例。行为驱动开发提供了使用自然语言描述业务测试用例的方法，并将自然语言转换为可执行的测试用例。SpecFlow 是针对.Net 的行为驱动开发测试框架，本章中介绍了使用 SpecFlow 创建测试用例对领域模型进行验证的方法。

更加直接的验证方法是创建基于领域模型的原型系统，本章介绍了使用控制台应用程序对领域模型进行验证的方法，在下一章会编写更加复杂的应用原型。

本章还介绍了将领域模型作为独立的软件包进行发布的方法以及在模型演化过程中进行持续集成的方法。

第6章

创建基于控制台的人机游戏

本章通过创建简单的控制台应用程序,来验证已经完成的领域模型,同时说明如何使用领域模型创建应用。

6.1 已完成工作回顾

我们已经创建了领域模型的第一个版本,还创建了基础设施层的简单实现,包括内存中的存储库、领域服务相关的简单工厂等。这些组件已经按照上一章中介绍的创建和发布 NuGet 程序包的方法,在内部的 NuGet 服务器上打包发布。已发布的程序包列表如表 6-1 所示。

表6-1　已发布的程序包

序　号	程序包名称	说　明
1	poemgame.domain	诗词游戏的领域模型
2	poemgame.domain.services.duishi	实现"对诗"的领域服务
3	poemgame.domain.services.feihualing	实现"飞花令"的领域服务
4	poemgame.domain.services.jielong	实现"接龙"的领域服务
5	poemgame.domain.services.factory.simple	诗词类型工厂的简单实现
6	poemgame.repository.simple	存储库的简单实现
7	poemgame.applicationservice	游戏创建和游戏过程的应用服务
8	poemservice.shared	诗词服务接口
9	poemservice.xml	从 XML 文件中获取诗词数据

这些模块已经可以用于创建诗词游戏了,不过在使用之前,还需要进一步验证。前面已经使用单元测试和行为测试对领域模型进行了初步验证,现在需要在可执行的应用程序中进行验证。我们不希望用于验证的应用程序过于复杂,所以采用单机版的控制台应用程序。当然,也可以采用基于

Web 或者其他形式的应用程序，只要能够快速搭建就可以。需要注意的是，在这个工作中，我们的注意力仍然在业务上，不要将注意力过多分散到技术实现上。

在本章的示例中，采用上面的模块创建一个简单的基于控制台的人机游戏。

6.2　人机游戏说明

现在通过构建一个人机对战游戏来说明如何使用领域模型构建应用并验证领域模型。这个游戏中有两个固定玩家：人和计算机。除了 6.1 节中列出的模块外，还需要开发一个简单的类库，模拟参与各种游戏的机器人。当然，对于这种简单的游戏，如果算法合适，计算机可以是只赢不输的。

游戏的过程很简单：

（1）提示选择游戏类型：飞花令、对诗、接龙。

（2）提示输入游戏条件，如果条件不适合就重新输入。

（3）如果条件合适，就开始游戏。

（4）人机轮流答题，直到分出输赢。

比如，选择"对诗"，条件是"岱宗夫如何"，程序判断条件合适，开始游戏。首先计算机作答，回答"齐鲁青未了"，接下来由玩家回答，如此循环，直到玩家答不出来。

构建这个应用的工作除了上面提到的机器人模拟，还包括创建基于这个游戏的应用层和在客户端进行的配置工作。在应用层构建中，会提到应用服务、数据传输对象等概念。在客户端配置工作中，会了解到如何在客户端"装配"领域模型中各种接口的技术实现。在本章示例中没有使用依赖注入框架，以便读者直观了解各个接口之间的依赖关系，为下一步介绍依赖注入打下基础。

6.3　系　统　结　构

现在进行系统的结构设计，我们已经有了表 6-1 中的模块，只需要设计应用层、客户端和机器人模拟部分就可以了。对系统进行初步设计，结构如图 6-1 所示。

图 6-1 中的元素是程序集，虚线箭头指向代表依赖关系。

应用服务使用 PoemGame.Domain 和 PoemGame.ApplicationService 完成游戏过程，应用服务工厂需要引用各种接口的实现，装配和创建应用服务。客户端集成计算机作答和应用服务，完成人机游戏过程的交换。

下面先看一下如何实现应用服务。

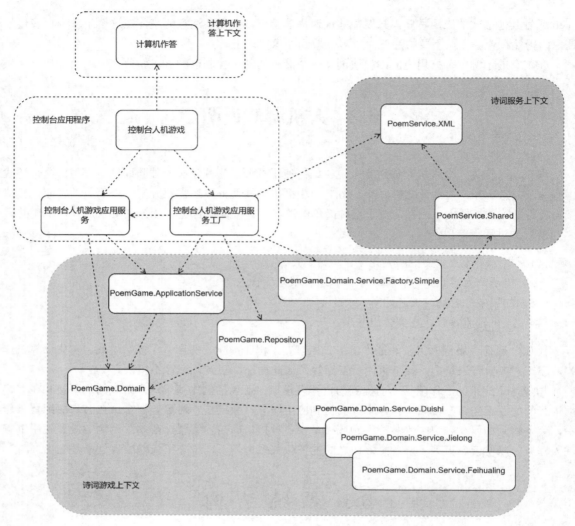

图 6-1 人机游戏结构设计

6.4 创建应用层

在应用层通过调用领域模型完成具体的业务用例，主要的工作有两部分：一是创建游戏，输入是游戏类型和游戏条件，输出是创建是否成功以及创建完成的游戏；二是游戏作答，由于只有两个用户并且是轮流作答，因此只需要输入作答的内容就可以了，如果回答正确，则游戏继续，如果回答不正确，则玩家出局。模拟机器人比较简单，不能记录游戏的过程，只能根据游戏条件和上一次的作答搜索合适的答案，所以需要从游戏中获取上一次的正确答案并告诉机器人，以便机器人作答。

首先为应用层创建一个.Net 6 类库，名称为 ConsoleAppDemo.Application，将已经在本地 NuGet 服务中发布的 PoemGame.Domain 和 PoemGame.ApplicationService 程序包添加到项目中，项目的结构如图 6-2 所示。

图 6-2 控制台应用结构

在类库中定义应用层的接口 **IConsoleAppDemoService**，在这个接口中定义实现用例的方法：

```
using PoemGame.ApplicationService;
using PoemGame.Domain.GameAggregate;

namespace ConsoleAppDemo.Application
{
    public interface IConsoleAppDemoService
    {
        /// <summary>
        /// 在控制台运行人机游戏的服务层
        /// 游戏过程：
        /// （1）提示选择游戏类型，飞花令、对诗、接龙
        /// （2）提示输入上下文，进行验证，如果不适合就重新输入
        /// （3）如果合适，就开始游戏
        /// （4）人机顺序答题
        /// </summary>

        Task<GameCreationResult> CreateGameAsync(GameType gameType,
string gameCondition);

        /// <summary>
        /// 获取上一个正确回答
        /// </summary>
        /// <param name="gameId"></param>
        /// <returns></returns>

        Task<string> GetLastPropertyAnswerAsync(Guid gameId);

        /// <summary>
        /// 进行游戏
        /// </summary>
        /// <param name="gameId"></param>
        /// <param name="answer"></param>
        /// <returns></returns>
        Task<GamePlayResult> PlayAsync(Guid gameId, string answer);

        /// <summary>
        /// 获取当前用户
        /// </summary>
```

```
        /// <param name="gameId"></param>
        /// <returns></returns>
        Task<string> GetCurrentUser(Guid gameId);

    }
}
```

现在来实现应用层，定义一个类实现上面的接口，类的名称为 ConsoleAppDemoService，构造函数如下：

```
    public class ConsoleAppDemoService : IConsoleAppDemoService
    {
        private readonly IGameFactory _factory;
        private readonly IGameRepository _gameRepository;
        private readonly IPlayerRepository _playerRepository;
        private readonly IDomainServiceFactory<ICheckAnswerService>
                                            _checkAnswerServiceFactory;

        public ConsoleAppDemoService(IGameFactory factory,
            IGameRepository gameRepository,
            IPlayerRepository playerRepository,
            IDomainServiceFactory<ICheckAnswerService> checkAnswerServiceFactory)
        {
            _factory = factory;
            _gameRepository = gameRepository;
            _playerRepository = playerRepository;
            _checkAnswerServiceFactory = checkAnswerServiceFactory;
        }
```

这里使用构造函数传递需要使用的服务对象，将需要使用的存储库和工厂实例通过构造函数传递进来，正在编写的服务可以直接使用这些接口而不需要知道这些接口是如何实现的。在客户端装配时会将这些接口的具体实现作为参数通过构造函数进行传递。

游戏创建方法的实现如下：

```
        public async Task<GameCreationResult> CreateGameAsync(GameType gameType,
string gameCondition)
        {
            var playerme = await AddPlayer("我自己");
            var playercomputer = await AddPlayer("计算机");
            var res = await _factory.CreateGame(playerme,
gameType, PlayType.Inturn, "", gameCondition);
            var game = res.CreatedGame;
             if (res.IsSuccess)
            {
                game.PlayerJoinGame(playercomputer);
                await _gameRepository.AddAsync(game);
                game.Start();
            }
            return res;
        }
```

　　上面的代码中创建了两个玩家，一个是"计算机"，一个是"我自己"，创建的用户使用 **AddPlayer** 方法。在这个方法中，首先从存储库中查找是否已经存在玩家，如果存在就直接返回，如果不存在，就创建玩家并将其保存到存储库，接着返回新创建的玩家。然后创建一个游戏，并加入这两个玩家，如果创建成功，则游戏开始，如果创建不成功，则返回不成功的原因。从这个用例可以看出，应用层的方法实现了用例的要求，它通过调用和编排领域模型中的各种资源实现用例。

　　使用同样的方式，编写游戏过程：

```
public async Task<GamePlayResult> PlayAsync(Guid gameId, string answer)
    {
        var game = await _gameRepository.GetAsync(gameId);
        var playcurr = game.GetCurrentPlayer();
        var player = await _playerRepository
                        .GetPlayerByIdAsync(playcurr.PlayerId);
        var isproperty = await game
                        .Play(player, answer, _checkAnswerServiceFactory);
        var res = new GamePlayResult();
        if (isproperty)
        {
            res.IsGameDone = false;
            res.Message = player.UserName + "回答正确";
            playcurr.PlayerStatus = PlayerGameStatus.Waiting;
        }
        else
        {
            playcurr.PlayerStatus = PlayerGameStatus.Out;
            res.Message = player.UserName + "出局";
        }
        var activateplayers = game.GetWaitingPlayers();
        if (activateplayers.Count == 1 && isproperty)
        {
            var activateplayer = await _playerRepository
                            .GetPlayerByIdAsync(activateplayers[0].PlayerId);
            res.Message += $"游戏结束,{activateplayer.UserName}获胜";
            game.GameOver(activateplayer);

            res.IsGameDone = true;
        }
        else if (activateplayers.Count == 0)
        {
            //游戏结束，没有赢家
            res.Message += $"游戏结束,没有赢家";
            game.GameOver();
            res.IsGameDone = true;
        }
        else
        {
            var nextplayer = game.GetNextPlayer(player.Id);
            game.SetPlayerInturn(nextplayer.PlayerId);
            var nplayer = await _playerRepository
```

```
                                    .GetPlayerByIdAsync(nextplayer.PlayerId);
            res.Message += $"轮到{nplayer.UserName}回答问题";
        }
        return res;
    }
```

上面的代码实现的是人机轮流回答的游戏过程，关注的是如何确定游戏的下一个玩家、游戏何时结束、哪个玩家是赢家等，而作答是否正确、怎样设置下一个玩家等已经在领域模型中解决了，这里调用即可。从这个例子中可以看到，完成游戏的过程是在服务层进行的，过程中调用了若干领域模型中的方法。

应用服务中还有其他几个方法用来辅助完成上面的过程，代码如下：

```
public async Task<string> GetCurrentUser(Guid gameId)
{
    var game = await _gameRepository.GetAsync(gameId);
    var cp = game.GetCurrentPlayer();
    var player = await _playerRepository.GetPlayerByIdAsync(cp.PlayerId);
    return player.UserName;
}
public async Task<string> GetLastPropertyAnswerAsync(Guid gameId)
{
    var game = await _gameRepository.GetAsync(gameId);
    var lst = game.GetProperAnswers().OrderBy(o => o.PlayDateTime);
    if (lst.Any())
    {
        return lst.Last().Answer;
    }
    return game.GameCondition;
}
private async Task<Player> AddPlayer(string playerName)
{
    var player = await _playerRepository
                        .GetPlayerByUserNameAsync(playerName);
    if (player == null) player = new Player(
                        Guid.NewGuid(), playerName, playerName, 0);
    await _playerRepository.AddAsync(player);
    return player;
}
```

GetCurrentUser 用来获取游戏中当前玩家的用户名，主要用于控制台输出，GetLastPropertyAnswerAsync 用来获取上一次正确的回答，用来作为计算机模拟作答的输入，AddPlayer 前面已经解释了，用来根据用户名添加和获取玩家。

6.5　模拟机器人作答

现在编写一些代码来模拟机器人作答。对于简单的游戏类型，只要知道游戏的条件和回答正确的答案列表，通过查询就可以获得合适的答案，所以机器人大概率是只赢不输。为了增加一点悬念，只为模拟机器人提供上一个正确的答案，这样在某些情况下，程序可能返回已经答过的答案，比如在飞花令或者接龙中，有可能使用重复的诗句作答，这会导致被判回答错误。当然，发生这种情况的概率不大。

创建一个类库，名称为 PoemGame.ComputerAnswer.Shared，在这个类库中定义机器人作答（IComputerAnswer）接口和对应的工厂接口，机器人作答接口（IComputerAnswer）的代码如下：

```
namespace PoemGame.ComputerAnswer.Shared
{
    public interface IComputerAnswer
    {
        string Answer(string gameCondition,string lastAnswer);
    }
}
```

接口很简单，就是根据游戏条件和上一个正确作答，查询出下一个合适的作答。

根据游戏类型产生机器人作答（IComputerAnswer）实例的工厂接口如下：

```
namespace PoemGame.ComputerAnswer.Shared
{
    public interface IComputerAnswerFactory
    {
        IComputerAnswer Create(string gametype);
    }
}
```

为了简化问题，这里只考虑根据游戏类型的名称获取实例，不考虑更复杂的情况。

现在使用 XML 作为诗词数据源实现 IComputerAnswer 接口。XML 数据从数据库中导出，保存了《全唐诗》中所有的诗词，这些诗词的诗句已经被拆解，存储在独立的表中。创建一个类库，名称为 PoemGame.ComputerAnswer.Xml，XML 数据保存在这个项目的 data 目录下，保存诗句的文件名为 PoemLine.Xml，这个文件作为资源文件打包在程序集中。在这个类库中首先创建基类，负责 XML 数据读取等公用功能，代码如下：

```
using System.Data;
using System.IO;
using System.Reflection;

namespace PoemGame.ComputerAnswer.Xml
{
    public class ComputerAnswerBase
    {
        protected readonly DataTable Poemlinedt;
        protected readonly DataTable Poetdt;

        public ComputerAnswerBase()
        {
            var ds = new DataSet();
            string resourceName = @"PoemGame.ComputerAnswer.Xml.data.PoemLine.Xml";
            Assembly someAssembly = Assembly.GetExecutingAssembly();
```

```
                using (Stream resourceStream =
someAssembly.GetManifestResourceStream(resourceName))
                {
                    ds.ReadXml(resourceStream);
                    Poemlinedt = ds.Tables[0];
                }
                var ds1 = new DataSet();
                string resourceName1 = @"PoemGame.ComputerAnswer.Xml.data.Poet.Xml";
                Assembly someAssembly1 = Assembly.GetExecutingAssembly();
                using (Stream resourceStream1 =
someAssembly1.GetManifestResourceStream(resourceName1))
                {
                    ds1.ReadXml(resourceStream1);
                    Poetdt = ds1.Tables[0];
                }
            }
        }
}
```

我们将诗词的数据 XML 文件打包到程序集的资源文件中，发布时 XML 文件作为程序集的一部分包括在程序集文件中。在程序中使用这些 XML 文件中的数据时，需要将从文件读取数据修改为从程序集的资源文件中读取数据，使用 GetManifestResourceStream 方法完成读取工作，如上面的代码所示。资源的名称为"<程序集名称>.<项目中所在目录名>.<文件名>"，在本例中，保存诗句的 XML 文件是 Poet.Xml，存储目录是 data，所以资源文件名为"PoemGame.ComputerAnswer.Xml.data .Poet.Xml"。

然后可以创建针对飞花令、接龙和对诗的具体作答类，这些类继承自作答基类，下面简单介绍实现思路和相应的代码。

对诗的实现需要根据上一次作答的诗句（PoemLine）进行查询，找到对应诗（Poem）的 Id，根据 Id 获取这首诗的所有诗句，然后找到上一次作答诗句的下一句。这个算法有一个缺陷，就是如果两首诗某一句相同（这种情况虽然不常见，但在《全唐诗》中确实存在这种情况），那么就有可能查找出现错误。但对于目前的测试用例程序来说，这个错误可以忽略。对诗的实现代码如下：

```
using PoemGame.ComputerAnswer.Shared;
using System.Linq;
namespace PoemGame.ComputerAnswer.Xml
{
    public class ComputerAnswerDuishi : ComputerAnswerBase, IComputerAnswer
    {
        public string Answer(string gamecontext,string lastanswer)
        {
            var rows = Poemlinedt.Select("LineContent='" + lastanswer + "'");
            if (rows.Any())
            {
                var poemId = rows[0]["PoemId"].ToString();
                var order= int.Parse(rows[0]["Order"].ToString());
                var lines= Poemlinedt.Select("PoemId='" + poemId + "'");
                foreach(var line in lines)
                {
```

```
                    var order1 = int.Parse(line["Order"].ToString());
                    if(order1==order+1) return line["LineContent"].ToString();
                }
            }
            return "";
        }
    }
}
```

接龙就是找出以上一个作答的诗句的最后一个字开头的诗句，下面的算法有些问题，所返回的总是找到的第一句，如果作答的诗句的最后一个字在游戏中出现过两次，算法就会返回相同的诗句，导致回答错误。这里同样简单处理，不做调整，代码如下：

```
using PoemGame.ComputerAnswer.Shared;
using System.Linq;

namespace PoemGame.ComputerAnswer.Xml
{
    public class ComputerAnswerJielong : ComputerAnswerBase, IComputerAnswer
    {
        public ComputerAnswerJielong() : base()
        {

        }
        public string Answer(string gamecontext,string lastanswer)
        {
            var lastword = lastanswer.Substring(lastanswer.Length - 1);
            var rows = Poemlinedt.Select("LineContent like '" + lastword + "%'");
            if (rows.Count() > 0) return rows[0]["LineContent"].ToString();
            return "";
        }
    }
}
```

飞花令的算法是随机找到一句含有指定字或者词的诗句，这里的漏洞是没有判断与前面的作答是否相同：

```
using PoemGame.ComputerAnswer.Shared;
using System;
using System.Linq;

namespace PoemGame.ComputerAnswer.Xml
{
    public class ComputerAnswerFeihualing : ComputerAnswerBase, IComputerAnswer
    {
        public string Answer(string gamecontext,string lastanswer)
        {
            var rows=Poemlinedt.Select("LineContent like '%" +gamecontext + "%'");
            if (rows.Count() > 0)
            {
                var rnd = new Random();
```

```
            var idx=rnd.Next(rows.Count());
            return rows[idx]["LineContent"].ToString();


        }
        return "";
    }
    }
}
```

尽管上面的算法都有些漏洞，可如果想赢计算机，仍然几乎不可能。从测试来看，对诗不可能赢，飞花令赢的概率不大，接龙如果运气好的话，可以利用漏洞赢计算机。

现在需要编写根据游戏类型返回计算机作答服务的工厂。控制台程序只是为了验证领域模型，因此使用简单的方式实现这个工厂，代码如下：

```
using PoemGame.ComputerAnswer.Shared;

namespace PoemGame.ComputerAnswer.Xml
{
    public class ComputerAnswerFactory : IComputerAnswerFactory
    {
        public IComputerAnswer Create(string gametype)
        {
            switch (gametype)
            {
                case "Duishi":
                    return new ComputerAnswerDuishi();
                case "Jielong":
                    return new ComputerAnswerJielong();
                default:
                case "Feihualing":
                    return new ComputerAnswerFeihualing();
            };
        }
    }
}
```

至此，计算机模拟作答就编写完成了，下面可以编写客户端了。

6.6　编写客户端

现在开始编写客户端代码，创建一个.Net 6 的控制台应用程序，名称为 ConsoleAppDemo。首先需要创建 IConsoleAppDemoService 类型的实例，我们已经有了一个 IConsoleAppDemoService 的实现 ConsoleAppDemoService，可以直接使用构造函数创建它。这个类的依赖关系比较复杂，图 6-3 展示了这种复杂的关系。

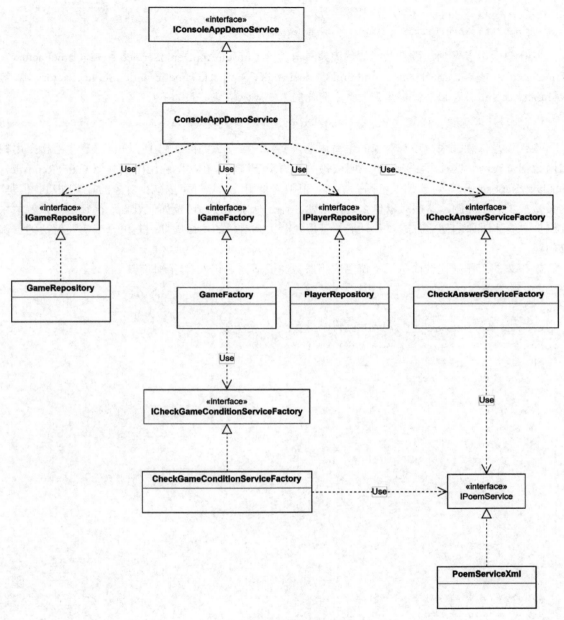

图 6-3 复杂的依赖关系

依赖关系中，实现接口的实例对象都需要从构造函数中传入，所以使用构造函数创建实例的代码也比较复杂：

```
var poemService = new PoemServiceXml();
IConsoleAppDemoService service = new ConsoleAppDemoService(
    new GameFactory(
        new CheckGameConditionServiceFactory(
            new PoemServiceXml())),
    new GameRepository(),
```

```
new PlayerRepository(),
new CheckAnswerServiceFactory(poemService));
```

从代码中可以看到，最复杂的依赖关系有 4 层：ConsoleAppDemoService 依赖 GameFactory，GameFactory 依赖 CheckGameConditionServiceFactory，CheckGameConditionServiceFactory 依赖 PoemServiceXml，看起来就有些头大。用简化的方式表示依赖关系如下：

```
ConsoleAppDemoService→GameFactory→CheckGameConditionServiceFactory→PoemServiceXml
```

不仅仅是依赖关系，还有对象的生命周期需要管理。在上面的代码中，在参数表中直接采用构造函数创建实例，这种写法是为了说明依赖关系的复杂性，但在实际应用中，类似 GameRepository 和 PlayerRepository 等对象都是可以在某一个范围内复用的，这样可以减少对象的重复创建。但是，这又带来了一个问题：这些对象什么时候创建，什么时候销毁，以及如何管理？简化这些依赖关系的维护，简化对象的创建方式，并且能够管理复杂关系对象的生命周期，是下一步需要解决的一部分问题。

接下来的工作就比较简单了，调用应用服务完成适当的输入和输出即可：

```
IComputerAnswerFactory computerAnswerFactory = new ComputerAnswerFactory();

Console.WriteLine("选择游戏类型 1:对诗 2:接龙 3:飞花令");
var gametypeInput = Console.ReadLine();
var gameType = "";
switch (gametypeInput)
{
    case "1":
        gameType = "Duishi";
        break;
    case "2":
        gameType = "Jielong";
        break;
    default:
    case "3":
        gameType = "Feihualing";
        break;
}
Console.WriteLine("输入条件");
var condition = Console.ReadLine();

var createResult = await service.CreateGameAsync(new
PoemGame.Domain.GameAggregate.GameType(gameType, ""), condition);

while (!createResult.IsSuccess)
{
    Console.WriteLine(createResult.Message);
    Console.WriteLine("重新输入条件");
    condition = Console.ReadLine();
    createResult = await service.CreateGameAsync(new
```

```
PoemGame.Domain.GameAggregate.GameType(gameType, ""), condition);
    }
    var game = createResult.CreatedGame;
    var isFinish = false;
    while (!isFinish)
    {
        var currentPlayer = await service.GetCurrentUser(game.Id);
        Console.WriteLine($"{currentPlayer}作答:");
        var answer = "";
        if (currentPlayer == "我自己")
        {
            answer = Console.ReadLine();
        }
        else
        {
            answer = ComputerAnswer(await service.GetLastPropertyAnswerAsync(game.Id),
gameType, condition);
            Console.WriteLine(answer);
        }
        var playres = await service.PlayAsync(game.Id, answer);
        Console.WriteLine(playres.Message);
        isFinish = playres.IsGameDone;
    }

    string ComputerAnswer(string lastanswer, string gametype, string gamecontext)
    {
        var answerservice = computerAnswerFactory.Create(gametype);
        return answerservice.Answer(gamecontext, lastanswer);
    }
```

> **注　意**
>
> 这里的服务层直接返回了领域模型中聚合根 Game 的实例，在这个简单的控制台应用中是
> 可以的，但在复杂应用中，服务层应该隔离用户界面与领域模型，表示层不应该能够直接
> 操作领域模型。

从这里可以看出，客户端的复杂程度很大一部分在于如何创建应用服务的实例，降低这种复杂
性，需要引入新的理论和技术框架。

现在，这个应用已经完成，可以运行了。图 6-4 是完成后的程序结构。

与前面的设计进行对比，计算机作答部分增加了 **PoemGame.ComputerAnswer.Shared**，将来可以
开发基于其他数据源的计算机作答，以提高性能。在控制台应用程序中，没有实现应用服务工厂，
因为在客户端中直接使用构造函数完成了应用服务的创建和组装。

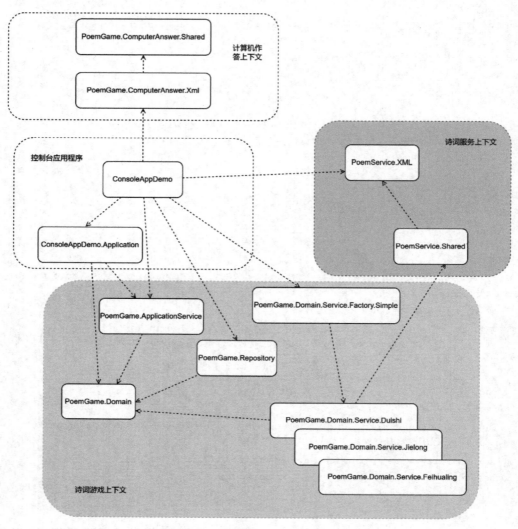

图 6-4　人机游戏程序包之间的依赖关系

6.7　需要解决的问题

我们使用开发完成的领域模型和简单的存储库实现创建了一个简单的应用程序，现在讨论一下这个应用中存在的问题。

6.7.1　对象创建方式过于复杂

回顾一下应用服务对象的创建代码，我们使用构造函数进行创建：

```
var poemService = new PoemServiceXml();
IConsoleAppDemoService service = new ConsoleAppDemoService(
    new GameFactory(
```

```
            new CheckGameConditionServiceFactory(poemService)),
    new GameRepository(),
    new PlayerRepository(),
    new CheckAnswerServiceFactory(poemService));
```

这种方式创建对象代码复杂，并且不易于维护。

6.7.2　简单工厂不能满足扩展需求

在目前的实现中，大量使用了简单工厂，比如针对游戏类型的 CheckAnswerServiceFactory，是这样实现的：

```
namespace PoemGame.Domain.Services.Factory.Simple
{
    public class CheckAnswerServiceFactory : IDomainServiceFactory<ICheckAnswerService>
    {
        private readonly IPoemService poemService;
        public CheckAnswerServiceFactory(IPoemService _poemService)
        {
            poemService = _poemService;
        }
        public ICheckAnswerService GetService(GameType gamePlayType)
        {
            switch (gamePlayType.MainType)
            {
                case "Duishi":
                    return new DuishiCheckAnswerService(poemService);
                case "Feihualing":
                    return new FeihualingCheckAnswerService(poemService);
                case "Jielong":
                    return new JielongCheckAnswerService(poemService);
            }
            return null;
        }
    }
}
```

回顾一下前面提到的软件开发中需要遵守的原则，这里的简单工厂违反了"开-闭"原则，对扩展开放，对修改封闭。

简单工厂的唯一好处就是逻辑简单，对构建试验性质的项目而言已经可以满足需要。缺点就是扩展时需要修改代码，如果增加游戏类型，就必须修改源代码，重新编译部署，更糟糕的是，与其相关的应用也需要更新并重新编译，这就无法满足一开始提出的可增加游戏类型的需求。

6.7.3　应用层没有隔离领域层

控制台应用的目的是验证领域模型，使用的是简化的应用层设计。这个应用层没有隔离表示层与领域层，在应用层的接口中可以发现，直接返回了领域层的聚合根：

```
Task<GamePlayResult> PlayAsync(Guid gameId, string answer);
```

GamePlayResult 的定义如下：

```
using PoemGame.Domain.GameAggregate;
namespace PoemGame.ApplicationService
{
 public class GameCreationResult
 {
   public Game CreatedGame { get; }
   public bool IsSuccess { get; set; }
   public string Message { get; set; }
   public EnumGameCreateFaultReason FaultReason { get; set; }

   public GameCreationResult(
     Game game,
     bool issuccess,
     EnumGameCreateFaultReason reason,
     string message)
   {
     this.CreatedGame = game;
     this.IsSuccess = issuccess;
     this.FaultReason = reason;
     this.Message = message;
   }
 }
}
```

其中的 **Game** 是领域模型中的聚合根。在控制台应用中这样做问题不大，但从严格意义上来说，这里应该返回 DTO（数据传输对象）而不是聚合根。应用层应该隔离用户界面与领域层。在第 14 章的应用层构建中会详细说明如何创建应用层。

6.7.4 其他需要解决的问题

除了上面的 3 个问题，要实现更复杂的应用，还有很多问题需要解决：

- 玩家注册和认证：基于控制台的单机游戏的玩家是固定的，但我们希望最终在网上实现多人游戏。在第 1 章已经说明了，玩家的注册和认证在另一个限界上下文中解决。在后面我们会引入第三方系统，并与游戏上下文集成来解决这个问题。

- 存储库：目前使用的是内存集合模拟持久化，这种方式实现非常简单，可以满足测试要求。如果在实际系统中使用，就需要实现基于关系数据库或者非关系数据库的持久化，实现基于关系数据库或者非关系数据库的存储库。

- 数据传输：控制台应用的表示层非常简单，输入和输出都是字符串，而复杂的 Web 应用需要将数据从应用层传递到用户表示层，这就需要进一步解决数据传输采用什么方式，需要遵守什么规则。

- 向其他上下文传递消息：在第 1 章提到了，诗词游戏是社交应用的一部分，玩家在游戏上下文中的行为需要以消息的形式发送给其他上下文。比如，在社交上下文中有"玩家动态"，即时显示玩家加入游戏、退出游戏、获胜等的动态信息，这些信息来源于游戏上下文。后面会讨论如何发布和订阅消息。

上面这些问题在本书第 2 部分会逐一进行讲解。

6.8　本 章 小 结

采用控制台应用程序作为应用系统的初步原型对领域模型进行验证是一种最佳实践方法，在实际项目中经常使用。在使用这种方法时，一定要目标明确，不纠缠与目标无关的技术细节。

本章通过开发人机游戏控制台应用程序对领域模型进行了验证，并提出了下一步需要解决的问题。这些问题包括：

- 如何完成具有复杂的依赖关系的对象创建。
- 如何构建可扩展的工厂对象。
- 如何实现与其他限界上下文的集成。
- 如何创建更复杂的应用层。

还有一些接口需要实现，包括采用关系数据库或者非关系数据库的存储库、发布领域事件的事件总线等。这些问题将在第 2 部分逐一解决。

DDD .Net 工具箱

第 **2** 部分

第 7 章

DDD .Net 相关技术概述

本书第 1 部分主要介绍 DDD 面向业务的部分，重点放在如何建立领域模型和如何使用领域模型描述业务规则。领域模型中不涉及或者很少涉及技术实现，所有需要实现的部分都抽象为接口。从本章开始的第 2 部分将重点放在技术实现上，介绍如何使用.Net 实现领域模型中定义的各种接口，以及如何使用和编排领域模型中提供的方法实现业务用例。本章概要介绍.Net 技术。

7.1　.Net 简介

.Net 经常让人感到迷惑，如果说"系统使用.Net"，那么在十年前指的是.Net Framework，在三年前，可能指的是.Net Core，在现在指的可能是.Net 平台（简称.Net）。为什么说可能是呢？因为还有大量的系统构建在.Net Framework 上，并且这些系统在相当长的时间内还需要运行和维护。所以说，由于历史的原因，目前有 3 种各自独立且不兼容的.Net 生态：.Net Framework、.Net Core 和.Net 平台。这在现代的技术生态中并不是特有的现象，看一下 Java 世界的 Spring Boot 就知道了，从 1.x 到 2.x，再到现在的 3.x，基本上是互不兼容的独立体系。

本书所使用的是最新的.Net 平台，其中很多示例对.Net Core 也适用，但可能不适用于.Net Framework。如果没有特别说明，本书所指的.Net 就是最新的.Net 平台。

7.1.1　.Net 的发展简史

为什么.Net 的版本如此复杂？这就需要从其发展历史说起。

在 21 世纪之初，为了应对 Java 的快速发展，微软制订了新的战略，把下一代 Windows 服务命名为.Net Framework，并将其应用到所有的产品线中，与此同时诞生了新的编程语言 C#。从 2000 年到 2014 年，.Net Framework 从 1.0 升级到 4.5，得到了一定的发展。可是在这些年间，随着开源软件的流行，选择闭源生态的开发人员逐渐减少，加上.Net Framework 只能在 Windows 生态运行，导致其关注度逐渐下降。到了 2015 年，微软调整策略，宣布拥抱开源，其中一个动作就是推出与.Net

Framework 平行的跨平台的.Net Core。.Net Core 发展迅速，从最初的 1.0 很快发展到 3.0，也有了成熟的生态和社区。然而，两条平行的产品线带来了很多混乱，到了 2020 年，微软关闭了.Net Framework 产品线，并将.Net Core 更名为.Net，为了避免与.Net Framework 4 冲突，.Net 的版本直接从.Net 5 开始。

7.1.2　.Net 的版本

.Net 的各个版本之间可能不兼容，为了解决这个问题，微软提供了对各个版本的支持，只是支持的时限不同。一般而言，单数版本为试验性版本，支持的时限较短；双数版本为稳定版本，支持的时限较长。版本发布时就确定了其生命周期，这样用户就能以此为根据指定开发和迁移计划。

7.1.3　.Net 的跨平台支持

.Net 对跨平台支持分为 3 个层面：完全支持、基本支持和不支持。对于控制台应用、Web 应用、云生态应用，.Net 完全支持跨平台开发。对于移动应用、某些桌面应用，需要.NET Multi-platform App UI （.NET MAUI）的支持来完成，可以说是基本支持。如果想将原生的 Windows 应用移植到其他平台，现在还没有可能，所有对 Windows 体系下的其他应用来说，.Net 只支持在 Windows 系统下开发。

对于 Web 应用和云生态的应用，.Net 是完全支持跨平台的，所以可以很方便地用.Net 开发在 Linux 等环境下运行的应用，也可以很方便地构建基于 Docker 等容器技术的微服务应用。

7.2　.Net 功能

.Net 功能全面，本节只概要介绍与本书内容相关的部分。

7.2.1　异步编程模式

.Net 提供了高效的异步编程模式，将复杂的异步编程简单化。这里我们不深入讨论异步编程模型，主要介绍如何在实践中使用这种模型。

简单来说，记住 3 个关键字就可以应付大部分异步编程的场景，它们是 Task、async 和 await。对于需要异步执行的方法，返回值是 Task 或者 Task<返回类型>。举两个例子，如果需要将 void 方法改为异步模式，那么返回类型就变为 Task；如果将某个返回类型为 int 的方法改为异步模式，那么返回类型就变为 Task<int>，非常好记。然后需要记住异步方法必须声明为 async，表示可以异步访问。最后，外部调用 async 方法时，需要加上 await 关键字。还有一点是调用异步方法的方法也需要是异步方法。记住这些基本点就可以了。在访问数据库、网络通信、Web API 等场景都会用到异步编程模式。

还有一点需要说明的是，在定义接口时，如果定义的方法需要异步实现，返回值就需要定义为 Task。比如，前面我们提到了存储库的接口定义，由于访问数据库需要使用异步模式，因此其声明如下：

```
Task<Player> GetPlayerByUserNameAsync(string username);
```

在接口中声明，不需要使用 async 关键字，但在实现时，需要加上这个关键字才能在方法内使用 await 方式调用其他异步方法。比如下面的方法：

```
public async Task<Player> GetPlayerByNameAsync(string name)
{
    return await gameDbContext.Players.FirstOrDefaultAsync(p => p.UserName == name);
}
```

7.2.2　特性

.Net 中的特性（System Attribute）是指描述性声明，用于扩展元数据。特性可以作为批注增加到编程元素（如类型、字段、方法和属性）上。特性在.Net 编程中广泛应用，下面列举几个常见的例子。

下面例子中 Route 和 ApiController 是类的特性，表示类是一个 ApiController，并且说明了路由的路径。HttpPost 是方法的特性，说明方法运行通过 POST 方式调用。

```
...
namespace PoemGame.WebDemoApi.Controllers
{
    [Route("api/[controller]")]
    [ApiController]
    public class GameController : ControllerBase
    {
        ...
        [HttpPost("CreateGame")]
        public async Task<CreateGameResult> CreateGame(CreateGameInputDto dto)
        ...
}
```

下面的例子使用[Authorize]特性修饰方法，说明调用该方法的客户端需要通过认证。

```
        [Authorize]
        [HttpPost("Play")]
        public async Task<PlayResult> Play(PlayInputDto dto)
        {
            ...
        }
```

单元测试框架使用[Test]或者[Fact]标记测试用例：

```
        [Fact]
        public async Task CreatePlayer()
```

可以根据需要定义自己的特性。下面的例子定义了 DNNName 特性：

```
using System;

namespace ZL.NameAttribute
{
    [System.AttributeUsage(System.AttributeTargets.All)]
```

```
        public class DDDNameAttribute : System.Attribute
        {
            public DDDNameAttribute(string name)
            {
                Name = name;
            }
            public DDDNameAttribute(string name,string description)
            {
                Name = name;
                Description = description;
            }
            public string Name { get; set; }
            public string Description { get; set; }
            public string Category { get; set; }
        }
    }
```

上面的代码定义了 **DDDName** 标签，在代码中可以使用这个标签对类、方法等进行标记。下面的代码中使用了这个自定义的标签：

```
using System;
using System.Collections.Generic;
using System.Text;
using ZL.NameAttribute;

namespace PoemGame.Domain.Games
{
    [DDDName("游戏","多人的诗词游戏")]
    public class Game
    {
        public Guid Id { get; set; }

        [DDDName("游戏状态","准备开始，正在进行或者结束")]
        public GameStatus Status { get;  set; }

        [DDDName("答题方式","轮流答题或者抢答")]
        public EnumAnswerType AnswerType { get;  set; }

        [DDDName("游戏类型","比如飞花令、接龙等，客户端根据游戏类型选择适当的解释器")]
        public EnumGameType GameType { get;  set; }
        /// <summary>
        /// </summary>
        [DDDName("游戏上下文","游戏的初始条件，比如飞花令中的字，对诗中的上句等")]
        public string GameContext { get; set; }
    }
}
```

使用特性的好处是可以通过反射获取方法和属性的说明，可以用来生成通用语言的词汇表。在下一节中，我们使用反射从程序集中获取 **DDDName** 标签中的说明。

7.2.3 反射

反射是.Net 的重要功能之一，很多编程模式都是基于反射实现的。反射提供了描述程序集、模块和类型的对象（Type 类型）。可以使用反射动态地创建类型的实例、将类型绑定到现有对象或从现有对象中获取类型，然后调用其方法或访问其字段和属性。如果代码中使用了特性，那就可以利用反射来访问它们。

.Net 程序代码在编译后生成可执行的应用，下面先来了解一下编译后产生的.Net 可执行应程序的结构。

.Net 应用程序的结构分为几个层次：应用程序域-程序集-模块-类型-成员。公共语言运行库加载器管理应用程序域。这种管理包括将每个程序集加载到相应的应用程序域以及控制每个程序集中类型层次结构的内存布局。

程序集包含模块，模块包含类型，类型又包含成员。在使用反射时，对程序集、模块、类型、方法等提供操作功能的对象如下：

- Assembly：使用 Assembly 可以定义和加载程序集，以及加载在程序集清单中列出的模块，还可以从此程序集中查找类型并创建该类型的实例。
- Module：使用 Module 可以了解包含模块的程序集以及模块中的类等，还可以获取在模块上定义的所有全局方法或其他特定的非全局方法。
- ConstructorInfo：使用 ConstructorInfo 可以了解构造函数的名称、参数、访问修饰符（如 **public** 或 **private**）和实现详细信息（如 **abstract** 或 **virtual**）等。使用 Type 的 GetConstructors 或 GetConstructor 方法来调用特定的构造函数。
- MethodInfo：使用 MethodInfo 可以了解方法的名称、返回类型、参数、访问修饰符（如 **public** 或 **private**）和实现详细信息（如 **abstract** 或 **virtual**）等。使用 Type 的 GetMethods 或 GetMethod 方法来调用特定的方法。
- FieldInfo：使用 FieldInfo 可以了解字段的名称、访问修饰符（如 **public** 或 **private**）和实现详细信息（如 **static**）等；还可以获取或设置字段值。
- EventInfo：使用 EventInfo 可以了解事件的名称、事件处理程序数据类型、自定义属性、声明类型和反射类型等，还可以添加或移除事件处理程序。
- PropertyInfo：使用 PropertyInfo 可以了解属性的名称、数据类型、声明类型、反射类型和只读或可写状态等，还可以获取或设置属性值。
- ParameterInfo：使用 ParameterInfo 可以了解参数的名称、数据类型、参数是输入参数还是输出参数，以及参数在方法签名中的位置等。

现在继续上一节的例子，使用反射获取自定义属性：

```
using System.Reflection;
using ZL.NameAttribute;

namespace ZL.GetNameAttribute
{
    public class Utility
    {
        public static void GetAttribute(Type t)
```

```
        {
            DDDNameAttribute att;
            att = (DDDNameAttribute)Attribute.GetCustomAttribute(t,
                                             typeof(DDDNameAttribute));
            if (att != null)
            {
                Console.WriteLine("Name: {0}.", att.Name);
                Console.WriteLine("Description: {0}.", att.Description);
            }
            MemberInfo[] MyMemberInfo = t.GetMethods();
            for (int i = 0; i < MyMemberInfo.Length; i++)
            {
                att =
                        (DDDNameAttribute)Attribute.GetCustomAttribute(MyMemberInfo[i],
                         typeof(DDDNameAttribute));
                if (att!= null)
                {
                    Console.WriteLine("Name  {0}: {1}.",
                        MyMemberInfo[i].ToString(), att.Name);
                    Console.WriteLine("Description  {0}: {1}.",
                        MyMemberInfo[i].ToString(), att.Description);

                }
            }
        }
    }
}
```

反射是.Net 的基础技术之一，但在实际项目中，通常不直接使用这种技术，而是使用基于这种技术的更高层的框架技术，比如依赖注入框架、ORM 框架等。

7.2.4 委托

委托定义了针对方法的引用类型，可以将方法作为参数进行传递，然后通过委托进行调用。传统的委托在使用时需要使用 delegate 关键字对委托进行声明，然后才可以使用，如下面的代码所示。

```
namespace PoemGame.Demo.C7.Delegate
{
    internal class UseDelegate
    {
        public delegate int Compute(int x,int y);

        public static int Add(int x, int y)
        {
            return x + y;
        }

        public static int Minus(int x, int y)
        {
            return x-y;
```

```
        }

        public static int ComputeByDelegate(Compute compute,int x,int y)
        {
            return compute(x, y);
        }
    }
}
```

在调用时，可以使用 Add 和 Minus 作为参数传入 ComputeByDelegate 中：

```
using PoemGame.Demo.C7.Delegate;
Console.WriteLine(UseDelegate.ComputeByDelegate(UseDelegate.Add,2,3));
Console.WriteLine(UseDelegate.ComputeByDelegate(UseDelegate.Minus, 2, 3));
Console.ReadLine();
```

现在不需要这样写了，因为.Net 中已经包含了默认的委托类型，可以直接使用而不需要创建新类型。这些类型是 Action<>、Func<>和 Predicate<>，说明如下：

- Action<参数 1 类型，参数 2 类型…>: 用于不返回类型的委托调用。
- Func<返回参数类型，参数 1 类型，参数 2 类型…>: 用于有返回类型的委托调用。
- Predicate<参数 1 类型，参数 2 类型…>: 用于需要确定参数是否满足委托条件的情况。它也可以编写为 Func<T, bool>，这意味着方法返回布尔值。

例如上面的例子，ComputeByDelegate 可以改写为：

```
namespace PoemGame.Demo.C7.Delegate
{
    internal class UseFanc
    {
        public static int ComputeByDelegate(Func<int,int,int> compute, int x, int y)
        {
            return compute(x, y);
        }
    }
}
```

声明从预定义的 public delegate int Compute(int x,int y) 变成了 Func<int,int,int> ，调用时的方式是一样的：

```
using PoemGame.Demo.C7.Delegate;

Console.WriteLine(UseFanc.ComputeByDelegate(UseDelegate.Add,2,3));
Console.WriteLine(UseFanc.ComputeByDelegate(UseDelegate.Minus, 2, 3));
Console.ReadLine();
```

这种委托方式还可以采用 Lambda 表达式的方式，这样不需要预先定义方法，上面的代码可以修改为：

```
Console.WriteLine(UseFanc.ComputeByDelegate((x, y) => { return x + y; }, 2, 3));
Console.WriteLine(UseFanc.ComputeByDelegate((x, y) => { return x - y; }, 2, 3));
```

扩展起来也更加容易：

```
Console.WriteLine(UseFanc.ComputeByDelegate((x, y) => { return x * y; }, 2, 3));
Console.WriteLine(UseFanc.ComputeByDelegate((x, y) => { return x / y; }, 2, 3));
```

7.2.5　事件

.Net 的事件机制基于观察者模式，这个模式的意图是定义对象间的一种一对多的依赖关系，当一个对象发生变化时，所有依赖它的对象都得到通知并被自动更新。事件就是对象发出的通知更新的消息，引发事件的对象称为"事件发送方"，事件发送方不知道哪个对象或方法将接收事件。

定义事件，首先要使用 event 关键字定义事件的委托类型，然后还要定义引发事件的方法，通常命名为 OnEventName。这个方法接收一个指定的事件数据对象，这个对象的类型是 EventArgs 或者是它的派生类，在这个方法里调用注册的委托处理事件。

现在通过一个简单的示例来说明一下自定义事件的使用。首先，定义一个事件，这个事件继承系统提供的事件基类 System.EventArgs：

```
namespace EventDemo
{
    public class MyMessageArgs:EventArgs
    {
        public string Message { get; }
        public MyMessageArgs(string message)
        {
            Message = message;
        }
    }
}
```

我们将事件的属性设置为只读，这样，事件在传递时不会被接收方修改。现在编写一个简单的质数查找程序，每找到一个质数，就发布一个事件。实现起来只需要两步：

（1）在类中定义一个处理事件的代理：

```
public EventHandler<MyMessageArgs> Found;
```

（2）在需要发布事件的地方调用这个代理发布事件：

```
Found?.Invoke(this,new MyMessageArgs("找到质数:"+num));
```

> **注　意**
>
> 这里使用的是 Found?，就是说这个代理可能为空，如果为空则不会执行 Invoke 方法。

完整的代码如下：

```
namespace EventDemo
{
    public class PrimeNumberFinder
    {
        public EventHandler<MyMessageArgs> Found;
        public void Find(int max=100)
```

```
        {
            var pn = new List<int>();
            pn.Add(2);
            pn.Add(3);
            for(var num=4;num<max;num++)
            {
                var isPN = true;
                foreach (var n in pn)
                {
                    if (num % n == 0)
                    {
                        isPN = false;
                        break;
                    }
                }

                if (isPN)
                {
                    pn.Add(num);
                    Found?.Invoke(this,new MyMessageArgs("找到质数:"+num));
                }
            }

        }
    }
}
```

只需要将事件代理委托给实际的处理方法就可以了:

```
using EventDemo;
var finder=new PrimeNumberFinder();
EventHandler<MyMessageArgs> onFound= (sender, eventArgs) =>
{
    Console.WriteLine(eventArgs.Message);
};
finder.Found +=onFound;
finder.Find(100);
Console.ReadLine();
```

使用 finder.Found +=onFound 可以添加事件的处理程序,如果有多个事件处理程序,可以依次添加。也可以在不需要处理程序时进行删除:

```
finder.Found -=onFound
```

7.2.6 泛型

在泛型出现之前,定义一个对象列表时,列表中的对象类型是不确定的,例如类型 ArrayList,任何对象都可以添加到这个列表中,例如下面的代码:

```
using System.Collections;
ArrayList list=new ArrayList();
```

```
list.Add(1);
list.Add("Hello");
foreach(var obj in list)
{
    Console.WriteLine(obj+"  "+obj.GetType().Name);
}
```

由于不确定列表中的类型，在处理列表时，需要对类型进行转换或者其他的处理。泛型的引入，可以让开发者定义类型安全的数据结构，无须处理实际数据类型。例如在 List<T>中，通过指定 T 的具体类型可以定义该类型的列表，下面是针对整型和字符串的泛型列表：

```
List<int> ints=new List<int>();
List<string> strings=new List<string>();
```

泛型中指定了确定的类型，相对于 ArrayList，其存取的性能更优，并且在设计时可以消除由于类型不确定带来的潜在问题。

泛型也为设计带来了更大的灵活性，下面的代码定义针对所有实体类型的存储库：

```
public interface IRepository<T> where T : IEntity
{
    Task Add(T entity);
    Task Update(T entity);
    Task Delete(T entity);
    Task<List<T>> GetAll();
    Task<T> Get(int id);
}
```

使用这种方式定义存储库接口，可以大量简化代码，不需要为每个实体类型定义存储库接口。

7.2.7　LINQ

LINQ 是语言集成查询的简写，目的是提供表达力更强的声明性编码功能。代码示例如下：

```
var donegames = from g in games
                where g.IsDone
                select g;
```

还可以这样写：

```
var donegames = games.Where(g => g. IsDone).Select(g);
```

LINQ 具有很强的代码表达能力，举个例子，如果我们将玩家列表转换为字典，使用传统的方式，需要编写如下代码：

```
Dictionary<Guid, Player> dic = new Dictionary<Guid, Player>();
foreach(var player in players)
{
    dic.Add(player.Id, player);
}
```

如果使用 LINQ 编写，一句话就可以了：

```
var d=players.ToDictionary(x => x.Id, x => x);
```

LINQ 隐藏了实现细节,可读性更好。LINQ 已经在数据库访问、XML 数据处理等方面有了广泛的应用。

7.3 与领域驱动设计实现相关的技术框架

.Net 拥抱开源后,社区发展非常迅速,除了官方出品的很多框架外,还涌现了大量优秀的第三方框架,使.Net 生态日益成熟。本节介绍的一些框架在后面会用到,这里只做概要介绍,在后面会详细介绍这些框架在项目中的作用及其使用方法。

需要说明的是,由于技术发展迅速,很多以前流行的框架逐渐走向没落,比如.Net 社区最老的 StructureMap 已经被新的项目取代,Spring.Net 已经专注于 Spring 的 Java 版本。这也是为什么要引入领域驱动设计的原因之一——我们需要确保项目核心独立于框架,当框架需要改变时可以方便地进行替换。

7.3.1 依赖注入框架

依赖注入框架为 IoC(Inversion of Control,控制反转)提供技术支撑。可以这样说,离开了依赖注入框架,就无法创建先进的软件体系架构。.Net 生态中有很多依赖注入框架可供选择,使用最多的是.Net 自带的依赖注入框架和 Autofac。

1).Net 自带的依赖注入框架

如果没有特殊的要求,使用.Net 自带的依赖注入框架就可以满足需求。使用起来很简单,只要在 IServiceCollection 实例中注册服务,然后生成 IServiceProvider 实例就可以了。本书的大部分示例都使用.Net 自带的依赖注入框架。

2)Autofac

Autofac 是基于.Net 的轻量级 IoC 框架,提供了.Net 自带依赖注入框架中所没有的功能,比如按属性注入,这样可以使注入不依赖于构造函数。在后面会有相关的示例说明如何使用 Autofac。

还有其他很多种依赖注入框架,在后面会有简单介绍。

7.3.2 ORM 框架

应用系统由代码构建,现在流行的编程范式是使用面向对象的编程方法,数据在内存中以对象的形式存在。而当需要做持久化保存时,一般选择使用关系数据库,在关系数据库中数据以数据表中的记录的形式存在。对象和数据记录之间存在差别,这种差别叫作"阻抗失配"。为了解决这种阻抗失配,出现了对象到关系的映射(Object Relational Mapping)技术,简称 ORM。这里简单介绍几种常用的 ORM 框架。

1)EF Core

EF Core 是微软官方提供的功能强大的 ORM 框架,包含了很多领域驱动设计的理念。EF Core 已经不再支持数据优先开发,只支持代码优先开发。EF Core 中的 DbContext 采用了存储库的设计理念，并且支持工作单元（Unit of Work）。本书大部分示例使用 EF Core 作为 ORM 框架。

2）Dapper

Dapper 是轻量级的 ORM 框架，优点是可以使用 SQL 语句进行查询和操作，并且有丰富的扩展，提供了很多增强的功能，比如 Dapper.SimpleCRUD 可以提供方便的 CRUD 操作。从应用角度看，Dapper 更适合查询，本书后面介绍的与查询相关的部分采用 Dapper 实现。

3）FreeSql

FreeSql 是逐渐流行的第三方 ORM 框架，代码优先的模式下与 EF Core 高度相似。本书提供使用 FreeSql 创建存储库的示例。

其他还有很多 ORM 框架，比如 PataPOCO、SqlSurgar 等。在 DDD 中使用 ORM 框架要看是否会导致领域模型产生框架依赖。很多框架需要在聚合根中增加诸如 Table、Key 等之类的数据标签，这些标签的引入，有两方面的副作用：一方面需要在领域模型开发阶段就兼顾数据库设计，这不是我们所希望的；另一方面，会使领域模型依赖于某一个具体的框架，这与框架无感知原则有冲突。

7.3.3　对象映射框架

在分层设计中，应用层在领域层和表示层之间，表示层不能直接获取领域层中的领域对象，应用层和表示层之间是通过 DTO 进行数据传输的。DTO 与领域对象之间存在映射关系，很多情况下，DTO 就是只包含领域实体属性的对象。这就需要在应用层将领域实体对象转换为 DTO。如果通过编码实现这种转换，工作量大且不易维护，这时对象映射框架就派上了用场。

AutoMapper 是常用的对象映射框架，使用简单，通过配置可以映射实体中的值对象等复杂的结构。本书的示例都是使用 AutoMapper 作为对象映射框架。

7.3.4　实时通信框架

很多应用场景需要实时通信，例如游戏、在线聊天、在线技术支持等。SignalR 是微软官方提供的实时通信框架，该框架提供了实时通信的一种抽象，在进行实时通信编程时不需要了解底层协议。同时，SignalR 封装了多种底层通信协议，根据应用运行时的网络状态，可以自动确定使用什么样的协议进行通信，提高了应用的可靠性。本书的示例使用 SignalR 作为实时通信框架。

7.3.5　进程内消息框架

领域事件是领域模型的重要组成部分，需要实现进程内的消息发布和订阅。.Net 已经提供了基本的事件机制，理论上来说使用这个机制可以实现消息的发布和订阅。然而从零开始实现这样一个框架需要考虑很多技术细节，而在项目中我们希望将注意力集中在业务实现上，所以需要选择成熟的框架。本书选择 MediatR 作为进程内消息框架。MediatR 是中介者模式在.Net 中的实现，用于处理进程内的消息传递，具有轻量级、无依赖等特点，支持请求、响应、命令、查询、通知和事件的同步或异步传递。

7.4 本章小结

　　领域驱动设计的实现需要技术支撑，本章介绍相关的.Net 功能和框架。所介绍的框架都与领域驱动设计的技术实现密切相关。在后面几章中，会详细介绍这些技术在领域驱动设计实现中的作用。还有很多类型的技术框架这里没有介绍，比如日志、异常处理等，这些框架也很重要，但与领域驱动设计没有直接的关系，本书只在涉及的地方进行简单介绍。

第 8 章

依赖倒置原则、控制反转与 DDD 架构

依赖倒置原则（Dependence Inversion Principle，DIP）是 SOLID 五原则之一，也是现代软件架构设计的理论基础之一。领域模型之所以可以独立于技术实现进行设计，就是遵循了这种原则。依赖倒置原则要求程序要依于抽象接口，不要依赖于具体实现，采用这个原则进行设计会降低类之间的耦合性，提高代码的可维护性和复用性。但是，采用这个原则会出现大量的接口和实现这些接口的类，因此产生大量的依赖关系。如何管理这些依赖关系以及如何创建合适的实例，就成了新的问题。这就出现了 IoC（控制反转）的设计思想和基于这种设计思想的 IoC 容器技术，使用 IoC 容器可以管理依赖关系和创建实例。本章通过示例介绍依赖倒置原则、控制反转以及传统的分层架构向 DDD 四层架构的演化。

这里需要提示一点，一定不要将依赖倒置原则和依赖注入搞混淆，尽管二者有一定的联系，但却是完全不同的两个概念。依赖注入是控制反转的一种实现方式，会在下一章进行介绍。

8.1　依赖倒置原则

本节主要介绍依赖倒置原则的相关内容。

8.1.1　概述

回顾一下依赖倒置原则：

● 高层次的模块不应该依赖于低层次的模块，它们都应该依赖于抽象。
● 抽象不应该依赖于细节，细节应该依赖于抽象。

也就是说一个类不应该直接依赖于另外一个类，而应该依赖于这个类的抽象（接口）。

使用依赖倒置原则设计系统有如下好处：

● 耦合性降低。首先是作为交付物的代码耦合性降低，这意味着有更好的可维护性，依赖接

口的类和实现接口的类可以被替换而不影响其他部分；然后是开发代码的团队耦合性也随着降低，依赖接口和实现接口的类可以并行开发。

● 可测试性提高。依赖接口的类和实现接口的类可以分别测试，测试时可以使用模拟对象模拟接口的实现。

● 可维护性提高。实现相同接口的类可以互换，在维护时，可以使用相同接口的新的类型替换有缺陷的类型。

8.1.2 在设计中引入依赖倒置原则

我们使用前面提到的诗词服务（PoemService）作为例子，讲解依赖倒置原则的使用。PoemService 提供针对诗词的查询服务，目前使用的数据源是 XML 文件，我们将访问 XML 数据的功能封装在 PoemServiceXml 中，这样 PoemService 在进行诗词查询时，需要使用 PoemServiceXml，示例代码如下：

```
namespace PoemService
{
    public class PoemService
    {
        private PoemServiceXml service;

        public PoemService()
        {
            service = new PoemServiceXml();
        }

        public PoemLine Get(string line)
        {
            return service.GetPoemLine(line);
        }
    }
}
```

如果用 UML 类图表示，PoemService 和 PoemServiceXml 之间存在依赖关系，这种结构如图 8-1 所示。

PoemService 依赖 PoemServiceXml，如果 PoemService 与 PoemServiceXml 在两个程序集中，假设两个程序集的名称分别为 PoemService 和 PoemService.Xml，那么这两个程序集的依赖关系是 PoemService 依赖 PoemService.Xml。

如果数据源发生了变化，该如何处理呢？例如，我们希望从数据库中读取诗词数据，因此开发了一个新的数据访问类型 PoemServiceDb，如果切换数据源，需要修改 PoemService 的代码：

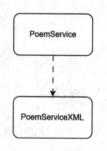

图 8-1 两个类之间的依赖关系

```
namespace PoemService
{
    public class PoemService
    {
```

```
      private PoemServiceDb service;
      public PoemService()
      {
         service = new PoemServiceDb();
      }
      public PoemLine Get(string line)
      {
         return service.GetPoemLine(line);
      }
   }
}
```

这就需要重新编译和部署，显然这不是我们所希望的。解决这个问题的办法是定义一个接口，将数据访问功能抽象出来，需要获取数据的对象使用这个接口而不是具体的 PoemServiceXml 或者 PoemServiceDb。而 PoemServiceXml 和 PoemServiceDb 都实现了这个接口，完成具体的数据访问工作。这时，这个接口隔离了调用者和被调用者，二者之间没有了直接的联系。

假设这个接口的名字为 IPoemService：

```
namespace PoemService.Shared
{
   public interface IPoemService
   {
      PoemLine GetPoemLine(string line);
   }
}
```

PoemServiceXml 实现这个接口：

```
   public class PoemServiceXml:IPoemService
   {
      public PoemLine GetPoemLine(string line)
      {
         ...;
      }
   }
```

那么，结构就变成如图 8-2 所示的样子。

如果 IPoemService 的程序集的名称为 PoemService.Shared，那么程序集之间的依赖关系就颠倒过来了，如图 8-3 所示。

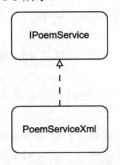

图 8-2　使用接口隔离实现

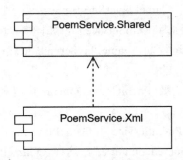

图 8-3　程序集之间的依赖关系发生反转

这就实现了依赖倒置：接口抽象了实现，通过接口，依赖具体实现的功能变成了依赖接口。

这个结构就是前面用到的 PoemService 的结构：在 PoemService.Shared 中定义了相关的接口，在其他程序集（例如 PoemService.Xml）中实现这些接口定义的具体服务。

8.1.3 设计期依赖与运行期依赖

设计期依赖是指某个模块或组件在设计时对其他模块或组件存在依赖，如果依赖的组件不存在，则会出现编译错误，模块或组件就无法正常构建。在设计时，组件可以只依赖某一个接口而不需要这个接口的具体实现就可以编译通过，这就是为什么在编写程序时要遵守"依赖接口，不依赖实现"这一原则的原因。

运行期依赖是在程序运行时，所有的组件和模块都必须就位，程序才能正确运行，不仅包括接口，还包括接口的实现。在运行期间，接口和实现被装配在一起，完成接口提供的服务。

现在通过一个简单的示例说明这两种依赖以及它们与控制反转之间的关系。

假设我们设计了两个类 GamePlayService 和 PoemService，GamePlayService 使用了 PoemService 的某些功能，这里两个类被封装在两个不同的组件中，分别为 PoemGame.Domain 和 PoemService。如果不创建任何接口，也不使用前面提到的 IoC 模式，GamePlayService 直接调用 PoemService，形成依赖关系，用 UML 模型描述这种关系，如图 8-4 所示。

这个关系说明在设计期 GamePlayService 依赖 PoemService。而 GamePlayService 存在于程序集PoemGame.Domain 中，由于上面类之间的依赖关系，导致组件之间也存在依赖关系，即PoemGame.Domain 依赖 PoemService，如图 8-5 所示。

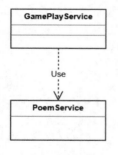
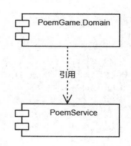

图 8-4 GamePlayService 直接调用 PoemService   图 8-5 直接调用导致程序集之间的依赖

组件 PoemGame.Domain 需要引用 PoemService 才能编译通过，这就是设计期依赖。

在运行时，GamePlayerService 的实例（假设实例名称为 gamePlayService）使用 PoemService 的实例（假设名称为 poemService），如图 8-6 所示。

也就是在运行期，gamePlayService 依赖 poemService。这种情况下，设计期依赖关系与运行期依赖关系是一致的。

现在我们需要 PoemGame.Domain 可以独立发布，不需要引用其他组件或者类库，这就需要改造这个结构。

首先，将 PoemService 中 GamePlayService 调用的功能封装为接口，名称为 IPoemService，这个接口在 PoemGame.Domain 中，这样，GamePlayerService 就可以依赖这个接口而不是 PoemService本身了，如图 8-7 所示。

图 8-6　直接调用的运行期依赖　　　　图 8-7　GamePlayService 依赖于接口而不是实现

去掉了依赖以后，没有了 PoemService，PoemGame.Domain 依然可以编译发布。但这时，PoemService 由于需要实现 IPoemService 接口，反过来需要依赖 PoemGame.Domain 了，如图 8-8 所示。依赖关系已经倒转了。

程序集之间的引用关系也发生了改变，如图 8-9 所示。

图 8-8　接口使依赖关系出现反转　　　　图 8-9　程序集之间的依赖关系也发生了变化

可以看出程序集之间的依赖关系也反转了。在设计期，由于接口的引入，依赖关系倒过来了。

在运行期如何呢？实际运行时，GamePlayService 的实例（假设是 gamePlayService）需要调用 IPoemService 接口的某个实现的实例（这里假设是 poemService），也就是在运行期，gamePlayService 仍然依赖 poemService，如图 8-10 所示。

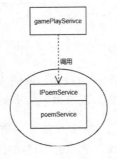

图 8-10　运行期的依赖关系

现在的问题是，在运行期，gamePlayService、IPoemService 和 poemService 之间需要进行组装，这样 gamePlayService 才能正确访问 poemService。这个装配过程图中没有显示，应该由创建

gamePlayService 的第三方负责。

将上面几幅图拼在一起，可以看出由于引入接口而产生的依赖倒置，如图 8-11 所示。

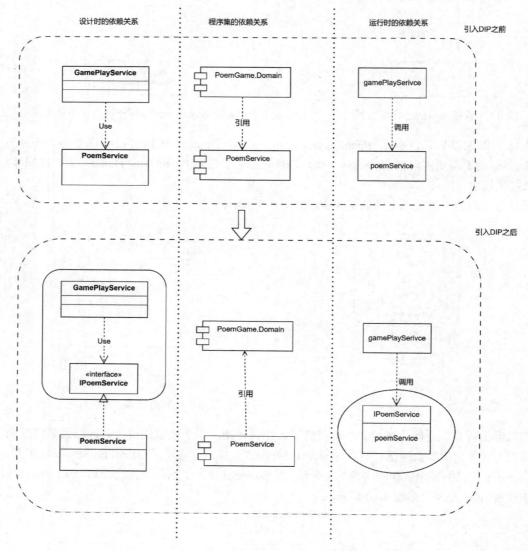

图 8-11　DIP 引入前后的比较（设计时、运行时和程序集）

使用 DIP 原则设计的结构，在设计期和运行期，依赖关系是不一样的。

现在简单总结一下，使用控制反转改造现有系统的步骤：

步骤 01　存在互相依赖的两个类之间，根据被依赖方的方法抽象出一个接口。

步骤 02　依赖方由依赖原来的类修改为依赖新创建的接口。新创建接口的实例从构造函数中传入。

步骤 03　原来的被依赖方实现新创建的接口。

步骤 04　第三方负责进行组装。

如果设计新的系统，步骤基本一样，只是可以先设计接口：

步骤 01　为需要的功能设计一个接口。

步骤 02　使用这个接口的类从构造函数中传入接口的实例。

步骤 03　实现这个接口的类可以在独立的程序集中完成。

步骤 04　由第三方负责进行组装。

引入接口的另一个好处是开发团队也可以解耦——使用接口的部分和实现接口的部分可以独立开发、独立测试。

8.1.4　依赖倒置实例

在使用 DDD 设计的系统中，有很多依赖倒置的实例，通过这些实例可以加深对依赖倒置的理解。

1. 存储库

存储库的接口定义在领域模型中，针对不同的数据库类型，可以创建独立的类库，实现存储库接口。在后面的章节中，会实现针对关系数据库和 NoSQL 数据库 MongoDB 的存储库。

2. 领域事件总线

领域事件总线负责发送聚合根中的领域事件。领域事件总线的实现方式可以有多种，为了避免事件发送方对领域事件总线的依赖，我们定义领域事件总线的接口 IEventBus，负责发送事件的对象通过这个接口发送事件，不需要关心这个接口的具体实现方式。

3. 工作单元

工作单元在应用层进行事务处理时使用，保证事务的一致性。工作单元的实现方式与所使用的持久层技术密切相关，比如使用 EF Core 和使用 Dapper 情况下工作单元的实现是完全不同的。如果应用层依赖于某一种工作单元的实现，就必须依赖于相应的持久层技术。为了避免这种情况，为工作单元创建一个接口 IUnitOfWork，应用层使用这个接口完成工作单元的工作，而具体的实现可以独立于应用层完成。

4. 外部数据源获取

前面提到的 PoemService 就是外部数据源获取的一个实例。当获取的外部数据源发生变化时，需要定义外部数据源获取接口，避免对某一类型的外部数据源的依赖。这种情况还包括从外部的开放主机服务中获取数据的情况。以 PoemService 为例，定义获取诗词数据的接口为 IPoemService，从 XML 文件、数据库等获取数据的具体服务实现这个接口。

5. 查询

针对数据库的查询技术有很多，在.Net 社区中不断有新的技术出现。当使用 CQS（命令与查询分离）进行设计时，需要设计独立的查询功能。我们不希望预先设定使用的技术，因此需要为查询设计接口。这样可以避免查询功能依赖于某一种数据库查询技术。

6. 对外部发布事件

使用事件可以实现上下文之间的集成,这通常要使用消息中间件,比如 RabbitMQ、Kafka、MSMQ 等,而每种消息中间件都有各自的实现机制。在进行系统设计时,不能依赖于某种中间件技术。因此,对外发布事件的功能需要抽象为一个接口,所有需要对外发布事件的功能调用这个接口。针对每种中间件的具体实现独立于应用完成

8.2 控 制 反 转

使用依赖倒置原则设计的系统会产生大量的接口和实现,如何装配这些接口和实现是需要解决的新问题。

8.2.1 问题的提出

如果有一个组件需要使用 IPoemService 获取数据,应该如何处理呢?最直接的办法就是创建 PoemServiceXml 实例:

```
using PoemGame.PoemDataXml;
using PoemService.Shared;

namespace PoemFinder
{
    public class Finder
    {
        private IPoemService _service;
        public Finder()
        {
            _service= new PoemServiceXml();
        }

        public async Task<PoemLine> GetPoem(string line)
        {
            return await _service.GetPoemLine(line);
        }
    }
}
```

这时,依赖关系如图 8-12 所示。

这样产生的问题是,Finder 直接引用了 IPoemService 的具体实现 PoemServiceXml,如果需要使用针对数据库的实现 PoemServiceDb,就需要修改 Finder 的代码,并重新编译和部署。更糟糕的是,如果将 Finder 构造成一个组件供其他人使用,在某些情况下需要使用 XML 数据源,而在另一些情况下需要使用数据库作为数据源,Finder 就无法满足这个需求。因此,需要改造 Finder,使其在设计时不依赖具体的实现。

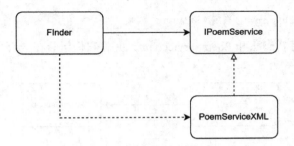

图 8-12　客户对接口和实现的依赖关系

如果 Finder 不依赖 PoemServiceXml，那么在 Finder 中就不能创建其实例，实例的创建需要放到其他的地方。Finder 只需接收这个实例，并使用它完成功能就可以了。改造 Finder 的代码如下：

```
using PoemService.Shared;

namespace PoemFinder
{
    public class Finder
    {
        private IPoemService _service;

        public Finder(IPoemService service)
        {
            _service= service;
        }

        public async Task<PoemLine> GetPoem(string line)
        {
            return await _service.GetPoemLine(line);
        }
    }
}
```

这样 Finder 对 PoemServiceXml 的依赖就被去掉了，变成了如图 8-13 所示的结构。

图 8-13　客户只对接口依赖

这时新的问题又产生了：在前面的例子中，Finder 可以独立工作，但现在 Finder 不能独立工作了，因为需要有 IPoemService 的实例作为参数传入。这时，需要有负责组装组件的部分来承担这个工作。这部分工作通常由使用这些类库的客户端完成。

创建一个控制台应用，名称为 Assembler，在客户端中组装并调用 Finder 实现功能：

```
using PoemFinder;
using PoemGame.PoemDataXml;

var finder=new Finder(new PoemServiceXml());
```

```
var line=finder.GetPoem("会当凌绝顶");
```

Assembler 同时引用 Finder 和 PoemServiceXml，并将它们组装在一起，这种依赖关系如图 8-14 所示。

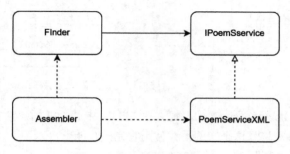

图 8-14　接口和实现的组装

现在这个结构可以满足需求了，各个组件可以独立发布，在使用时再进行装配。这种结构带来的问题是如果依赖关系复杂，组装过程就会变得非常复杂，难以维护。这时 IoC 容器登场了。

8.2.2　理解控制反转

控制反转实际上是一种设计思想，有很多地方可以看到控制反转的例子。工作流引擎就是一个实例，如果我们不使用工作流引擎编写程序，那么流程顺序和执行节点都需要在程序中实现，应用程序对流程有着完全的控制。当引入工作流引擎后，流程的流转部分由流程引擎控制，应用程序只提供流程节点的功能，成为一个个离散的功能点（流程的环节），控制权从应用程序转移到流程引擎，形成控制反转。

回到上一节的问题，当使用某个功能的组件通过接口调用功能实现时，这个组件就没有完全的控制权了，使用什么样的实现完全由组装部分决定。这时，控制出现了反转，但仍然需要解决大量组件的装配问题，因此出现了 IoC 容器。

8.2.3　IoC 容器

IoC 容器是使用 IoC 思想解决组件和接口之间的装配问题的一种解决方案，组件和接口被注册到 IoC 容器中，由容器管理它们之间的依赖关系，并根据需要创建对象实例。IoC 与 IoC 容器是处于不同层次的概念：IoC 是一般的概念，而 IoC 容器是基于 IoC 思想解决复杂对象管理的一种方案。但由于叫法过于接近，经常容易混淆。由于 IoC 容器在实现时的一般办法是将组件注入容器，因此产生了一个新的模式——依赖注入，用来描述这种结构。在下一章，会介绍"依赖注入"容器的使用。

8.3　架构结构的转变

现在看一下依赖倒置原则和控制反转的引入对传统的三层架构的影响。传统的三层架构如图 8-15 所示。

　　传统的三层架构包括表示层、业务逻辑层和数据访问层，依赖关系是表示层依赖业务逻辑层，业务逻辑层依赖数据访问层。也就是图 8-15 中上层依赖下层，如果从左向右描述，就是左边的层次依赖右边的层次。离开了数据访问层，业务逻辑层不能够独立存在，在设计时和运行时都是这样。

　　我们希望对这种架构进行改造，通过引入接口，将层次进行隔离。首先，按照 8.1 节中提出的方法进行设计，将数据访问层中的数据访问方法进行抽象，创建数据访问接口。数据访问接口不依赖于具体的实现，可以独立出来，构造一个新的程序集，形成数据访问接口层。这个层很薄，隔离了数据访问层和业务逻辑层。然后，改造业务逻辑层，使业务逻辑层中的功能从使用数据访问层中的方法，改变为使用数据访问接口的方法，改造完成的标志是业务逻辑层不再引用数据访问层。最后，改造数据访问层，在数据访问层中创建数据接口的实现，并将原有的功能迁移到这个实现中，改造完成的标志是通过数据访问接口可以完全实现原有数据访问层的功能。这样，依赖关系变成了业务逻辑层和数据访问层都依赖数据访问接口，软件架构变成了如图 8-16 所示的结构。

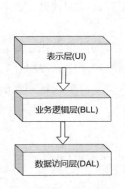

图 8-15　三层架构

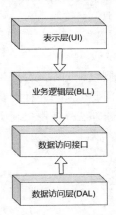

图 8-16　引入数据访问接口

　　如果将数据访问接口合并到业务逻辑层，那么就实现了业务逻辑层对数据访问层的依赖反转。

　　现在可以继续进行改造，业务逻辑层中包含与用例有关的业务编排和与用例无关的核心业务，如果将这两部分进行分解，就形成了 DDD 中所说的应用层和领域层。在分解过程中，还会用到上面的方法。这里数据访问接口就是领域层中的存储库接口，而数据访问层变成了基础设施层，因为它不仅提供数据访问服务，还为各层提供各种其他的服务，这些服务的接口在各层中定义，在基础设施层完成实现。这种变换的结果就是 DDD 的四层架构，如图 8-17 所示。

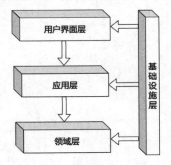

图 8-17　DDD 四层架构

当然，这种演化过程是示意性的，只用于说明依赖倒置原则在架构演化中的作用，不代表实际项目的重构过程，在实际项目中的系统重构要复杂得多。

软件架构在不断演化，但基本的原则没有改变。在第 3 部分介绍六边形架构、洋葱圈架构以及整洁架构时我们会看到，这些架构仍然符合这些设计原则。

8.4 本 章 小 结

依赖倒置原则是软件设计的重要原则，对软件架构有着重要的影响。其基本实现是使用接口将功能的提供方和调用方解耦，将原来的依赖方通过接口变为被依赖方，形成依赖倒置。依赖倒置原则在领域驱动设计开发中会频繁使用。依赖倒置原则对软件结构的转变有重要意义，使代表核心业务的领域层居于主导地位，摆脱了对具体技术实现的依赖。由于软件架构各个层次之间都是通过接口进行交互的，在设计开发时可以独立开发、独立测试，降低了开发组织和开发过程之间的耦合性，从而提高了软件开发的效率。

使用依赖倒置原则设计的系统会产生大量的接口和这些接口的实现，在使用这些接口和实现时，需要进行装配，这就需要引入另一种重要的设计思想——控制反转。根据控制反转思想设计的管理依赖关系和创建对象的方法是使用控制反转容器。依赖注入容器是控制反转容器的一种实现，在下一章将介绍依赖注入容器。

第9章

工厂与依赖注入容器

上一章已经提到，根据依赖倒置原则进行设计时，从对实现的依赖转变为对接口的依赖，这就需要使用方将接口和接口的实现"装配"在一起。这个工作需要引入新的设计思路，使用 IoC 的思想创建 IoC 容器解决这个问题。依赖注入容器就是 IoC 容器的一种实现，本章介绍依赖注入的概念和如何使用依赖注入容器改造我们的项目。

9.1 工　厂

本节主要介绍工厂的相关内容。

9.1.1 工厂的概念

创建对象最直接的办法是调用类的构造函数，例如：

```
var player= new Player();
```

当我们需要根据条件创建一个类型的不同实现时，就需要封装创建过程。例如，在诗词游戏中，需要根据不同的游戏类型创建对应的服务：

```
public class CheckAnswerServiceFactory: IDomainServiceFactory<ICheckAnswerService>
    {
        private readonly IPoemService poemService;
        public CheckAnswerServiceFactory(IPoemService _poemService)
        {
            poemService = _poemService;
        }

        public ICheckAnswerService GetService(GameType gamePlayType)
        {
```

```
            switch (gamePlayType.MainType)
            {
                case "Duishi":
                    return new DuishiCheckAnswerService(poemService);
                case "Feihualing":
                    return new FeihualingCheckAnswerService(poemService);
                case "Jielong":
                    return new JielongCheckAnswerService(poemService);
            }
            return null;
        }
    }
```

这种封装就是工厂。工厂本身也是一个对象，作用是创建其他对象。

9.1.2 工厂设计模式

工厂属于构建型的设计模式，下面介绍几种常用的工厂设计模式。

1. 简单工厂

简单工厂的作用是实例化对象，而不需要客户了解这个对象属于哪个具体的子类。

在 GoF 的设计模式中，并没有简单工厂，而是将它作为工厂方法的一个特例加以解释。可以这样理解，简单工厂是参数化的工厂方法。9.1.1 节中的 CheckAnswerServiceFactory 就是一个简单工厂。

采用简单工厂的优点是可以使用户根据参数获得对应的类实例，避免了直接实例化类，降低了耦合性。

采用简单工厂的缺陷是可实例化的类型在编译期间就已经确定，如果增加新类型，就需要修改工厂。

简单工厂需要知道所有要生成的类型，当子类过多或者子类层次过多时，不适合使用简单工厂。

2. 工厂方法

工厂方法是粒度很小的设计模式，因为模式的表现只是一个抽象的方法。工厂方法经常用于创建与某个类相关的类的实例。在下列情况下可以使用工厂方法：

- 当一个类不知道它所必须创建的对象的类的时候。
- 当一个类希望由子类来指定它所创建的对象的时候。

《.Net 与设计模式》[8]中的示例说明了这个模式，如图 9-1 所示。

在示意图中，"产蛋"就是一个工厂方法，负责创建"蛋"的实例。

3. 抽象工厂

抽象工厂的意图是提供一个创建一系列相关或互相依赖的对象的接口，而无须指定它们的具体类。在以下场合可以使用抽象工厂：

- 一个系统要独立于它的产品的创建、组合和表示时。
- 一个系统要由多个产品系列中的一个来配置时。

● 需要提供一个产品类库，并且只想显示它们的接口而隐藏它们的实现。

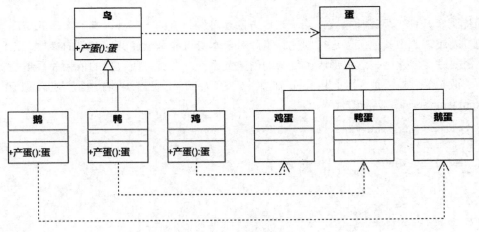

图 9-1 工厂方法

在 PoemGame.Domain 中定义的 IDomainServiceFactory 就是抽象工厂接口：

```
using PoemGame.Domain.GameAggregate;

namespace PoemGame.Domain.Services
{
    /// <summary>
    /// 创建 DomainService 的抽象工厂接口
    /// </summary>
    /// <typeparam name="T"></typeparam>
    public interface IDomainServiceFactory<T> where T : IDomainService
    {
        /// <summary>
        /// 根据游戏类型获取相应的服务
        /// </summary>
        /// <param name="gamePlayType"></param>
        /// <returns></returns>
        T GetService(GameType gamePlayType);
    }
}
```

在具体的实现中确定需要产生的对象。

9.2 依赖注入容器

本节介绍依赖注入容器的相关内容。

9.2.1 问题的提出

前面提到了几种工厂设计模式，除了工厂方法这种细粒度的工厂外，其他类型的工厂也需要创建，有些可能还需要由其他工厂进行创建。工厂对象本身可能是创建其他对象的参数，工厂所依赖的对象也需要进行创建……这就形成了复杂的创建关系。一个类型所包括的依赖关系越是复杂，创建它的代码也就越复杂。回想一下在第 6 章人机对战客户端中使用构造函数创建 ConsoleAppDemoService 实例的代码：

```
IConsoleAppDemoService service = new ConsoleAppDemoService(
    new GameFactory(
      new CheckGameConditionServiceFactory(
        new PoemServiceXml()
        )
      ),
    new GameRepository(),
    new PlayerRepository(),
    new CheckAnswerServiceFactory(
      new PoemServiceXml()
      )
);
```

这种复杂的代码是复杂的依赖关系导致的：ConsoleAppDemoService 依赖 IGameFactory，IGameFactory 的实现 GameFactory 依赖 IDomainServiceFactory<IGameConditiioinService>，IDomainServiceFactory<IGameConditiioinService>的实现 CheckGameConditionServiceFactory 又依赖 IPoemService 等，像俄罗斯套娃一样，一层套一层。上面的代码还没有考虑到 PoemServiceXml、GameRepository 和 PlayerRepository 的不同实现方式，如果实现发生改变，比如 PoemServiceXml 替换为 PoemServiceDb，就需要修改代码。如果在程序中所有需要 GamePlayService 的地方都使用这种形式编写代码，程序就没有办法维护了。为了管理这种复杂性，需要使用依赖注入容器：将所有类型注入容器中，由容器管理这些类型的依赖关系，当需要某个类型时，就从容器中获取这个类型。容器实际上起到了工厂的作用。接下来介绍依赖注入容器的概念和它在.Net 中的使用。

9.2.2 理解依赖注入

简单地说，依赖注入的目的就是解决复杂对象的创建和获取。依赖是指一个对象对另一个对象的依赖，前面提到的 ConsoleAppDemoService 依赖 IGameFactory，这种依赖关系会产生下面的问题：

● 如果被依赖的对象发生改变，则依赖它的对象也必须进行改变。

● 如果依赖过多，代码复杂度就会提高，程序也会变得难以维护。

● 很难进行单元测试。

依赖注入引入容器的概念，在容器中可以注册所有的接口和接口的实现，由容器自动维护这些接口实现之间的依赖关系，当需要某一个接口的实现时，可以从容器中获取正确的实现。因此，使用依赖注入有下面 3 个要点：

● 将所有的服务定义为接口，具体的服务类定义为接口的实现。这一步已经做了，比如游戏工厂的接口是 IGameFactory，具体的实现类是 GameFactory。
- 将接口和实现在依赖注入服务的容器中进行注册。
- 从依赖注入容器中获取对象，而不是使用构造函数创建对象。

9.3 .Net 内置的依赖注入容器

.Net 平台内置对依赖注入的支持，通过 IServiceProvider 接口提供依赖注入容器的功能。使用.Net
内置的依赖注入服务，需要安装并引用程序包 Microsoft.Extensions.DependencyInjection。本节介
绍.Net 平台内置的依赖注入容器的使用。

9.3.1 基本使用方法

在.Net 中使用依赖注入很简单，只需要在应用启动时注册需要的服务，然后在需要的地方获取
服务就可以了。为了进行注册，首先需要获取注册的容器。如果是 Web 应用，可以使用
WebApplication.CreateBuilder 获得：

```
var builder = WebApplication.CreateBuilder(args);
var services = builder.Services;
```

如果是控制台或者其他类型的应用，可以直接创建 ServiceCollection 的实例：

```
var services = new ServiceCollection();
```

这里 services 就是可以注册服务的容器，可以使用 Add 方法进行注册，例如：

```
services.AddScoped<IGameFactory, GameFactory>();
```

所有服务注册完成后，需要创建 IServiceProvider 的实例，在 Web 环境中：

```
var app = builder.Build();
```

这时 app.Services 就是 IServiceProvider。
在控制台等其他环境，使用下面的代码构建 serviceProvider：

```
var serviceProvider = services.BuildServiceProvider();
```

在 Web 应用中，MVC 以及 Web API 的控制器天然支持依赖注入，所以只要在控制器的构造函
数中声明需要的服务，依赖注入框架就会自动传入创建的服务，不需要编写获取服务的代码。
对于控制台等应用，可以从 serviceProvider 中获取对象，示例代码如下：

```
var service = serviceProvider.GetService<IGameFactory>();
```

9.3.2 服务对象的生命周期

9.3.1 节的示例中，使用 services.AddScoped 注册服务，这里 Scoped 是指服务对象的生命周期，
Scoped 是指"作用域内"。除此之外，还有另外两种生命周期，分别是 Transient（暂时）和 Singleton
（单例）。下面介绍一下这几种生命周期的含义。

- Transient: 如果服务声明为 Transient，那么每次从服务容器进行请求时，都创建新的实例。这种生命周期适合轻量级、无状态的服务。使用 AddTransient 进行注册。
- Scoped: 对于 Web 应用，指定了作用域的生命周期是指为每个客户端请求创建一个服务。也就是说，在同一次请求中，只创建一次 Scoped 服务，这个服务在本次请求范围内是共享的。对不同的请求创建不同的服务。请求结束时，会释放所有作用域内的服务。使用 AddScoped 注册作用域内的服务。
- Singleton: 单例服务在整个应用的生命周期只创建一个，通常在第一次请求时创建，后续的请求使用同一个实例。使用 AddSingleton 注册单例服务。单例服务必须是线程安全的，并且通常在无状态服务中使用。由于单例服务由容器进行管理，因此不要在代码中使用单例设计模式，也不要使用代码释放单例实例。

如果注册的服务之间存在依赖关系，则一定要注意注册时使用的生命周期的一致性，当从具有较长生命周期的其他服务解析具有较短生命周期的服务时，会引发异常。比如，在涉及 EF Core 的应用中，如果将 DbContext 声明为 Singleton，而将使用 DbContext 的存储库声明为 Scoped，则在使用时会引发异常。

9.3.3 服务的注册方法

依赖注入框架提供了多种服务注册方法供不同的场景使用。

1. 注册服务接口的实现

```
Add{LIFETIME}<{SERVICE}, {IMPLEMENTATION}>()
```

参数说明：

- {LIFETIME}: 指产生的服务对象的生命周期。
- {SERVICE}: 服务接口。
- {IMPLEMENTATION}: 服务接口的实现。

这是最常用的一种方式，例如：

```
services.AddScoped<IGameFactory, GameFactory>()
```

使用这种方式，可以注册一个服务接口的多个实现。
使用这种方式无法传递参数。

2. 使用 Lambda 表达式注册服务接口的实现

```
Add{LIFETIME}<{SERVICE}>(sp => new {IMPLEMENTATION})
```

参数说明：

- {LIFETIME}: 指产生的服务对象的生命周期。
- {SERVICE}: 服务接口。
- {IMPLEMENTATION}: 服务接口的实现。

这种方式在 Lambda 表达式中显式调用服务实现的构造函数创建实例，因此可以在创建时向构造函数传递参数，例如：

```
services.AddSingleton<IMyService>(sp => new MyService("Hello"));
```

3. 直接注册某个实现

```
Add{LIFETIME}<{IMPLEMENTATION}>()
```

参数说明：

- {LIFETIME}：指产生的服务对象的生命周期。
- {IMPLEMENTATION}：服务接口的实现。

这种方式直接注册了服务实现。例如：

```
services.AddScoped<GameFactory>()
```

4. 使用构造函数注册服务

```
Add{LIFETIME}<{SERVICE}>(new {IMPLEMENTATION})
```

参数说明：

- {LIFETIME}：指产生的服务对象的生命周期。
- {SERVICE}：服务接口。
- {IMPLEMENTATION}：服务接口的实现。

可以在构造函数中传入参数，也支持注册多种实现。例如：

```
services.AddScoped<IGameFactory>(new GameFactory())
```

5. 使用构造函数注册某一实现

```
Add{LIFETIME} (new {IMPLEMENTATION})
```

参数说明：

- {LIFETIME}：指产生的服务对象的生命周期。
- {IMPLEMENTATION}：服务接口的实现。

例如：

```
services.AddScoped (new GameFactory())
```

使用上面的方法可以注册一个服务接口的多个实现，例如：

```
services.AddScoped<IGameFactory, GameFactoryA>();
services.AddScoped<IGameFactory, GameFactoryB>();
services.AddScoped<IMyService, MyService>()
```

如果在 MyService 中获取 IGameFactory，获取的将是最后一个添加的类型，这里是 GameFactoryB：

```
public class MyService:IMyService
{
    public MyService(IGameFactory factory)
    ...
```

如果希望获得所有注册的类型，可以使用 IEnumerable<IGameFactory>获取 GameFactoryA 和 GameFactoryB，它们按照添加到容器的顺序出现：

```
public class MyService:IMyService
{
    public MyService(IEnumerable<IGameFactory> factories)
    {
        ...
```

如果不希望为一个服务添加多种实现，可以使用 TryAdd 方法，例如：

```
services.TryAddScoped<IGameFactory, GameFactoryA>();
services.TryAddScoped<IGameFactory, GameFactoryB>();
```

如果已经有同一接口的实现被注册，则忽略后面的注册。在上面的代码中只有 GameFactoryA 被注册。

9.3.4 多个构造函数的情况

如果一个服务实现有多个构造函数，那么容器在选择构造函数时会选择具有最多参数的构造函数，并且其中的类型是可以由依赖注入服务解析的。如果构造函数中有不可解析的类型，则它将会被忽略；如果构造函数有二义性，则会引发异常。示例代码如下：

```
public class MyService:IMyService
{
    public MyService(IGameFactory factory){}
    public MyService(IGameFactory factory,IPoemService service){}
```

上面的 MyService 中有两个构造函数，如果在容器中注册了 IGameFactory 和 IPoemService 的实现，在获取 MyService 实例时，会使用第二个构造函数。如果容器中没有注册 IPoemService 的实现，则第二个构造函数中的 IPoemService 不会被解析，这个构造函数会被忽略，会使用第一个构造函数。如果容器中也没有注册 IGameFactory 的实现，则获取 MyService 时会报错。

9.4　依赖注入容器的使用

了解了依赖注入容器后，就可以使用它来解决本章开始提出的问题。本节首先在控制台应用中使用依赖注入容器简化对象的构建，然后改造创建领域服务对象的工厂，最后介绍一下如何在可插拔组件架构中使用依赖注入容器。

9.4.1 在控制台应用中使用依赖注入

现在改造人机对战程序，使用依赖注入实现对象创建。

在控制台程序中，使用 ServiceCollection 作为容器，注册相关服务。首先，创建一个 ServiceCollection 实例：

```
var services = new ServiceCollection();
```

然后，注册需要的服务：

```
services
 .AddScoped<IGameFactory, GameFactory>()
 .AddScoped<IDomainServiceFactory<ICheckGameConditionService>,
        CheckGameConditionServiceFactory>()
 .AddScoped<IDomainServiceFactory<ICheckAnswerService>,
        CheckAnswerServiceFactory>()
 .AddSingleton<IPoemService, PoemServiceXml>()
 .AddScoped<IGameRepository, GameRepository>()
 .AddScoped<IPlayerRepository, PlayerRepository>()
 .AddScoped<IComputerAnswerFactory, ComputerAnswerFactory>()
 .AddScoped<IConsoleAppDemoService, ConsoleAppDemoService>();
```

注意观察上面的代码，不需要考虑注册服务的顺序，也不需要考虑这些服务间可能的依赖关系，这些依赖关系由依赖注入容器维护。

其次，创建 IServiceProvider：

```
var serviceProvider = services.BuildServiceProvider();
```

最后，可以从 serviceProvider 中获取需要的对象了：

```
var service = serviceProvider.GetService<IConsoleAppDemoService>();
```

9.4.2　改造简单工厂

前面提到了简单工厂的缺点，是当游戏类型增加时，需要修改代码才能对游戏类型进行添加。现在使用依赖注入容器改造简单工厂，使它能够根据游戏类型自动从程序集中获取对应的游戏实例。

在诗词游戏中，我们希望可以方便地对游戏类型进行扩展，针对不同的游戏类型，编写相应的服务（ICheckAnswerService、ICheckGameConditionService）就可以实现为应用增加游戏类型而不需要对应用进行修改。需要解决以下两个问题：

（1）将扩展定义写在配置文件中，依赖注入容器通过配置加载扩展。

（2）相应服务的工厂从依赖注入容器中获得相应的服务。

首先解决第一个问题：

```
        var services = new ServiceCollection();
         var poemGameServices =
            "PoemGame.Domain.Services.Feihualing," +
            "PoemGame.Domain.Services.Duishi," +
            "PoemGame.Domain.Services.Jielong"
            .Split(",".ToCharArray(), StringSplitOptions.RemoveEmptyEntries);
        AppDomain currentDomain = AppDomain.CurrentDomain;
        foreach (var item in poemGameServices)
        {
            currentDomain.Load(item);
        }
        var scanners = AppDomain.CurrentDomain.GetAssemblies().ToList()
                .SelectMany(x => x.GetTypes())
```

```
            .Where(t => t.GetInterfaces()
                .Contains(typeof(IDomainService)) && t.IsClass).ToList();
        foreach (Type type in scanners)
        {
            services.AddScoped(type);
        }
```

将扩展名称保存在配置文件的 PoemGameServices 中。如果配置文件中不存在所需要的定义，则使用默认的扩展，然后使用 AppDomain.Load 加载这些程序集。接下来，在当前域中扫描符合 IDomainService 接口的类，并将扫描获取的类型添加到服务中。现在可以看出定义 IDomainService 空接口的作用了，这个接口标识了领域服务类，可以从当前的程序集中将所有实现该接口的类选择出来进行注册。

这种办法可以动态加载扩展。如果需要增加游戏类型，可以创建一个新的类库项目，在这个项目中添加新游戏类型的扩展，这个扩展中包括实现 ICheckAnswerService 和 ICheckConditionService 接口的类，将这个类库编译为独立的程序集，并部署到项目的运行目录，然后在配置文件中增加程序集的名称，就可以实现动态加载了。

然后解决第二个问题，重新定义工厂：

```
using PoemGame.Domain.GameAggregate;
using PoemGame.Domain.Services;

namespace ConsoleAppDemo
{
    public class DomainServiceFactory<T> : IDomainServiceFactory<T>
        where T : IDomainService
    {
        private readonly IServiceProvider serviceProvider;
        public DomainServiceFactory(IServiceProvider _serviceProvider)
        {
            serviceProvider = _serviceProvider;
        }
        public T GetService(GameType gamePlayType)
        {
            var name = typeof(T).Name.TrimStart('I');

            var assname = "PoemGame.Domain.Services."
                    + gamePlayType.MainType;
            if (!string.IsNullOrEmpty(gamePlayType.SubType))
            {
                assname += "_" + gamePlayType.SubType;
            }
            var typename = "PoemGame.Domain.Services."
                    + gamePlayType.MainType
                    + "." + gamePlayType.MainType + name;
            if (!string.IsNullOrEmpty(gamePlayType.SubType))
            {
                typename = "PoemGame.Domain.Services."
                    + gamePlayType.MainType
                    + "_" + gamePlayType.SubType
```

```
                            + "." + gamePlayType.MainType
                            + "_" + gamePlayType.SubType + name;
            }

            Type type = Type.GetType(typename + "," + assname);

            return (T)serviceProvider.GetService(type);
        }
    }
}
```

为了方便起见，扩展的程序集和服务的名称采用约定形式。由于是针对游戏类型进行扩展，因此程序集的名称为：

```
PoemGame.Domain.Services.主类型
```

如果存在次类型，则名称为：

```
PoemGame.Domain.Services.主类型_次类型
```

服务的全称为 PoemGame.Domain.Services.主类型_次类型.服务名称。这里的服务名称为服务接口名称去掉开头的字母 I。使用这种方式，可以实现针对游戏类型的服务和实现之间的映射。

上面这种方法实际上实现了按名称注入。.Net 内置的依赖注入容器不支持按名称注入，如果使用 Autofac 等支持这一功能的依赖注入容器，可以很方便地实现这个功能，在 9.5 节会介绍 Autofac 的根据名称注入。

9.4.3 可插拔组件架构实现

可插拔组件架构（Pluggable component Framework）是 Eric 在《领域驱动设计》[1]中提出的一种设计模式，动机是通过开发可插拔的组件实现系统的扩展和组件的替换。9.4.2 节中的例子是可插拔组件架构实现的一种方案，这里总结一下实现方法。

（1）为需要可插拔的组件创建可识别接口。例如 9.4.2 节使用的 IDomainService，就是这种接口。

（2）可插拔的组件需要实现识别接口。

（3）可插拔组件可以动态注册到依赖注入容器。9.4.2 节使用了扫描程序集的方法获取可插拔组件并进行注册。

（4）为每一种类型的可插拔组件提供一个工厂，这个工厂可以从依赖注入容器中获取组件并返回。

9.5 使用第三方 DI 容器满足高级需求

如果内置的 DI 容器可以满足要求，就使用内置的 DI 容器。但是，如果有内置的 DI 容器满足不了的特殊需求，就需要引入第三方的 DI 容器。内置容器不支持的功能如下：

- 属性注入。
- 基于名称的注入。
- 子容器。
- 自定义生存期管理。
- 对迟缓初始化的 Func<T>支持。
- 基于约定的注册。

对此，有很多种第三方 DI 框架可供使用：

- Autofac
- DryIoc
- Grace
- LightInject
- Lamar
- Stashbox
- Unity
- Simple Injector

本节以 Autofac 为例进行介绍。

9.5.1 基本使用方法

本节通过创建一个控制台应用说明如何使用 Autofac。首先需要安装 Autofac 的支持包，在程序包管理控制台中运行以下命令：

```
Install-Package Autofac
Install-Package Autofac.Extensions.DependencyInjection
```

与内置的容器一样，需要将服务注册到 IServiceCollection，然后生成 IServiceProvider。下面是基本使用方法的示例代码：

```
using Autofac.Extensions.DependencyInjection;
using Autofac;
using Microsoft.Extensions.DependencyInjection;

namespace AutofacDemo
{
    public class Utility
    {
        public static IServiceProvider GetServiceProvider()
        {
            var services = new ServiceCollection();
            var builder = new ContainerBuilder();
            // 使用 Container Builder
            builder.Populate(services);
            // 使用 Autofac 的注册方式
            builder.RegisterType<PoemService>().AsSelf().As<IPoemService>();
```

```
        var AutofacContainer = builder.Build();
        // 根据 AutofacContainer 生成 IServiceProvider
        return new AutofacServiceProvider(AutofacContainer);
    }
  }
}
```

基本步骤与内置 DI 容器差不多，只是在注册时需要使用 As<接口>声明所注册的接口。
获取服务的用法与内置 DI 完全一样：

```
var service=Utility.GetServiceProvider().GetService(typeof(PoemService)) as
IPoemService;
```

9.5.2　属性注入

Autofac 支持属性注入。假设下面的类需要使用 IPoemService，可以定义属性如下：

```
public class Finder
{
    public IPoemService  Service { get; set; }
}
```

在容器中注册 Finder 时，使用 PropertiesAutowired：

```
builder.RegisterType<Finder>()
   .PropertiesAutowired(PropertyWiringOptions.AllowCircularDependencies);
```

这样就可以使用了：

```
var finder= Utility.GetServiceProvider().GetService(typeof(Finder)) as Finder;
```

finder 的 Service 属性已经通过依赖注入自动赋值。

使用属性注入的缺点是：

- 需要引入自定义标记。
- 会隐藏依赖关系，不利于测试。

9.5.3　使用基于名称的注入改造工厂

现在看一下 9.4.2 节提到的工厂的改造。由于内置的容器不支持基于名称的注入，只能根据约定创建类和程序集的名称，使名称与游戏类型相关联，然后根据程序集和类的名称获得类型，再从容器中获得实例。使用 Autofac 的名称注入就不需要这么麻烦了。

现在可以使用基于名称的注入改造 9.1 节中的简单工厂，只需在注册时将名称与注册的类型关联即可。

```
builder.RegisterType<DuishiCheckAnswerService>()
    .Named<ICheckAnswerService>("Duishi");
builder.RegisterType<FeihualingCheckAnswerService>()
    .Named<ICheckAnswerService>("Feihualing");
builder.RegisterType<JielongCheckAnswerService>()
    .Named<ICheckAnswerService>("Jielong");
```

使用名称将相关类型与关键字关联起来，这样，工厂可以改造为：

```
using Autofac;
using Autofac.Extensions.DependencyInjection;

namespace AutofacDemo;

public class CheckAnswerServiceFactory
{
    private readonly AutofacServiceProvider autofacServiceProvider;
    public CheckAnswerServiceFactory(AutofacServiceProvider autofacServiceProvider)
    {
        this.autofacServiceProvider=autofacServiceProvider;
    }
    public ICheckAnswerService GetService(string gameType)
    {
        return autofacServiceProvider
            .LifetimeScope
            .ResolveNamed<ICheckAnswerService>(gameType);
    }
}
```

这样基本可以满足需求，但仍然不够完美，我们为游戏类型定义了值对象 GameType，如果能够将值对象和服务类型直接关联就更完美了。Autofac 可以做到这一点，使用 Keyed 可以实现这种关联：

```
builder.RegisterType<DuishiCheckAnswerService>()
    .Keyed<ICheckAnswerService>(new GameType("Duishi",""));
builder.RegisterType<FeihualingCheckAnswerService>()
    .Keyed<ICheckAnswerService>(new GameType("Feihualing",""));
builder.RegisterType<JielongCheckAnswerService>()
    .Keyed<ICheckAnswerService>(new GameType("Jielong", ""));
```

使用 Keyed 可以将相关类型与值对象关联起来，这样，工厂可以改造为：

```
using Autofac;
using Autofac.Extensions.DependencyInjection;

namespace AutofacDemo;

public class CheckAnswerServiceByTypeFactory
{
    private readonly AutofacServiceProvider autofacServiceProvider;
    public CheckAnswerServiceByTypeFactory(AutofacServiceProvider
                                            autofacServiceProvider)
    {
        this.autofacServiceProvider=autofacServiceProvider;
    }
    public ICheckAnswerService GetService(GameType gameType)
    {
        return autofacServiceProvider
            .LifetimeScope
```

```
            .ResolveKeyed<ICheckAnswerService>(gameType);
    }
}
```

使用这种方式改造的工厂更容易理解，也更容易维护。从这个例子还可以看出值对象的好处——只要游戏类型和子类型相同，值对象就相等，可以作为关键字使用。

9.5.4　程序集注册

前面提到的示例都是使用代码进行注册的，如果系统中存在大量需要注册的内容，或者有动态加载的内容需要注册，就需要使用程序集注册，示例如下：

```
builder.RegisterAssemblyTypes(Assembly.GetExecutingAssembly())
.Where(t => t.Name.EndsWith("Repository") ||
t.Name.EndsWith("Service"))
.AsSelf()
.AsImplementedInterfaces()
.PropertiesAutowired(PropertyWiringOptions.PreserveSetValues)
.InstancePerDependency();
```

上述代码将程序集名称中以 Repository 和 Service 结尾的类型都进行了注册。

9.6　本　章　小　结

依赖注入容器是 IoC 容器的具体实现，目的是解决复杂对象的创建问题。.Net 内置了依赖注入容器，如果可以满足应用需求，推荐首选使用。如果有.Net 内置依赖注入容器无法满足的特殊需求，可以使用第三方产品进行替换。本章介绍了使用 Autofac 实现属性注入、基于名称的注入以及程序集注册等功能。

第 10 章

基于关系数据库的存储库实现

在第 3 章中已经介绍了存储库。在领域模型中定义了存储库接口，存储库的实现独立于领域模型。为了方便测试，前面实现了使用集合的简单存储库。本章将创建面向关系数据库的存储库，使用.Net 提供的 EF Core 作为 ORM 框架完成这项工作。

Entity Framework（EF）Core 是开源的轻量级的实体框架数据访问技术，可以作为对象关系映射（ORM）框架使用。EF Core 支持多种数据库引擎，包括了各种流行的数据库引擎，例如 SQL Server、MySQL、SQLite、Oracle 等。

10.1　EF Core 的基本功能

本节首先通过示例介绍使用 EF Core 访问关系数据库的一般方法。创建一个.Net 6 的类库项目，名称为 PoemGame.Repository.EF。然后，添加 PoemGame.Domain 引用到项目中。这里使用 SQLite 作为目标数据库，实现使用 EF Core 对 Player 进行持久化的操作，说明 EF Core 的基本使用方法。

在项目中添加 EF Core 的引用，在 Visual Studio 中选择"工具→NuGet 包管理器→包管理器控制台"，运行下面的命令：

```
Install-Package Microsoft.EntityFrameworkCore.Sqlite
```

然后，在项目中添加新的类，名称为 PoemGameDbContext，这个类继承 EF Core 中的数据上下文基类 DbContext：

```
using Microsoft.EntityFrameworkCore;
using PoemGame.Domain.PlayerAggregate;

namespace PoemGame.Repository.EF
{
    public class PoemGameDbContext:DbContext
    {
```

```
        public DbSet<Player> Players { get; set; }
        public string DbPath { get; }
        public PoemGameDbContext()
        {
            var folder = Environment.SpecialFolder.LocalApplicationData;
            var path = Environment.GetFolderPath(folder);
            DbPath = System.IO.Path.Join(path, "poemgame.db");
        }
        protected override void OnConfiguring(DbContextOptionsBuilder options)
            => options.UseSqlite($"Data Source={DbPath}");
        protected override void OnModelCreating(ModelBuilder modelBuilder)
        {
            modelBuilder.Entity<Player>().ToTable("Player");
            modelBuilder.Entity<Player>().HasKey(o => o.Id);
        }
    }
}
```

上述代码分为以下 4 个部分：

（1）定义需要操作的实体的数据集合 DbSet。这里只操作 Player，如果还有其他需要操作的实体，也进行类似的定义。

（2）在构造函数中确定数据库的位置。

（3）在 OnConfiguring 中确定使用的数据库类型。

（4）在 OnModelCreating 中使用 FluntAPI 设置实体与数据库表的对应关系以及实体属性与数据库字段的对应关系。Player 相对简单，这里只设置对应表的名称和关键字。

下面创建数据库。EF Core 提供根据代码创建数据库的工具，首先在包管理器控制台（PMC）中运行以下命令安装了 EF Core 的辅助工具：

```
Install-Package Microsoft.EntityFrameworkCore.Tools
```

然后执行迁移命令，生成迁移脚本：

```
Add-Migration InitialCreate
```

这时会发现，项目中多了个文件夹 Migrations，如图 10-1 所示。

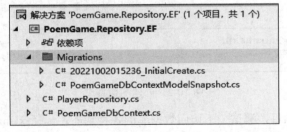

图 10-1　迁移工具创建的文件夹

在这里 EF Core Tools 创建了针对 SQLite 的数据库迁移脚本：

```
using System;
```

```
using Microsoft.EntityFrameworkCore.Migrations;

#nullable disable

namespace PoemGame.Repository.EF.Migrations
{
    public partial class InitialCreate : Migration
    {
        protected override void Up(MigrationBuilder migrationBuilder)
        {
            migrationBuilder.CreateTable(
                name: "Player",
                columns: table => new
                {
                    Id = table.Column<Guid>(type: "TEXT", nullable: false),
                    UserName = table.Column<string>(type: "TEXT", nullable: false),
                    NickName = table.Column<string>(type: "TEXT", nullable: false),
                    Score = table.Column<int>(type: "INTEGER", nullable: false)
                },
                constraints: table =>
                {
                    table.PrimaryKey("PK_Player", x => x.Id);
                });
        }

        protected override void Down(MigrationBuilder migrationBuilder)
        {
            migrationBuilder.DropTable(
                name: "Player");
        }
    }
}
```

最后，执行下面的命令创建数据库：

```
Update-Database
```

创建了新的数据库后，在当前用户的 **AppData/Local** 目录下可以发现这个数据库，如图 10-2 所示。

图 10-2　创建的数据库

现在创建一个测试项目，测试一下访问数据库的各种功能。选择 xUnit 作为测试框架，单元测试项目的名称为 PoemGame.Repository.EF.Test。测试添加 Player 的代码如下：

```
using PoemGame.Domain.PlayerAggregate;

namespace PoemGame.Repository.EF.Test
```

```
{
    public class PoemGameDbContextTest
    {
        [Fact]
        public async Task CreatePlayer()
        {
            var db = new PoemGameDbContext();
            var count = db.Players.Count();
            await db.Players.AddAsync(new Player(
                                Guid.NewGuid(), "zhangsan", "三郎", 0));
            await db.SaveChangesAsync();
            var newcount = db.Players.Count();
            Assert.Equal(count+1, newcount);
        }
    }
}
```

运行测试代码，结果如图 10-3 所示，测试通过。

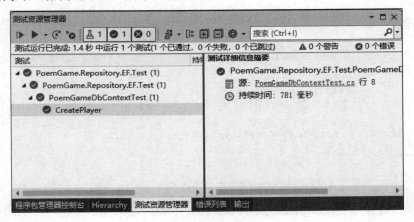

图 10-3　测试 Repository

注　意

在执行添加后，需要调用 db.SaveChanges 方法才会在数据库中进行更新。

至此，已经实现了使用 EF Core 操作数据库，现在可以编写 Player 的 Repository 了。

10.2　使用 EF Core 实现存储库

本节介绍如何使用 EF Core 实现存储库。

10.2.1　创建 PlayerRepository

添加一个类，名称为 PlayerRepository，这个类实现 IPlayerRepository 接口，Visual Studio 的智

能添加可以帮助我们创建框架代码：

```
using System.Linq.Expressions;
using PoemGame.Domain.PlayerAggregate;

namespace PoemGame.Repository.EF
{
    public class PlayerRepository:IPlayerRepository
    {
        public Task<Player?> GetPlayerByUserNameAsync(string username)
        {
            throw new NotImplementedException();
        }

        public Task<Player?> GetPlayerByIdAsync(Guid id)
        {
            throw new NotImplementedException();
        }

        public Task<Guid> AddAsync(Player player)
        {
            throw new NotImplementedException();
        }

        public Task RemoveAsync(Player player)
        {
            throw new NotImplementedException();
        }

        public Task UpdateAsync(Player player)
        {
            throw new NotImplementedException();
        }

        public Task<IEnumerable<Player>> GetAllAsync()
        {
            throw new NotImplementedException();
        }

        public Task<IEnumerable<Player>>
                    GetByConditionAsync(Expression<Func<Player, bool>> predicate)
        {
            throw new NotImplementedException();
        }
    }
}
```

接下来使用前面创建的 PoemGameDbContext 实现这些功能。

首先，编写 PlayerRepository 的构造函数，在构造函数中传入 PoemGameDbContext 的实例。这样，在实际使用时，依赖注入框架可以传入注册的 PoemGameDbContext 实例。代码如下：

```
        private readonly PoemGameDbContext dbContext;
        public PlayerRepository(PoemGameDbContext dbContext)
        {
            this.dbContext = dbContext;
        }
```

然后，编写接口定义的各个方法的实现，代码如下：

```
using System.Linq.Expressions;
using Microsoft.EntityFrameworkCore;
using PoemGame.Domain.PlayerAggregate;

namespace PoemGame.Repository.EF
{
    public class PlayerRepository:IPlayerRepository
    {
        private readonly PoemGameDbContext dbContext;
        public PlayerRepository(PoemGameDbContext dbContext)
        {
            this.dbContext = dbContext;
        }
        public async Task<Player?> GetPlayerByUserNameAsync(string username)
        {
            var player = await
                    dbContext.Players.FirstOrDefaultAsync(o=>o.UserName==username);
            return player;
        }

        public async Task<Player?> GetPlayerByIdAsync(Guid id)
        {
            var player= await dbContext.Players.FindAsync(id);
            return player;
        }

        public async Task<Guid> AddAsync(Player player)
        {
            await dbContext.Players.AddAsync(player);
            await dbContext.SaveChangesAsync();
            return player.Id;
        }

        public async Task RemoveAsync(Player player)
        {
            dbContext.Players.Remove(player);
            await dbContext.SaveChangesAsync();
        }

        public async Task UpdateAsync(Player player)
        {
            dbContext.Players.Update(player);
            await dbContext.SaveChangesAsync();
```

```
        }

        public async Task<IEnumerable<Player>> GetAllAsync()
        {
            return await dbContext.Players.ToListAsync();
        }

        public async Task<IEnumerable<Player>>
                GetByConditionAsync(Expression<Func<Player, bool>> predicate)
        {
            return await dbContext.Players.Where(predicate).ToListAsync();
        }
    }
}
```

至此，PlayerRepository 就创建完成了。这里需要说明一下 Id 的生成：在增加 Player 时，如果在代码中已经生成了 Id，那么 EF Core 会使用这个 Id 进行保存；如果将 Id 设置为 Guid.Empty，那么 EF Core 会为实体自动生成一个 GUID 标识。PlayerRepository 结构比较简单，所以对应的 PlayerRepository 也比较简单，下一步创建结构相对复杂的 GameRepository。

10.2.2 创建 GameRepository

现在开始创建 GameRepository。GameRepository 比 PlayerRepository 复杂一些，涉及值对象的保存、一对多实体的保存等。

首先，在 PoemGameDbContext 中增加 Game 的数据集合：

```
public DbSet<Game> Games { get; set; }
```

然后，在 OnModelCreating 中编写实体与数据库表的对应关系。如果项目涉及的聚合根很多，OnModelCreating 中描述对应关系的代码就会过多，这样不利于理解和维护。为了解决这个问题，我们将不同聚合根相关的代码保存到不同的文件，通过使用 IEntityTypeConfiguration 接口为聚合根定义相应的 EntityTypeConfiguration。定义 PlayerEntityTypeConfiguration 的代码如下：

```
using Microsoft.EntityFrameworkCore;
using Microsoft.EntityFrameworkCore.Metadata.Builders;
using PoemGame.Domain.PlayerAggregate;

namespace PoemGame.Repository.EF
{
    internal class PlayerEntityTypeConfiguration : IEntityTypeConfiguration<Player>
    {
        public void Configure(EntityTypeBuilder<Player> playerConfiguration)
        {
            playerConfiguration.ToTable("Player");
            playerConfiguration.HasKey(o => o.Id);
        }
    }
}
```

在 OnModelCreating 中添加 Player 的配置：

```
protected override void OnModelCreating(ModelBuilder modelBuilder)
{
    modelBuilder.ApplyConfiguration(new PlayerEntityTypeConfiguration());
}
```

同样，创建 GameEntityTypeConfiguration，在这个类中编写 Game 的相关配置：

```
using Microsoft.EntityFrameworkCore;
using Microsoft.EntityFrameworkCore.Metadata.Builders;
using PoemGame.Domain.GameAggregate;

namespace PoemGame.Repository.EF
{
    public class GameEntityTypeConfiguration : IEntityTypeConfiguration<Game>
    {
        public void Configure(EntityTypeBuilder<Game> builder)
        {
            builder.ToTable("Game");
            builder.HasKey(o => o.Id);
        }
    }
}
```

在 OnModelCreating 中添加 Game 的配置：

```
protected override void OnModelCreating(ModelBuilder modelBuilder)
{
    modelBuilder.ApplyConfiguration(new PlayerEntityTypeConfiguration());
    modelBuilder.ApplyConfiguration(new GameEntityTypeConfiguration());
}
```

如果需要修改聚合根的定义，只要修改相应的 EntityTypeConfiguration 就可以了。

1. 值对象的保存

在 Game 的定义中，包括 GameType 类型，这是一个值对象。不同于实体，值对象没有 ID，在关系数据库中也没有对应的保存方式，这也就是常说的阻抗失配的一种形式。这里使用 EF Core 提供的"一对一"关系保存值对象：

```
builder.OwnsOne(o => o.GameType);
```

在数据库中，GameType 的每个字段都与 Game 的其他字段一起保存在相同的表中，这些字段的名称的默认格式为"<类型>_<属性>"，比如 GameType 有两个属性——MainType 和 SubType，那么它们在数据库中的字段名称分别为 GameType_MainType 和 GameType_SubType。

2. 一对多关系保存

Game 中有两个一对多关系，分别针对 PlayerInGame 和 PlayRecord。一对多关系在 EF Core 中使用 OwnsMany 进行创建：

```
builder.OwnsMany(typeof(PlayerInGame), "_players").ToTable("PlayerInGame").HasKey("Id");
```

```
builder.OwnsMany(typeof(PlayRecord), "Records").ToTable("PlayRecord").HasKey("Id");
```

OwnsMany 的第一个参数是属性的类型，这里是 PlayerInGame；第二个参数是在实体中的属性。需要注意的是，由于_players 集合是私有的，在这里无法使用 Game 直接进行访问，需要使用字段的名称作为变量，由 EF Core 框架在底层使用反射进行对应。Records 的定义也是如此。

3. 忽略只读属性

如果某些字段或属性不需要保存到数据库，可以使用 ignore 进行忽略设置。前面已经将_players 映射到数据库，只读属性 PlayersInGame 实际上返回的就是_players，因此这个属性不需要映射到数据库，可以使用下面的代码进行排除。

```
builder.Ignore(o => o.PlayersInGame);
```

创建完成后，在程序包管理控制台执行下面的代码，创建迁移脚本并更新数据库：

```
Add-Migration game
Update-Database
```

现在可以查看一下生成的数据库，使用开源的 SQLiteStudio 工具打开生成的数据库，数据库中的表和字段如图 10-4 所示。

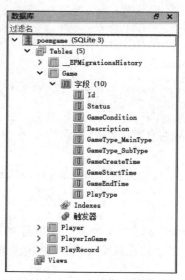

图 10-4　EF Core 创建的数据库

现在，可以实现 GameRepository 了。创建过程与创建 PlayerRepository 类似，最终代码如下：

```
using System.Linq.Expressions;
using Microsoft.EntityFrameworkCore;
using PoemGame.Domain.GameAggregate;

namespace PoemGame.Repository.EF
{
    public class GameRepository:IGameRepository
    {
```

```
        private readonly PoemGameDbContext dbContext;
        public GameRepository(PoemGameDbContext dbContext)
        {
            this.dbContext = dbContext;
        }
        public async Task<Game?> GetAsync(Guid id)
        {
            return await dbContext.Games.FindAsync(id);
        }
        public async Task<Guid> AddAsync(Game game)
        {
            await dbContext.Games.AddAsync(game);
            await dbContext.SaveChangesAsync();
            return game.Id;
        }
        public async Task UpdateAsync(Game game)
        {
            dbContext.Update(game) ;
            await dbContext.SaveChangesAsync();
        }
        public async Task RemoveAsync(Game game)
        {
            dbContext.Remove(game);
            await dbContext.SaveChangesAsync();
        }
        public async Task<IEnumerable<Game>> GetAllAsync()
        {
            return await dbContext.Games.ToListAsync(); ;
        }
        public async Task<IEnumerable<Game>>
                    GetByConditionAsync(Expression<Func<Game, bool>> predicate)
        {
            return await dbContext.Games.Where(predicate).ToListAsync();
        }
    }
}
```

10.3　EF Core 的深入应用

上一节使用 EF Core 实现了存储库，EF Core 还有很多高级用法，本节就来介绍 EF Core 的深入应用。

10.3.1　多数据库类型支持

现在创建的 DbContext 支持的是 SQLite 数据库，如果希望支持其他类型的数据库该如何进行呢？比较笨的办法是为每一种数据库重写一个 DbContext 子类，但这显然不是好办法，因为不同的数据库类型只影响 DbContext 的 OnConfiguring 方法，其他部分没有改变。

再来看一下 PoemGameDbContext 的 OnConfiguring：

```
public PoemGameDbContext()
{
    var folder = Environment.SpecialFolder.LocalApplicationData;
    var path = Environment.GetFolderPath(folder);
    DbPath = System.IO.Path.Join(path, "poemgame.db");
}

protected override void OnConfiguring(DbContextOptionsBuilder options)
    => options.UseSqlite($"Data Source={DbPath}");
```

这里有 3 个问题需要解决：第 1 个问题，目前的数据库位置是硬编码的，如果要修改，就必须重新编译部署，这部分应该从配置文件中读取；第 2 个问题，数据库类型仅限于 SQLite，如果要更改数据库类型，也需要修改代码；第 3 个问题，数据库的迁移代码与使用数据库的类型有关，如果保存在 Repository 项目中，那么要增加数据库类型，就必须在这个项目中增加相关的迁移代码，这显然不是我们所希望的。

我们需要将具体的数据库与 DbContext 分离，将与具体数据库有关的代码从 DbContext 中移除，并为每一种数据库创建独立的迁移代码项目。具体操作如下：

（1）将与 SQLite 相关的部分从 Repository 项目中分离出来，迁移到另外一个类库中。

首先创建一个新的类库项目，名称为 PoemGame.Repository.EF.SQLite，添加项目引用 PoemGame.Repository.EF。

然后在包管理器中运行以下命令将 Migrations 目录从 PoemGame.Repository.EF 移动到 PoemGame.Repository.EF.SQLite 项目：

```
Install-Package Microsoft.EntityFrameworkCore.Sqlite
```

再然后，修改 PoemGameDbContext，将构造函数改为下面的定义：

```
public PoemGameDbContext(DbContextOptions<PoemGameDbContext> options) : base(options)
{

}
```

这样修改后，数据库的类型和配置会通过 options 传入。

最后，修改前面的测试，在测试中声明需要的数据库类型和位置：

```
using Microsoft.EntityFrameworkCore;
using PoemGame.Domain.PlayerAggregate;

namespace PoemGame.Repository.EF.Test
{
    public class PoemGameDbContextTest
    {
        [Fact]
        public async Task CreatePlayer()
        {
```

```
                    var folder = Environment.SpecialFolder.LocalApplicationData;
                    var path = Environment.GetFolderPath(folder);
                    var DbPath = System.IO.Path.Join(path, "poemgame.db");
                    var optionsBuilder = new DbContextOptionsBuilder<PoemGameDbContext>();
                    optionsBuilder.UseSqlite($"Data Source={DbPath}",
                        x => x.MigrationsAssembly("PoemGame.Repository.EF.SQLite"));
                    var db = new PoemGameDbContext(optionsBuilder.Options);
                    var count = db.Players.Count();
                    await db.Players.AddAsync(
                            new Player(Guid.NewGuid(), "zhangsan", "三郎", 0));
                    await db.SaveChangesAsync();
                    var newcount = db.Players.Count();
                    Assert.Equal(count+1, newcount);
                }
            }
        }
```

项目 PoemGame.Repository.EF 可 以 移 除 对 SQLite 的 依 赖，增 加 对
Microsoft.EntityFrameworkCore.Relational 程序包的依赖，这样 PoemGame.Repository.EF 就与具体的
关系数据库类型无关，可以与 EF Core 支持的所有类型的关系数据库一起工作。

（2）构建迁移数据库的相关代码：

在 PoemGame.Repository.EF.SQLite 中，添加类 DesignDbContextFactory，在这个类中增加初始
化数据库的代码：

```
using Microsoft.EntityFrameworkCore;
using Microsoft.EntityFrameworkCore.Design;

namespace PoemGame.Repository.EF.SQLite
{
    public class DesignDbContextFactory:IDesignTimeDbContextFactory<PoemGameDbContext>
    {
        public PoemGameDbContext CreateDbContext(string[] args)
        {
            var folder = Environment.SpecialFolder.LocalApplicationData;
            var path = Environment.GetFolderPath(folder);
            var DbPath = System.IO.Path.Join(path, "poemgame.db");
            var optionsBuilder = new DbContextOptionsBuilder<PoemGameDbContext>();
            optionsBuilder.UseSqlite($"Data Source={DbPath}",
                x => x.MigrationsAssembly("PoemGame.Repository.EF.SQLite"));
            return new PoemGameDbContext(optionsBuilder.Options);
        }
    }
}
```

这样，迁移代码和数据库的依赖就与 Repository 分开了。

（3）实现对 SQL Server 数据库的支持：

首先，创建一个新的类库，名称为 PoemGame.Repository.EF.SqlServer，添加项目引用
PoemGame.Repository.EF。然后，在程序包管理器中运行下面的命令，安装需要的程序包：

```
Install-Package Microsoft.EntityFrameworkCore.Sqlserver
Install-Package Microsoft.EntityFrameworkCore.Tools
```

注意，在执行这些命令时，需要选择 PoemGame.Repository.EF.SqlServer 作为默认项目，如图 10-5 所示。

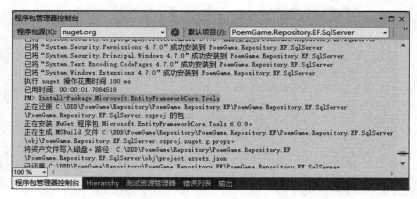

图 10-5　选择 PoemGame.Repository.EF.SqlServer 作为默认项目

最后，在项目中添加类 DesignDbContextFactory，这个类实现接口 IDesignTimeDbContextFactory <PoemGameDbContext>：

```
using Microsoft.EntityFrameworkCore;
using Microsoft.EntityFrameworkCore.Design;

namespace PoemGame.Repository.EF.SqlServer
{
public class DesignDbContextFactory :
IDesignTimeDbContextFactory<PoemGameDbContext>
    {
        public PoemGameDbContext CreateDbContext(string[] args)
        {
            var optionsBuilder = new DbContextOptionsBuilder<PoemGameDbContext>();
            optionsBuilder.UseSqlServer("Server=(local);
Database=MyPoemGame;uid=sa;pwd=password;Encrypt=False",
                x => x.MigrationsAssembly("PoemGame.Repository.EF.SqlServer"));
            return new PoemGameDbContext(optionsBuilder.Options);
        }
    }
}
```

在上面的代码中，为了简化起见，数据库连接字符串使用的是硬编码，在实际项目中，需要改为从配置文件读取。

（4）生成针对 SqlServer 的迁移文件：

首先，将 PoemGame.Repository.EF.SqlServer 设为启动项目，如图 10-6 所示。

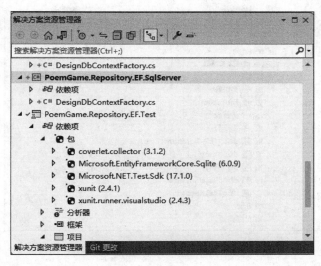

图 10-6　生成迁移文件时需要将 PoemGame.Repository.EF.SqlServer 设置为启动项目

然后，将程序包管理控制台中的默认项目也设置为 PoemGame.Repository.EF.SqlServer。再在程序包管理器中运行以下命令：

```
Add-Migration init
```

运行完成后，可以看到 PoemGame.Repository.EF.SqlServer 中增加了 Migrations 目录，如图 10-7 所示。

图 10-7　增加了针对 SQL Server 的迁移文件

最后，运行 Update-Database 命令创建数据库。在 SQL Server Management Studio 中可以看到新创建的数据库，如图 10-8 所示。

图 10-8　新创建的 SQL Server 数据库

10.3.2　生产环境的数据库部署

在生产环境中创建或者迁移 EF Core 数据库可以使用脚本方式。在包控制台中输入下面的命令产生迁移脚本：

```
Script-Migration
```

注意，程序包管理控制台的默认项目要选择带有迁移脚本的项目。例如，需要生成 SqlServer 的数据库脚本，需要将项目选择为 PoemGame.Repository.EF.SqlServer，并且解决方案的启动项目也要设置为 PoemGame.Repository.EF.SqlServer。生成的脚本如下：

```
IF OBJECT_ID(N'[__EFMigrationsHistory]') IS NULL
BEGIN
    CREATE TABLE [__EFMigrationsHistory] (
        [MigrationId] nvarchar(150) NOT NULL,
        [ProductVersion] nvarchar(32) NOT NULL,
        CONSTRAINT [PK___EFMigrationsHistory] PRIMARY KEY ([MigrationId])
    );
END;
GO


BEGIN TRANSACTION;
GO

CREATE TABLE [Game] (
    [Id] uniqueidentifier NOT NULL,
    [Status] int NOT NULL,
    [GameCondition] nvarchar(max) NOT NULL,
    [Description] nvarchar(max) NOT NULL,
    [GameType_MainType] nvarchar(max) NOT NULL,
    [GameType_SubType] nvarchar(max) NOT NULL,
    [GameCreateTime] datetime2 NULL,
    [GameStartTime] datetime2 NULL,
```

```
        [GameEndTime] datetime2 NULL,
        [PlayType] int NOT NULL,
        CONSTRAINT [PK_Game] PRIMARY KEY ([Id])
    );
    GO

    CREATE TABLE [Player] (
        [Id] uniqueidentifier NOT NULL,
        [UserName] nvarchar(max) NOT NULL,
        [NickName] nvarchar(max) NOT NULL,
        [Score] int NOT NULL,
        CONSTRAINT [PK_Player] PRIMARY KEY ([Id])
    );
    GO

    CREATE TABLE [PlayerInGame] (
        [Id] uniqueidentifier NOT NULL,
        [PlayerId] uniqueidentifier NOT NULL,
        [GameId] uniqueidentifier NOT NULL,
        [UserName] nvarchar(max) NOT NULL,
        [PlayerStatus] int NOT NULL,
        [Index] int NOT NULL,
        [IsCreator] bit NOT NULL,
        [IsWinner] bit NOT NULL,
        CONSTRAINT [PK_PlayerInGame] PRIMARY KEY ([Id]),
        CONSTRAINT [FK_PlayerInGame_Game_GameId] FOREIGN KEY ([GameId]) REFERENCES [Game]
([Id]) ON DELETE CASCADE
    );
    GO

    CREATE TABLE [PlayRecord] (
        [Id] int NOT NULL IDENTITY,
        [GameId] uniqueidentifier NOT NULL,
        [PlayerId] uniqueidentifier NOT NULL,
        [PlayerName] nvarchar(max) NOT NULL,
        [PlayDateTime] datetime2 NOT NULL,
        [Answer] nvarchar(max) NOT NULL,
        [IsProperAnswer] bit NOT NULL,
        CONSTRAINT [PK_PlayRecord] PRIMARY KEY ([Id]),
        CONSTRAINT [FK_PlayRecord_Game_GameId] FOREIGN KEY ([GameId]) REFERENCES [Game] ([Id])
ON DELETE CASCADE
    );
    GO

    CREATE INDEX [IX_PlayerInGame_GameId] ON [PlayerInGame] ([GameId]);
    GO

    CREATE INDEX [IX_PlayRecord_GameId] ON [PlayRecord] ([GameId]);
    GO

    INSERT INTO [__EFMigrationsHistory] ([MigrationId], [ProductVersion])
```

```
VALUES (N'20221002050433_init', N'6.0.9');
GO


COMMIT;
GO
```

如果希望指定迁移目标，可以在 Script-Migration 命令后增加需要迁移的版本参数。

如果希望生成幂等迁移文件，可以使用下面的命令：

```
Script-Migration -idempotent
```

看一下这种情况下生成的脚本：

```
IF OBJECT_ID(N'[__EFMigrationsHistory]') IS NULL
BEGIN
    CREATE TABLE [__EFMigrationsHistory] (
        [MigrationId] nvarchar(150) NOT NULL,
        [ProductVersion] nvarchar(32) NOT NULL,
        CONSTRAINT [PK___EFMigrationsHistory] PRIMARY KEY ([MigrationId])
    );
END;
GO


BEGIN TRANSACTION;
GO


IF NOT EXISTS(SELECT * FROM [__EFMigrationsHistory] WHERE [MigrationId] =
N'20221002050433_init')
BEGIN
    CREATE TABLE [Game] (
        [Id] uniqueidentifier NOT NULL,
        [Status] int NOT NULL,
        [GameCondition] nvarchar(max) NOT NULL,
        [Description] nvarchar(max) NOT NULL,
        [GameType_MainType] nvarchar(max) NOT NULL,
        [GameType_SubType] nvarchar(max) NOT NULL,
        [GameCreateTime] datetime2 NULL,
        [GameStartTime] datetime2 NULL,
        [GameEndTime] datetime2 NULL,
        [PlayType] int NOT NULL,
        CONSTRAINT [PK_Game] PRIMARY KEY ([Id])
    );
END;
GO


IF NOT EXISTS(SELECT * FROM [__EFMigrationsHistory] WHERE [MigrationId] =
N'20221002050433_init')
BEGIN
    CREATE TABLE [Player] (
        [Id] uniqueidentifier NOT NULL,
        [UserName] nvarchar(max) NOT NULL,
        [NickName] nvarchar(max) NOT NULL,
```

```
        [Score] int NOT NULL,
        CONSTRAINT [PK_Player] PRIMARY KEY ([Id])
    );
END;
GO


IF NOT EXISTS(SELECT * FROM [__EFMigrationsHistory] WHERE [MigrationId] =
N'20221002050433_init')
    BEGIN
        CREATE TABLE [PlayerInGame] (
            [Id] uniqueidentifier NOT NULL,
            [PlayerId] uniqueidentifier NOT NULL,
            [GameId] uniqueidentifier NOT NULL,
            [UserName] nvarchar(max) NOT NULL,
            [PlayerStatus] int NOT NULL,
            [Index] int NOT NULL,
            [IsCreator] bit NOT NULL,
            [IsWinner] bit NOT NULL,
            CONSTRAINT [PK_PlayerInGame] PRIMARY KEY ([Id]),
            CONSTRAINT [FK_PlayerInGame_Game_GameId] FOREIGN KEY ([GameId]) REFERENCES [Game]
([Id]) ON DELETE CASCADE
        );
    END;
GO


IF NOT EXISTS(SELECT * FROM [__EFMigrationsHistory] WHERE [MigrationId] =
N'20221002050433_init')
    BEGIN
        CREATE TABLE [PlayRecord] (
            [Id] int NOT NULL IDENTITY,
            [GameId] uniqueidentifier NOT NULL,
            [PlayerId] uniqueidentifier NOT NULL,
            [PlayerName] nvarchar(max) NOT NULL,
            [PlayDateTime] datetime2 NOT NULL,
            [Answer] nvarchar(max) NOT NULL,
            [IsProperAnswer] bit NOT NULL,
            CONSTRAINT [PK_PlayRecord] PRIMARY KEY ([Id]),
            CONSTRAINT [FK_PlayRecord_Game_GameId] FOREIGN KEY ([GameId]) REFERENCES [Game]
([Id]) ON DELETE CASCADE
        );
    END;
GO


IF NOT EXISTS(SELECT * FROM [__EFMigrationsHistory] WHERE [MigrationId] =
N'20221002050433_init')
    BEGIN
        CREATE INDEX [IX_PlayerInGame_GameId] ON [PlayerInGame] ([GameId]);
    END;
GO


IF NOT EXISTS(SELECT * FROM [__EFMigrationsHistory] WHERE [MigrationId] =
```

```
N'20221002050433_init')
    BEGIN
        CREATE INDEX [IX_PlayRecord_GameId] ON [PlayRecord] ([GameId]);
    END;
    GO


    IF NOT EXISTS(SELECT * FROM [__EFMigrationsHistory] WHERE [MigrationId] =
N'20221002050433_init')
    BEGIN
        INSERT INTO [__EFMigrationsHistory] ([MigrationId], [ProductVersion])
        VALUES (N'20221002050433_init', N'6.0.9');
    END;
    GO


    COMMIT;
    GO
```

每句中都有版本标志的查询。从生成的脚本可以看出，EF Core 在数据库中不仅生成了业务所需的数据库表，还创建了一个辅助表__EFMigrationsHistory，在这个表中保存了迁移记录，可以根据这个表确定当前数据库的状态，确保数据库中表的结构与代码中相应的实体结构是一致的。

10.3.3　数据库生成标识

现在复习一下前面介绍过的实体 ID 的生成的 4 种方式：用户输入、代码中生成、在持久层生成、从其他上下文获取。在前面的示例中，使用了在代码中生成标识的方式，例如：

```
new Player(Guid.NewGuid(), "zhangsan", "三郎", 0)
```

当使用简单的存储库模式时，只能使用代码中生成的方式。这种方式最大的问题是如果 ID 生成的算法不够严谨并且有并发的情况存在，那么生成的 ID 有可能重复。诗词游戏示例中将 GUID 作为标识类型，这个问题不是很突出，但如果将整形作为标识类型，那么使用代码中生成方式就需要非常慎重。

引入了持久层，就可以在持久层生成 ID，从而避免在代码中生成 ID 带来的问题。现在研究一下 SqlServer 表的创建代码：

```
        migrationBuilder.CreateTable(
            name: "Player",
            columns: table => new
            {
                Id = table.Column<Guid>(type: "uniqueidentifier", nullable: false),
                UserName = table.Column<string>(type: "nvarchar(max)",
nullable: false),
                NickName = table.Column<string>(type: "nvarchar(max)",
nullable: false),
                Score = table.Column<int>(type: "int", nullable: false)
            },
            constraints: table =>
            {
                table.PrimaryKey("PK_Player", x => x.Id);
```

```
        });
```

Id 字段的类型被标注为 uniqueidentifier，说明在添加记录时可以自动生成标识。

修改前面的测试，看一下 Id 是否能够在数据库中自动添加：

```
        [Fact]
        public async Task CreatePlayerWithoutDb()
        {
            var folder = Environment.SpecialFolder.LocalApplicationData;
            var path = Environment.GetFolderPath(folder);
            var DbPath = System.IO.Path.Join(path, "poemgame.db");
            var optionsBuilder = new DbContextOptionsBuilder<PoemGameDbContext>();
            optionsBuilder.UseSqlite($"Data Source={DbPath}");

            var db = new PoemGameDbContext(optionsBuilder.Options);
            var count = db.Players.Count();
            var player = new Player(Guid.Empty, "zhangsan", "三郎", 10);
            await db.Players.AddAsync(player);
            await db.SaveChangesAsync();
            var newcount = db.Players.Count();
            Assert.Equal(count + 1, newcount);
            Assert.NotEqual(Guid.Empty,player.Id);
        }
```

在测试代码中，将需要添加到数据库的 Player 的 Id 设置为空（Guid.Empty），然后使用 Assert.NotEqual（Guid.Empty，player.Id）进行判断，看一下添加完成后 Id 值是否发生变化。结果表明，Player 的 Id 在数据库中进行了设置。

有了持久层生成 Id 的保证，就不需要在代码中生成 Id 了。但是，如果需要确保实体具有可用的 Id，那么在创建实例后，需要使用存储库进行保存。

10.3.4　Data Annotations vs Flunt API

EF Core 同时支持 Data Annotation 和 Flunt API 这两种方式定义代码模型和数据库表之间的关系。本书示例使用 Flunt API 的方式定义实体与数据库表之间的关系，现在讨论一下这样做的好处与代价。

如果使用 Data Annotations 定义实体与数据库之间的关系，就需要在领域模型的定义中增加相关标记，使用数据标签的 Player 定义如下：

```
[Table("Player")]
public class Player
{
    [Key]
        public Guid Id { get; protected set; }
        [Column("username")]
    public string UserName { get; private set; }
    [Column("nickname")]
    public string NickName { get; private set; }
    [Column("score")]
    public int Score { get; private set; }
```

这样在 DbContext 中就不需要使用代码进行模型创建了。这样的好处是直观，数据库中的表和字段与实体的对应关系一目了然，如果使用数据驱动的方式进行开发，这比使用 Flunt API 效率更高。但在使用领域驱动设计时，希望在设计领域模型时将注意力集中在业务规则，将数据库相关的设计尽量推后，在领域模型中引入数据库相关的标记往往会分散注意力。另外一个问题是数据库相关的属性被硬编码，不利于修改与维护。例如，如果后期希望将 Player 保存到 TB_Player 表中，就需要将领域模型中标记的[Table("Player")]修改为[Table("TB_Player")]，这种修改对领域模型而言没有意义，因为没有修改任何业务相关的因素。因此，在使用领域驱动设计进行开发时，不建议使用数据标签等框架侵入的技术。

10.4　在控制台应用中使用新的存储库

现在可以使用新创建的存储库替换作为测试的简单存储库。首先将 PoemGame.Repository.EF 打包发布。在"常规"页面勾选"在生成操作期间创建包文件"，如图 10-9 所示。

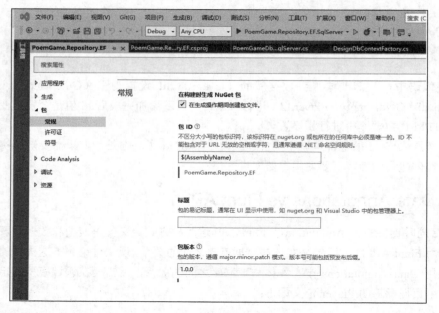

图 10-9　设置构建时生成 NuGet 包

然后重新生成项目，生成完成后，将生成的 PoemGame.Repository.EF.1.0.0.nupkg 包复制到前面已经创建的本地 nuget 目录下，运行 nuget.bat，将包导入本地 NuGet 库。

再打开项目 ConsoleAppDemo，将 PoemGame.Repository.Simple 从依赖关系中移除，添加新的 NuGet 包 Microsoft.EntityFrameworkCore.SqlServer 和 PoemGame.Repository.EF。

接着，修改 Utility 中的依赖注入关系，添加 DbContext 的配置：

```
services.AddDbContext<PoemGameDbContext>(options=>options.UseSqlServer("Server=(local
);Database=MyPoemGame;uid=sa;pwd=pwd;Encrypt=False"));
```

修改完成后启动应用，开始一个新的游戏，如图 10-10 所示。

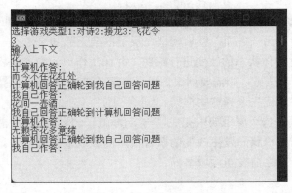

图 10-10　使用关系数据库的游戏

在数据库中可以看到新增加的记录，如图 10-11 所示。

	Id	UserName	NickName	Score
1	1326CC36-192A-4516-7848-08DAA445BC4E	zhangsan	三郎	10
2	0D7FC889-52C6-43DA-6B82-11ADD7DBB100	我自己	我自己	0
3	B262AC1C-D2B2-4A71-9523-E4DE8D83A5DD	计算机	计算机	0

图 10-11　数据库中增加了新的记录

10.5　使用其他数据库访问框架实现存储库

除了 EF Core 以外，.Net 生态还有很多数据库访问框架，有接近原生的框架，也有高级的 ORM 框架。本节讨论在实现存储库时选择框架的原则，并以 Dapper 和 FreeSql 为例进行说明。

10.5.1　存储库的持久层框架需要满足的条件

在选择存储库所使用的持久层框架时，不仅需要满足存储库的构建需要，还需要满足其他相关的需求，这些需求包括对工作单元的支持和对领域事件发布的支持等。

对持久层框架最基本的要求就是能够保存聚合根的所有关系，下面是个关键的检查点：

（1）一对一关系的保存：这主要针对保存具有一对一关系的值对象的情况。应该可以很方便地将值对象的属性映射到数据库表的字段。

（2）一对多关系的保存：当保存聚合根相关的值对象集合和实体集合时需要使用这种方式。

（3）私有属性或字段映射：由于聚合根中的属性可能需要数据保护，没有公共的赋值函数，就需要框架有能够映射到私有属性或者字段的功能。

（4）忽略不需要保存的属性或字段：聚合根中有很多不需要持久化的属性或字段（例如保存领域事件的集合），框架应该能够忽略这些属性或者字段。

从领域模型构建的角度看，持久层框架应该能够支持"代码优先"的编程模式，即在编写代码时不考虑数据库的实现，根据代码产生数据库。有些持久层框架依赖属性标记定义实体与数据库结构之间的关系，应慎重选择这些框架。使用属性标记有两方面的副作用：一方面需要在领域模型开发阶段就兼顾数据库设计；另一方面，领域模型违反了框架无感知原则。

工作单元要求能够对实体状态的改变进行跟踪，并在工作单元完成时将所有实体状态的改变一起向数据库提交。如果提交失败，则需要回滚。很多框架（如 EF Core）内置了对工作单元的支持，如果需要使用工作单元，就优先选择这些框架。

领域事件的发布一般在持久层框架中完成，与工作单元一样，也需要能够对实体状态的改变进行跟踪，在提交变化之前，将状态发生改变的聚合根中的领域事件进行发布。如果不支持实体状态跟踪，就需要在聚合根更新之前发布领域事件。

10.5.2　Dapper

Dapper 是轻量级的 ORM 框架，优点是可以使用 SQL 语句进行查询和操作，并且提供了丰富的扩展来增强框架的功能，如扩展 Dapper.SimpleCRUD 可以提供方便的 CRUD 操作。

Dapper 满足创建存储库的基本条件，但不内置支持工作单元，如果需要使用工作单元，就要安装第三方的程序包并做定制开发。

使用 Dapper 创建的存储库，需要解决一对一关系的值对象的保存与读取的问题，这个问题的解决办法如下：

Game 聚合根中的 GameType 是一个值对象，包括 MainType 和 SubType 两个属性。在使用 Dapper 保存聚合根时，将值对象保存在同一张表中，字段名称分别为 GameType_MainType 和 GameType_SubType，并且在保存时，需要将值对象与数据库表中的这两个字段进行映射。这里可以采用匿名对象进行保存，示例代码如下：

```
public async Task<Guid> AddAsync(Game game)
{
    using (IDbConnection connection = new SqlConnection(connectionString))
    {
        if (game.Id == Guid.Empty) game.Id = Guid.NewGuid();
        var sqlStatement = @"
                            INSERT INTO Game
                            (Id
                            ,Description
                            ,Status
                            ,GameType_MainType
                            ,GameType_SubType
                            ,GameCondition)
                            VALUES (@Id
                            ,@Description
                            ,@Status
                            ,@GameType_MainType
                            ,@GameType_SubType
                            ,@GameCondition)";
        await connection.ExecuteAsync(sqlStatement, new
            {
                Id = game.Id,
                Status = game.Status,
                Description=game.Description,
```

```
                    GameType_MainType = game.GameType.MainType,
                    GameType_SubType = game.GameType.SubType,
                    GameCondition = game.GameCondition
                });
```

在保存时，使用 C# 的匿名对象与数据库表中的字段进行映射，将需要保存的 game 对象的值赋值给这个匿名对象。

取值时，使用 Dapper 的字段分解功能，根据 GameType_MainType 和 GameType_SubType 创建 GameType 对象：

```
private const string sql = "select Id,Description,Status,GameCondition,
GameType_MainType as MainType,
GameType_SubType as SubType from Game ";
public async Task<Game> GetAsync(Guid id)
    {
        using (IDbConnection connection = new SqlConnection(connectionString))
        {
            var sqlstatement = sql + " where Id=@id";
            var game =(await connection.QueryAsync<Game, GamePlayType, Game>
(sqlstatement, (p, c) => { p.GameType = c; return p; },
splitOn: "MainType", param: new { id })).FirstOrDefault();
```

总的来说，如果项目不是很复杂，可以使用 Dapper 作为 ORM 框架实现存储库。

10.5.3　FreeSql

FreeSql 支持多种数据库，特别是很多国产数据库，它的功能强大，支持 CodeFirst 和 DbFirst 的开发方式。如果项目中使用了国产数据库，可以考虑使用 FreeSql 作为 ORM 框架。

FreeSql 的 CodeFirst 模式类似 EF Core，支持 Flunt API 和 DbContext，可以使用类似 EF Core 的方法创建存储库，这里不再详细叙述。

FreeSql 内置了存储库接口和存储库的实现，但使用该存储库时需要使用 FreeSql 的数据标记定义实体。由于不希望领域模型有框架依赖，因此不推荐使用这种方式。

10.6　本章小结

本章首先介绍了针对关系数据库的存储库实现，主要以 EF Core 为例进行了介绍，包括如何实现一对一关系值对象的存储、一对多关系的存储，以及如何映射私有字段等。然后介绍了选择持久层框架的原则。最后介绍了使用 Dapper 和 FreeSql 实现存储库的方法。

第 11 章

存储库与 NoSQL 数据库

NoSQL 数据库是非关系数据库的统称，近年来发展迅速，在很多场景特别是 Web 应用中得到了越来越多的应用。由于领域模型的存储无关性，使用领域驱动设计的项目可以很容易地使用合适的 NoSQL 数据库作为持久层。本章以 MongoDB 为例，说明开发面向 NoSQL 数据库的存储库的方法。

11.1 NoSQL 数据库概述

SQL 是结构化查询语言的简写，用于操作关系数据库。NoSQL 就是指非关系数据库，不保证关系数据中 ACID（Atomicity：原子性，Consistency：一致性，Isolation：隔离性，Durability：持久性）中的全部特性，而是更关注性能、可扩展性等其他方面。按照所使用的存储方式分类，NoSQL 数据库大致可以分为以下几种。

11.1.1 键值对存储数据库

将数据以键值对（Key-Value Pair）的形式进行存储，这种数据库通常使用哈希表，在表中存储键值和指针指向的数据。

键值对存储数据库的典型应用场景是内容缓存，用于处理大量数据的高访问负载。其优点是查找速度快，缺点是数据无结构化。Redis 是键值对存储数据库的代表。

11.1.2 列存储数据库

这种类型的数据库主要用于分布式存储海量数据，其代表产品为 HBase。主要优点是可扩展性强，更容易进行分布式存储，适用于海量数据存储。如果数据量不大，使用这类数据库就不划算。这种数据库与关系数据库不存在竞争关系。

11.1.3　文档型数据库

这种数据库以文档对象的形式保存数据，每个文档对象可以是一个层级对象。文档型数据库的代表是 MongoDB[18][20]。文档数据库在很多场景下与关系数据库属于竞争关系，很多类型的应用既可以使用关系数据库，也可以使用文档型数据库作为持久层。

11.1.4　Graph 数据库

Graph 数据库以图结构的方式保存数据，主要用于社交网络，关注于构建关系图谱。代表产品是 InfoGrid。Graph 数据库用于特定的场景，与关系数据库是功能互补的关系。

11.1.5　实时数据库

实时数据库[35]广泛应用于电信、工业控制等领域，关注于生产过程实时数据的保存。其应用场景独特，与关系数据库不存在竞争关系。

11.2　文档数据库 MongoDB 概述

从上一节的 NoSQL 数据库分析来看，在应用系统中，文档数据库可以代替关系数据库作为系统的持久化支撑，所以本节选择 MongoDB 文档数据库作为示例。

11.2.1　MongoDB 介绍

MongoDB 是一个基于分布式文档存储的数据库，采用类似 JSON 的格式 BSON 存储复杂的数据类型。其支持的查询语言非常强大，几乎可以实现类似关系数据库的绝大部分功能。

与关系数据库相比，面向文档的数据库不是以表和行进行数据存储的，而是采用更灵活的文档模型。在文档中可以嵌入文档和数组，从而可以使用一条记录表现复杂的层次关系，这非常类似于领域模型中的聚合根。

面向文档的数据库没有预定义的模式（Schema），文档的键和值不需要是固定的类型和大小。由于没有固定模式，添加和删除字段变得容易，因此有利于开发的快速迭代。

MongoDB 易于扩展，面向文档的数据模型使它能很容易地在多台服务器之间进行数据分割。MongoDB 能自动处理跨集群的数据和负载，能自动重新分配文档，并将用户的请求路由到正确的机器上。

MongoDB 为高性能设计，它能对文档进行动态填充，也能预分配数据文件以利用额外的空间来换取稳定的性能。MongoDB 把尽可能多的内存用作缓存，试图为每次查询自动选择正确的索引。MongoDB 各方面的设计都是为了确保高性能。

需要注意的是，MongoDB 不具备一般关系数据库中常见的一些功能，比如连接和事务等。省略这些功能带来的好处是得到更好的扩展性，因为在分布式系统中这两个功能不易高效地实现。

11.2.2 MongoDB 的安装

MongoDB 支持多种操作系统，简单起见，这里使用 Docker 安装 MongoDB，这种方式适用于各种流行的操作系统。如果读者使用的是 Windows 系统，则需要先安装 Docker Desktop。

可以运行下面的命令在 Docker 中启动 MongoDB：

```
docker run -d -p 27017:27017 --name example-mongo mongo:latest
```

如果需要将数据映射到容器的卷中，可以使用下面的命令启动：

```
docker run -d   -p 27017:27017      --name example-mongo   -v mongo-data:/data/db
mongo:latest
```

<table>
<tr><th>注 意</th></tr>
<tr><td>这是最简单的安装方式，适用于在开发环境中测试使用。由于没有使用安全认证，不建议在生产环境中使用。在生产环境中需要设置访问权限，感兴趣的读者可以参考相关资料。</td></tr>
</table>

11.2.3 MongoDB 的管理

MongoDB 的管理工具有很多，这里介绍命令行工具 MongoDB Shell 和图形界面工具 MongoDB Compass。

MongoDB Shell 可以从官网下载，这个工具支持多种操作系统。在 Windows 下，将下载的 ZIP 文件解压缩，运行 bin 目录中的 mongosh.exe。下面简单介绍一下 MongoDB Shell 的基本命令。

显示数据库的版本：

```
db.version()
```

显示所有的数据库：

```
show dbs
```

切换数据库，比如切换到 poemgame：

```
use poemgame
```

显示所有的集合：

```
show collections
```

插入一条数据，比如在 player 集合中插入数据：

```
db.player.insertOne({username:'赵六'});
```

查看集合中的数据，比如查看集合 player 中的数据：

```
db.player.find()
```

上面是 MongoDB Shell 的简单操作，除了这些操作，MongoDB Shell 还支持使用 JavaScript 编程操作数据库，并提供批量执行 JavaScript 的功能，相关内容可以参考 MongoDB 官网中的相关说明。

如果希望使用图形化界面管理 MongoDB，可以使用 MongoDB Compass，在官网中可以下载这个工具。工具的使用非常简单，只要连接到数据库服务器，就可以查看数据库、集合和集合中的文档了。MongoDB Compass 的操作界面，如图 11-1 所示，在界面中选择数据库，就可以逐级展开数据库中的集合和文档。

图 11-1　MongoDB Compass

11.2.4　MongoDB 的基本概念

文档是 MongoDB 中数据的基本单元，类似于关系数据库中的行。文档是键值对的有序集，键是字符串，不能重复；值可以是任意数据类型，也可以是一个文档。每个文档都有一个特殊的键"_id"，这个键在文档所属的集合中是唯一的。

集合是指若干文档的集合，类似于关系数据库中的表。集合中的文档结构可以不同，因此集合具有动态模式。

数据库中可以包含若干集合，一个 MongoDB 实例可以拥有多个互相独立的数据库。

MongoDB 自带用于管理的 JavaScript Shell，可以管理实例和数据库操作。

MongoDB 提供多种语言的客户端，针对.Net 提供 MongoDB.Driver 程序包，可以方便地实现对 MongoDB 数据库的操作。

11.2.5　MongoDB 的基本数据类型

MongoDB 文档的结构类似于 JSON，但与 JSON 相比它支持更多的数据类型。JSON 只支持 6 种数据结构：null、布尔型、数值、字符串、数组和对象，表达能力有一定局限。MongoDB 保留了 JSON 的键值对表达形式，增加了其他一些数据类型。MongoDB 的基本数据类型如下：

（1）null：用于表示空或者不存在的字段。示例如下：

```
{"player":null}
```

（2）布尔型：布尔型有两个值，true 和 false。示例如下：

```
{"blocked":false}
```

（3）数值：默认为64位浮点型数值，整数可以使用NumberInt（4字节带符号整数）或NumberLong（8字节带符号整数）。示例如下：

```
{"score":100}
{"score":NumberInt(100)}
{"score":NumberLong(100)}
```

（4）字符串：UTF-8 字符串都可以表示为字符串类型的数据。示例如下：

```
{"description":"this is a game"}
```

（5）日期：日期存储的是自新纪元以来经过的毫秒数，不存储时区。示例如下：

```
{"createddate",new Date()}
```

注意，创建日期对象必须使用 new Data()，如果只使用 Date()，创建的是日期对象的构造函数，而不是日期对象。

（6）正则表达式：正则表达式的语法与 JavaScript 的正则表达式语法相同。示例如下：

```
{"condition":/game/i}
```

（7）数组：表示数据列或数据集。示例如下：

```
{"arr":["zhangsan","lisi","wangwu"]}
```

数组中可以使用不同的数据类型，甚至可以是数据或者文档。

（8）内嵌文档：文档中嵌入文档。示例如下：

```
{"gametype": { "maintype": "jielong", "subtype": "" } }
```

（9）对象 id：对象 id 是文档的唯一标识，是 12 字节的 ID。示例如下：

```
{ "id": ObjectId() }
```

（10）二进制数据：二进制数据是一个任意字节的字符串。如果需要保存非 UTF-8 字符，只能使用二进制数据。

（11）代码：查询语句和文档中可以包含任意的 JavaScript 代码，示例如下：

```
{ "myfunction": function() {/* … */ } }
```

11.3　创建面向 MongoDB 的存储库

前面介绍了 MongoDB 的基本概念，现在开始创建面向 MongoDB 的存储库。首先要了解一下使用.Net 程序包 MongoDB.Driver 操作 MongoDB 的基本方法。

11.3.1　使用 MongoDB.Driver 操作 MongoDB

MongoDB.Driver 提供了对 MongoDB 操作的抽象，通过客户端操作 MongoDB 数据库。使用

MongoDB 的第一步就是获取客户端的实例,可以直接创建 MongoClient,这种情况下使用默认的地址和端口进行连接:

```
var client = new MongoClient();
```

还可以在构造函数中使用连接字符串,例如:

```
var client = new MongoClient("mongodb://localhost:27017");
```

也可以提供若干地址:

```
var client = new MongoClient("mongodb://localhost:27017,localhost:27018,
localhost:27019");
```

使用 client 就可以获取数据库:

```
var database = client.GetDatabase("poemgame");
```

前面提到了 MongoDB 的组成:数据库中包含若干集合,集合中包含若干文档,在编程模型中,这些概念以接口的形式出现。比如下面的代码声明了 MongoDB 数据库实例:

```
private readonly IMongoDatabase database;
```

集合的接口是 IMongoCollection,在集合中存储的是文档。MongoDB.Drive 支持两种方式的文档:一种是通用的 BsonDocument 模型,一种是使用自定义的实体。BsonDocument 类在 MongoDB.Bson 命名空间下,它表示 MongoDB 的文档对象(二进制 JSON),代表着 MongoDB 中不规则数据的实体模型,可以使用 BsonDocument 对不规则数据进行操作。

在领域模型中定义的聚合根可以作为自定义实体,保存在集合中。使用这种方式,可以使得集合中的文档有统一的模式。下面的代码从数据库获取 Player 集合:

```
IMongoCollection<Player> colTemp = database.GetCollection<Player>("Player");
```

这里集合的名称是"Player",这个集合中保存的类型是 Player。

集合中的文档可以对应代码中定义的实体类,比如上面的集合中保存的文档就是 Player 的实例,可以将集合转换为 C#的列表:

```
colTemp.AsQueryable<Player>().ToEnumerable()
```

在集合中可以查找某个实例:

```
await colTemp.Find(o => o.Id == id).FirstOrDefaultAsync();
```

向集合中添加新的实例:

```
await colTemp.InsertOneAsync(player);
```

从集合中删除实例:

```
colTemp.DeleteOne<Player>(o => o.Id == player.Id);
```

使用替换方法更新实例:

```
colTemp.ReplaceOne<Player>(o => o.Id == player.Id, player);
```

现在,基本的 CRUD 功能已经具备了,下一步使用这些功能创建存储库。

11.3.2 创建存储库

在 Visual Studio 2022 中创建一个类库项目，名称为 PoemGame.Repository.MongoDB。项目创建完成后，从本地 NuGet 源中添加 PoemGame.Domain 程序包。还要在程序包管理控制台中执行下面的命令安装 MongoDB Client 程序包：

```
Install-Package MongoDB.Driver
```

安装完成后，在项目中创建类 PlayerRepository，该类实现接口 IPlayerRepository。在这个类中首先需要声明 MongoDB 的数据库接口：

```
private readonly IMongoDatabase database;
```

然后在构造函数中传入这个接口的实例：

```
public PlayerRepository(IMongoDatabase database)
{
    this.database = database;
}
```

接下来，按照 MongoDB 的方式编写接口的其他实现，完整的代码如下：

```
using System.Linq.Expressions;
using MongoDB.Driver;
using MongoDB.Driver.Linq;
using PoemGame.Domain.PlayerAggregate;

namespace PoemGame.Repository.MongoDb
{
    public class PlayerRepository:IPlayerRepository
    {
        /// <summary>
        /// 指定的表
        /// </summary>
        const string tbName = "player";
        private readonly IMongoDatabase database;
        public PlayerRepository(IMongoDatabase database)
        {
            this.database = database;
        }
        public async Task<Player?> GetPlayerByUserNameAsync(string username)
        {
            IMongoCollection<Player> colTemp =
                database.GetCollection<Player>(tbName);
            return await colTemp.Find(o => o.UserName == username)
                .FirstOrDefaultAsync();
        }
        public async Task<Player?> GetPlayerByIdAsync(Guid id)
        {
            IMongoCollection<Player> colTemp =
                database.GetCollection<Player>(tbName);
            return await colTemp.Find(o => o.Id == id)
```

```
                        .FirstOrDefaultAsync();
        }
        public async Task<Guid> AddAsync(Player player)
        {
            IMongoCollection<Player> colTemp =
                database.GetCollection<Player>(tbName);
            await colTemp.InsertOneAsync(player);
            return player.Id;
        }
        public async Task RemoveAsync(Player player)
        {
            IMongoCollection<Player> colTemp =
                database.GetCollection<Player>(tbName);
            await colTemp.DeleteOneAsync<Player>(o => o.Id == player.Id);
        }
        public async Task UpdateAsync(Player player)
        {
            IMongoCollection<Player> colTemp =
                database.GetCollection<Player>(tbName);
            await colTemp.ReplaceOneAsync<Player>(o => o.Id == player.Id, player);
        }
        public async Task<IEnumerable<Player>> GetAllAsync()
        {
            IMongoCollection<Player> colTemp =
                database.GetCollection<Player>(tbName);
            return  await colTemp.AsQueryable<Player>().ToListAsync();
        }
        public async Task<IEnumerable<Player>> GetByConditionAsync(
            Expression<Func<Player, bool>> predicate)
        {
            IMongoCollection<Player> colTemp =
                database.GetCollection<Player>(tbName);
            return  await colTemp.AsQueryable<Player>()
                .Where(predicate).ToListAsync();
        }
    }
}
```

注　意

上面的代码中需要使用 MongoDB.Driver.Linq 引用，因为在这个库中支持 ToListAsync 方法，如果使用 System.Linq，就不支持 ToListAsync 方法。

现在创建一个测试项目进行验证。在解决方案中添加一个 xUnit 测试项目，名称为 PoemGame.Repository.MongoDB.Test，然后添加依赖项目 PoemGame.Repository.MongoDB。

在测试项目中添加 appsettings.json，内容如下：

```
{
  "MongoDb": {
    "Connection": "mongodb://127.0.0.1:27017",
```

```
    "DbName": "poemgame"
  }
}
```

上面的代码中使用了本地连接，数据库名称为 **poemgame**。如果数据库不存在，就会自动创建。在项目中编写一个方法获取配置文件信息：

```
using Microsoft.Extensions.Configuration;

namespace PoemGame.Repository.MongoDb.Test
{
    internal class Utility
    {
        public static IConfigurationRoot GetConfiguration()
        {
            var builder = new ConfigurationBuilder()
                .SetBasePath(Directory.GetCurrentDirectory())
                .AddJsonFile("appsettings.json",
                        optional: false, reloadOnChange: true);
            IConfigurationRoot configuration = builder.Build();
            return configuration;
        }
    }
}
```

再编写一个方法创建 MongoDB 的数据库访问对象：

```
        public static IMongoDatabase GetDb(IConfigurationRoot configuration)
        {
            var conn = configuration["MongoDb:Connection"];
            var dbName = configuration["MongoDb:DbName"];

            var client = new MongoClient(conn);
            //获得数据库、集合
            return  client.GetDatabase(dbName);
        }
```

接下来可以编写测试了：

```
using PoemGame.Domain.PlayerAggregate;

namespace PoemGame.Repository.MongoDb.Test
{
    public class TestPlayerRepository
    {
        [Fact]
        public async void TestAddPlayer()
        {
            var conf = Utility.GetConfiguration();
            var repository = new PlayerRepository(Utility.GetDb((conf)));
            var player = new Player(Guid.Empty, "zhangsan", "张三", 0);
            await repository.AddAsync(player);
```

```
            Assert.NotEqual(Guid.Empty,player.Id);
        }
    }
}
```

运行这个测试，结果如图 11-2 所示。

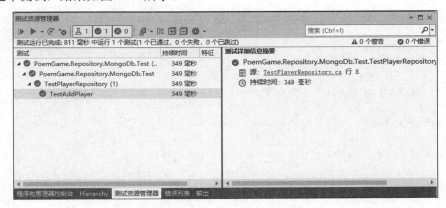

图 11-2　测试 PlayerRepository

现在打开 MongoDb Compass，查看创建的新集合，如图 11-3 所示，可以看到增加了一个数据库和一个文件夹。打开 player 文件夹，可以看到在测试中增加的记录，如图 11-4 所示。

图 11-3　查看创建的新集合

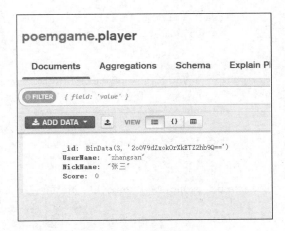

图 11-4　测试增加的记录

使用同样的方式创建 GameRepository，完整的代码如下：

```
using System.Linq.Expressions;
```

```csharp
using MongoDB.Driver;
using MongoDB.Driver.Linq;
using PoemGame.Domain.GameAggregate;

namespace PoemGame.Repository.MongoDb
{
    public class GameRepository:IGameRepository
    {
        /// <summary>
        /// 指定的表
        /// </summary>
        const string tbName = "game";

        private readonly IMongoDatabase database;

        public GameRepository(IMongoDatabase database)
        {
            this.database=database;
        }
        public async Task<Game?> GetAsync(Guid id)
        {
            IMongoCollection<Game> colTemp =
                database.GetCollection<Game>(tbName);
            return await colTemp.Find(o => o.Id == id)
                .FirstOrDefaultAsync();
        }

        public async Task<Guid> AddAsync(Game game)
        {
            IMongoCollection<Game> colTemp =
                database.GetCollection<Game>(tbName);

            await colTemp.InsertOneAsync(game);
            return game.Id;
        }

        public async Task UpdateAsync(Game game)
        {
            IMongoCollection<Game> colTemp =
                database.GetCollection<Game>(tbName);
            await colTemp.ReplaceOneAsync<Game>(o => o.Id == game.Id, game);
        }

        public async Task RemoveAsync(Game game)
        {
            IMongoCollection<Game> colTemp =
                database.GetCollection<Game>(tbName);
            await colTemp.DeleteOneAsync<Game>(o => o.Id == game.Id);
        }

        public async Task<IEnumerable<Game>> GetAllAsync()
```

```
    {
        IMongoCollection<Game> colTemp =
            database.GetCollection<Game>(tbName);
        return await colTemp.AsQueryable<Game>().ToListAsync();
    }

    public async Task<IEnumerable<Game>> GetByConditionAsync(
        Expression<Func<Game, bool>> predicate)
    {
        IMongoCollection<Game> colTemp =
            database.GetCollection<Game>(tbName);
        return await colTemp.AsQueryable<Game>()
            .Where(predicate).ToListAsync();
    }
  }
}
```

同样地，创建一个单元测试进行验证：

```
using PoemGame.Domain.GameAggregate;

namespace PoemGame.Repository.MongoDb.Test
{
    public class TestGameRepository
    {
        [Fact]
        public async void TestAddGame()
        {
            var conf = Utility.GetConfiguration();
            var repository = new GameRepository(GetDb(conf));
            var game = new Game(Guid.Empty,
                        new GameType("Feihualing", ""),
                        PlayType.Inturn, "测试", "花");
            await repository.AddAsync(game);
            Assert.NotEqual(Guid.Empty, game.Id);
            var playerRepository = new PlayerRepository(GetDb(conf));
            var player = await
                    playerRepository.GetPlayerByUserNameAsync("zhangsan");
            game.CreatorJoinGame(player);
            await repository.UpdateAsync(game);
            Assert.NotEmpty(game.PlayersInGame);
        }
    }
}
```

在这个测试中创建一个游戏，并加入一个玩家。运行这个测试，结果如图 11-5 所示。

使用 MongoDB Compass 查看一下创建的游戏，结果如图 11-6 所示，各项数据已经正确地保存到数据库了。

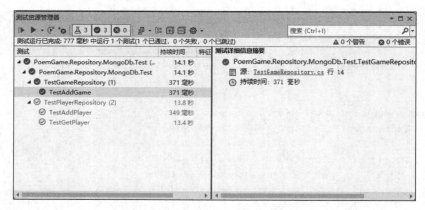

图 11-5 GameRepository 的测试结果

```
_id: BinData(3, 'tapMRERWwk+ez/0TEPBn0w==')
PlayersInGame: Array
  0: Object
    _id: BinData(3, 'oOAquqVDj0iW+OrbB7zEoA==')
    PlayerId: BinData(3, '2oOV9dZxokOrXkETZ2hb9Q==')
    GameId: BinData(3, 'tapMRERWwk+ez/0TEPBn0w==')
    UserName: "zhangsan"
    PlayerStatus: 1
    Index: 1
    IsCreator: true
    IsWinner: false
Status: 0
GameCondition: "花"
Description: "测试"
GameType: Object
  MainType: "Feihualing"
  SubType: ""
GameCreateTime: null
GameStartTime: null
GameEndTime: null
PlayType: 0
```

图 11-6 数据库中插入的记录

11.3.3 使用依赖注入传入 MongoDB 数据库访问对象

前面在单元测试中，使用构造函数创建 MongoClient 实例，然后返回数据库访问对象。现在看一下如何在依赖注入容器中创建并返回这个对象。

创建一个控制台程序，演示如何调用存储库获取数据。首先创建 Utility 类，在这个类中添加一个方法，用于获取依赖注入服务：

```csharp
public static IServiceProvider GetService()
{
    var conf = GetConfiguration();
    var services = new ServiceCollection();
    services.AddScoped<IMongoDatabase>(
        serviceProvider =>
        {
            return GetDb(conf);
        }
    );
```

```
                services
                    .AddScoped<IGameRepository, GameRepository>()
                    .AddScoped<IPlayerRepository, PlayerRepository>();

                var serviceProvider = services.BuildServiceProvider();
                return serviceProvider;
        }
```

这里的 **GetDb** 函数与单元测试中的一样，作用是根据配置文件中的定义创建数据库连接。然后，在配置文件中定义 MongoDB 的连接字符串和数据库的名称。

```
        public static IMongoDatabase GetDb(IConfigurationRoot configuration)
        {
            var conn = configuration["MongoDb:Connection"];
            var dbName = configuration["MongoDb:DbName"];

            var client = new MongoClient(conn);
            //获得数据库、集合
            return  client.GetDatabase(dbName);
        }
```

最后，在主程序中通过 **GetService** 直接获取 **Repository**：

```
using ConsoleApp1;
using Microsoft.Extensions.DependencyInjection;
using PoemGame.Domain.PlayerAggregate;

var playerRepository = Utility.GetService().GetService<IPlayerRepository>();
var players = await playerRepository.GetAllAsync();
foreach (var player in players)
{
    Console.WriteLine(player.UserName);
}
```

> **注　意**
>
> 这里针对的是单数据库操作，如果涉及多个 MongoDB 数据库，就需要使用更复杂的依赖注入方法，比如使用 Autofac 代替内置的依赖注入容器，同时使用按名称实现注入。相关内容可以参考第 9 章中依赖注入容器的介绍。

11.3.4　注意事项

从上面的代码实现可以看出，MongoDB 在保存聚合根时非常简单，几乎不需要额外进行设置。下面是几点说明：

（1）标识：建议将标识的名称设置为 Id，并且类型设置为 GUID。这样设置是最方便的，这种情况下，MongoDB 可以自动生成 Id 值而不需要特殊设置。

（2）子实体：子实体不需要特殊的定义。

（3）只读属性可以保存，但必须有私有的设置方法（private set）。

（4）如果集合是只读的，就必须在构造函数中进行初始化。

（5）必须有一个无参的构造函数，可以为私有。

与关系数据库相比，MongoDB 不需要对值对象、子实体进行特殊的配置，因为每个聚合根实例可以作为一个文档保存。

需要注意的是，要避免聚合根之间的相互引用，因为这样在持久化时会导致循环引用。

11.4　聚合根在 MongoDB 中存储与在关系数据库中存储的比较

在诗词游戏示例中有两个聚合根，Player 和 Game。Player 比较简单，在 MongoDB 和关系数据库中的存储区别不大。Game 相对复杂，有一对一的值对象（GameType），还有一对多关系（PlayerInGame 和 PlayRecord），这里比较一下 Game 聚合根在 MongoDB 和在关系数据库中存储的方法及其对后续开发的影响。

在关系数据中存储 Game 聚合根比较复杂，需要为子实体创建独立存储的表（PlayerInGame 和 PlayRecord），还需要为一对一的值对象建立映射关系，在存储和读取时都需要根据这种映射关系进行转换。如果使用 EF Core 等具有内置转换的 ORM 框架，这个工作相对容易，但如果使用 Dapper 等轻量级框架，就需要有一定的开发工作。而在 MongoDB 中则不需要进行配置，可以直接保存和读取聚合根对象，因为上述关系都可以作为子文档直接保存在主文档中。

当聚合根之间存在相互引用时，关系数据库可以使用一些变通的处理办法，比如使用懒加载等；但 MongoDB 不允许存在相互引用，因为循环调用会导致无限级别的展开。

如果只比较处理事务时的聚合根操作，那么 MongoDB 有很大的优势，因为聚合根可以直接存取，不需要转换。但如果考虑到后续的查询需求，则关系数据库有一定的优势。例如，如果需要查询玩家在所参与游戏中的记录，在关系数据库中查询时，只需查询表 PlayRecord 就可以了，很容易获得查询结果。但在 MongoDB 中，所有的查询都必须在 Game 集合中进行，这样就会导致查询效率降低。如果这个查询是基本需求，那么就需要进行有针对性的处理，将 PlayRecord 作为独立的集合进行保存，而这样做会增加存储库的复杂性。也可以将 PlayRecord 作为聚合根，但这样做的代价是游戏过程的操作需要从 Game 中剥离到领域服务中，模型的作用被弱化。如果在实际项目中遇到类似情况，需要慎重选择方案。

另外，MongoDB 不支持事务，如果有工作单元等事务相关的需求，在使用 MongoDB 作为持久化技术时，需要有额外的开发工作。

11.5　本 章 小 结

本章以 MongoDB 为代表介绍了存储库面向 NoSQL 数据库时的实现，比较了 MongoDB 和关系数据库在实现存储库上的区别和各自的优势。

第 12 章

认　证

　　认证是每个应用系统的必备功能，在实际项目中，特别是企业级项目中，认证服务有着重要的作用，是企业信息系统基础平台的重要组成部分。认证有着成熟的解决方案，所以在规划时经常被看作通用限界上下文。本章以诗词游戏的用户认证为例，对认证的概念、实现以及和系统其他限界上下文进行集成的方法进行介绍。

　　到现在为止，诗词游戏中的玩家都是通过代码创建的，没有用户注册、登录成为玩家等功能。在前面的整体设计中，我们已经决定将用户管理和认证部分与诗词游戏作为两个互相独立的限界上下文来看待，用户管理与认证作为通用限界上下文，采用成熟的框架或者第三方产品实现。

12.1　基　本　概　念

　　在诗词游戏中，只有当用户参与游戏时，用户才能成为玩家。这两个上下文之间共享的数据只有用户名等一些基本的用户信息。在功能上，游戏上下文会向认证与用户管理上下文请求对用户进行认证，如果认证通过，那么用户成为玩家，否则拒绝用户访问相关的功能。这个过程如图 12-1 所示。

　　上面的过程包括两部分：确认用户的合法性（认证）和给用户赋予玩家的权限（授权）。这里就引入了两个概念——认证（Authentication）和授权（Authorization）。

　　认证解决的是证明"我就是我"的问题，通过用户提供的信息验证该用户与其声明的身份是否相符。认证需要的信息可以是多种形式，最常用的是密码，用户在登录页面输入用户名和密码，系统进行查询，如果用户名和密码匹配，就确定该用户通过认证。安全性要求更高的系统还可以通过手机短信、电子邮件等方式增加安全性。更高的安全级别需要更多的身份认证因素，比如指纹、虹膜等。当我们使用应用系统时，不可能每访问一个功能就进行上述的认证，该过程只在首次访问系统或者已持有的证书失效时才进行。用户通过认证后，认证系统将会为用户颁发一个安全证书，用户在访问该系统的其他功能时，系统会检验该证书的合法性，如果证书合法，则允许用户访问。证书的形式多种多样，其中最常见的是安全令牌，比如 JWT（JSON Web Token）。认证的过程需要按照一定的协议进行，常用的认证服务协议有 SAML（Security Assertion Markup Language）和 OIDC（Open ID Connect）等，这些协议属于"已发布语言"，基于这些协议的认证服务可以认为是通用限界上下文。应用系统与认证服务之间的集成，就是实现两个限界上下文之间用户标识的映射，用户标识可能是用户名，也可能是约定的用户 ID 字符串。

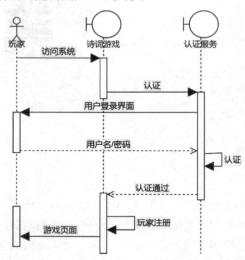

图 12-1　用户通过认证成为玩家

授权解决的是用户可以访问什么功能的问题，也就是用户拥有什么权限。在授权体系中，需要将用户与功能权限进行匹配，当用户访问功能时，通过检查是否有符合的匹配来决定用户是否具有该功能的权限。对大多数系统来说，直接将用户和功能权限进行匹配是不可行的，需要有某种抽象的模型对权限进行处理，最常用的是基于角色的权限模型。角色将用户与功能权限解耦，只要将功能权限赋予某个角色，然后判断用户是否属于这个角色，就可以确定用户是否可以访问该功能。

从认证和授权的概念可以看出，认证过程中只需要用户的基本信息（用户名、密码或者其他认证需要的信息）就可以了，这一部分可以相对独立；而授权部分与应用的数据和功能相关，所以这一部分一般包含在应用中。

在诗词游戏中，用户认证和管理采用第三方的模块或者系统，只要符合图 12-1 中描述的认证过程，就可以使用。选择什么样的认证系统，取决于项目的实际情况。如果开发单体的 Web 应用，使用 Asp.Net Core 的 Identity 就可以满足要求，这种情况下，认证与用户管理上下文和游戏上下文集成在同一个应用中。如果应用采用前后端分离的架构，或者应用的前端是移动 APP 或小程序，就需要考虑使用分离的认证系统，比如使用 Identity Server 4 或者使用商业云平台提供的认证系统。接下来的两节分别介绍 Asp.Net Core Identity 和 Identity Server 4 的使用。

12.2　Asp.Net Core Identity

本节主要介绍 Asp.Net Core Identity 的相关内容。

12.2.1 简介

Asp.Net Core Identity 提供了用户管理和认证功能，包括支持用户界面登录的 API，以及管理用户、密码、配置文件数据、角色、声明、令牌、电子邮件确认等的 API；还提供了基于 EF Core 的数据库访问支持，在此基础上可以开发自定义的用户管理系统。

Asp.Net Core Identity 提供了基于本地存储的用户信息的登录方式，也允许使用外部登录程序。支持的外部登录程序包括 Google、Microsoft 账户等，也可以自行开发外部登录提供程序（Provider）。

Asp.Net Core Identity 提供了各种页面的脚手架模板，在这些模板的基础上可以自行修改用户界面。

12.2.2 创建使用 Identity 的 Web 应用

现在我们创建一个使用 Identity 进行身份验证的 Web 应用。使用 Visual Studio 创建 Asp.Net Core Web 应用，名称为 PoemGameWeb，"身份验证类型"选择"个人账户"，如图 12-2 所示。

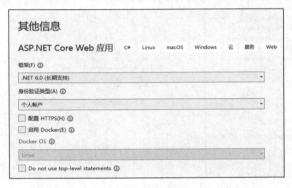

图 12-2 创建个人账户类型的身份认证

在生成的项目中，可以看到脚手架创建的页面文件夹 Areas/Identity/Pages 和数据库迁移文件夹 Data/Migrations，如图 12-3 所示。

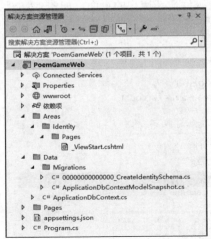

图 12-3 初始化的项目结构中包括了 Identity 页面和数据库迁移文件

在开发环境中,可以通过执行迁移命令创建数据库。在 Visual Studio 的程序包管理控制台中,输入以下的命令:

```
Update-DataBase
```

这个命令会创建 Identity 相关的数据库。生成的数据库在 Visual Studio 中可以使用数据库资源管理器来打开和查看,如图 12-4 所示。

运行项目,在主页面中可以看到登录、注册按钮,如图 12-5 所示。

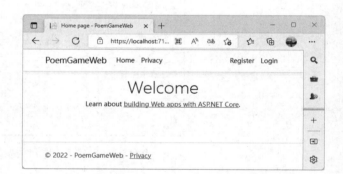

图 12-4　在 SQL Server 中生成 Identity 数据库　　　　图 12-5　带有登录功能的主页面

单击 Register 按钮,可以进入注册新用户的页面,如图 12-6 所示。

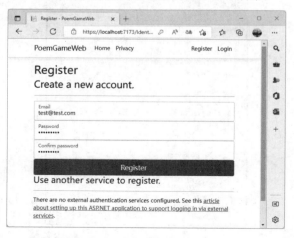

图 12-6　注册新用户的页面

注册完成后，需要使用电子邮件进行验证。由于这是一个测试项目，因此采用模拟验证方式，只需单击用来验证的链接来完成验证即可。然后就可以使用刚注册的用户登录到系统，如图 12-7 所示。

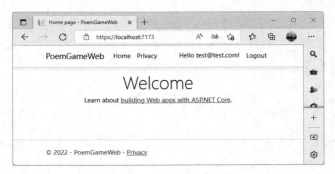

图 12-7　用户注册成功

至此，基本的 Identity 框架就搭建完成了。

12.2.3　集成 Identity 与诗词游戏

本节实现 Identity 与诗词游戏的集成。创建一个游戏页面，当用户访问这个页面时，使用登录用户的用户名在玩家信息中进行查找，如果该用户已经注册为玩家，就返回玩家的信息；如果用户还不是玩家，就自动注册为玩家。

在 PoemGameWeb 中添加本地 NuGet 包，将前面创建的 PoemGame.Domain 和 PoemGame.Repository.EF 程序包添加到项目中，然后在 Program.cs 中编写注册 Repository 的代码：

```
var poemGameConnectionString =
builder.Configuration.GetConnectionString("PoemGameConnection");
    builder.Services.AddDbContext<PoemGameDbContext>(
        options => options.UseSqlServer(poemGameConnectionString));
    builder.Services.AddScoped<IPlayerRepository, PlayerRepository>();
```

这里假设已经创建了 PoemGame 数据库，连接字符串保存在 appsettings.json 中，使用 AddDbContext 和 AddScoped 注册 IPlayerRepository。这样在控制器和 Razor 页面中就可以使用依赖注入获取 IPlayerRepository 的实例了。

在项目中添加一个页面，名称为 Game.cshtml，在后台代码中编写逻辑。首先，获取 IPlayerRepository 的实例：

```
        private readonly IPlayerRepository playerRepository;
        public GameModel(IPlayerRepository _playerRepository)
        {
            playerRepository = _playerRepository;
        }
```

这部分代码很简单，只需在构造函数里声明类型为 IPlayerRepository 的参数，运行时依赖注入框架会将创建的实例传递进来。

然后，声明一个字段用于显示信息：

```
public string Message;
```

接下来在 OnGet 中编写逻辑，如果用户已经通过认证，那么根据用户名获取玩家信息，如果玩家不为空，则显示玩家已经注册，如果为空，则使用 IPlayerRepository 添加玩家，完整的代码如下：

```
using Microsoft.AspNetCore.Mvc.RazorPages;
using PoemGame.Domain.PlayerAggregate;

namespace PoemGameWeb.Pages
{
    public class GameModel : PageModel
    {
        private readonly IPlayerRepository playerRepository;
        public string Message;
        public GameModel(IPlayerRepository _playerRepository)
        {
            playerRepository = _playerRepository;
        }
        public async Task OnGet()
        {
            if (User.Identity.IsAuthenticated)
            {
                var player = await playerRepository
                            .GetPlayerByUserNameAsync(User.Identity.Name);
                if (player != null)
                {
                    Message = "玩家已存在：" + player.UserName;
                }
                else
                {
                    Message = "玩家不存在：" + User.Identity.Name;
                    player = new Player(Guid.Empty,
                                User.Identity.Name,
                                User.Identity.Name, 10);
                    var id=await playerRepository.AddAsync(player);
                    Message += ",玩家注册成功, id 为" + id;
                }
            }
            else
            {
                Message = "用户没有登录";
            }
        }
    }
}
```

相应的页面 cshtml 文件很简单，只是显示 Message 的内容，代码如下：

```
@page
@model PoemGameWeb.Pages.GameModel
@{
}
```

```
<div>@Model.Message</div>
```

现在运行一下看看结果，在没有登录的情况下访问 Game 页面时，显示"用户没有登录"，如图 12-8 所示。

图 12-8　未登录情况下的页面

使用刚刚注册的用户登录后，再次访问 Game 页面，会出现如图 12-9 所示的信息。

图 12-9　将认证用户添加为玩家

这时，打开 PoemGame 的数据库，会发现用户创建为新玩家，如图 12-10 所示。

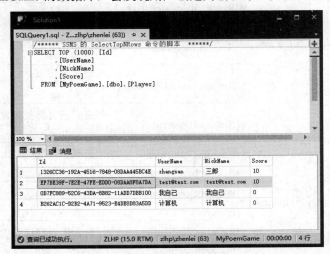

图 12-10　通过认证的用户自动成为玩家

在这个例子中，两个限界上下文之间是逻辑边界，它们之间的集成通过共同的"客户"（这里是 Game 页面）调用实现，两个限界上下文之间不存在直接的调用关系，"客户"通过 User.Identity 获取认证用户的信息，并使用这些信息访问游戏限界上下文。

从这个例子中也可以看出 EF Core 对 DDD 的支持。在这个例子中，两个上下文对应的数据库上下文分别为 ApplicationDbContext 和 PoemGameDbContext，这两个数据库上下文有不同的数据库连接，它们之间没有直接的关系，在应用程序中，通过代码调用实现集成和协作工作。

12.2.4 Identity 的配置

Identity 通过 IdentityOptions 为开发者提供了丰富的 API 接口供配置使用。Identity 可配置的选项如表 12-1 所示。

表 12-1　Identity 配置项

编　号	属　性	配置类型	配置属性	说　明
1			AllowedForNewUsers	是否可以锁定新用户。默认值为 true
2	ClaimsIdentity	ClaimsIdentity-Options	DefaultLockoutTimeSpan	在发生锁定时用户被锁定。默认值为 5 分钟
3			MaxFailedAccessAttempts	在用户被锁定之前允许的失败访问尝试次数，前提是启用了锁定。默认值为 5
4			AllowedForNewUsers	是否可以锁定新用户。默认值为 true
5	Lockout	LockoutOptions	DefaultLockoutTimeSpan	在发生锁定时用户被锁定。默认值为 5 分钟
6			MaxFailedAccessAttempts	在用户被锁定之前允许的失败访问尝试次数，前提是启用了锁定。默认值为 5
7			RequireDigit	密码是否必须包含数字。默认值为 true
8			RequiredLength	密码必须包含的最小长度。默认值为 6
9			RequiredUniqueChars	密码必须包含的唯一字符的最小数目。默认值为 1
10	Password	PasswordOptions	RequireLowercase	密码是否必须包含小写 ASCII 字符。默认值为 true
11			RequireNonAlphanumeric	密码是否必须包含非字母数字字符。默认值为 true
12			RequireUppercase	密码是否必须包含大写 ASCII 字符。默认值为 true
13			RequireConfirmed-Account	是否需要确认 IUserConfirmation<TUser> 的账户登录。默认值为 false
14	SignIn	SignInOptions	RequireConfirmed-Email	是否需要确认的电子邮件地址登录。默认值为 false
15			RequireConfirmed-PhoneNumber	是否需要确认的电话号码登录。默认值为 false

（续表）

编　号	属　性	配置类型	配置属性	说　明
16	Stores	StoreOptions	MaxLengthForKeys	如果设置为正数，则默认 OnModelCreating 会将此值用作键的任何属性的最大长度，即 UserId、LoginProvider、ProviderKey
17			ProtectPersonalData	如果设置为 true，则存储必须保护用户的所有个人标识数据。这将通过要求存储实现 IProtectedUserStore<TUser>来实现
18	Tokens	TokenOptions	AuthenticatorIssuer	用于区分不同身份验证令牌的发行者
19			AuthenticatorToken-Provider	用于生成和验证双因素验证令牌，用于验证登录过程中的双因素认证
20			ChangeEmailToken-Provider	用于生成在电子邮件中更改的令牌，该令牌将包含在确认的电子邮件中
21			EmailConfirmationToken-Provider	令牌提供程序，用于生成在账户确认电子邮件中使用的令牌
22			PasswordResetToken-Provider	IUserTwoFactorTokenProvider<TUser>用于生成在密码重置电子邮件中使用的令牌
23			ProviderMap	用于以 providerName 作为密钥构造 UserTokenProviders
24	User	UserOptions	AllowedUserName-Characters	用于验证用户名中允许的字符列表。默认为数字、大小写字母和-._@+
25			RequireUniqueEmail	指示应用程序是否要求其用户需要唯一的电子邮件。默认值为 false

配置示例的代码如下：

```
builder.Services.Configure<IdentityOptions>(options =>
{
    //密码设置
    options.Password.RequireDigit = false;
    options.Password.RequireLowercase = false;
    options.Password.RequireNonAlphanumeric = false;
    options.Password.RequireUppercase = false;
    options.Password.RequiredLength = 4;
    options.Password.RequiredUniqueChars = 2;

    // 锁定设置
    options.Lockout.DefaultLockoutTimeSpan = TimeSpan.FromMinutes(15);
    options.Lockout.MaxFailedAccessAttempts = 15;
    options.Lockout.AllowedForNewUsers = false;

    // 用户设置
    options.User.AllowedUserNameCharacters =
    "abcdefghijklmnopqrstuvwxyzABCDEFGHIJKLMNOPQRSTUVWXYZ0123456789-._@+";
```

```
        options.User.RequireUniqueEmail = true;
});
```

可以将常用的配置项保存在配置文件中，这样便于对各种规则进行修改。

12.2.5　个性化 Identity 页面

Identity 默认的页面作为组件保存在类库中，在项目中看不到，也无法修改。如果需要定制这些页面，可以将它们加载到项目中进行修改，修改后的页面在运行时会覆盖默认的页面。现在来进行这项工作。

（1）在解决方案中选择"添加→新搭建基架项目"，如图 12-11 所示。

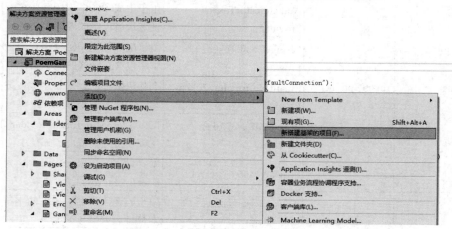

图 12-11　在项目中添加基架文件

（2）在接下来的页面中选择"标识"，然后单击"添加"按钮，如图 12-12 所示。

（3）在接下来的页面中，可以选择需要定制的页面，这里我们选择 Login、Logout 和 Register，如图 12-13 所示。

（4）选择数据上下文类，然后单击"添加"按钮，这些文件就被添加到项目中，如图 12-14 所示。

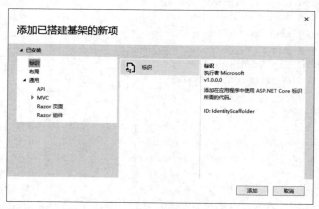

图 12-12　添加标识相关的文件

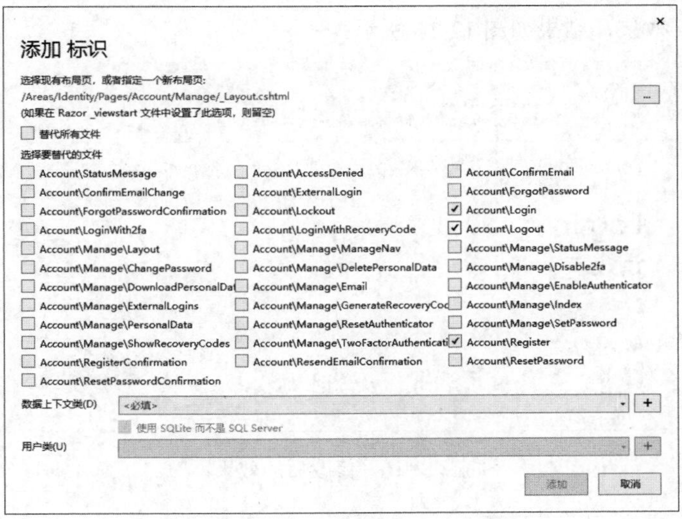

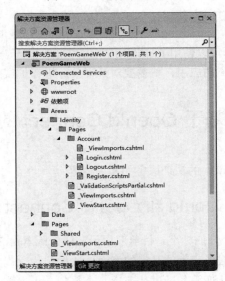

图 12-13　选择添加的文件

图 12-14　页面文件添加到项目中

现在改造一下 Login.cshtml，只修改一点文字，将提示的英文改为中文，如图 12-15 所示。

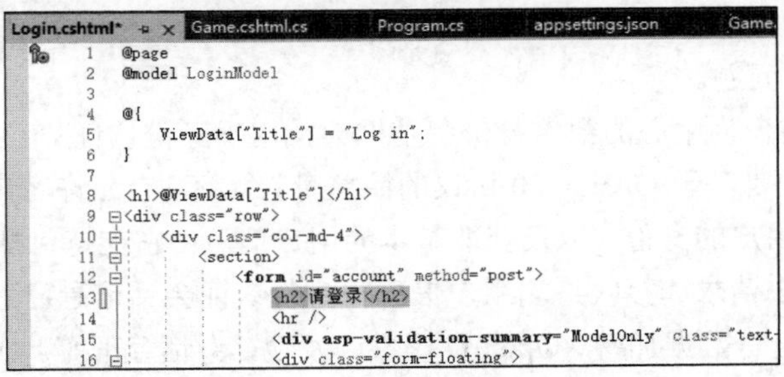

图 12-15　修改基架页面文件

运行项目看一下效果，结果如图 12-16 所示。

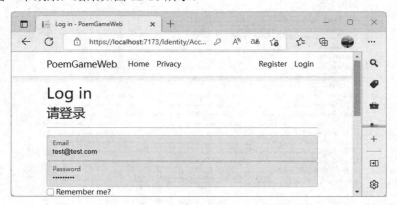

图 12-16　修改后的效果

修改的定制页面覆盖了默认页面。

12.2.6　Identity 的使用场景

当使用单体 Web 应用时，可以使用 Identity 完成用户管理和认证功能。但如果希望对 Web API 进行保护，或者开发前后端分离的应用，就需要对认证部分进行扩展或者使用其他的认证系统。

12.3　基于 OpenId Connect 的认证服务

本节介绍基于 OpenId Connect 的认证服务的相关内容。

12.3.1　OAuth 2.0、OpenId 和 OpenId Connect 介绍

OAuth（开放授权）是一个开放标准，目前应用最广泛的版本是 2.0。OAuth 允许用户授权第三方的应用访问他们存储在其他服务商上的私密的资源（比如照片、视频等），不需要将用户名和密码提供给第三方应用。用户在认证服务通过认证后，会得到一个令牌，用户可以使用这个令牌（而不是用户名和密码）来访问他们存放在特定服务商上的数据。用户可以指定令牌访问信息的范围，每一个令牌授权去一个特定的网站内访问特定的资源，这样，OAuth 可以允许用户授权第三方网站访问他们存储在其他服务提供者上的某些指定信息，不需要担心会访问未经授权的部分。因此，OAuth 2.0 解决的是授权问题。

OpenID 是一个以用户为中心的数字身份识别框架，用于身份认证。

OpenID Connect 1.0 是基于 OAuth 2.0 协议的简单身份认证，它允许客户端根据授权服务器的认证结果来最终确认终端用户的身份，以及获取基本的用户信息；它支持包括 Web、移动、JavaScript 在内的所有客户端类型去请求和接收终端用户信息与身份认证会话信息；它是可扩展的协议，允许使用某些可选功能，如身份数据加密、OpenID 提供商发现、会话管理等。OpenID Connect 解决的是认证+授权问题。

　　图 12-17 是以授权码模式为例的工作过程说明，图中的应用采用前后端分离结构，前端和后端分别部署在不同的服务器（或者 Docker 容器）中，通过认证服务进行授权和验证。

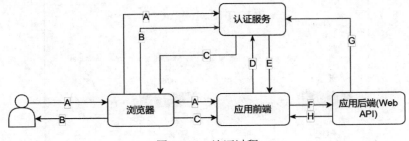

图 12-17　认证过程

工作流程说明如下：

　　A：用户通过浏览器访问应用前端，如果用户没有通过认证，则应用前端会通知浏览器将访问页面重定位到认证服务的登录页面。

　　B：用户通过浏览器在认证服务提供的登录页面进行登录。

　　C：登录成功后，认证服务将授权码通过浏览器发送给应用前端。

　　D：应用前端使用授权码和重定位 URI 向认证服务申请 Access Token。

　　E：认证服务返回 Access Token。

　　F：应用前端使用 Access Token 访问应用后端（Web API）。

　　G：应用后端（Web API）使用 Access Token 向认证服务请求认证。

　　H：认证通过返回访问结果。

　　在下一节使用认证服务验证这个过程。

12.3.2　使用 Identity Server 4 创建用户管理和认证功能

　　Identity Server 4 是基于 .Net 的开源的 OpenID Connect 框架。项目托管在 GitHub，网址为 https://github.com/IdentityServer/IdentityServer4 。 这 个 项 目 目 前 已 经 被 商 业 项 目 https://github.com/duendesoftware/IdentityServer 所代替，但仍然可以作为学习使用。

　　有很多优秀的项目基于 Identity Server 4 开发，其中 https://github.com/skoruba/IdentityServer4 .Admin 提供了图形化的管理，并且提供了二次开发功能。笔者在此项目基础上增加了对非 SSL 的支持（可以使用 http，而非必须使用 https），以便于测试使用，项目地址为 https://github.com/zhenl/IDS4Admin，本书的示例采用这个项目作为认证中心。

　　首先按照附录 A.11 中 Identity Server 4 认证中心和管理工具的安装说明，在 Docker 中完成安装。然后，在浏览器中访问管理工具和认证中心，使用初始的用户名和密码登录（admin/P@$$word123），如图 12-18 所示。

　　下面通过访问管理工具（http://host.docker.internal:7003）理解一下 OAuth 2.0 授权码模式的工作流程。图 12-19 所示是一般的认证过程。

图 12-18　Identity Server 4 Admin 管理页面

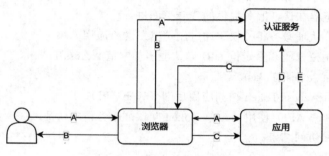

图 12-19　认证过程

图中各个对象在访问管理工具过程中代表不同含义：

● 用户：我本人。

● 浏览器：正在使用的浏览器。

● 应用：认证服务管理应用，运行在 http://host.docker.internal:7003。

● 认证服务：运行在 http:// host.docker.internal:7010。

图中的工作流程说明如下：

A：用户在浏览器输入 http:// host.docker.internal:7003 访问认证服务管理应用。由于用户没有登录，因此认证服务管理应用会通知浏览器重定位到认证服务 http:// host.docker.internal:7010，要求用户登录，我们在浏览器中看一下这个过程，如图 12-20 所示。

B：在登录页面输入用户名和密码后，浏览器将其发送给认证服务进行认证。

C：认证服务返回授权码，浏览器重定位到管理应用（http:// host.docker.internal:7003）。这个过程在浏览器控制台中可以看到，如图 12-21 所示。

图 12-20　登录到认证中心

状态	方法	域名	文件	发起者	类型	传输
302	POST	host.docker.internal:7010	Login?ReturnUrl=/connect/authorize/callback?client_id=IDS4AdminClient&redi	document	html	3.69 KB
200	GET	host.docker.internal:7010	callback?client_id=IDS4AdminClient&redirect_uri=http://host.docker.internal:70	document	html	2.99 KB
302	POST	host.docker.internal:7003	signin-oidc	callback:5 (document)	html	16.57 KB
200	GET	host.docker.internal:7003	/	document	html	11.79 KB

图 12-21　登录过程

D：认证服务管理应用使用授权码向认证服务申请 Access Token。

E：认证服务返回 Access Token。

接下来使用认证服务实现 Web 应用的认证。

12.3.3　使用 Identity Server 4 保护 Web 应用

现在创建 Web 应用并使用 Identity Server 4 作为这个项目的认证服务。首先，使用 Visual Studio 创建一个 Asp.Net Core Web 应用项目，名称为 PoemGameWebIds4，"身份验证类型"设置为"无"。

然后，在程序包管理器控制台中运行下面的命令，安装 OpenId 程序包：

```
Install-Package Microsoft.AspNetCore.Authentication.OpenIdConnect
```

接着，修改 Program.cs，增加认证相关代码：

```
using System.IdentityModel.Tokens.Jwt;

var builder = WebApplication.CreateBuilder(args);
// Add services to the container.
builder.Services.AddRazorPages();
//增加的代码
JwtSecurityTokenHandler.DefaultMapInboundClaims = false;
builder.Services.AddAuthentication(options =>
    {
```

```
        options.DefaultScheme = "Cookies";
        options.DefaultChallengeScheme = "oidc";
    })
    .AddCookie("Cookies")
    .AddOpenIdConnect("oidc", options =>
    {
        options.Authority = "http://host.docker.internal:7010";
        options.RequireHttpsMetadata = false;
        options.ClientId = "myclient";
        options.ClientSecret = "secret";
        options.ResponseType = "code";
        options.Scope.Add("openid");
        options.Scope.Add("profile");
        options.GetClaimsFromUserInfoEndpoint = true;
        options.SaveTokens = true;
        options.ClaimActions.Add(new JsonKeyClaimAction("role", null, "role"));
        options.TokenValidationParameters.RoleClaimType = "role";
        options.TokenValidationParameters.NameClaimType = "name";
    });
//增加结束
var app = builder.Build();
// Configure the HTTP request pipeline.
if (!app.Environment.IsDevelopment())
{
    app.UseExceptionHandler("/Error");
}
app.UseStaticFiles();
app.UseRouting();
app.UseAuthentication(); //增加的代码
app.UseAuthorization();
app.MapRazorPages()
    .RequireAuthorization();//增加的代码
app.Run();
```

通过使用 RequireAuthorization()将所有页面设置为需要认证才能访问。

还需要修改 launch.json，将项目改为自启动：

```
{
  "profiles": {
    "PoemGameWebIds4": {
      "commandName": "Project",
      "dotnetRunMessages": true,
      "launchBrowser": true,
      "applicationUrl": "http://host.docker.internal:5298",
      "environmentVariables": {
        "ASPNETCORE_ENVIRONMENT": "Development"
      }
    }
  }
}
```

现在，启动项目看一下效果。浏览器正确地重定位到认证服务，但是认证时出现错误，如图 12-22 所示。

图 12-22 如果 ClientID 不正确，会出现错误

这是因为代码中指定的客户端名称为 myclient，但是在认证服务中没有定义这个客户端。现在使用认证服务管理来定义这个客户端。客户端设置项很多，可以参考现有的管理客户端进行设置，也可以克隆现有的客户端进行修改。需要设置的是基本信息和认证注销部分，还需要设置客户端密钥，并且密钥需要与客户端代码中的相同。设置界面如图 12-23 所示。

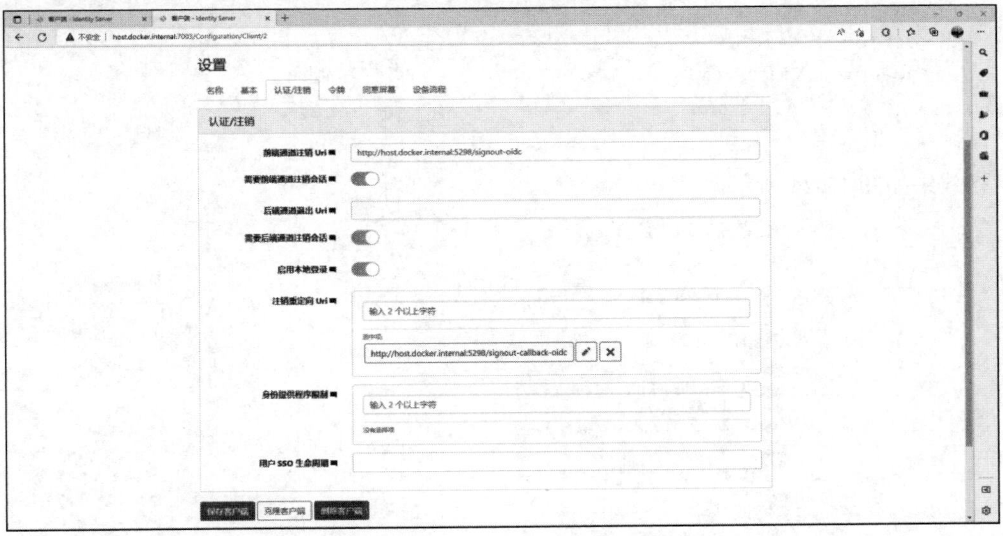

图 12-23 Identity Server 4 的客户端设置

设置完成后，再次运行 Web 应用，如果设置正确的话会重定位到登录页面，登录后会正确跳转到网站的首页。

对于 Chrome、Edge 等现代浏览器，使用 HTTP 协议的网站可能会出现 SameSite=None 导致的错误，为了避免这个错误，可以安装程序包 ZL.SameSiteCookiesService，并在代码中增加下面的部分：

```
builder.Services.AddSameSiteSupport();
...
app.UseCookiePolicy();
```

接下来，改造 Index 页面，在页面上显示用户信息：

```
@page
@model IndexModel
@{
    ViewData["Title"] = "Home page";
}

@using Microsoft.AspNetCore.Authentication

<h2>Claims</h2>

<dl>
    @foreach (var claim in User.Claims)
    {
        <dt>@claim.Type</dt>
        <dd>@claim.Value</dd>
    }
</dl>
<h2>Properties</h2>
<dl>
    @foreach (var prop in (await
Request.HttpContext.AuthenticateAsync()).Properties.Items)
    {
        <dt>@prop.Key</dt>
        <dd>@prop.Value</dd>
    }
</dl>
```

运行效果如图 12-24 所示。

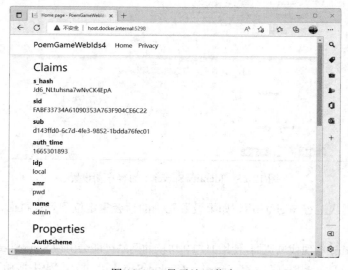

图 12-24　显示认证信息

最后，为网站增加注销（logout）功能。添加页面 Logout.cshtml，后台代码如下：

```
using Microsoft.AspNetCore.Mvc;
using Microsoft.AspNetCore.Mvc.RazorPages;

namespace PoemGameWebIds4.Pages
{
    public class LogoutModel : PageModel
    {
        private readonly ILogger<LogoutModel> _logger;

        public LogoutModel(ILogger<LogoutModel> logger)
        {
            _logger = logger;
        }

        public IActionResult OnGet()
        {
            return SignOut("Cookies", "oidc");
        }
    }
}
```

修改_Layout.cshtml，增加 Logout 的链接：

```
<li class="nav-item">
    <a class="nav-link text-dark" asp-area="" asp-page="/Logout">Logout</a>
</li>
```

运行项目，登录后单击 Logout 按钮，浏览器重定位到认证服务，显示注销页面，如图 12-25 所示。

图 12-25　认证中心的注销页面

至此，完成了 Web 应用和认证服务的集成。下一步，将诗词游戏添加到 Web 应用中。

12.3.4　集成 Identity Server 4 与诗词游戏

将 Identity Server 4 与诗词游戏集成这部分的工作和 Identity 与诗词游戏集成的步骤基本一样，这里只列出基本步骤，详细说明参见 12.2.3 节。

（1）在项目中引入 PoemGame.Domain 和 PoemGame.Repository.EF。

（2）在 Program.cs 中增加 Repository 的注册代码。

（3）增加 Game 页面，使用 Repository 判断当前用户是否为玩家，如果是，则显示玩家信息，如果不是，则注册为玩家。

修改完成后，运行项目，登录后访问 Game 页面，如图 12-26 所示。

图 12-26　使用认证中心完成玩家认证和注册

本节介绍的认证客户端是基于 Web 应用的，对于不同类型的应用，如单页面应用、移动 APP、桌面应用等，OIDC 有相应的组件，在第三部分介绍各种应用构建时会逐一介绍。

12.4　在实际项目中使用认证服务

本节概要介绍一下实际项目中认证服务应用的几个场景。

12.4.1　单点登录

单点登录是企业信息集成的基本需求之一。企业中应用的各种信息系统往往是由不同的开发商在不同时期独立开发的，每个系统都有独立的用户管理和认证方式，对用户来说，使用非常不方便。在不同的系统中同一用户的标识是不同的，如果用户希望使用多个系统，那么就需要在这些系统上分别进行登录。如果不同系统使用的认证方式有冲突（比如使用相同的 cookie 保存客户端的认证签名），还需要在使用某个系统前，从当前系统中注销。很多情况下，用户甚至不能同时使用两个系统。因此，在企业信息集成时，最基本的需求就是单点登录。

使用统一的认证服务是实现单点登录最成熟的解决方案，所有应用系统的登录和用户认证在认证服务中心完成，通过认证的用户使用令牌可以访问任何一个应用系统。图 12-27 是使用认证中心实现单点登录的示意图。

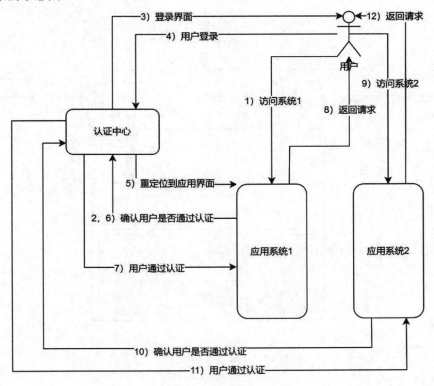

图 12-27　使用认证中心实现单点登录

不管用户访问哪个应用系统，都需要通过认证中心进行认证。如果用户还没有通过认证，就重定位到认证中心的登录页面，用户登录后，获得访问令牌，并重定位到最初访问的系统页面，因为这时已经通过认证，所以可以进行访问。

12.4.2　前后端分离的应用

在单体应用中，前后端部署在同一个宿主中，在一个进程中运行，当用户访问应用时，前后端处于相同的会话中，认证方式可以相对简单，这种情况下认证可以作为应用的一部分。前后端分离的应用就要复杂一些，前端和后端通常不会部署在同一宿主中，前端甚至可能是部署在文件服务器中的单页面应用，在运行时，前后端通过公共网络互相访问，需要安全可靠的方式来完成不同服务器互相访问时的用户认证。当然，仍然可以将认证部分集成在应用后台，但这样增加了后台的复杂性，也不利用后期的升级与维护。使用独立的认证服务可以使后台关注于业务，从而避免受到认证技术的影响。

使用认证服务的前后端分离架构如图 12-28 所示。

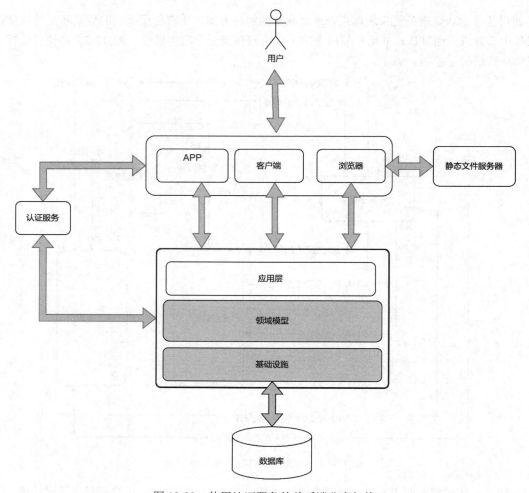

图 12-28　使用认证服务的前后端分离架构

当用户使用浏览访问前端时，首先要通过认证服务确认是否通过认证，如果没有通过认证，就重定位到认证中心的登录页面，用户登录后，获得访问令牌。当访问后端时，每次访问会携带这个令牌，后端的资源服务器根据令牌确定是否有访问权限。

12.4.3　分布式应用

分布式应用的后端由若干独立运行的服务组成。在这种结构中，不仅存在前端向后端的请求，还存在后端服务之间的请求，所以使用独立的认证服务是最佳选择。采用认证服务的分布式应用架构如图 12-29 所示。

分布式架构的认证过程与前后端分离的认证过程类似，只是前端需要访问若干后端服务器，每个后端服务器都通过认证服务对访问进行安全认证。

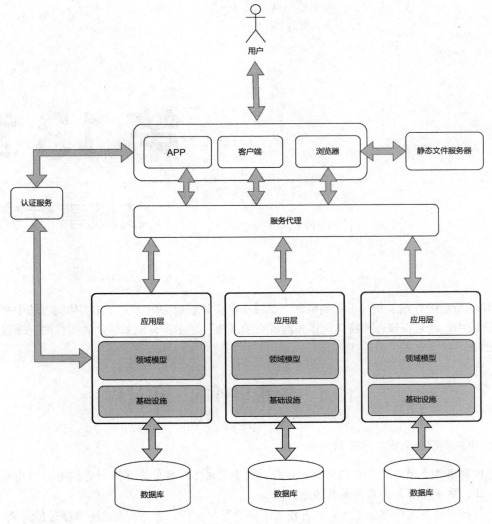

图 12-29 采用认证服务的分布式架构

12.5 本 章 小 结

本章介绍了认证和授权的基本概念，通过介绍 Asp.Net Core Identity 和基于 OIDC 的认证服务在诗词游戏中的使用，说明如何将认证服务作为通用上下文与核心上下文进行集成。本章还以单点登录、前后端分离应用和分布式应用为例介绍了认证服务在实际项目中的使用。

第13章

领域事件实现

在第 2 章已经介绍了领域事件的概念，领域事件在领域模型中定义，在实体的方法中产生，保存在聚合根中，通常在聚合根持久化操作时发布领域事件。本章介绍如何创建事件的处理程序，以及如何创建可以发布事件的总线。

13.1 领域事件的工作过程

领域事件类型分为内部事件和外部事件：

- 内部事件在限界上下文内发布和接收，由于发送方和接收方在同一进程中，因此可以将实体、聚合根等作为事件参数传递。
- 外部事件跨越限界上下文，有可能在不同进程间执行，因此只能传递数据传输对象。
- 聚合根负责保存产生的领域事件，但不负责事件的发布。通常事件发布在应用层中进行，由一个事件总线负责将聚合根中保存的事件对外发布，这个过程通常在聚合根进行持久化时进行。事件的消费部分（或者说事件接收处理部分）也在应用层进行定义，使用时要在事件总线进行注册，当事件总线发布事件时，通知已经注册的处理程序对事件进行处理。

使用领域事件可以将需要多个聚合根协作完成的处理过程解耦。例如，前面提到过游戏过程，如图 13-1 所示。在这个过程中，当玩家作答完成后，回答正确就可以加分。这个处理可能发生变化，有可能是加分，也有可能是玩家级别升高等其他变化。"加分"这个处理过程与游戏过程没有关系：不管加分的算法或者处理如何变化，不应该影响游戏的进程。然而，在这里处理加分，已经使"加分"这个过程与游戏过程耦合在一起，当加分处理过程发生改变时，游戏的过程也跟着发生改变，这就显得不太合理。有很多办法可以将"加分"处理与游戏过程解耦，使用领域事件就是方法之一。前面已经定义了玩家进行游戏的事件：

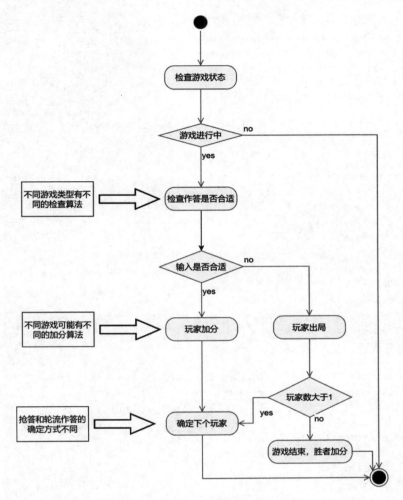

图 13-1　游戏过程

```csharp
using PoemGame.Domain.Seedwork;

namespace PoemGame.Domain.GameAggregate.Events
{
    /// <summary>
    /// 游戏进行事件，游戏进行时产生
    /// </summary>
    public class GamePlayEventDataLocal : BaseEventDataLocal
    {
        public GamePlayEventDataLocal(Game game,
string playerUserName,
Guid playerId,
string answer,
bool isProper,
DateTime date)
:base(date,game)
        {
```

```
            GameId = game.Id;
            GameDescription = game.Description;
            PlayerUserName = playerUserName;
            PlayerId = playerId;
            Answer = answer;
            IsProper = isProper;
        }


        /// <summary>
        /// 游戏 ID
        /// </summary>
        public Guid GameId { get; private set; }
        /// <summary>
        /// 游戏描述
        /// </summary>
        public string GameDescription { get; private set; }
        /// <summary>
        /// 玩家用户名
        /// </summary>
        public string PlayerUserName { get; private  set; }
        /// <summary>
        /// 玩家 ID
        /// </summary>
        public Guid PlayerId { get; private set; }
        /// <summary>
        /// 回答
        /// </summary>
        public string Answer { get; private set; }
        /// <summary>
        /// 回答是否合适
        /// </summary>
        public bool IsProper { get; private set; }
    }
}
```

当玩家作答完成后，会产生玩家回答这个事件（见代码中的黑体部分）：

```
        /// <summary>
        /// 游戏进行
        /// </summary>
        /// <param name="player">进行游戏的玩家</param>
        /// <param name="answer">玩家的回答</param>
        /// <param name="checkAnswerServiceFactory">检查工厂</param>
        public async Task<bool> Play(Player player,
string answer,
IDomainServiceFactory<ICheckAnswerService> checkAnswerServiceFactory)
        {
            var checkAnswerService =
checkAnswerServiceFactory.GetService(GameType);
            CheckAnswerServiceInput checkinput = GetCheckAnswerServiceInput(this);
            bool isProper =
```

```
await checkAnswerService.CheckAnswer(checkinput, answer);
        AddPlayRecord(player, answer, DateTime.Now, isProper);
        AddPlayGameEvent(player,answer,isProper);
        return isProper;
    }
```

可以编写该事件的处理程序，在这个程序中根据玩家回答是否正确进行加分。这样做不仅可以将加分处理与游戏过程解耦，还可以根据需要增加多种处理方式，比如给玩家晋级等，从而增加应用程序的可扩展性。

前面已经在项目中增加了领域事件，并且实现了在聚合根中保存领域事件；还定义了发布领域事件的接口，这些接口在 PoemGame.Evnets.Shared 程序集中，包括内部事件的发布和外部事件的发布。接口分别如下：

```
using PoemGame.Domain.Seedwork;

namespace PoemGame.Events.Shared
{
    /// <summary>
    /// 发布内部事件的事件总线
    /// </summary>
    public interface ILocalEventBus
    {
        Task PublishAsync(BaseEventDataLocal data);
    }
}


using PoemGame.Domain.Seedwork;

namespace PoemGame.Events.Shared
{
    /// <summary>
    /// 发布外部事件的事件总线
    /// </summary>
    public interface IOutBoundEventBus
    {
        Task PublishAsync(BaseEventDataOutBound data);
    }
}
```

下面介绍如何创建事件的处理程序，以及如何创建可以发布事件的总线。

13.2　观察者模式、中介者模式与订阅/发布模式

在进行设计之前，首先回顾一下与事件发布和处理相关的设计模式。这些模式包括观察者模式、中介者模式以及订阅/发布模式。

13.2.1 观察者模式

观察者模式的意图是定义对象间的一种一对多的依赖关系，当一个对象发生变化时，所有依赖它的对象都得到通知并被自动更新。

在以下情况时可以使用观察者模式：

- 当一个抽象模型有两个方面，并且其中一个方面依赖于另一个方面时，将二者封装在独立的对象中以使它们可以各自独立地改变和复用。
- 当对一个对象的改变需要同时改变其他对象，而且不知道具体有多少对象有待改变时。
- 当一个对象必须通知其他对象，而又不能假定其他对象是谁时。也就是说，不希望这些对象是紧密耦合的。

观察者模式的结构如图 13-2 所示。

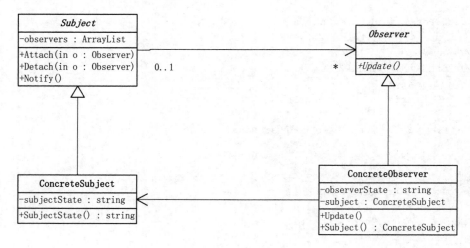

图 13-2 观察者模式

结构说明如下：

- **Subject**（目标）：目标知道观察者的存在，可以有任意多个观察者观察一个目标。代码结构如下：

```
public abstract class Subject
{
    private ArrayList observers=new ArrayList();
    public void Attach(Observer o)
    {
        observers.Add(o);
    }

    public void Detach(Observer o)
    {
        observers.Remove(o);
    }
    public void Notify()
```

```
        {
            foreach(Observer o in observers)
                o.Update();
        }
    }
```

- Observer（观察者）：为观察者定义一个更新接口。

```
    public abstract class Observer
    {
        public abstract void Update();
    }
```

- ConcreteSubject（具体目标）：当状态发生变化时通知观察者。
- ConcreteObserver（具体观察者）：根据 ConcreteSubject 更新观察者。

这是传统的观察者模式的结构。如果采用委托技术，Subject 就可以不需要知道 Observer 的存在，这时，只要将 Notify 委托给 Observer 对象就可以了。

采用观察者模式的优点是降低了目标和观察者之间的耦合性。由于观察者模式不限定观察者的数量，因此可以支持广播发布，目标发送信息时不需要指定观察者。

然而，在观察者模式中，尽管目标和观察者之间的耦合性降低了，但仍然存在耦合性。因为观察者直接在 Subject 上进行订阅，Subject 对观察者接口仍然存在依赖关系。在这个模式中，Subject 本身就是发布者，如果将这个模式用于领域事件发布，那么聚合根就需要承担发布任务，这不是我们所希望的。

13.2.2 中介者模式

中介者模式的意图是用一个中介对象将一系列的对象交互进行封装，从而降低这些对象间的耦合性，并且可以独立地改变对象间的交互关系。

中介者模式适用于以下几种情况：

- 由于对象间交互方式复杂，导致相互依赖关系结构混乱，难以理解。
- 由于需要与多个对象通信，因此必须引用这些对象，使该对象难以复用。
- 一方面希望将行为分布在多个类中，另一方面又不希望产生太多的子类。

中介者模式的结构如图 13-3 所示。

模式参与部分包括：

- Mediator（中介者）：定义一个接口用于一个单元对象的交互。
- Concretemediator（具体中介者）：维护各个具体的单元，并实际维护各个单元间的交互
- Colleague（交互单元）：每个交互单元都了解中介者的存在，需要交互时，仅向中介者提出请求或从中介者处接收消息，并不直接互相调用。

运行时，各个参与者都只与中介者打交道，运行期的对象示意图如图 13-4 所示。

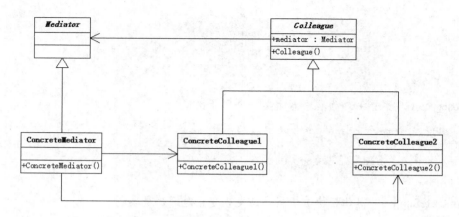

图 13-3　中介者模式

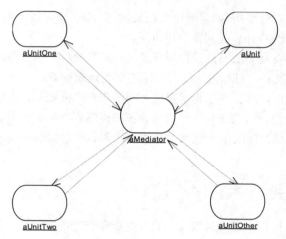

图 13-4　运行期的中介者

中介者使 Colleague 间的耦合性降低，并且简化了对象间的通信协议。Colleague 之间可能的交互被封装到中介者中，如果交互发生变化，只要生成中介者的子类就可以，Colleague 对象可以复用。

如果将观察者中的 Subject 和 Observer 都看作 Colleague，再引入中介者 Mediator，就可以解决观察者模式中的问题。这两个模式结合使用，形成一个新的模式——订阅/发布模式。

13.2.3　订阅/发布模式

订阅/发布模式的目的是让消息的订阅方和发布方完全解耦，订阅方不是在发布方注册，发布方也不直接和订阅方打交道。

在诗词游戏的示例中，聚合根是事件的发布方，产生的事件保存在聚合根的事件列表中，当聚合根进行持久化时，由一个中介者（这里称为事件总线）将聚合根事件列表中的事件逐一进行发布。事件的处理方或者消费方（订阅者）预先在事件总线进行注册，以便接收从事件总线发布的事件。订阅/发布模式结构如图 13-5 所示。

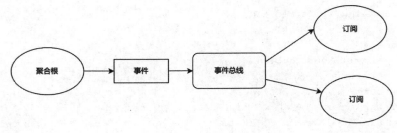

图 13-5　订阅/发布模式

下面介绍使用 MediatR 实现订阅/发布模式。

13.3　使用 MediatR 实现领域事件发布

前面介绍了实现领域事件发布的几种模式，在实际应用中，不需要从零开始实现这些模式，而是选择实现了这些模式的成熟框架。本节介绍如何使用 MediatR 实现领域事件发布。

13.3.1　引入 MediatR

MediatR 是在.Net 下实现的中介者，用于进程内消息发布。MediatR 属于轻量级框架，对其他框架没有依赖。MediatR 支持请求/响应和通知两种消息发布方式，支持事件队列，还支持使用泛型定义通知消息。MediatR 支持同步或异步的消息发布。MediatR 是开源项目，可以从 GitHub 获取 MediatR 的源代码，项目地址为：https://github.com/jbogard/MediatR。

现在使用 MediatR 实现前面定义的事件发布总线。使用 Visual Studio 2022 创建一个.Net 6 类库，名称为 PoemGame.Events.MediatR，在这个项目中实现领域事件发布。增加 PoemGame.Events.Shared 为项目依赖，然后在程序包管理控制台中输入下面的命令安装 MediatR 程序包（注意，安装时默认项目需要选择 PoemGame.Events.MediatR）：

```
Install-Package MediatR
```

安装完成后，就可以在项目中使用 MediatR 了。

13.3.2　将领域事件封装为 MediatR 消息

MediatR 为发布的事件定义了统一的接口 INotification，只有实现了这个接口的类型才能被 MediatR 识别。而在领域模型中定义的事件没有实现这个接口，因此，如果使用 MediatR，要么改造领域模型，为每个事件都增加 INotification 实现，要么对事件数据对象进行重新封装。我们不希望在领域模型中引入过多的第三方框架，所以采用第二种方法。这种方法虽然麻烦一点，但不会影响领域模型，避免了架构入侵，符合架构无感的原则。

下面使用泛型对事件数据进行封装，内部事件的代码如下：

```
using MediatR;
using PoemGame.Domain.Seedwork;
```

```
namespace PoemGame.Events.MediatR
{
    /// <summary>
    /// 实现 MediatR INotification
    /// 将 BaseEventDataLocal 进行封装
    /// </summary>
    /// <typeparam name="T">BaseEventDataLocal</typeparam>
    public class LocalEvent<T> : INotification where T:BaseEventDataLocal
    {
        public LocalEvent(T eventData)
        {
            EventData = eventData;
        }
        public T EventData { get; private set; }
    }
}
```

外部事件的代码如下：

```
using MediatR;
using PoemGame.Domain.Seedwork;

namespace PoemGame.Events.MediatR
{
    /// <summary>
    /// 外部事件 MediatR 封装
    /// </summary>
    /// <typeparam name="T"></typeparam>
    public class OutBoundEvent<T> : INotification where T : BaseEventDataOutBound
    {
        public OutBoundEvent(T eventData)
        {
            EventData = eventData;
        }

        public T EventData { get; private set; }

    }
}
```

这样，原有的事件类型 T 就封装成了符合 MediatR 的 LocalEvent<T>和 OutBoundEvent<T>。例如，某个内部事件 e 是 GamePlayEventDataLocal 类型，根据这个事件创建的新的 MediatR 事件为：

```
var ne=new LocalEvent<GamePlayEventDataLocal>(e);
```

新的 ne 可以使用 MediatR 的 Publish 方法进行发布。

13.3.3 事件总线实现

下面完成 LocalEventBus 和 OutBoundEventBus，这两个类实现 ILocalEventBus 和 OutBoundEventBus 接口。需要注意的是，在发布事件时，要将 BaseEventDataLocal 转换为具体的事

件类型，这是因为事件响应程序针对的是具体的事件类型。内部事件发布总线的实现如下：

```csharp
using MediatR;
using PoemGame.Domain.GameAggregate.Events;
using PoemGame.Domain.Seedwork;
using PoemGame.Events.Shared;

namespace PoemGame.Events.MediatR
{
    /// <summary>
    /// 使用 MediatR 发布内部事件
    /// </summary>
    public class LocalEventBus : ILocalEventBus
    {
        private readonly IMediator _mediator;

        public LocalEventBus(IMediator mediator)
        {
            _mediator = mediator;
        }

        public async Task PublishAsync(BaseEventDataLocal data)
        {
            if (data is GameFinishEventDataLocal finishData)
            {
                await PublishAsync<GameFinishEventDataLocal>(finishData);
            }
            else if (data is GamePlayEventDataLocal playData)
            {
                await PublishAsync<GamePlayEventDataLocal>(playData);
            }
            else if (data is PlayerJoinGameEventDataLocal joinData)
            {
                await PublishAsync<PlayerJoinGameEventDataLocal>(joinData);
            }
            else if (data is PlayerLeaveGameEventDataLocal leaveData)
            {
                await PublishAsync<PlayerLeaveGameEventDataLocal>(leaveData);
            }
        }

        private async Task PublishAsync<T>(T data) where T : BaseEventDataLocal
        {
            var eventdata = new LocalEvent<T>(data);
            await _mediator.Publish(eventdata);
        }
    }
}
```

注意一下类型判断的写法 if (data is GameFinishEventDataLocal finishData){}，如果 data 是

GameFinishEventDataLocal 类型，那么将其赋值给 finishData 这句代码与下面的代码等同但写法更简洁：

```
var finishData = data as GameFinishEventDataLocal;
if(finishData != null) { }
```

外部事件发布总线的实现：

```
using MediatR;
using PoemGame.Domain.GameAggregate.Events;
using PoemGame.Domain.Seedwork;
using PoemGame.Events.Shared;

namespace PoemGame.Events.MediatR
{
    public class OutBoundEventBus:IOutBoundEventBus
    {
        private readonly IMediator _mediator;

        public OutBoundEventBus(IMediator mediator)
        {
            _mediator = mediator;
        }

        public async Task PublishAsync(BaseEventDataOutBound data)
        {
            if (data is GameFinishEventDataOutBound finishData)
            {
                await PublishAsync<GameFinishEventDataOutBound>(finishData);
            }
            else if (data is GamePlayEventDataOutBound playData)
            {
                await PublishAsync<GamePlayEventDataOutBound>(playData);
            }
            else if (data is PlayerJoinGameEventDataOutBound joinData)
            {
                await PublishAsync<PlayerJoinGameEventDataOutBound>(joinData);
            }
            else if (data is PlayerLeaveGameEventDataOutBound leaveData)
            {
                await PublishAsync<PlayerLeaveGameEventDataOutBound>(leaveData);
            }
        }

        private async Task PublishAsync<T>(T data) where T : BaseEventDataOutBound
        {
            var eventdata = new OutBoundEvent<T>(data);
            await _mediator.Publish(eventdata);
        }
    }
}
```

事件发布到这里就实现完成了，下面需要编写事件接收和处理的代码。

13.3.4 事件的接收和处理实现

现在可以编写事件的接收和处理代码了，这种代码叫作事件的处理器（Handler），通过实现 INotificationHandler 接口来处理相应的事件。创建一个新的类库，在这个类库中编写处理事件 PoemGame.Events.MediatR.Handler：

```
using MediatR;
using PoemGame.Domain.GameAggregate.Events;

namespace PoemGame.Events.MediatR.Handler
{
    public class PlayerJoinGameEventLocalHandler :
            INotificationHandler<LocalEvent<PlayerJoinGameEventDataLocal>>
    {
        public Task Handle(LocalEvent<PlayerJoinGameEventDataLocal> notification,
                CancellationToken cancellationToken)
        {
            Console.WriteLine(notification.EventData.PlayerUserName+"Join"
                    + notification.EventData.GameDescription);
            return Task.CompletedTask;
        }
    }
}
```

上面的事件响应的示例代码很简单，只是向控制台输出文本信息。

接下来创建一个客户端程序，验证事件是否能够被正确发布和处理。首先，新建客户端应用，名称为 PoemGame.Events.MediatR.Console，在项目引用中添加 PoemGame.Events.MediatR 和 PoemGame.Events.MediatR.Handler，在程序包管理控制台中执行以下命令安装 MediatR 的依赖注入程序包：

```
Install-Package MediatR.Extensions.Microsoft.DependencyInjection
```

然后将需要的服务注册到依赖注入容器：

```
using Microsoft.Extensions.DependencyInjection;
using System.Reflection;
using MediatR;
using PoemGame.Events.Shared;

namespace PoemGame.Events.MediatR.Console
{
    internal class Utility
    {
        public static IServiceProvider GetServices()
        {
            var services = new ServiceCollection();
            services.AddMediatR(Assembly.Load("PoemGame.Events.MediatR.Handler"));
            services.AddScoped<IOutBoundEventBus, OutBoundEventBus>();
            services.AddScoped<ILocalEventBus, LocalEventBus>();
            return services.BuildServiceProvider();
```

```
        }
    }
}
```

注意，下面这行代码实现了事件和事件处理程序的注册：

```
services.AddMediatR(Assembly.Load("PoemGame.Events.MediatR.Handler"))
```

最后，编写简单的应用进行测试：

```
//测试事件发布和处理
using Microsoft.Extensions.DependencyInjection;
using PoemGame.Domain.GameAggregate;
using PoemGame.Domain.PlayerAggregate;
using PoemGame.Events.MediatR.Console;
using PoemGame.Events.Shared;

//创建一个游戏
var game = new Game(Guid.NewGuid(),
    new GameType("Feihualing", ""),
    PlayType.Inturn, "测试",
    "花");
//创建一个玩家
var player = new Player(Guid.NewGuid(),
    "zhangsan",
    "zhangsn",
    10);
//玩家加入游戏
game.PlayerJoinGame(player);
//获取发布事件的总线
var ms= Utility.GetServices().GetService<ILocalEventBus>();
//发布 game 中的事件
foreach (var d in game.GetLocalDomainEvents())
{
    await ms.PublishAsync(d.EventData);
}
```

上面的代码创建了游戏和玩家，玩家加入游戏后，使用事件总线发布游戏中的事件。执行结果如图 13-6 所示，事件接收客户端接收并输出了消息。

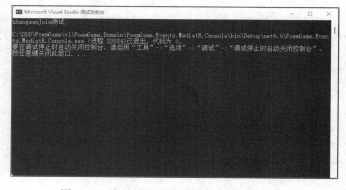

图 13-6 事件接收客户端接收并输出了消息

13.3.5　事件发布

接下来要解决的问题是在哪里发布事件。事件存储在聚合根中，当聚合根的状态进行存储时，发送事件最为合适。存储是在存储库中进行的，因此事件处理需要在存储库的实现中完成。当然，这只是众多方案中的一种，具体如何实现取决于使用的具体技术。

在我们的方案中使用的是 EF Core 实现存储库，因此接下来介绍在这种方案中如何发布聚合根中的事件。

首先更新 PoemGame.Domain 程序包，将新增加的 PoemGame.Events.Shared 打包发布到本地的 NuGet 服务中，然后，修改 PoemGame.Repository.EF 项目，增加 PoemGame.Events.Shared 程序包引用，在 PoemGame.Repository.EF 项目中，修改 PoemGameDbContext，增加发布事件的总线定义：

```
private readonly ILocalEventBus _localeventBus = default!;
private readonly IOutBoundEventBus _remoteeventBus = default!;
```

在构造函数中传入这些变量：

```
/// <summary>
/// 带有事件发布的构造函数
/// </summary>
/// <param name="options"></param>
/// <param name="localeventBus"></param>
/// <param name="remoteEventBus"></param>
public PoemGameDbContext(DbContextOptions<PoemGameDbContext> options
    , ILocalEventBus localeventBus
, IOutBoundEventBus remoteEventBus) : base(options)
    {
        _localeventBus = localeventBus;
        _remoteeventBus = remoteEventBus;
    }
```

最后，改写 SaveChangesAsync 方法，完成事件发布：

```
public async override Task<int> SaveChangesAsync(
                    CancellationToken cancellationToken = default)
    {
    var modifiedChanges =
        ChangeTracker.Entries()
        .Where(x => x.State == EntityState.Modified
            || x.State == EntityState.Added).ToList();
    var localEvents = new List<EventRecordLocal>();
    var remoteEvents = new List<EventRecordOutBound>();
    foreach (var change in modifiedChanges)
    {
        var entity = change.Entity as AggregateRoot;
        if (entity != null)
        {
            foreach (var e in entity.GetLocalDomainEvents())
```

```
            {
                localEvents.Add(e);
            }
            entity.ClearLocalDomainEvents();
            foreach (var e in entity.GetOutBoundDomainEvents())
            {
                remoteEvents.Add(e);
            }
            entity.ClearOutBoundDomainEvents();
        }
    }
    if (_localeventBus != null)
    {
        foreach (var e in localEvents)
        {
            await _localeventBus.PublishAsync(e.EventData);
        }
    }

    var res=await base.SaveChangesAsync();

    if (_remoteeventBus != null)
    {
        foreach (var e in remoteEvents)
        {
            await _remoteeventBus.PublishAsync(e.EventData);
        }
    }
    return res;
}
```

　　上面代码中，在提交"保存"操作时，首先从聚合根中提取内部事件和外部事件，提取完成后，从聚合根中清除这些事件，避免重复发布；然后，在提交持久化保存前，使用内部事件总线发布内部事件，在提交持久化后再使用外部事件总线发布外部事件。

13.4　外部事件发布与消息中间件

　　前面提到了，MediatR 是进程内的消息传递机制，也就是说发送消息方和接收消息方都在同一进程内，而外部事件的接收对象在另一个进程，要实现领域事件对外发布还需要其他的技术，最常见的是使用消息中间件。在"第 16 章　使用消息实现限界上下文集成"中会对消息中间件技术做详细介绍，本节只介绍基本思路和实现结果。

　　具体的实现思路是针对每一种需要对外发布的事件定制一个事件处理程序，在这个事件处理程序中将接收到的事件使用对外消息发布接口进行转发，如图 13-7 所示。

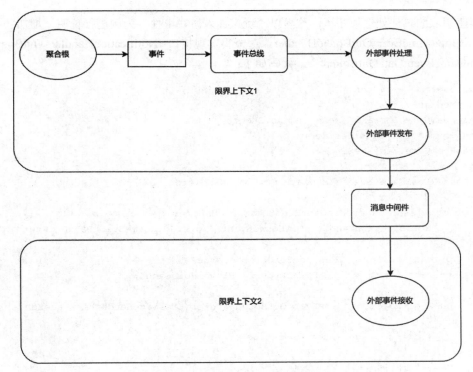

图 13-7　通过消息中间件发布外部事件

　　首先定义对外发布消息的接口。新建一个类库，用于定义消息的内外转发，类库的名称为
PoemGame.MessageSender，类库中只定义一个接口——IMessageSender：

```
namespace PoemGame.MessageSender
{
    /// <summary>
    /// 用于对外发布消息
    /// </summary>
    public interface IMessageSender
    {
        /// <summary>
        /// 发布消息
        /// </summary>
        /// <param name="messageType">消息类型</param>
        /// <param name="messageBody">消息内容</param>
        /// <returns></returns>
        Task SendMessage(string messageType, string messageBody);
    }
}
```

　　然后，创建外部消息的消息处理程序，负责从外部事件总线接收需要转发的外部事件，并调用
前 一 步 创 建 的 MessageSender 对 外 发 布。创 建 一 个 新 的 类 库，名 称 为
PoemGame.Evnets.MediatR.OutBoundHandlers，在这个类库里添加所有外部事件的对外发布处理程序。
为这个项目添加项目引用 PoemGame.Events.MediatR 和 PoemGame.MessageSender，然后就可以为每

种事件创建相应的事件处理程序了，这里以"玩家加入游戏事件"为例进行说明。增加一个类，名称为 PlayerJoinGameEventOutBoundHandler，这个类实现接口 INotificationHandler<OutBoundEvent<PlayerJoinGameEventDataOutBound>>，代码如下：

```
using System.Text.Json;
using MediatR;
using PoemGame.Domain.GameAggregate.Events;
using PoemGame.Events.MediatR;
using PoemGame.MessageSender;

namespace PoemGame.Evnets.MediatR.OutBoundHandlers
{
    public class PlayerJoinGameEventOutBoundHandler :
        INotificationHandler<OutBoundEvent<PlayerJoinGameEventDataOutBound>>
    {
        private readonly IMessageSender _messageSender;
        private const string Eventtype = "PlayerJoinGame";

        public PlayerJoinGameEventOutBoundHandler(IMessageSender messageSender)
        {
            this._messageSender = messageSender;
        }
        public async Task Handle(
         OutBoundEvent<PlayerJoinGameEventDataOutBound> notification,
         CancellationToken cancellationToken)
        {
            await _messageSender.SendMessage(Eventtype,
                JsonSerializer.Serialize(notification));
        }
    }
}
```

处理事件很简单，在构造函数中传入 IMessageSender 的实现，在处理程序中转发外部事件即可。对于其他事件的处理代码也是类似的，为了避免代码重复，创建处理事件的基类：

```
using System.Text.Json;
using MediatR;
using PoemGame.Domain.Seedwork;
using PoemGame.Events.MediatR;
using PoemGame.MessageSender;

namespace PoemGame.Evnets.MediatR.OutBoundHandlers
{
    public class OutBoundHandler<T> :INotificationHandler<OutBoundEvent<T>>
                            where T : BaseEventDataOutBound
    {
        private readonly IMessageSender _messageSender;
        public OutBoundHandler(IMessageSender messageSender)
        {
            this._messageSender = messageSender;
        }
```

```
        public async Task Handle(OutBoundEvent<T> notification,
                        CancellationToken cancellationToken)
        {
            var type = typeof(T);
            await _messageSender.SendMessage(
                type.Name, JsonSerializer.Serialize(notification));
        }
    }
}
```

在处理方法 Handle 中，使用事件类型的名称作为消息类型，将消息序列化为 JSON 字符串作为发布内容。其他的消息处理类只要继承这个类就可以了：

```
using PoemGame.Domain.GameAggregate.Events;
using PoemGame.MessageSender;

namespace PoemGame.Evnets.MediatR.OutBoundHandlers
{
    public class PlayerJoinGameEventOutBoundHandler :
            OutBoundHandler<PlayerJoinGameEventDataOutBound>
    {
        public PlayerJoinGameEventOutBoundHandler(IMessageSender messageSender) :
            base(messageSender)
        {
        }
    }
}
```

接着，编写基于 RabbitMQ 的 MessageSender。创建一个新的类库，名称为 PoemGame.MessageSender.MQ，将 PoemGame.MessageSender 添加为项目引用，然后添加程序包 RabbitMQ.Client；添加一个类，名称为 MessageSenderMQ，这个类实现 IMessageSender 接口，在这个类中编写通过 RabbitMQ 发送消息的逻辑：

```
using RabbitMQ.Client;
using System.Text;

namespace PoemGame.MessageSender.MQ
{
    public class MessageSenderMQ:IMessageSender
    {
        public Task SendMessage(string messageType, string messageBody)
        {
            var factory = new ConnectionFactory()
            {
                HostName = "127.0.0.1",
                UserName = "admin",
                Password = "admin",
                VirtualHost = "my_vhost"
            };
            using (var connection = factory.CreateConnection())
            using (var channel = connection.CreateModel())
```

```
        {
            channel.QueueDeclare(queue: messageType,
                durable: false,
                exclusive: false,
                autoDelete: false,
                arguments: null);
            var body = Encoding.UTF8.GetBytes(messageBody);
            channel.BasicPublish(exchange: "",
                routingKey: messageType,
                basicProperties: null,
                body: body);
        }
        return Task.CompletedTask;
    }
  }
}
```

将消息的类型作为队列类型，这样，处理不同消息的外部程序可以从相应的队列中获取消息。

注　意
由于是示例代码，因此这里的 RabbitMQ 地址和用户信息都是硬编码，实际项目中需要从配置文件中获取这部分信息。

最后，改造一下前面的测试程序，看一看是否可以正确向外部发送消息。首先在测试项目 PoemGame.Events.MediatR.Console 中添加项目引用 PoemGame.Evnets.MediatR.OutBoundHandlers 和 PoemGame.MessageSender.MQ。然后修改依赖注入注册代码：

```
using Microsoft.Extensions.DependencyInjection;
using System.Reflection;
using MediatR;
using PoemGame.Events.Shared;
using PoemGame.MessageSender;
using PoemGame.MessageSender.MQ;

namespace PoemGame.Events.MediatR.Console
{
    internal class Utility
    {
        public static IServiceProvider GetServices()
        {
            var services = new ServiceCollection();
            services.AddMediatR(
                Assembly.Load("PoemGame.Events.MediatR.Handler"),
                Assembly.Load("PoemGame.Evnets.MediatR.OutBoundHandlers"));
            services.AddScoped<IMessageSender, MessageSenderMQ>();
            services.AddScoped<IOutBoundEventBus, OutBoundEventBus>();
            services.AddScoped<ILocalEventBus, LocalEventBus>();
            return services.BuildServiceProvider();
```

```
        }
    }
}
```

增加外部事件处理程序和 MessageSenderMQ 的注册。

最后，在测试代码中发布外部事件：

```
//测试事件发布和处理
using Microsoft.Extensions.DependencyInjection;
using PoemGame.Domain.GameAggregate;
using PoemGame.Domain.PlayerAggregate;
using PoemGame.Events.MediatR.Console;
using PoemGame.Events.Shared;
//创建一个游戏
var game = new Game(Guid.NewGuid(),
    new GameType("Feihualing", ""),
    PlayType.Inturn, "测试",
    "花");
//创建一个玩家
var player = new Player(Guid.NewGuid(),
    "zhangsan",
    "zhangsn",
    10);
//玩家加入游戏
game.PlayerJoinGame(player);
//获取发布事件的总线
var ms= Utility.GetServices().GetService<ILocalEventBus>();
//发布 game 中的事件
foreach (var d in game.GetLocalDomainEvents())
{
    await ms.PublishAsync(d.EventData);
}

var outs= Utility.GetServices().GetService<IOutBoundEventBus>();

foreach (var d in game.GetOutBoundDomainEvents())
{
    await outs.PublishAsync(d.EventData);
}
```

运行程序，然后进入 RabbitMQ 的控制台 http://localhost:15672/查看队列，会发现出现了新的队列 PlayerJoinGameEventDataOutBound，如图 13-8 所示。

有了对外发布领域事件的功能，可以简化限界上下文的集成，对于领域模型已经定义的事件，在应用层就不需要再定义了，直接完成发送即可。

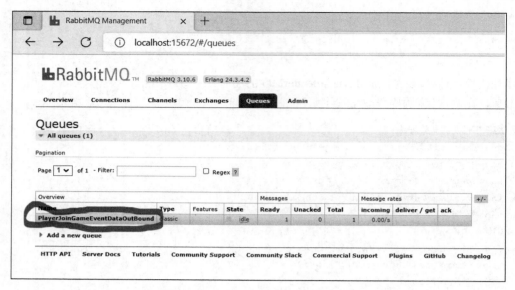

图 13-8　在 RabbitMQ 控制台查看消息

13.5　本 章 小 结

　　本章重点介绍领域事件，包括领域事件的定义、产生、保存、发布和处理。

　　领域事件在领域模型中定义，也在领域模型中产生，产生的领域事件保存在聚合根中。然而，领域事件的发布和处理却是在应用层中进行的。一般情况下，领域事件的发布在聚合根持久化时进行，发布完成后，聚合根中的领域事件列表被清空。

　　为了避免领域模型中聚合根和领域事件的订阅者之间产生耦合，需要采用发布/订阅模式，并引入事件总线作为中介者，由事件总线负责向订阅者发布事件。在示例中，采用.Net 轻量级框架 MediatR 实现事件总线。

　　注意区分内部事件与外部事件。内部事件在进程内传递，可以将聚合根和实体作为参数；外部事件在不同的进程甚至不同的主机之间传递，因此事件中只能包含可序列化的数据。可以使用消息中间件如 RabbitMQ 等作为外部事件处理机制。

　　还需要区分的是领域事件与使用消息实现不同限界上下文之间的集成之间的关系。领域事件是领域模型的一部分，只有核心业务中发生的事件才能定义为领域事件。领域事件可以用于限界上下文之间的集成，但限界上下文之间的集成所需要的消息不一定要定义为领域事件。很多情况下，限界上下文之间的集成属于应用层的范畴，这种情况下事件需要在应用层进行定义。

第14章

应用层开发

本章介绍应用层开发涉及的技术。在前面的控制台应用中，用户界面、应用层、领域层处于同一进程中，用户界面可以直接调用应用层；而在前后端分离或者分布式架构中，前端需要通过网络远程访问应用层。本章从前面的控制台应用出发，改造应用层，使应用层在独立的宿主中通过 Web API 对外提供应用服务。本章的示例应用很简单，目的是说明应用层涉及的各个部分以及这些部分的技术实现。

需要注意的是，应用层实现的是业务用例，用例不同，应用层也应该不同。因此，不同类型的应用（控制台、Web 应用、移动应用等），由于用户操作方式的不同，用例也不一样，需要使用不同的应用层。

14.1　应用层概述

应用层处于领域层与表示层之间，从表示层接收数据，调用领域层中的聚合根和领域服务，实现特定的功能。应用层通常很薄，主要是对领域层中细粒度的功能进行编排和调度。应用层中包括应用服务、数据传输对象、工作单元等内容。

14.1.1　应用服务

应用服务是实现应用的用例的无状态服务。一个应用服务通常使用数据传输对象与调用它的表示层交换数据。应用服务使用和编排领域对象完成用例。一个用例一般会被看作一个工作单元。

应用服务的工作过程大致是这样的：表示层使用数据传输对象作为参数调用应用服务，应用服务使用领域对象执行特定的业务逻辑，然后向应用层返回数据传输对象。应用层使表示层和领域层完全隔离。

为了使用依赖注入框架获取应用服务，需要为每个应用服务定义接口，在接口的实现中使用构造函数获得存储库和领域服务的实例，在应用服务中，使用存储库获取聚合根。

14.1.2　数据传输对象

数据传输对象是没有业务逻辑的简单对象，用于表示层和应用层之间的数据传输。DTO 分为输入 DTO 和输出 DTO 两种。

很多情况下，DTO 与领域模型中的实体有相同的属性，设计 DTO 让人感觉是一种重复劳动，但为什么还需要 DTO 呢？

第一，DTO 是对领域层的抽象。有了 DTO 的存在，表示层与领域层实现了完全解耦，领域层和表示层可以独立演化，互相之间不受影响。

第二，DTO 可以帮助实现信息隐藏。领域对象中的属性不是面向用例的，在具体使用时，不同的用例需要的属性不同，没有必要向不需要使用某些属性的用例暴露它们，可以根据不同的用例创建对应的 DTO 来实现信息隐藏。例如 Game 中的游戏过程记录 Records，不需要在游戏列表用例中出现，在游戏列表用例的 GameDTO 中，就不需要包括游戏过程记录的信息。

第三，数据传输中的技术问题。领域对象在设计时主要关注业务逻辑的实现，不会考虑数据在网络传输等问题。如果直接向表示层返回领域对象，就需要这些对象是在网络中可以传输的，最基本的要求就是这些对象可以序列化。这就使领域对象在设计时有了额外的限制，所有导致无法序列化的特性都不能使用，这显然与领域对象的初衷相悖。

下面是设计 DTO 时需要遵守的一些规则。

（1）有些规则是输入 DTO 和输出 DTO 都需要遵守的规则：

● DTO 必须支持序列化，在传输时会被序列化为 JSON 或者其他形式，还要从 JSON 或者其他形式反序列化为 DTO。

● DTO 中不能包含业务逻辑。

● 不要从实体中派生 DTO，也不要在 DTO 中引用实体。

（2）对于输入 DTO，有一些特定的规则需要遵守。

● 输入 DTO 面向用例，因此只定义用例中需要的属性，不要包括该用例没有用到的属性。

● 不要在不同的服务方法之间共用输入 DTO。因为不同的方法需要的 DTO 属性可能不同，如果共用 DTO，那么 DTO 就需要包括这些属性的最大集，这就导致某些属性对某些方法没有用，在使用时会产生混乱。即使两个方法的输入参数完全相同，也最好不要共用 DTO。

输出 DTO 可以在用例间共用，不过使用该 DTO 的所有用例都要填充所有属性。如果某个用例没有用到所有属性，就需要针对这个用例创建相应的输出 DTO。

14.1.3　工作单元

一个工作单元包括一组作为事务进行处理的工作，这个工作具有原子性。工作单元中的所有操作必须在成功时提交，或者在失败时回滚。

例如，在玩家在进行诗词游戏时，表示层调用应用服务 Play，在这个服务中完成如下工作：

（1）判断回答是否正确。

（2）增加一条游戏记录。

（3）根据玩家回答增加或减少玩家的分数。

（4）根据玩家回答正确与否修改游戏状态。

（5）向表示层返回游戏状态和完成信息。

上面几个工作涉及对 Game 和 Player 聚合根的操作，如果某个工作出现错误，那么所有其他来完成以及已完成的工作都需要回滚，以确保聚合根的状态回到出错之前，也就是说上面 5 个工作处在一个工作单元内，5 个工作都完成后，工作单元完成。试想如果没有引入工作单元，在玩家分数变化之后，玩家状态已经在数据库保存了，而这时出现了错误，游戏状态没有修改，系统就会出现逻辑性的错误。

工作单元的实现方式有很多种，一般都需要使用操作持久层的技术，在 14.4 节会介绍如何基于 EF Core 实现工作单元。

将工作单元定义在领域层还是应用层存在一些争议。由于工作单元一般是在应用层使用，本书将工作单元的定义独立在领域层之外，在实现时，单独实现使用带有工作单元的存储库。使用这种方式，可以不破坏现有的领域模型，也可以使在创建应用层时，选择使用或者不使用工作单元。

14.2　应用层创建示例

现在将人机控制台应用改造为网络应用，每个登录的玩家都可以创建将计算机作为对手的二人游戏。

14.2.1　控制台应用与 Web 应用的不同

在进行新的应用开发之前，先分析一下控制台应用与 Web 应用的不同。在控制台应用中，服务层不知道模拟机器人的存在，客户端先调用模拟机器人，再与服务端进行交互，客户端调用了"游戏限界上下文"和"模拟机器人限界上下文"，系统结构如图 14-1 所示。

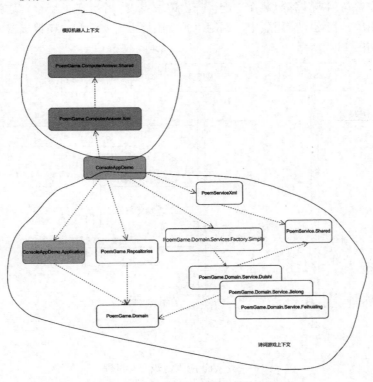

图 14-1　控制台应用中类库的依赖关系

游戏的交互过程如图 14-2 所示。

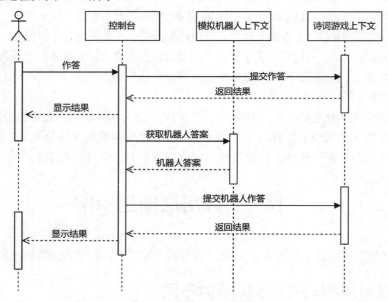

图 14-2　控制台游戏交互过程

但这种方式在 Web 应用中就不大可行，Web 应用的客户端是浏览器，如果在客户端编写代码模拟机器人，不仅系统结构变得复杂，在运行时还多了不必要的网络交互。解决这个问题的办法就是将模拟机器人作答与用户作答封装在一起，一次请求完成一个完整的回合。这就需要创建一个跨限界上下文的应用层，在这个应用层中，调用"游戏限界上下文"和"模拟机器人限界上下文"，游戏的交互过程如图 14-3 所示。

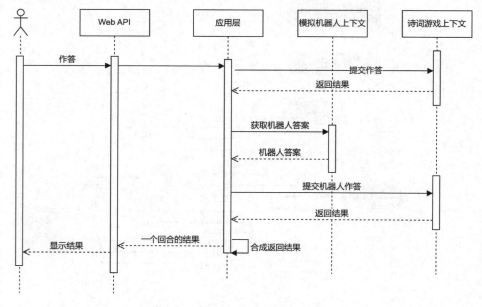

图 14-3　Web 应用游戏交互过程

从这里可以看出，不同的应用类型对应用层的要求是不同的，这种情况下，应用层是不能共享和复用的。

接下来，看一下控制台应用的应用服务接口有什么需要改进的地方，代码如下：

```
using PoemGame.ApplicationService;
using PoemGame.Domain.GameAggregate;

namespace ConsoleAppDemo.Application
{
    public interface IConsoleAppDemoService
    {
        /// <summary>
        /// 在控制台进行人机游戏的服务层
        /// 游戏过程：
        /// （1）提示选择游戏类型：飞花令、对诗、接龙
        /// （2）提示输入上下文，进行验证，如果不适合就重新输入
        /// （3）如果合适就开始游戏
        /// （4）人机顺序答题
        /// </summary>

        Task<GameCreationResult> CreateGameAsync(GameType gameType,
          string condition);

        /// <summary>
        /// 获取上一个正确回答
        /// </summary>
        /// <param name="gameId"></param>
        /// <returns></returns>

        Task<string> GetLastPropertyAnswerAsync(Guid gameId);

        /// <summary>
        /// 进行游戏
        /// </summary>
        /// <param name="gameId"></param>
        /// <param name="answer"></param>
        /// <returns></returns>
        Task<GamePlayResult> PlayAsync(Guid gameId, string answer);
        /// <summary>
        /// 获取当前用户
        /// </summary>
        /// <param name="gameId"></param>
        /// <returns></returns>
        Task<string> GetCurrentUser(Guid gameId);
    }
}
```

由于控制台应用使用简单参数调用应用服务，有些参数的定义在领域层，例如 GameType，这就向表示层暴露了领域层；有些返回值在领域层定义，并且有些返回值中包括领域对象，例如 CreateGameAsync 的返回值中包括了对游戏对象的引用。这些问题在控制台应用中并不明显，因为

用户界面、应用层与领域层在同一进程中，不存在网络数据传输的问题，但在网络环境下，就必须进行改造。

14.2.2 创建新的应用层接口

创建一个新的类库项目，名称为 PoemGame.WebDemoApplication，在这个项目中定义应用层接口和需要的 DTO。

Web 应用与控制台应用的人机界面是不同的，所以需要重新分析一下用例。当用户访问创建游戏 API 时，需要提供用户名、创建的游戏类型和创建游戏条件，如果创建成功，那么模拟机器人作答，返回游戏的基本信息和机器人作答的结果；如果创建不成功，那么返回原因。游戏的创建过程被封装在 API 内部，包括确认用户是否为玩家、验证游戏条件是否合适等。

当用户继续进行游戏时，需要提供用户名、游戏 ID 和用户的作答，如果用户作答正确，那么模拟机器人继续作答，系统返回游戏的基本信息和机器人作答结果；如果机器人作答有误（这种情况几乎没有），那么玩家胜出，游戏结束。如果用户作答不正确，仍然需要模拟机器人作答，以确定是平局还是机器人胜出，返回游戏最终结果。重复上述步骤，直到游戏结束。

通过分析发现，这个服务只需要两个方法就可以了：CreateGame 和 Play。

首先定义 DTO，在项目中创建一个文件夹，名称为 DTOs，用来保存 DTO。对 DTO 的名称做如下约定：

- 输入 DTO: 方法+Input+Dto，比如 CreateGame 方法的输入 DTO 类型为 CreateGameInputDto，Play 方法的输入 DTO 类型为 PlayInputDto。
- 输出 DTO: 方法+Result。比如 CreateGame 的输出 DTO 类型为 CreateGameResult，Play 方法的输出 DTO 类型为 PlayResult。

如果输入和输出是实体的 DTO 映射，那么直接使用实体名+DTO 的规则命名，例如 GameDto 是指 Game 实体的 DTO。

根据上面的规则，定义 DTO 如下：

（1）创建游戏的输入 DTO 为 CreateGameInputDto：

```
namespace PoemGame.WebDemoApplication.DTOs;

public class CreateGameInputDto
{
    /// <summary>
    /// 玩家的用户名
    /// </summary>
    public string UserName { get; set; }
    /// <summary>
    /// 游戏类型，比如飞花令、对诗、接龙等
    /// </summary>
    public string GameType { get; set; }
    /// <summary>
    /// 游戏子类型，用于扩展
    /// </summary>
```

```
    public string GameSubType { get; set; }
    /// <summary>
    /// 游戏条件，不同游戏类型其条件不同，飞花令是一个字或词，对诗和接龙是一句诗
    /// </summary>
    public string GameCondition { get; set; }
}
```

（2）游戏进行时的输入 DTO 为 PlayInputDto：

```
namespace PoemGame.WebDemoApplication.DTOs;

public class PlayInputDto
{
    /// <summary>
    /// 游戏标识
    /// </summary>
    public Guid GameId { get; set; }
    /// <summary>
    /// 玩家用户名
    /// </summary>
    public string UserName { get; set; }
    /// <summary>
    /// 玩家作答内容
    /// </summary>
    public string Answer { get; set; }
}
```

（3）创建游戏的输出 DTO 为 CreateGameResult：

```
namespace PoemGame.WebDemoApplication.DTOs
{
    public class CreateGameResult
    {
        /// <summary>
        /// 创建是否成功
        /// </summary>
        public bool Success { get; set; }
        /// <summary>
        /// 创建成功的游戏标识
        /// </summary>
        public Guid GameId { get; set; }
        /// <summary>
        /// 返回信息，如果创建不成功，这里保存错误信息
        /// </summary>
        public string Message { get; set; }
        /// <summary>
        /// 第一个回合机器人作答的内容
        /// </summary>
        public string ComputerAnswer { get; set; }

    }
}
```

（4）游戏进行的输出 DTO 为 PlayResult：

```
namespace PoemGame.WebDemoApplication.DTOs;

public class PlayResult
{
    /// <summary>
    /// 游戏标识
    /// </summary>
    public Guid GameId { get; set; }
    /// <summary>
    /// 作答是否合适
    /// </summary>
    public bool IsProperAnswer { get; set; }
    /// <summary>
    /// 提示信息
    /// </summary>
    public string Message { get; set; }
    /// <summary>
    /// 机器人回复的作答
    /// </summary>
    public string ComputerAnswer { get; set; }
    /// <summary>
    /// 游戏是否结束
    /// </summary>
    public bool IsGameDone { get; set; }
    /// <summary>
    /// 是否成功
    /// </summary>
    public bool Success { get; set; }
}
```

应用层的接口如下：

```
using PoemGame.WebDemoApplication.DTOs;

namespace PoemGame.WebDemoApplication
{
    /// <summary>
    /// 人机对战的 Web API 接口
    ///
    /// </summary>
    public interface IPoemGameWebDemoApplication
    {
        /// <summary>
        /// 创建游戏，如果创建成功，就进行第一轮
        /// </summary>
        /// <param name="createGameInput"></param>
        /// <returns></returns>
        Task<CreateGameResult> CreateGame(CreateGameInputDto createGameInput);
        /// <summary>
```

```
/// 游戏进行
/// </summary>
/// <param name="playInput"></param>
/// <returns></returns>
Task<PlayResult> Play(PlayInputDto playInput);
    }
}
```

14.2.3　应用层实现

现在实现应用层。新建一个类，名称为 PoemGameWebDemoApplication，这个类实现 IPoemGameWebDemoApplication 接口。接下来确定需要使用的领域对象和其他辅助对象，这些对象从构造函数中传入：

```
private readonly IGameFactory _factory;
private readonly IGameRepository _gameRepository;
private readonly IPlayerRepository _playerRepository;
private readonly IDomainServiceFactory<ICheckAnswerService>
                    _checkAnswerServiceFactory;
private readonly IComputerAnswerFactory _computerAnswerFactory;
public PoemGameWebDemoApplication(IGameFactory factory,
    IGameRepository gameRepository,
    IPlayerRepository playerRepository,
    IDomainServiceFactory<ICheckAnswerService> checkAnswerServiceFactory,
    IComputerAnswerFactory computerAnswerFactory
    )
{
    _factory = factory;
    _gameRepository = gameRepository;
    _playerRepository = playerRepository;
    _checkAnswerServiceFactory = checkAnswerServiceFactory;
    _computerAnswerFactory = computerAnswerFactory;
}
```

现在可以编写创建游戏的代码了。创建游戏这个方法里包含了两个任务：创建游戏和机器人完成第一个回合。这似乎违反了"职责单一"的原则，在一个方法里完成了两个任务。需要注意的是，应用层对应的是业务用例，在这个用例里"创建游戏"包括了模拟机器人第一个游戏回合的完成，从业务角度讲是一个职责，而从实现角度讲是两个任务。应用服务所要做的正是这种编排工作——组合和编排将细粒度的领域对象的功能来实现特定的用例。创建游戏的代码如下：

```
public async Task<CreateGameResult> CreateGame(
            CreateGameInputDto createGameInput)
{
    CreateGameResult createGameResult = new CreateGameResult();
    var playerme = await AddPlayer(createGameInput.UserName);
    var playercomputer = await AddPlayer("计算机");
    var res = await _factory.CreateGame(playerme,
        new GameType(createGameInput.GameType,
        createGameInput.GameSubType),
```

```
            PlayType.Inturn,
            "游戏" + createGameInput.GameType
            + " " + DateTime.Now + " "
            + createGameInput.GameCondition,
            createGameInput.GameCondition);
    var game = res.CreatedGame;
    if (res.IsSuccess)
    {
        game.PlayerJoinGame(playercomputer);
        game.Start();
        await _gameRepository.AddAsync(game);

        var answer = ComputerAnswer(""
                    , createGameInput.GameType
                    , createGameInput.GameCondition);
        var resplay = await PlayAsync(game.Id, answer,"计算机");
        createGameResult.Success = true;
        createGameResult.GameId=game.Id;
        createGameResult.ComputerAnswer = answer;
        createGameResult.Message = resplay.Message;
    }
    else
    {
        createGameResult.Success = false;
        createGameResult.GameId = Guid.Empty;
        createGameResult.ComputerAnswer = "";
        createGameResult.Message = res.Message;
    }
    return createGameResult;
}
```

游戏进行部分完成一个完整的回合，代码如下：

```
public async Task<PlayResult> Play(PlayInputDto playInput)
{
    var game = await _gameRepository.GetAsync(playInput.GameId);
    if (game == null) return new PlayResult
                { Success = false, Message = "游戏不存在" };
    var res=await PlayAsync(playInput.GameId
                    ,playInput.Answer
                    ,playInput.UserName);
    if (!res.IsSuccess)
    {
        return new PlayResult { Success = false, Message = res.Message };
    }
    var answer = ComputerAnswer(playInput.Answer
            , game.GameType.MainType, game.GameCondition);
    var compres = await PlayAsync(playInput.GameId, answer, "计算机");
    if (!compres.IsSuccess)
    {
        return new PlayResult { Success = false, Message = res.Message };
```

```
        }

        return new PlayResult
        {
            Success = true,
            ComputerAnswer = answer,
            GameId = playInput.GameId,
            IsGameDone = (game.Status == GameStatus.Done
                    || game.Status == GameStatus.DoneWithoutWinner),
            Message=compres.Message
        };
    }
```

上面两段代码都调用了 PlayAsync 方法，这个方法与控制台应用中的代码相同，这里不再重复。

14.3　创建应用层的 Web API

现在应用层的逻辑已经实现，如果要对外提供服务，还需要创建 Web API。在 Visual Studio 中创建一个 Asp.Net Core Web API 项目，名称为 PoemGame.WebDemoApi，并将 PoemGame.WebDemoApplication 添加到项目引用，然后编写控制器，作为服务的对外端点（End Point）。在 Controllers 目录中添加一个 Web API 控制器，名称为 GameController，编写代码如下：

```
using Microsoft.AspNetCore.Mvc;
using PoemGame.WebDemoApplication;
using PoemGame.WebDemoApplication.DTOs;

namespace PoemGame.WebDemoApi.Controllers
{
    [Route("api/[controller]")]
    [ApiController]
    public class GameController : ControllerBase
    {
        private readonly IPoemGameWebDemoApplication app;
        public GameController(IPoemGameWebDemoApplication app)
        {
            this.app = app;
        }

        [HttpPost("CreateGame")]
        public async Task<CreateGameResult> CreateGame(CreateGameInputDto dto)
        {
            var res = await app.CreateGame(dto);
            return res;
        }

        [HttpPost("Play")]
        public async Task<PlayResult> Play(PlayInputDto dto)
        {
```

```
                var res = await app.Play(dto);
                return res;
            }
        }
    }
```

代码非常简单，就是将应用服务的方法通过 Web API 的方式暴露出来。可项目现在还不能运行，因为需要引入各种接口的实现，并在启动程序中使用依赖注入完成"装配"工作。

从本地 NuGet 库中引用已经开发完成的类库，如图 14-4 所示。

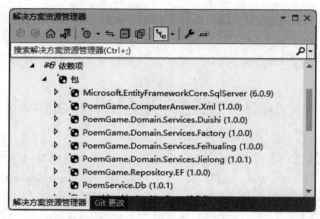

图 14-4　引用已开发完的类库

在 Program.cs 中完成装配：

```
using PoemGame.ApplicationService;
using PoemGame.ComputerAnswer.Shared;
using PoemGame.ComputerAnswer.Xml;
using PoemGame.Domain.GameAggregate;
using PoemGame.Domain.PlayerAggregate;
using PoemGame.Domain.Services;
using PoemGame.Repository.EF;
using PoemGame.WebDemoApplication;
using PoemService.Db;
using PoemService.Shared;
using System.Data;
using Microsoft.Data.SqlClient;
using Microsoft.EntityFrameworkCore;
using PoemGame.Domain.Services.Factory;


var builder = WebApplication.CreateBuilder(args);
var services = builder.Services;
var poemGameServices = "PoemGame.Domain.Services.Feihualing,PoemGame.Domain.
Services.Duishi,PoemGame.Domain.Services.Jielong".Split(",".ToCharArray(),
StringSplitOptions.RemoveEmptyEntries);
AppDomain currentDomain = AppDomain.CurrentDomain;
foreach (var item in poemGameServices)
```

```
{
    currentDomain.Load(item);
}
var scanners = AppDomain.CurrentDomain.GetAssemblies().ToList()
.SelectMany(x => x.GetTypes())
        .Where(t => t.GetInterfaces().Contains(typeof(IDomainService)) &&
t.IsClass).ToList();

foreach (Type type in scanners)
{
    services.AddScoped(type);
}
services.AddScoped<IDomainServiceFactory<ICheckAnswerService>,
DomainServiceFactory<ICheckAnswerService>>();
    services.AddScoped<IDomainServiceFactory<ICheckGameConditionService>,
DomainServiceFactory<ICheckGameConditionService>>();
    services.AddDbContext<PoemGameDbContext>(options =>
options.UseSqlServer(builder.Configuration.GetConnectionString("PoemGameConn")));
    services.AddScoped<IDbConnection, SqlConnection>(serviceProvider => {
        SqlConnection conn = new SqlConnection();
        conn.ConnectionString = builder.Configuration.GetConnectionString("PoemServiceConn");
        return conn;
});
services
    .AddScoped<IGameFactory, GameFactory>()
    .AddScoped<IPoemService, PoemServiceDb>()
    .AddScoped<IGameRepository, GameRepository>()
    .AddScoped<IPlayerRepository, PlayerRepository>()
    .AddScoped<IComputerAnswerFactory, ComputerAnswerFactory>()
    .AddScoped<IPoemGameWebDemoApplication, PoemGameWebDemoApplication>();
builder.Services.AddControllers();
builder.Services.AddEndpointsApiExplorer();
builder.Services.AddSwaggerGen();
var app = builder.Build();
if (app.Environment.IsDevelopment())
{
    app.UseSwagger();
    app.UseSwaggerUI();
}
app.UseAuthorization();
app.MapControllers();
app.Run();
```

现在，项目可以运行了。由于 Web API 没有用户界面，因此在开发模式下启动了 Swagger 的 API 文档说明界面，如图 14-5 所示。

在这个界面中，可以对 Web API 进行测试，我们使用这个界面进行一下基本测试。首先测试一下 CreateGame，单击右边的展开图标，可以看到 "Try it Out" 按钮，如图 14-6 所示。

图 14-5　Swagger UI 中的 Web API 列表

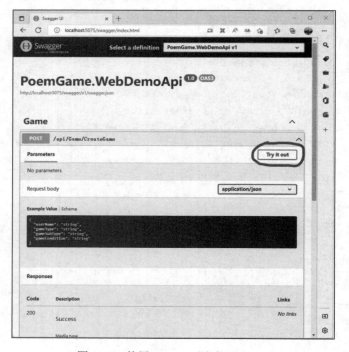

图 14-6　使用 Swagger 测试 Web API

单击"Try it Out"按钮，输入数据，如图 14-7 所示。

图 14-7　输入数据测试 Web API

输入用户为"zhangsan"，游戏类型为"Feihualing"，游戏的条件为"花"，输入完成后单击
Execute 按钮，Web API 开始执行，结果如图 14-8 所示。

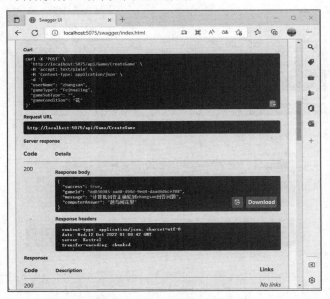

图 14-8　创建游戏 Web API 测试结果

执行成功，返回了创建游戏的 id，这里为"dd036985-aad0-494d-9ed4-daad6d6ce708"，需要用
这个 id 进行下一步的测试，计算机的回答为"越鸟闻花里"。

下面测试 Play 方法，展开 Play API 的说明，单击"Try it Out"按钮，输入数据，如图 14-9 所示。

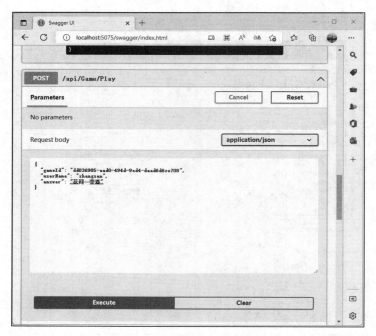

图 14-9　测试游戏进行 Web API

输入完成后单击 Execute 按钮，结果如图 14-10 所示。

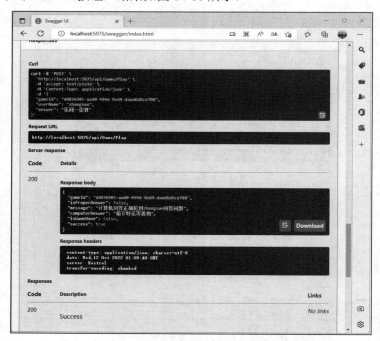

图 14-10　游戏进行 Web API 测试结果

使用这种方法可以很方便地测试各种场景。

14.4 引入工作单元

前面已经提到了工作单元的作用，本节介绍工作单元的定义、实现和使用。

14.4.1 工作单元的定义

工作单元属于技术层面，因此不在领域模型中进行定义。创建一个独立的.Net 6 类库定义工作单元，类库的名称为 PoemGame.UOW。类库中只有两个接口，分别用于定义工作单元和工作单元的管理者。IUnitOfWork 的定义如下：

```
namespace PoemGame.UOW
{
    /// <summary>
    /// 工作单元的定义
    /// </summary>
    public interface IUnitOfWork
    {
        /// <summary>
        /// 保存改变
        /// </summary>
        /// <param name="cancellationToken"></param>
        /// <returns></returns>
        Task<int> SaveChangesAsync(CancellationToken cancellationToken = default);
    }
}
```

IUnitOfWorkManager 的定义如下：

```
namespace PoemGame.UOW
{
    /// <summary>
    /// 获取当前上下文的工作单元
    /// </summary>
    public interface IUnitOfWorkManager
    {
        IUnitOfWork Current { get; }
    }
}
```

在使用工作单元时，需要使用工作单元管理者来获取工作单元的实例，然后执行 SaveChanges 将变化保存到持久层。

14.4.2 工作单元的实现

工作单元的实现方式有很多种，很多 ORM 框架也内置了对工作单元的支持，比如 EF Core 的 DbContext 本质上就是工作单元。本节创建一个测试项目作为研究的平台，并通过一些简单的试验来理解 EF Core DbContext 是如何工作的。

首先，看一下 DbContext 中的 Add 方法，创建的测试用例如下：

```
[Fact]
public async Task TestDbContextAdd()
{
    var optionsBuilder = new DbContextOptionsBuilder<PoemGameDbContext>();
    optionsBuilder.UseSqlServer(
      "Server=(local);Database=MyPoemGame;uid=sa;pwd=pwd;Encrypt=False");
    var db = new PoemGameDbContext(optionsBuilder.Options);
    var player = new Player(Guid.Empty, "zhangliu", "赵六", 100);
    await db.Players.AddAsync(player);
    Assert.Equal(Guid.Empty, player.Id);
}
```

我们需要看一下，这个单元测试执行完成后：① 是否在数据库进行了保存，② player 的 Id 是否生成。

运行这个单元测试，结果如图 14-11 所示。

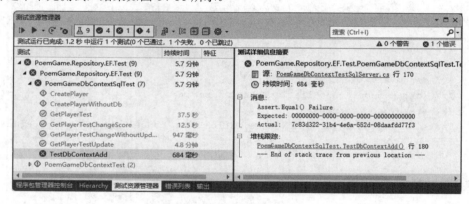

图 14-11　失败的单元测试

单元测试失败了，因为 Id 已经产生了。打开数据库，看一下是否有新的记录添加，结果如图 14-12 所示。

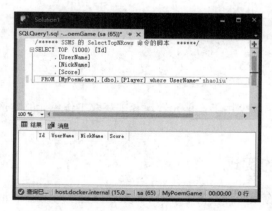

图 14-12　数据库中没有添加记录

数据库中没有添加记录，因为没有执行 SaveChanges。进一步研究一下，将

```
await db.Players.AddAsync(player);
```

修改为：

```
var p= await db.Players.AddAsync(player);
```

通过监测检查一下 **AddAsync** 的返回值是什么。在这句话设置断点，然后执行调试，结果如图 14-13 所示。

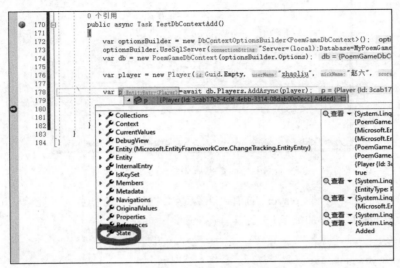

图 14-13　EF Core 的新增对象跟踪

AddAsync 的返回值是 EntityEntry<Player>，而不是 Player，说明 EF Core 框架创建了一个新的对象，这个对象可以保存实体的状态，执行完 AddAsync 后，这个状态是 Added。

在代码中添加调用 SaveChanges 方法，完成后保存程序代码：

```
var player = new Player(Guid.Empty, "zhaoliu", "赵六", 100);
var p=await db.Players.AddAsync(player);
await db.SaveChangesAsync();
```

然后再次执行单元测试（仍然以调试方式执行，便于监测），结果如图 14-14 所示。

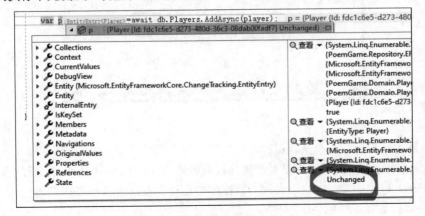

图 14-14　跟踪 EF Core 的修改对象

此时，p.State 变为 Unchanged，数据库中已经多了记录，如图 14-15 所示。

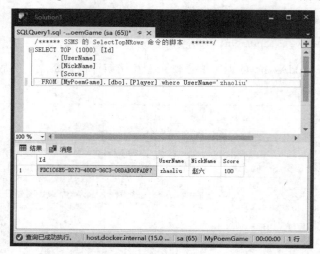

图 14-15　数据库中增加了记录

如果在插入记录后，修改 player 的值，再保存数据库，这个值是否能修改？我们在 await db.SaveChangesAsync()后面增加如下代码：

```
player.IncreaseScore(100);
await db.SaveChangesAsync()
```

执行一下测试用例，然后检查数据库，发现值已经修改了，如图 14-16 所示。

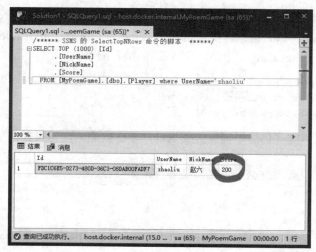

图 14-16　记录被修改

可见，一旦实体被跟踪，在执行保存数据库时，这个实体的变化就会被保存。

那么 Update 起什么作用呢？如果某个实体没有被跟踪，可以使用 Update 进行更新。我们通过构造函数创建一个 Player 实例，这个实例在数据库中已经存在，也就是存在有相同标识的记录，然后使用 Update 修改数据库中的值：

```
    var player = new Player(Guid.Parse("3cbbb962-898a-4358-09ca-08daac245d71"), "zhenzd",
"Winter", 100);
    var p=db.Players.Update(player);
```

执行上面的代码，监视 p 的值会发现，其类型是 EntityEntry<Player>，State 被标注为 Modified，如图 14-17 所示。

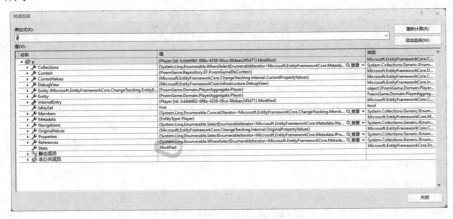

图 14-17　实体被标记为修改

此时，数据库中的数据并没有被修改，仍然需要执行 db.SaveChange。这个方法执行后，数据库中的数据被更改，而 p 的状态变为 UnChanged，如图 14-18 所示。

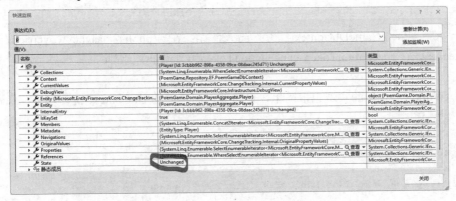

图 14-18　执行保存操作后状态改变

如果先调用 dbContext 获取对象，然后直接修改，不调用 Update，会怎样呢？让我们测试一下。首先直接获取数据：

```
    var p1 = await db.Players.FirstOrDefaultAsync(p => p.Id ==
Guid.Parse("3cbbb962-898a-4358-09ca-08daac245d71"));
```

这时 p1 的类型是 Player，不是 EntityEntry<Player>，修改 p1 的值，不使用 Update，直接调用 SaveChange：

```
    p1.IncreaseScore(100);
    await db.SaveChangesAsync();
```

查看数据库后发现数据已被修改。因此，只要是通过 dbContext 获取的实体，都已经被跟踪，针对每个对象，都有一个对应的 EntityEntry 进行跟踪，在执行 SaveChanges 时才会写入数据库，此前修改的内容只是保存在内存中。

现在可以总结一下实体被跟踪的几种情况了：

● 从针对数据库执行的查询返回。
● 通过 Add、Attach、Update 或类似方法显式附加到 DbContext。
● 检测为连接到现有跟踪实体的新实体。

DbContext 的工作过程如下：

（1）创建 DbContext 实例。
（2）跟踪某些实体。
（3）对实体进行一些更改。
（4）调用 SaveChanges 以更新数据库。
（5）释放 DbContext 实例。

现在再来看一下工作单元的工作过程：所有操作必须在成功时提交，或者在失败时回滚，DbContext 的工作过程与此是一致的，也就是说 DbContext 就是一种工作单元的实现。了解到这一点，使用 EF Core 实现工作单元就非常简单了，通过修改 EF 版本的 Repository 项目中的 PoemGameDbContext 就可以实现，只需增加 IUnitOfWork 接口声明即可：

```
public class PoemGameDbContext:DbContext,IUnitOfWork
```

由于在 PoemGameDbContext 中已经存在 public async override Task<int> SaveChangesAsync(CancellationToken cancellationToken = default)，因此也就自然实现了工作单元接口。

IUnitOfWorkManager 的实现也很简单，只需要返回当前的 DbContext 就可以了，代码如下：

```
using PoemGame.UOW;

namespace PoemGame.Repository.EF
{
    public class UnitOfWorkManager : IUnitOfWorkManager
    {
        private PoemGameDbContext _context;
        public UnitOfWorkManager(PoemGameDbContext context)
        {
            _context = context;
        }
        public IUnitOfWork Current
        {
            get
            {
                return _context;
            }
        }
    }
```

```
}
```

现在的问题回到了 Repository，在前面实现的 GameRepository 和 PlayerRepository 中，执行 Add、Update 和 Delete 之后，直接调用了 dbContext 的 SaveChanges 进行保存，这样一来，就没有工作单元的概念了。我们需要创建可以与工作单元一起工作的存储库，名称为 GameRepositoryUoW 和 PlayerRepositoryUoW，在需要工作单元的情况下使用这些存储库。GameRepositoryUoW 的代码如下：

```csharp
using System.Linq.Expressions;
using Microsoft.EntityFrameworkCore;
using PoemGame.Domain.GameAggregate;

namespace PoemGame.Repository.EF
{
    /// <summary>
    /// 游戏存储库，需要与工作单元一起工作
    /// 需要调用工作单元的 SaveChanges 进行实际保存
    /// </summary>
    public class GameRepositoryUoW:IGameRepository
    {
        private readonly PoemGameDbContext dbContext;
        public GameRepositoryUoW(PoemGameDbContext dbContext)
        {
            this.dbContext = dbContext;
        }
        /// <summary>
        /// 根据 Id 获取游戏
        /// </summary>
        /// <param name="id"></param>
        /// <returns></returns>
        public async Task<Game?> GetAsync(Guid id)
        {
            return await dbContext.Games.FindAsync(id);
        }
        /// <summary>
        /// 添加游戏，如果 Id 为空则自动产生
        /// </summary>
        /// <param name="game"></param>
        /// <returns></returns>
        public async Task<Guid> AddAsync(Game game)
        {
            await dbContext.Games.AddAsync(game);
            return game.Id;
        }
        /// <summary>
        /// 更新游戏，只产生跟踪对象，不对数据库进行操作
        /// </summary>
        /// <param name="game"></param>
        /// <returns></returns>
        public async Task UpdateAsync(Game game)
        {
```

```
                    dbContext.Update(game);
            }
            /// <summary>
            /// 移除游戏，只移除跟踪对象，不对数据库操作
            /// </summary>
            /// <param name="game"></param>
            /// <returns></returns>
            public async Task RemoveAsync(Game game)
            {
                dbContext.Remove(game);
            }
            /// <summary>
            /// 获取所有游戏
            /// </summary>
            /// <returns></returns>
            public async Task<IEnumerable<Game>> GetAllAsync()
            {
                return await dbContext.Games.ToListAsync(); ;
            }
            /// <summary>
            /// 根据条件获取游戏
            /// </summary>
            /// <param name="predicate"></param>
            /// <returns></returns>
            public async Task<IEnumerable<Game>> GetByConditionAsync(Expression<Func<Game,
bool>> predicate)
            {
                return await dbContext.Games.Where(predicate).ToListAsync();
            }
        }
    }
```

PlayerRepositoryUoW 的代码如下：

```
using System.Linq.Expressions;
using Microsoft.EntityFrameworkCore;
using PoemGame.Domain.PlayerAggregate;

namespace PoemGame.Repository.EF
{
    /// <summary>
    /// 玩家存储库，需要与工作单元一起工作
    /// 需要调用工作单元的 SaveChanges 进行实际保存
    /// </summary>
    public class PlayerRepositoryUoW:IPlayerRepository
    {
        private readonly PoemGameDbContext dbContext;
        public PlayerRepositoryUoW(PoemGameDbContext dbContext)
        {
            this.dbContext = dbContext;
        }
```

```
/// <summary>
/// 根据用户名获取玩家
/// </summary>
/// <param name="username"></param>
/// <returns></returns>
public async Task<Player?> GetPlayerByUserNameAsync(string username)
{
    var player = await dbContext.Players.FirstOrDefaultAsync(o=>o.UserName==username);
    return player;
}
/// <summary>
/// 根据标识获取玩家
/// </summary>
/// <param name="id"></param>
/// <returns></returns>
public async Task<Player?> GetPlayerByIdAsync(Guid id)
{
    var player= await dbContext.Players.FindAsync(id);
    return player;
}
/// <summary>
/// 添加玩家
/// </summary>
/// <param name="player"></param>
/// <returns></returns>
public async Task<Guid> AddAsync(Player player)
{
    await dbContext.Players.AddAsync(player);
    return player.Id;
}
/// <summary>
/// 移除玩家
/// </summary>
/// <param name="player"></param>
/// <returns></returns>
public async Task RemoveAsync(Player player)
{
    dbContext.Players.Remove(player);
}
/// <summary>
/// 更新玩家
/// </summary>
/// <param name="player"></param>
/// <returns></returns>
public async Task UpdateAsync(Player player)
{
    dbContext.Players.Update(player);
}
/// <summary>
/// 获取所有玩家
/// </summary>
```

```
        /// <returns></returns>
        public async Task<IEnumerable<Player>> GetAllAsync()
        {
            return await dbContext.Players.ToListAsync();
        }
        /// <summary>
        /// 获取符合条件的玩家
        /// </summary>
        /// <param name="predicate"></param>
        /// <returns></returns>
        public async Task<IEnumerable<Player>>
GetByConditionAsync(Expression<Func<Player, bool>> predicate)
        {
            return await dbContext.Players.Where(predicate).ToListAsync();
        }
    }
}
```

14.4.3　工作单元的使用

前面已经提到了，工作单元在服务层使用。需要工作单元的应用服务，在构造函数中传入 IUnitOfWorkManager，在需要使用工作单元的地方，通过 IUnitOfWorkManager.Current 获取工作单元的实例，然后执行 SaveChanges 方法就可以了。

14.5　本 章 小 结

本章介绍了应用层的作用和组成，并通过简单的示例说明了应用层的构建过程。

应用层将表示层与领域层隔离，表示层不能直接访问领域层，也就不能直接使用领域对象，只能通过应用层获取由领域对象转换的数据传输对象。DTO 是面向用例的，在不同用例之间不要共用 DTO，以避免产生歧义。输入 DTO 和输出 DTO 要分别构建。

在单体应用中，应用层在设计时以类库的形式存在，在运行时与表示层和领域层运行在同一程序中。在分布式应用中，应用层可以与领域层一起构成独立的运行程序，以 Web API 等形式对外提供服务，也可以构建跨限界上下文的应用服务。

工作单元包括一组作为事务进行处理的工作，一般在持久化层实现工作单元。本章以 EF Core 为例，说明了工作单元的工作过程。

第 15 章

使用 Web API 和 gRPC 实现
限界上下文集成

在第 2 章已经简单介绍了限界上下文的映射与集成方式，本章从技术角度出发，介绍实现限界上下文映射与集成的技术方案。

诗词游戏的数据来源是诗词服务，也就是说诗词游戏上下文是诗词服务上下文的消费者，这两个上下文之间的映射关系就是诗词数据。在前面的示例中使用 XML 作为数据源进行模拟，本章首先将数据源更改为数据库，并讨论通过数据库实现限界上下文集成的优点和缺点，然后着重讨论如何使用 Web API 和 gRPC 实现限界上下文的集成。

15.1　直接访问诗词服务数据库

在诗词游戏中使用诗词数据的最直接方式是通过数据库获取数据，本节介绍这种方式的实现。诗词服务数据库的结构如图 15-1 所示。

数据库中包括诗词相关的表和管理诗词数据的辅助表，诗词游戏只访问与诗词有关的表。现在使用直接访问数据库的方式获取数据。在 PoemService.Shared 中已经创建了访问接口：

```
namespace PoemService.Shared
{
    /// <summary>
    /// 诗词服务
    /// </summary>

    public interface IPoemService
    {
        /// <summary>
        /// 诗句是否存在
        /// </summary>
```

```
        /// <param name="line"></param>
        /// <returns></returns>
        Task<bool> IsPoemLineExist(string line);
        /// <summary>
        /// 获取诗句
        /// </summary>
        /// <param name="line"></param>
        /// <returns></returns>
        Task<PoemLine> GetPoemLine(string line);
        /// <summary>
        /// 获取诗的诗句
        /// </summary>
        /// <param name="poemId"></param>
        /// <returns></returns>
        Task<List<PoemLine>> GetPoemLineByPoemId(string poemId);
        /// <summary>
        /// 获取诗人
        /// </summary>
        /// <param name="name"></param>
        /// <returns></returns>
        Task<Poet> GetPoetByName(string name);
    }
}
```

图 15-1　诗词服务数据库

因此，只要实现这个接口就可以了。由于只涉及查询，我们使用轻量级的数据访问框架 Dapper 实现这些功能。

首先，创建一个类库，名称为 PoemService.Db，将 PoemService.Shared 增加到这个项目的依赖项中。然后，在程序包管理器控制台中执行下面的命令安装 Dapper：

```
Install-Package Dapper
```

Dapper 程序包安装完成后，就可以编写实现 IPoemService 接口的代码了。添加类 PoemServiceDb，并实现接口 IPoemService，再为这个类添加构造函数：

```
private readonly IDbConnection conn;
public PoemServiceDb(IDbConnection _conn)
{
    conn = _conn;
}
```

因为 Dapper 使用 IDbConnection 操作数据库，所以从构造函数传入这个类型的对象，这里仍然使用依赖注入，依赖注入的容器会创建 IDbConnection 并进行组装。

最后，实现接口中定义的方法，完整的代码如下：

```
using PoemService.Shared;
using System.Data;
using Dapper;

namespace PoemService.Db
{
    public class PoemServiceDb:IPoemService
    {
        private readonly IDbConnection conn;
        public PoemServiceDb(IDbConnection _conn)
        {
            conn = _conn;
        }
        public async Task<bool> IsPoemLineExist(string line)
        {
            var obj = await GetPoemLine(line);
            return obj != null;
        }
        public async Task<PoemLine> GetPoemLine(string line)
        {
            return await conn.QuerySingleOrDefaultAsync<PoemLine>(
"select * from PoemLine where LineContent=@line", new { line });
        }

        public async Task<List<PoemLine>> GetPoemLineByPoemId(string poemId)
        {
            return (await conn.QueryAsync<PoemLine>(
"select * from PoemLine where PoemId=@poemId", new { poemId })).ToList();
        }

        public async Task<Poet> GetPoetByName(string name)
        {
            return await conn.QuerySingleOrDefaultAsync<Poet>(
"select * from Poet where Name=@name", new { name });
        }
    }
}
```

下面创建测试项目进行验证。首先，在解决方案中添加测试项目，名称为 Test.PoemService.Db，在这个项目中添加 PoemService.Db 项目依赖。此外，还要添加程序包 Microsoft.Data.SqlClient：

```
Install-Package Microsoft.Data.SqlClient
```

这是因为需要从 SqlServer 中获取数据，所以必须安装相应的客户端，以获取 IDbConnection 的实例。

然后，编写单元测试进行初步验证：

```
using PoemService.Db;
using System.Data;
using Microsoft.Data.SqlClient;

namespace Test.PoemService.Db
{
    public class UnitTest1
    {
        [Fact]
        public async void Test1()
        {
            var connectionString =
                "Server=(local);Database=Poem;uid=sa;pwd=pwd;Encrypt=False";
            using (IDbConnection connection = new SqlConnection(connectionString))
            {
                var service = new PoemServiceDb(connection);
                var b=await service.IsPoemLineExist("luanqfab");
                Assert.False(b);
                b=await service.IsPoemLineExist("花间一壶酒");
                Assert.True(b);
            }
        }
    }
}
```

接着，将 PoemService.Db 打包发布到本地的 NuGet 库，再使用这个程序包替换 ConsoleAppDemo 中的 PoemService.Xml。在依赖注入的注册部分，需要增加 IDbConnection 的定义，并且使用 PoemServiceDb 替换 PoemService.Xml：

```
services.AddScoped<IDbConnection, SqlConnection>(serviceProvider => {
        SqlConnection conn = new SqlConnection();
        conn.ConnectionString =
"Server=(local);Database=Poem;uid=sa;pwd=pwd;Encrypt=False";
        return conn;
    });
    services
        .AddScoped<IGameFactory, GameFactory>()
        .AddScoped<IPoemService,PoemServiceDb>()
```

使用这种方式，诗词游戏就可以直接访问诗词数据库的数据库。

这种方式的优点是结构简单，缺点是两个上下文之间共享了数据库结构，这是需要尽量避免的。因为一旦数据库暴露出来，就有绕过领域模型直接访问数据库的可能，所以我们还需要考虑其他的集成方式。

15.2 使用 Web API 实现上下文集成

最理想的状态下，系统中各个限界上下文最好有独立的数据库，限界上下文之间通过服务调用进行集成。开放主机服务就是这样一种模式，现在为诗词服务编写 Web API 应用对外提供数据查询服务，诗词游戏通过调用 Web API 来获取数据。

15.2.1 编写诗词服务的 Web API

首先使用 Visual Studio 创建一个 Web API 应用，项目类型为 Asp.Net Core Web API，项目名称为 PoemServiceWebApi，创建选项中选择"启用 OpenAPI 支持"，如图 15-2 所示。

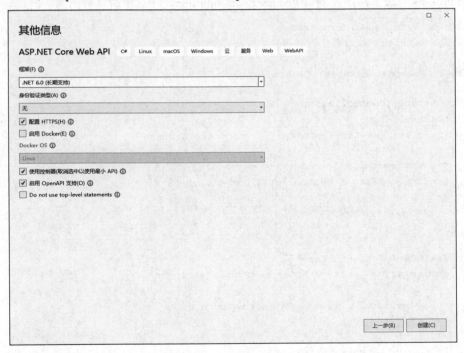

图 15-2 创建带有 OpenAPI 支持的 Web API 项目

为了方便起见，我们不再重复编写访问数据库的代码，而是使用上一节编写的 PoemService.Db。在项目中添加程序包 PoemService.Db 和 Microsoft.Data.SqlClient。

在项目的 Program.cs 中增加依赖注入定义：

```
var builder = WebApplication.CreateBuilder(args);

// 向容器添加服务
builder.Services.AddScoped<IDbConnection, SqlConnection>(serviceProvider => {
    SqlConnection conn = new SqlConnection();
    conn.ConnectionString = builder.Configuration.GetConnectionString("PoemConn");
```

```
        return conn;
});
builder.Services.AddScoped<IPoemService, PoemServiceDb>();
```

在 appsettings.json 中添加数据库连接字符串：

```
  "ConnectionStrings": {
    "PoemConn": "Server=(local);Database=Poem;uid=sa;pwd=pws;Encrypt=False"
  }
```

需要注意的是，Web API 返回数据时会对数据项进行驼峰转换，为了保持数据项不变，需要禁止这种转换，可以这样进行设置：

```
builder.Services.AddControllers()
.AddJsonOptions(options =>
options.JsonSerializerOptions.PropertyNamingPolicy = null); //禁止驼峰转换
```

在 Controllers 目录下添加控制器 PoemServiceController，在这里编写数据的访问代码：

```
using Microsoft.AspNetCore.Mvc;
using PoemService.Shared;

namespace PoemServiceWebApi.Controllers
{
    [Route("api/[controller]")]
    [ApiController]
    public class PoemServiceController : ControllerBase
    {
        private readonly IPoemService service;
        public PoemServiceController(IPoemService service)
        {
            this.service=service;
        }

        [HttpGet("GetPoetByName")]
        public async Task<Poet> GetPoetByName(string name)
        {
            return await service.GetPoetByName(name);
        }

        [HttpGet("GetPoemLine")]
        public async Task<PoemLine> GetPoemLine(string line)
        {
            return await service.GetPoemLine(line);
        }
        [HttpGet("GetPoemLineByPoemId")]
        public async Task<List<PoemLine>> GetPoemLines(string poemid)
        {
            return await service.GetPoemLineByPoemId(poemid);
        }
        [HttpGet("IsPoemLineExist")]
        public async Task<bool> IsPoemLineExist(string line)
```

```
    {
        return await service.IsPoemLineExist(line);
    }
  }
}
```

Asp.Net Core 中 Web API 控制器支持依赖注入，因此只要在构造函数中声明了 IPoemService 的参数，依赖注入容器就会将配置好的相关实例通过构造函数传入。

现在可以测试 Web API 了。由于在创建项目时选择了 OpenAPI 支持，因此会默认安装支持 OpenAPI 的 Swagger 工具。运行项目，在浏览器中会看到由 Swagger 工具生成的 Web API 列表，如图 15-3 所示。

图 15-3　使用 Swagger UI 测试 Web API

在这里可以测试 Web API：选择一个 API，在页面右上角会看到 Try Out 按钮，单击这个按钮，会出现参数输入的表单，在表单中输入数据，并单击 Execute 按钮，会调用 API。测试结果如图 15-4 所示。

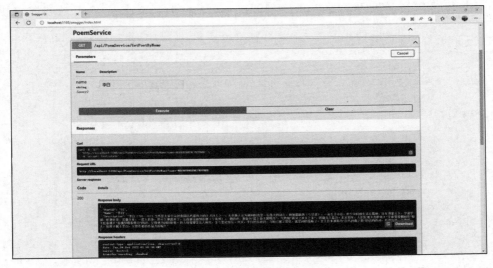

图 15-4　Web API 测试结果

默认情况下，Swagger 只在开发环境起作用，相关代码如下：

```
if (app.Environment.IsDevelopment())
{
    app.UseSwagger();
    app.UseSwaggerUI();
}
```

一般情况下在生产环境中不启动 Swagger，以避免恶意访问。

Web API 编写完成，下一步编写访问 Web API 的客户端。

15.2.2 编写访问 Web API 的 PoemService 接口

现在编写通过访问 Web API 获取诗词数据的 PoemService 接口。为了方便测试，在 Web API 的解决方案中编写这个项目。增加一个类库项目，名称为 PoemService.ApiClient，从本地 NuGet 库添加程序包 PoemService.Shared。添加类 PoemServiceApiClient 实现接口 IPoemService。

调用 Web API 需要使用 HttpClient，这里先简单介绍一下 HttpClient 的使用方法。HttpClient 可以直接使用构造函数创建，但最好使用 HttpClientFactory 进行创建，HttpClientFactory 可以在依赖注入容器中进行注册：

```
services.AddHttpClient();
```

HttpClientFactory 创建 HttpClient 的方法如下：

```
_httpClient = httpClientFactory.CreateClient();
```

创建完成后，需要指定 HttpClient 的访问地址、超时时间等参数，然后就可以使用了。

在类 PoemServiceApiClient 中使用 HttpClient 调用 Web API 获取数据，Web API 的地址保存在配置文件中，代码如下：

```
using System.Text.Json;
using Microsoft.Extensions.Configuration;
using PoemService.Shared;

namespace PoemService.ApiClient
{
    public class PoemServiceApiClient:IPoemService
    {
        private readonly HttpClient _httpClient;
        /// <summary>
        /// 使用 httpClientFactory 创建 HttpClient
        /// </summary>
        /// <param name="httpClientFactory">HttpClient 工厂</param>
        /// <param name="configuration">配置</param>
        public PoemServiceApiClient(
IHttpClientFactory httpClientFactory, IConfiguration configuration)
        {
            var addr = configuration["PoemServiceApi"];
            _httpClient = httpClientFactory.CreateClient();
            _httpClient.BaseAddress = new Uri(addr);
```

```
        _httpClient.Timeout = new TimeSpan(0, 0, 30);
    }
    public async Task<bool> IsPoemLineExist(string line)
    {
        var content=await GetContentFromHttp("IsPoemLineExist?line="+line);
        return content.ToLower() == "true";
    }
    public async Task<PoemLine> GetPoemLine(string line)
    {
        var content = await GetContentFromHttp("GetPoemLine?line=" + line);

        return JsonSerializer.Deserialize<PoemLine>(content);
    }
    public async Task<List<PoemLine>> GetPoemLineByPoemId(string poemId)
    {
        var content = await GetContentFromHttp(
"GetPoemLineByPoemId?poemId=" + poemId);
        return JsonSerializer.Deserialize<List<PoemLine>>(content);
    }

    public async Task<Poet> GetPoetByName(string name)
    {
        var content = await GetContentFromHttp("GetPoetByName?name=" + name);
        return JsonSerializer.Deserialize<Poet>(content);
    }

    private async Task<string> GetContentFromHttp(string action)
    {
        var response = await _httpClient.GetAsync(action);
        response.EnsureSuccessStatusCode();
        var content = await response.Content.ReadAsStringAsync();
        return content;
    }
    }
}
```

访问获得的数据使用 JsonSerializer 反序列化为需要的对象。

15.2.3　测试 Web API 和客户端

现在编写一个控制台程序，用于测试 Web API 和 PoemServiceApiClient。在解决方案中增加一个控制台项目，然后添加项目引用 PoemService.ApiClient。

由于需要注册 HttpClientFactory，并且创建读取地址的配置文件，因此首先编写依赖注入容器注册和配置文件获取的代码：

```
using Microsoft.Extensions.Configuration;
using Microsoft.Extensions.DependencyInjection;

namespace ConsoleApp1
{
```

```
internal class Utility
{
    public static IConfigurationRoot GetConfiguration()
    {
        var builder = new ConfigurationBuilder()
            .SetBasePath(Directory.GetCurrentDirectory())
            .AddJsonFile("appsettings.json",
                        optional: false,
                        reloadOnChange: true);
        IConfigurationRoot configuration = builder.Build();
        return configuration;
    }

    public static IServiceProvider GetService()
    {
        var services = new ServiceCollection();
        services.AddHttpClient();
        return services.BuildServiceProvider();
    }
}
}
```

然后，在控制台项目的 Program.cs 中编写访问代码：

```
using ConsoleApp1;
using PoemService.ApiClient;

Console.WriteLine("Api 启动后按回车...");
Console.ReadLine();

var clientFactory = Utility.GetService().GetService<IHttpClientFactory>();
var service=new PoemServiceApiClient(clientFactory,Utility.GetConfiguration());
var poet = await service.GetPoetByName("李白");

Console.WriteLine(poet.Description);

var b = await service.IsPoemLineExist("花间一壶酒");
Console.WriteLine(b);
 b = await service.IsPoemLineExist("花间一句话");
Console.WriteLine(b);
var poemline= await service.GetPoemLine("花间一壶酒");
Console.WriteLine(poemline.PoemId);
var lins = await service.GetPoemLineByPoemId(poemline.PoemId);
foreach (var l in lins)
{
    Console.WriteLine(l.LineContent);
}
```

在配置文件 appsettings.json 中添加 Web API 访问的地址：

```
{
  "PoemServiceApi": "http://localhost:5188/api/PoemService/"
```

```
}
```

现在，修改解决方案的启动方式，将解决方案设置为"多个启动项目"，如图 15-5 所示。

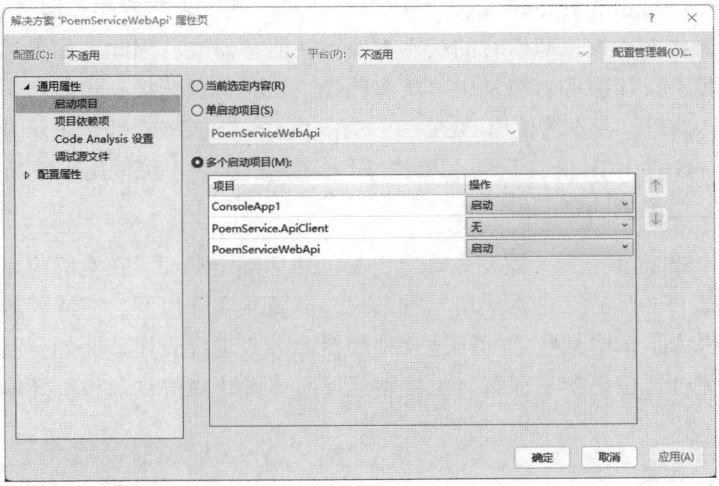

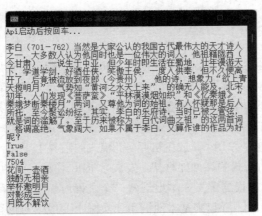

图 15-5　设置多项目启动

启动项目，控制台项目和 Web API 项目会同时启动，在控制台中会显示获得的数据，如图 15-6 所示。

图 15-6　控制台调用 Web API 的测试结果

至此，Web API 的客户端编写完成，PoemService.ApiClient 可以作为独立的程序包发布，替换现有的 PoemService.Xml 或 PoemService.Db，实现通过 Web API 与诗词服务的集成。

15.2.4　是否使用 RESTful 形式的 Web API

REST（Representational State Transfer）就是表述性状态转移，是一种风格，不是标准。REST 提供了一套原则和标准，使用这种原则开发的网络应用就是 RESTful 形式的应用。其特性包括：

（1）资源（Resources）：网络上的一个实体，例如一篇文章、一个帖子、一幅图片、一段视频等，可以用统一资源定位符（URI）进行定位。要获取资源，访问这个 URI 就可以了。

（2）表现（Representation）：是指资源的具体呈现形式。例如，文章使用 HTML 格式表现，图片使用二进制形式表现等。

（3）状态转换（State Transfer）：每发出一个请求，就代表客户端和服务器进行了一次交互。HTTP 协议是一个无状态协议，即所有的状态都保存在服务器端。因此，如果客户端想要操作服务器，就必须通过某种手段让服务器端发生"状态转换"。而这种转换是建立在表现层之上的，所以就是"表现层状态转换"。客户端使用 GET、POST、PUT、DELETE 四个表示操作方式的动词对服务端资源进行操作：GET 用来获取资源，POST 用来新建资源（也可以用于更新资源），PUT 用来更新资源，DELETE 用来删除资源。

将应用设计为 RESTful 形式，需要先确定资源，然后确定动词。在实际应用中，并不是所有的访问都能设计成 RESTful 形式，是否采用这种形式，需要从实际出发。在诗词游戏示例中并没有采用这种定义方式，因为示例中某些 API 不适合使用资源方式进行表述，比如判断诗句是否存在，采用普通的请求方式更合适也更容易理解，生搬硬套反而使设计变得复杂和不好理解，并且效果也不明显。

15.3　使用 gRPC 实现限界上下文集成

本节介绍如何使用 gRPC 实现限界上下文集成。

15.3.1　RPC 与 gRPC

RPC 是 Remote Procedure Call Protocol 的简写，也就是远程过程调用协议，是一种通过网络从远程计算机程序上请求服务而不需要了解底层网络技术的协议。如果读者使用过.Net Remoting，那么对 RPC 应该不陌生：通过 RPC 可以在应用程序中像调用本地函数一样调用运行在其他机器上的服务，而不需要关心底层的通信细节。RPC 是典型的"客户端/服务器"（C/S）模式：客户端发出请求，由服务器做出应答。对于采用"开放主机服务"模式的限界上下文，可以使用 RPC 实现集成。

gRPC 是源自 Google 的新式的高性能框架，发展了 RPC 协议。gRPC 简化了客户端和服务器之间的消息传递，gRPC 客户端根据定义在本地创建一个进程内函数，该函数会调用远程计算机上的另一个函数。调用这个函数时，看起来是本地调用，实际上变成了对远程服务的进程外调用。调用通过 RPC 管道进行，由 RPC 管道对计算机之间的网络通信、序列化和执行进行抽象。gRPC 是跨平台、轻量级和高性能的框架，支持常用的开发技术，包括 Java、JavaScript、C#、Go 和 Swift 等。

15.3.2　gRPC 对.Net 的支持

gRPC 是"客户端/服务器"结构，所以开发基于 gRPC 的应用需要有支持 gRPC 的客户端技术和服务端技术。

先说服务端，.Net 提供了支持 gRPC 的 Asp.Net Core 项目模板，使用 Visual Studio 创建项目时，选择"ASP.NET Core gRPC 服务"可以创建 gRPC 服务的基架，在基架的基础上可以进行服务端的开发。

gRPC 客户端可以是任何项目类型，例如类库、控制台、Web 应用等。如果希望编写可以复用的模块，可以选择创建类库项目。需要在客户端项目中安装 3 个程序包支持 gRPC 的开发和使用，即 Grpc.Net.Client、Google.Protobuf 和 Grpc.Tools。

　　服务端和客户端的基架搭建完成后，问题出现了，在服务端上如何声明可以被客户端调用的函数？这些函数的输入和输出参数如何声明？在 gRPC 中，需要在一种特定的文件中使用专用的语言来进行定义，这种专用语言就是 Protobuf，保存这种语言代码的文件后缀是 protobuf，在文件中使用 Protobuf 定义可以访问的函数以及函数的输入和输出。在创建 ASP.NET Core gRPC 服务项目时会生成一个示例 protobuf 文件：

```
syntax = "proto3";
option csharp_namespace = "GrpcGreeter";
package greet;
// 定义问候服务
service Greeter {
  // 发送一个问候
  rpc SayHello (HelloRequest) returns (HelloReply);
}

// 含用户名称的请求消息
message HelloRequest {
  string name = 1;
}

// 包含问候语的响应消息
message HelloReply {
  string message = 1;
}
```

　　文档所使用的语言虽然不是 C#，但并不难懂，大概是说有个叫作 Greeter 的服务，其中有个 rpc 函数，名称为 SayHello，输入类型是 HelloRequest，输出类型是 HelloReply。这两种类型的定义也在文档中，都是 message 类型，HelloRequest 中包括 name 字段，HelloReply 中包括 message 字段，都是 string 类型。

　　根据对这个文档的理解，我们可以编写自己的 RPC 函数。对此需要解决输入和输出参数的类型问题：一是 protobuf 文件中基础类型与 C#基础类型的对应关系，二是复杂类型比如列表、字典等如何对应。现在来解决这两个问题。

　　首先是基础类型的对应关系，如表 15-1 所示。

表 15-1　Protobuf 类型与 C#类型的对应关系

Protobuf 类型	C#类型
double	double
float	float
int32	int
int64	long
uint32	uint

（续表）

Protobuf 类型	C#类型
uint64	ulong
sint32	int
sint64	long
fixed32	uint
fixed64	ulong
sfixed32	int
sfixed64	long
bool	bool
string	string
bytes	ByteString

表 15-1 没有日期类型，需要使用 Protobuf 的一些"已知类型扩展"定义日期类型，如表 15-2 所示。

表 15-2 .Net 类型与 Protobuf 扩展类型的对应关系

.NET 类型	Protobuf 已知类型
DateTimeOffset	google.protobuf.Timestamp
DateTime	google.protobuf.Timestamp
TimeSpan	google.protobuf.Duration

例如，在下面的 protobuf 文件中定义日期：

```protobuf
syntax = "proto3";

import "google/protobuf/duration.proto";
import "google/protobuf/timestamp.proto";

message Game {
    string description = 1;
    google.protobuf.Timestamp start = 2;
    google.protobuf.Duration duration = 3;
}
```

对于可以为 null 的类型，比如 int?，需要导入 wrappers.proto，示例如下：

```protobuf
syntax = "proto3";

import "google/protobuf/wrappers.proto";

message Player {
    // ...
    google.protobuf.Int32Value Score = 5;
}
```

表 15-3 所示是 C#可以为 null 的类型与已知类型的包装器的对应关系。

表 15-3　C#可为 null 的类型与已知类型包装器的对应关系

C#类型	已知类型包装器
bool?	google.protobuf.BoolValue
double?	google.protobuf.DoubleValue
float?	google.protobuf.FloatValue
int?	google.protobuf.Int32Value
long?	google.protobuf.Int64Value
uint?	google.protobuf.UInt32Value
ulong?	google.protobuf.UInt64Value
string	google.protobuf.StringValue
ByteString	google.protobuf.BytesValue

接下来看一下如何在 protobuf 文件中定义集合和字典。集合可以在变量类型前加上 repeated，说明变量是该类型的集合，示例如下：

```
message GetPoemLineByPoemIdReply{
    repeated PoemLine lines=1;
}
```

说明变量 lines 是 PoemLine 类型的集合。

.Net 中的字典类型 IDictionary<TKey,TValue>在 protobuf 文件中使用 map<key_type, value_type>表示。示例如下：

```
message Player{
    // ...
    map<string, string> properties = 3;
}
```

了解这些基本概念后，就可以为 PoemService 编写 gRPC 服务了。

15.3.3　编写 gRPC PoemService 服务

现在编写 PoemService 的 gRPC 版本。首先按照上一节所说，使用 Visual Studio 创建"ASP.NET Core gRPC 服务"类型的项目，名称为 PoemGrpcService。我们使用前面已经完成的 PoemService.Db 从数据库中读取诗词数据，因此需要将它添加到项目的依赖项中。

然后，编写 proto 文件，在项目的 Protos 目录中删除示例文件，添加文件 poem.proto，在这个文件中定义 GRPC 的函数：

```
syntax = "proto3";

option csharp_namespace = "PoemGrpcService";

package poem;

// 诗词服务定义
service Poem {
```

```
    // 查看诗句是否存在
    rpc IsPoemLineExist(CheckRequest) returns(CheckReply);
    //根据诗句获取诗句的详细数据
    rpc GetPoemLine(GetPoemLineRequest) returns(PoemLine);
    //根据名字获取诗人数据
    rpc GetPoetByName(GetPoetByNameRequest) returns(GetPoetByNameReply);
    //根据诗的 Id 获取所有诗句
    rpc GetPoemLineByPoemId(GetPoemLineByPoemIdRequest)
returns(GetPoemLineByPoemIdReply);
    }
    //IsPoemLineExist 的输入
    message CheckRequest{
        string line=1;
    }
    //IsPoemLineExist 的输出
    message CheckReply{
        bool isexist=1;
    }
    //GetPoemLine 的输入
    message GetPoemLineRequest{
        string line=1;
    }
    //PoemLine 的定义
    message PoemLine{
        string PoemLineId=1;
        string PoemId=2;
        string LineContent=3;
        int32 Order=4;
    }
    //GetPoetByName 的输入
    message GetPoetByNameRequest{
        string name=1;
    }
    //GetPoetByName 的输出
    message GetPoetByNameReply{
        string PoetID=1;
        string Name=2;
        string Description=3;
    }
    //GetPoemLineByPoemId 的输入
    message GetPoemLineByPoemIdRequest{
        string poemId=1;
    }
    //GetPoemLineByPoemId 的输出
    message GetPoemLineByPoemIdReply{
        repeated PoemLine lines=1;
    }
```

这里定义了 4 个 gRPC 函数，对应 IPoemService 接口中定义的 4 个方法，为了便于对应，使用相同的名称为 gRPC 函数定义输入和输出。这里的输入和输出与 DTO 类似，所以遵守 DTO 定义的原则，为每个输入定义独立的 DTO，输出 DTO 可以复用。PoemLine 在两个输出中都有使用，所以不重复定义。

定义 proto 文件后，Grpc.Tools 会生成符合 C#的基类，也可以从 Visual Studio 界面上调用 Grpc.Tools 进行生成，方法是在 proto 文件上右击，在弹出的快捷菜单中选择"运行自定义工具"，如图 15-7 所示。

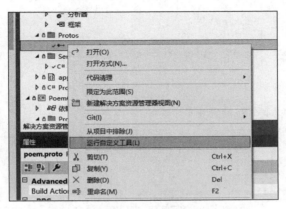

图 15-7　运行自定义工具

现在可以编写 gRPC 服务了，这个服务比较简单，主要功能就是调用 IPoemService 的实例实现 gRPC 调用，代码如下：

```
using Grpc.Core;
using PoemService.Shared;

namespace PoemGrpcService.Services
{
    /// <summary>
    /// Poem.PoemBase 由 poem.proto 文件生成
    /// 将 IPoemService 的方法封装为 gRPC 调用
    /// </summary>
    public class PoemGrpcService : Poem.PoemBase
    {
        private readonly ILogger<PoemGrpcService> _logger;
        private readonly IPoemService _poemService;
        /// <summary>
        /// 在构造函数中传入 IPoemService 的实现
        /// </summary>
        /// <param name="logger"></param>
        /// <param name="poemService"></param>
        public PoemGrpcService(ILogger<PoemGrpcService> logger,
                    IPoemService poemService)
        {
            _logger = logger;
            _poemService = poemService;
        }
        /// <summary>
        /// 判断是否存在诗句
```

```csharp
/// </summary>
/// <param name="request"></param>
/// <param name="context"></param>
/// <returns></returns>
public override async Task<CheckReply> IsPoemLineExist(
                CheckRequest request, ServerCallContext context)
{
    return new CheckReply
    {
        Isexist = await _poemService.IsPoemLineExist(request.Line)
    };
}
/// <summary>
/// 根据诗句获取诗句的详细数据
/// </summary>
/// <param name="request"></param>
/// <param name="context"></param>
/// <returns></returns>
public override async Task<PoemLine> GetPoemLine(
                GetPoemLineRequest request, ServerCallContext context)
{
    var line = await _poemService.GetPoemLine(request.Line);
    return new PoemLine
    {
        LineContent=line.LineContent,
        Order=line.Order,
        PoemId=line.PoemId,
        PoemLineId = line.PoemLineId
    };
}
/// <summary>
/// 根据名字获取诗人的详细数据
/// </summary>
/// <param name="request"></param>
/// <param name="context"></param>
/// <returns></returns>
public override async Task<GetPoetByNameReply> GetPoetByName(
            GetPoetByNameRequest request, ServerCallContext context)
{
    var poet = await _poemService.GetPoetByName(request.Name);
    return new GetPoetByNameReply
    {
        Description = poet.Description,
        Name = poet.Name,
        PoetID = poet.PoetID
    };
}
/// <summary>
/// 根据诗的 Id 获取诗的内容
/// </summary>
/// <param name="request"></param>
```

```
        /// <param name="context"></param>
        /// <returns></returns>
        public override async Task<GetPoemLineByPoemIdReply> GetPoemLineByPoemId(
                GetPoemLineByPoemIdRequest request, ServerCallContext context)
        {
            var poemlines = await _poemService.GetPoemLineByPoemId(request.PoemId);
            var res = new GetPoemLineByPoemIdReply();
            var lines = new List<PoemLine>();
            foreach (var line in poemlines)
            {
                lines.Add(new PoemLine
                {
                    LineContent = line.LineContent,
                    Order = line.Order,
                    PoemId = line.PoemId,
                    PoemLineId = line.PoemLineId
                });
            }
            res.Lines.Add(lines);
            return res;
        }
    }
}
```

在构造函数中传入 IPoemService 实现的实例，在依赖注入容器中注册。下面是 Program.cs 的代码：

```
using Microsoft.Data.SqlClient;
using PoemService.Db;
using PoemService.Shared;
using System.Data;

var builder = WebApplication.CreateBuilder(args);

builder.Services.AddGrpc();

builder.Services.AddScoped<IDbConnection, SqlConnection>(serviceProvider => {
    SqlConnection conn = new SqlConnection();
    conn.ConnectionString = builder.Configuration.GetConnectionString("PoemConn");
    return conn;
});
builder.Services.AddScoped<IPoemService, PoemServiceDb>();

var app = builder.Build();

app.MapGrpcService<PoemGrpcService.Services.PoemGrpcService>();
app.MapGet("/", () => "诗词服务 gRPC 版本");

app.Run();
```

我们使用 PoemServiceDb 作为 IPoemService 的实现在依赖注入容器中注册。至此，服务编写完成，下面编写客户端。

15.3.4 编写 gRPC PoemService 客户端

我们希望所编写的客户端可以在其他项目中使用，因此选择类库作为项目类型。

首先，创建一个新的.Net 类库，名称为 PoemGrpcServiceClient，在程序包管理控制台中运行下面的命令，为项目添加必要的程序包：

```
Install-Package Google.Protobuf
Install-Package Grpc.Net.Client
Install-Package Grpc.Tools
```

此外，还需要添加 PoemService.Shared，因为在这个类库中要实现 IPoemService 接口，通过调用远程 gRPC 的函数完成接口中定义的方法。

接下来，将在服务端创建的 proto 文件复制到项目中，修改其中的 csharp_namespace，将 PoemGrpcService 修改为 PoemGrpcServiceClient。

```
option csharp_namespace = "PoemGrpcServiceClient";
```

然后，修改项目文件，在项目文件中增加下面的内容：

```
<ItemGroup>
    <Protobuf Include="Protos\poem.proto" GrpcServices="Client" />
</ItemGroup>
```

现在，可以编写 IPoemService 的实现了：

```
using PoemService.Shared;
namespace PoemGrpcServiceClient
{
    /// <summary>
    /// 通过调用 gRPC 实现 IPoemService
    /// </summary>
    public class PoemServiceGrpc:IPoemService
    {
        /// <summary>
        /// Poem.PoemClient 由 proto 文件生成
        /// </summary>
        private readonly Poem.PoemClient _client;
        /// <summary>
        /// 传入 Poem.PoemClient
        /// </summary>
        /// <param name="client"></param>
        public PoemServiceGrpc(Poem.PoemClient client)
        {
            _client = client;
        }
        /// <summary>
        /// 是否存在诗句
        /// </summary>
        /// <param name="line"></param>
```

```
/// <returns></returns>
public async Task<bool> IsPoemLineExist(string line)
{
    var res= await _client.IsPoemLineExistAsync(
        new CheckRequest{ Line=line });
    return res.Isexist;
}
/// <summary>
/// 根据名字获取诗人的详细数据
/// </summary>
/// <param name="name"></param>
/// <returns></returns>
public async Task<Poet> GetPoetByName(string name)
{
    var res=await _client.GetPoetByNameAsync(
        new GetPoetByNameRequest{Name=name});
    var poet = new Poet
    {
        PoetID = res.PoetID,
        Description = res.Description,
        Name = res.Name
    };
    return poet;
}
/// <summary>
/// 根据诗句获取诗句的详细数据
/// </summary>
/// <param name="line"></param>
/// <returns></returns>
public async Task<PoemService.Shared.PoemLine> GetPoemLine(string line)
{
    var res=await _client.GetPoemLineAsync(
        new GetPoemLineRequest { Line=line });
    var poemline = new PoemService.Shared.PoemLine
    {
        LineContent = res.LineContent,
        Order = res.Order,
        PoemId = res.PoemId,
        PoemLineId = res.PoemLineId
    };
    return poemline;
}
/// <summary>
/// 根据诗的 Id 获取诗的内容
/// </summary>
/// <param name="poemId"></param>
/// <returns></returns>
public async Task<List<PoemService.Shared.PoemLine>>
            GetPoemLineByPoemId(string poemId)
{
    var res = await _client.GetPoemLineByPoemIdAsync(
```

```
                    new GetPoemLineByPoemIdRequest { PoemId = poemId });
            var lines = new List<PoemService.Shared.PoemLine>();

            foreach (var l in res.Lines)
            {
                var poemline = new PoemService.Shared.PoemLine
                {
                    LineContent = l.LineContent,
                    Order = l.Order,
                    PoemId = l.PoemId,
                    PoemLineId = l.PoemLineId
                };
                lines.Add(poemline);
            }
            return lines;
        }
    }
}
```

代码比较简单，就是调用 Poem.PoemClient 访问 gRPC 服务，Poem.PoemClient 是由 proto 文件生成的。

15.3.5 编写验证控制台程序

gRPC 的服务和客户端编写好后，需要编写一个简单的控制台程序，用来测试 gRPC 客户端和服务器。

首先，使用 Visual Studio 创建控制台应用，名称为 ConsoleAppGrpc，在项目中引用刚完成的客户端类库项目 PoemGrpcServiceClient。

然后，编写简单的测试代码：

```
using Grpc.Net.Client;
using PoemGrpcServiceClient;
Console.WriteLine("等待服务启动后按回车...");
Console.ReadLine();
using var channel = GrpcChannel.ForAddress("http://localhost:5240");
var client = new PoemGrpcServiceClient.Poem.PoemClient(channel);
var service= new PoemServiceGrpc(client);
var res= await service.IsPoemLineExist("会当凌绝顶");
Console.WriteLine(res);
var poet= await service.GetPoetByName("李白");
Console.WriteLine(poet.Description);
var line= await service.GetPoemLine("会当凌绝顶");
Console.WriteLine(line.PoemId);
var lines=await service.GetPoemLineByPoemId(line.PoemId);
foreach (var l in lines)
{
    Console.WriteLine(l.LineContent);
}
```

代码很简单，需要注意的是如何创建 Poem.PoemClient 的实例，这里使用构造函数直接创建，创建时需要传入参数 GrpcChannel。GrpcChannel 的地址就是我们前面创建的服务的地址。

接着，将解决方案设置为多项目启动。在解决方案管理器中，在选中的解决方案名称上右击，在弹出的快捷菜单中选择"设置启动项目"，如图 15-8 所示。

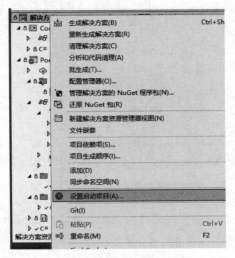

图 15-8　选择"设置启动项目"

将项目设置为"多个启动项目"，如图 15-9 所示。这样可以同时启动 gRPC 服务和控制台测试应用。

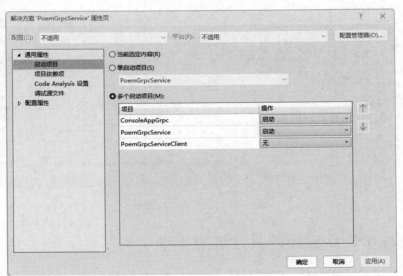

图 15-9　设置"多格项目启动"

由于 gRPC 服务比控制台启动要慢，因此在控制台应用中增加如下代码：

```
Console.WriteLine("等待服务启动后按回车...");
Console.ReadLine();
```

当 gRPC 服务启动后，按回车执行后续代码。执行效果如图 15-10 所示。

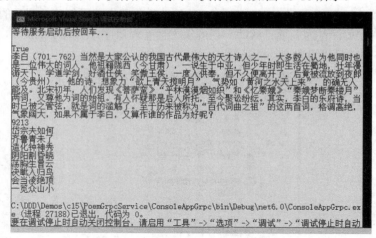

图 15-10　运行效果

如果希望在服务器日志中记录访问信息，可以在服务器的 appsettings.json 中增加下面的配置：

```
"Microsoft.AspNetCore.Hosting": "Information",
"Microsoft.AspNetCore.Routing.EndpointMiddleware": "Information"
```

这样，当客户端访问时，会记录详细的访问信息，如图 15-11 所示。

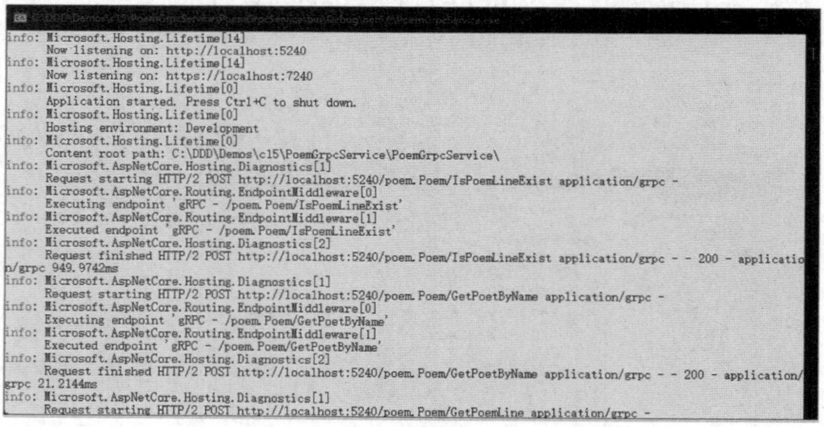

图 15-11　详细的访问记录

15.3.6　编写 gRPC 应用的其他注意事项

至此，我们已经编写和测试了 gRPC 的服务和客户端，在实际项目中，还有一些事项需要注意。

1. 如何在依赖注入容器中注册客户端

前面的例子中使用了构造函数创建 gRPC 客户端，在实际项目中，需要将客户端注册到依赖注入容器中，这部分代码如下：

```
builder.Services.AddGrpcClient<PoemGrpcServiceClient.Poem.PoemClient>(o =>
```

```
{
    o.Address = new Uri("https://localhost:5240");
});
```

服务的地址应该从配置文件中读取。

2. 增加身份验证

当远程服务需要身份验证时，需要在请求的同时发送验证 token，这部分代码如下：

```
builder.Services
    .AddGrpcClient<PoemGrpcServiceClient.Poem.PoemClient>(o =>
    {
        o.Address = new Uri("https://localhost:5240");
    })
    .AddCallCredentials((context, metadata) =>
    {
        if (!string.IsNullOrEmpty(_token))
        {
            metadata.Add("Authorization", $"Bearer {_token}");
        }
        return Task.CompletedTask;
    });
```

3. 暂时性故障处理

当网络出现问题或者服务不可用时，会导致 gRPC 调用的中断，客户端会引发 RpcException，客户端需要捕获此异常并进行处理，这部分代码如下：

```
public async Task<bool> IsPoemLineExist(string line)
{
    try
    {
        var res = await _client.IsPoemLineExistAsync(
            new CheckRequest { Line = line });
        return res.Isexist;
    }
    catch (RpcException e)
    {
        Console.WriteLine(e);
        throw;
    }

}
```

15.3.7　gRPC 重试策略的配置

重试策略在创建 gRPC 通道时进行配置：

```
var myMethodConfig = new MethodConfig
{
    Names = { MethodName.Default },
```

```
    RetryPolicy = new RetryPolicy
    {
        MaxAttempts = 3,
        InitialBackoff = TimeSpan.FromSeconds(2),
        MaxBackoff = TimeSpan.FromSeconds(10),
        BackoffMultiplier = 1.5,
        RetryableStatusCodes = { StatusCode.Unavailable }
    }
};

var channel = GrpcChannel.ForAddress("https://localhost:5240",
 new GrpcChannelOptions{
            ServiceConfig = new ServiceConfig
{ MethodConfigs = { myMethodConfig }
}
});
```

使用这个通道的 gRPC 客户端将自动重试失败的调用。

15.4　本　章　小　结

　　本章以游戏上下文与诗词服务上下文集成为例，介绍如何使用 Web API 和 gRPC 实现限界上下文的集成。首先介绍了使用数据库直接访问的方式，开发了针对诗词访问的 PoemService.Db，使用 Dapper 对数据库进行访问。在此基础上使用 Web API 和 gRPC 进行封装，实现服务的远程访问。这两种方式适用于开放主机服务模式的限界上下文的集成。下一章将介绍如何使用消息中间件实现限界上下文的集成。

第16章

使用消息实现限界上下文集成

诗词游戏需要将游戏过程中的各种信息对外发布，供其他限界上下文使用。例如在社交限界上下文的用户动态中，需要显示用户创建游戏、加入游戏以及游戏过程中的得分状态。在这个场景下，使用消息进行限界上下文之间的集成最为方便：游戏上下文发布消息，社交限界上下文订阅消息。

本章介绍如何使用消息实现限界上下文的集成。

16.1 限界上下文集成方案

本节介绍使用消息实现限界上下文集成的一般方案。不管使用什么类型的消息中间件，所采用的集成方案是基本相同的，都需要创建对外发布消息的接口和接收消息的接口，并实现消息接收程序。

16.1.1 消息中间件的使用

在"第13章 领域事件实现"中提到了发布/订阅模式，并使用 MediatR 实现了领域事件的发布与订阅。这种情况下，事件的发布和处理在进程内进行，即使是外部事件，也是先在进程内发布，再由负责对外发布的处理程序进行转发。在使用消息进行限界上下文集成时，也使用了发布/订阅模式，不过这时事件的发布/订阅在不同的进程之间，或者不同的容器、虚拟机以及主机之间进行。

在发布/订阅模式中可以看到，消息的发送和接收过程有3个部分参与：发送消息的系统，这个系统可以叫作发布者或者生产者；接收消息并向订阅者转发的中介者，也就是消息中间件；接收消息的系统，也叫作订阅者或者消费者。消息中间件是系统之间用于消息传递的软件，是基于队列与消息传递技术，在网络环境中为应用系统提供同步或异步的消息传输的支撑性软件系统。

在本示例中，发布消息的一方是诗词游戏上下文，接收处理消息或者说消费消息的一方是社交上下文，需要做的工作是：

（1）定义需要发送的消息，确定发送消息的接口。

（2）选择一种消息中间件完成消息的订阅和发布。

（3）为选中的消息中间件编写发送和订阅代码。

这里需要满足的条件是"框架无感知"，也就是这个解决方案不是为某一种类型的消息中间件定制的，替换消息中间件不应该改变系统的结构。为此，需要确定消息发送和接收的接口，为选择的具体的消息中间件编写这些接口的实现，这些实现作为插件在依赖注入容器中进行注册，再集成到系统中。如果要更换消息中间件，只需更换这些插件就可以了。

为了简化问题便于说明，本节创建简单的消息显示程序模拟社交上下文来进行说明。

16.1.2 创建对外发布消息的接口

现在创建一个接口，对发送消息的功能进行抽象，应用程序通过这个接口发布消息，而不需要了解消息发布的具体技术实现，确保系统与使用何种消息中间件技术无关。为了便于将来的扩展和维护，将这个接口创建在一个新的类库中，类库名称为 MessageCenter，接口名称为 IMessageCenter，这个接口只有一个方法——SendMessage，定义如下：

```
namespace MessageCenter
{
    public interface IMessageCenter
    {
        Task SendMessage(string message);
    }
}
```

为 ConsoleAppDemo.Application 添加 MessageCenter 的项目引用，然后在服务层的构造函数中传入接口 IMessageCenter 的实例：

```
private readonly IMessageCenter _messageCenter;
public ConsoleAppDemoService(IGameFactory factory,
    IGameRepository gameRepository,
    IPlayerRepository playerRepository,
    IDomainServiceFactory<ICheckAnswerService> checkAnswerServiceFactory,
    IMessageCenter messageCenter)
{
    _factory = factory;
    _gameRepository = gameRepository;
    _playerRepository = playerRepository;
    _checkAnswerServiceFactory = checkAnswerServiceFactory;
    _messageCenter= messageCenter;
}
```

可以在需要发布消息的地方调用 messageCenter 的 SendMessage 方法发布消息：

```
public async Task<GameCreationResult> CreateGameAsync(GameType gameType, string context)
{
    var playerme = await AddPlayer("我自己");
    var playercomputer = await AddPlayer("计算机");
    var res = await _factory.CreateGame(playerme, gameType, PlayType.Inturn, "游
```

```
戏"+gameType.MainType+" "+DateTime.Now+" "+context, context);
            var game = res.CreatedGame;
             if (res.IsSuccess)
            {
                game.PlayerJoinGame(playercomputer);
                game.Start();
                await _gameRepository.AddAsync(game);
                await _messageCenter.SendMessage(game.Description+"游戏开始");
            }
            return res;
        }
```

IMessageCenter 目前还没有实现，所以程序运行会出错，现在编写一个简单的类实现这个接口：

```
namespace MessageCenter
{
    public  class SimpleMessageCenter:IMessageCenter
    {
        public Task SendMessage(string message)
        {
            Console.WriteLine(message);
            return Task.CompletedTask;
        }
    }
}
```

在依赖注入服务中进行注册：

```
            services
                .AddScoped<IMessageCenter,SimpleMessageCenter>()
                .AddScoped<IGameFactory, GameFactory>()
                .AddScoped<IPoemService,PoemServiceDb>()
                .AddScoped<IGameRepository, GameRepository>()
                .AddScoped<IPlayerRepository, PlayerRepository>()
                .AddScoped<IComputerAnswerFactory, ComputerAnswerFactory>()
                .AddScoped<IConsoleAppDemoService, ConsoleAppDemoService>();
```

现在，程序可以正确运行，只是消息没有发布，而是输出到了控制台，如图 16-1 所示。

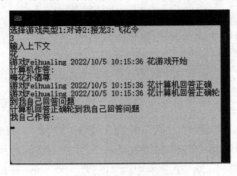

图 16-1　模拟消息发送

下一步，将会使用 RabbitMQ 和 Kafa 作为消息中间件，向其他应用发送消息。

16.1.3 创建消息接收接口

在前面的解决方案中已经提到了，消息接收也应该与选择的具体的消息中间类型没有关系。这里使用观察者模式：处理消息的部分作为观察者，接收转发消息的部分作为发布者。现在创建一个新的类库，名称为 MessageDisplay.Base，在这个类库中定义需要的接口。

作为观察者的消息处理的接口如下：

```
namespace MessageDisplay.Base
{
    public interface IMessageReceiver
    {
        void Update(string message);
    }
}
```

为这个接口编写一个简单的实现，模拟消息的处理：

```
namespace MessageDisplay.Base
{
    public class MessageReceiver:IMessageReceiver
    {
        public void Update(string message)
        {
            Console.WriteLine(message);
        }
    }
}
```

消息转发的接口如下：

```
namespace MessageDisplay.Base
{
    public interface IMessageRepublisher
    {
        Task Start();
        IMessageReceiver Receiver { get; set; }
    }
}
```

执行 Start 后，转发器会在后台等待接收消息中间件发送的消息，如果收到消息，就调用 Receiver 的 Update 方法进行处理。

16.1.4 消息接收程序

现在编写一个简单的消息接收程序，模拟社交上下文的消息显示功能，当选定具体的消息中间件后，在这个程序中装配针对消息中间件的接收插件，形成完整的应用程序。创建一个.Net 控制台应用，名称为 ConsoleMessageDisplay。在应用中添加配置文件 appsettings.json，用于保存配置信息。还需要安装依赖注入容器的程序包和配置文件读取的程序包：

```
Install-Package Microsoft.Extensions.DependencyInjection
```

```
Install-Package Microsoft.Extensions.Configuration
Install-Package Microsoft.Extensions.Configuration.Json
```

在 Utility 中编写控制台依赖注入和配置文件读取程序：

```
using MessageDisplay.Base;
using MessageDisplay.Kafka;
using Microsoft.Extensions.Configuration;
using Microsoft.Extensions.DependencyInjection;
namespace ConsoleMessageDisplay
{
    public class Utility
    {
        public static IServiceProvider GetService()
        {
            var services = new ServiceCollection();
            services.AddScoped<IConfiguration>(_ => GetConfiguration());
            services.AddScoped<IMessageReceiver, MessageReceiver>();
            //services.AddScoped<IMessageRepublisher, KafkaMessageRepublisher>();
            return services.BuildServiceProvider();
        }
        public static IMessageRepublisher GetPubRepublisher()
        {
            return GetService().GetService(typeof(IMessageRepublisher))
                    as IMessageRepublisher;
        }
        public static string GetSettings(string key)
        {
            var configuration = GetConfiguration();
            return configuration[key] ?? "";
        }
        public static IConfiguration GetConfiguration()
        {
            var builder = new ConfigurationBuilder()
                .SetBasePath(Directory.GetCurrentDirectory())
                .AddJsonFile("appsettings.json",
                    optional: false, reloadOnChange: true);
            IConfigurationRoot configuration = builder.Build();
            return configuration;
        }
    }
}
```

主程序只要获取 publisher 并执行 Start 就可以了：

```
using ConsoleMessageDisplay;
Console.WriteLine("等待消息");
var publisher = Utility.GetPubRepublisher();

publisher.Start();
Console.ReadLine();
```

这个程序可以编译通过，但不能执行，因为还没有使用具体的消息中间件，也没有注册相应的插件，插件注册的语句被注释掉了：

```
//services.AddScoped<IMessageRepublisher, KafkaMessageRepublisher>();
```

等插件编写完成，在这里添加注册代码，就可以运行了。

至此，解决方案已经基本完成，下一步的工作就是根据选定的具体的消息中间件编写发送和接收插件。

16.2　使用 RabbitMQ 实现限界上下文集成

RabbitMQ 是流行的消息中间件系统，支持 Windows、Linux 等各种主流操作系统，支持多种开发语言。RabbitMQ 使用 ErLang 编写，使用 AMQP 消息队列协议。本节使用 RabbitMQ 作为示例，说明如何使用消息中间件进行集成。RabbitMQ 的安装和配置方法见附录 A.8 的相关部分。

16.2.1　编写消息接收端

首先编写消息接收端，并使用 RabbitMQ 管理界面发送消息进行测试。

在解决方案 ConsoleAppDemo 中增加一个控制台应用，名称为 MessageDisplay。然后，在程序包管理器控制台中执行下面的命令安装 RabbitMQ 的客户端支持：

```
Install-Package rabbitmq.client
```

客户端安装完成后，就可以编写接收消息的代码了：

```
using RabbitMQ.Client;
using System.Text;
using RabbitMQ.Client.Events;

var factory = new ConnectionFactory()
{
    HostName = "127.0.0.1",
    UserName = "admin",
    Password = "admin",
    VirtualHost = "my_vhost"
};
using (var connection = factory.CreateConnection())
using (var channel = connection.CreateModel())
{
    channel.QueueDeclare(queue: "mymessage",
        durable: false,
        exclusive: false,
        autoDelete: false,
        arguments: null);
    var consumer = new EventingBasicConsumer(channel);
    consumer.Received += (model, ea) =>
    {
```

```
        var body = ea.Body;
        var message = Encoding.UTF8.GetString(body.ToArray());
        Console.WriteLine("收到消息 {0}", message);
    };
    channel.BasicConsume(queue: "mymessage",
        autoAck: true,
        consumer: consumer);

    Console.WriteLine(" 按回车退出");
    Console.ReadLine();
}
```

　　将解决方案的启动项目设置为 MessageDisplay 并运行，程序会一直运行等待。下面输入一些消息来验证接收程序是否能够正常运行。使用安装时设置的用户名和密码登录管理网站 http://127.0.0.1:15672/，进入 Connections 分页，可以看到多了新的连接，如图 16-2 所示。

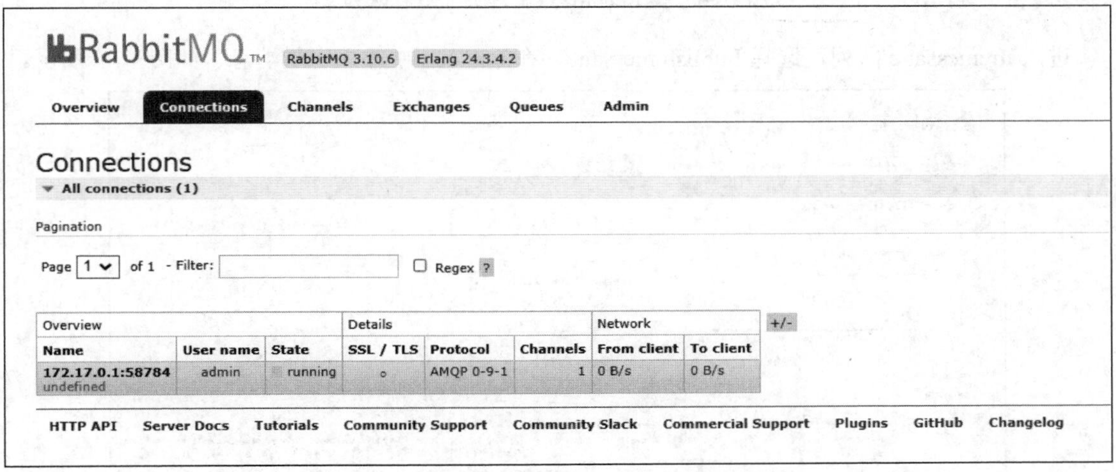

图 16-2　在 RabbitMQ 管理界面查看连接

　　在 Channels 分页中可以看到当前的 Channel，如图 16-3 所示。

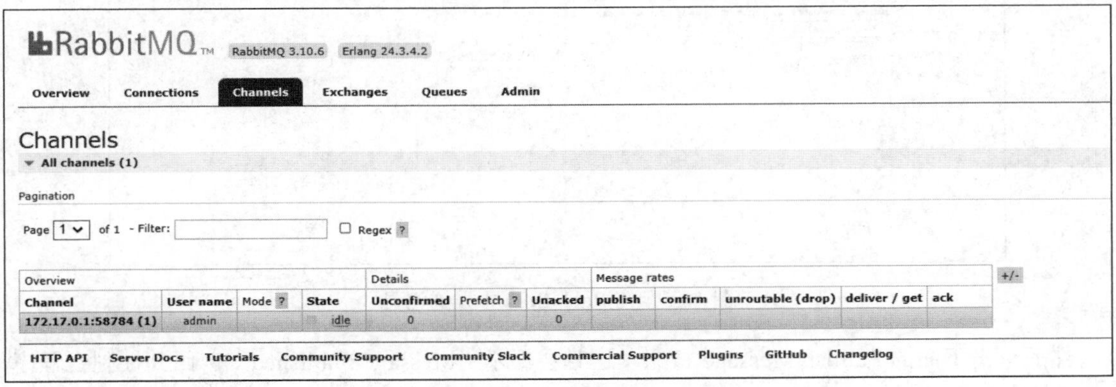

图 16-3　在 RabbitMQ 管理界面查看 Channel

　　进入 Queues 分页，会看到在代码中创建的 mymessage，如图 16-4 所示。

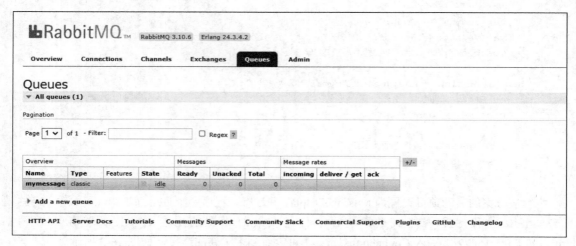

图 16-4　在 RabbitMQ 管理界面查看队列

进入 mymessage 队列，选择 Publish message，在 Payload 中输入一些消息，如图 16-5 所示。

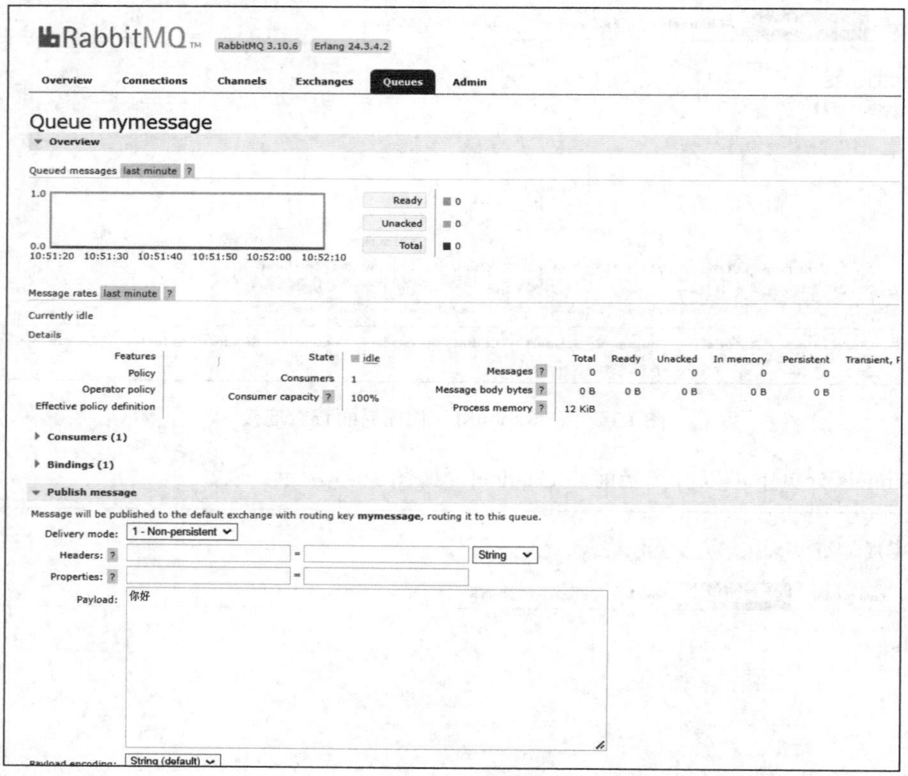

图 16-5　在 RabbitMQ 中发送消息

然后单击下面的 Publish Message 按钮，这时会提示"Message Published"。回到控制台程序，发现已经有消息显示了，如图 16-6 所示。

图 16-6　接收到消息

16.2.2　消息发布

现在编写消息发布的部分。首先，在解决方案中创建一个新的类库项目，名称为 **MessageCenter.MQ**，添加 **MessageCenter** 作为项目引用。然后，在程序包管理器控制台中运行下面的命令安装 RabbitMQ 的客户端：

```
Install-Package rabbitmq.client
```

接着添加一个名称为 **MQMessageCenter** 的类，这个类实现 **IMessageCenter**，在 **SendMessage** 方法中添加向 RabbitMQ 发送消息的代码：

```
using System.Text;
using RabbitMQ.Client;

namespace MessageCenter.MQ
{
    public class MQMessageCenter : IMessageCenter
    {
        public MQMessageCenter()
        {
        }
        public void SendMessage(string message)
        {
            var factory = new ConnectionFactory()
            {
                HostName = "127.0.0.1",
                UserName = "admin",
                Password = "admin",
                VirtualHost = "my_vhost"
            };
            using (var connection = factory.CreateConnection())
            using (var channel = connection.CreateModel())
            {
                channel.QueueDeclare(queue: "mymessage",
                    durable: false,
                    exclusive: false,
                    autoDelete: false,
                    arguments: null);
                var body = Encoding.UTF8.GetBytes(message);
                channel.BasicPublish(exchange: "",
                    routingKey: "mymessage",
```

```
                    basicProperties: null,
                    body: body);
        }
    }
}
```

在 ConsoleAppDemo 中引用这个项目，并且修改依赖注入中的注册：

```
services
    // .AddScoped<IMessageCenter,SimpleMessageCenter>()
    .AddScoped<IMessageCenter, MQMessageCenter>()
```

下面验证一下发送和接收。将解决方案设置为"多个启动项目"，如图 16-7 所示。这样游戏项目和消息显示就可以同时启动了。

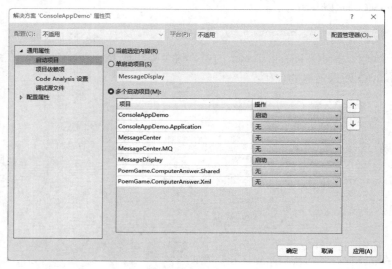

图 16-7　设置"多个项目启动"

运行项目，看一下效果，结果如图 16-8 和图 16-9 所示。说明消息可以正确地发布和接收。

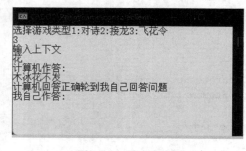

图 16-8　游戏客户端

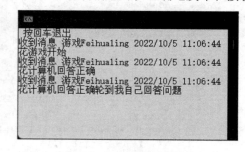

图 16-9　消息接收客户端

上面的代码还需要改进，需要将硬编码的部分移动到配置文件中。

16.2.3　在控制台项目中使用配置文件

在 16.2.2 节的代码中，RabbitMQ 的配置是硬编码的，现在需要将它们转移到配置文件中。.Net 平台提供了配置抽象接口——IConfiguration，通过这个接口可以访问需要的配置。现在改造 MQMessageCenter，增加从配置中读取参数的功能。

首先安装程序包 Microsoft.Extensions.Configuration，然后改造构造函数，从构造函数中传入读取配置的对象，并读取相关参数：

```
public class MQMessageCenter : IMessageCenter
{
    private readonly IConfiguration configuration;
    private readonly string hostName;
    private readonly string userName;
    private readonly string password;
    private readonly string virtualHost;

    public MQMessageCenter(IConfiguration _configuration)
    {
        configuration= _configuration;
        hostName = configuration["RabbitMQ:HostName"] ?? "127.0.0.1";
        userName = configuration["RabbitMQ:UserName"] ?? "admin";
        password = configuration["RabbitMQ:Password"] ?? "admin";
        virtualHost = configuration["RabbitMQ:VirtualHost"] ?? "my_vhost";
    }
```

再在创建 RabbitMQ 连接时使用这些参数：

```
public Task SendMessage(string message)
{
    var factory = new ConnectionFactory()
    {
        HostName = hostName,
        UserName = userName,
        Password = password,
        VirtualHost = virtualHost
    };
```

下面修改使用 MQMessageCenter 的控制台项目，增加配置文件读取功能。首先，安装支持配置文件的程序包：

```
Install-Package Microsoft.Extensions.Configuration
Install-Package Microsoft.Extensions.Configuration.FileExtensions
Install-Package Microsoft.Extensions.Configuration.Json
```

然后，在控制台项目中添加配置文件 appsettings.json，在配置文件中保存配置参数：

```
{
  "ConnectionStrings": {
    "PoemGame": "Server=(local);Database=MyPoemGame;uid=sa;pwd=pwd;Encrypt=False",
    "PoemService": "Server=(local);Database=Poem;uid=sa;pwd=pwd;Encrypt=False"
  },
```

```
"RabbitMQ": {
  "HostName": "127.0.0.1",
  "UserName": "admin",
  "Password": "admin",
  "VirtualHost": "my_vhost"
}
}
```

注意，在项目中增加配置文件后，需要设置属性，在编译时将配置文件复制到输出目录，如图 16-10 所示。

图 16-10　配置文件设置

在 Utility 中增加读取配置文件的功能：

```
public static IConfiguration GetConfiguration()
{
    var builder = new ConfigurationBuilder()
        .SetBasePath(Directory.GetCurrentDirectory())
        .AddJsonFile("appsettings.json",
            optional: false, reloadOnChange: true);
    IConfigurationRoot configuration = builder.Build();
    return configuration;
}
```

使用 ConfigurationBuilder 读取 appsettings.json，并创建 IConfiguration 实例。

最后，在依赖注入容器中注册 IConfiguration 实例就可以了：

```
public static IServiceProvider GetService()
{
    var configuration= GetConfiguration();
    var services = new ServiceCollection();
    services.AddScoped<IConfiguration>(_=> configuration);
```

16.2.4　编写接收端插件

前面的消息接收端是为了测试消息接收而编写的，现在需要编写接收部分的插件，以便可以组装到模拟消息处理的客户端中。创建一个新的类库，名称为 MessageDisplay.RabbitMQ，在类库中添加项目引用 MessageDisplay.Base，还要安装程序包 RabbitMQ.Client，然后增加名称为 RabbitMqMessageRepublisher 的类，这个类实现接口 IMessageRepublisher，完成消息的接收和转发工作：

```csharp
using System.Text;
using MessageDisplay.Base;
using Microsoft.Extensions.Configuration;
using RabbitMQ.Client.Events;
using RabbitMQ.Client;

namespace MessageDisplay.RabbitMQ
{
    public class RabbitMqMessageRepublisher:IMessageRepublisher
    {
        private readonly IConfiguration configuration;
        public RabbitMqMessageRepublisher(IMessageReceiver messageReceiver,
                                    IConfiguration _configuration)
        {
            this.Receiver = messageReceiver;
        }
        public Task Start()
        {
            var queue = configuration["RabbitMQ:Queue"];
            var factory = new ConnectionFactory()
            {
                HostName = configuration["RabbitMQ:HostName"],
                UserName = configuration["RabbitMQ:UserName"],
                Password = configuration["RabbitMQ:Password"],
                VirtualHost = configuration["RabbitMQ:VirtualHost"],
            };
            using (var connection = factory.CreateConnection())
            using (var channel = connection.CreateModel())
            {
                channel.QueueDeclare(queue: queue,
                    durable: false,
                    exclusive: false,
                    autoDelete: false,
                    arguments: null);
                var consumer = new EventingBasicConsumer(channel);
                consumer.Received += (model, ea) =>
                {
                    var body = ea.Body;
                    var message = Encoding.UTF8.GetString(body.ToArray());
                    Receiver.Update(message);
                };
                channel.BasicConsume(queue: queue,
                    autoAck: true,
                    consumer: consumer);

            }
            return Task.CompletedTask;
```

```
        }
        public IMessageReceiver Receiver { get; set; }
    }
}
```

现在可以在 ConsoleMessageDisplay 中进行测试了。首先引用项目 MessageDispaly.RabbitMQ，然后在配置文件中增加 RabbitMQ 的配置：

```
"RabbitMQ": {
  "HostName": "127.0.0.1",
  "UserName": "admin",
  "Password": "admin",
  "VirtualHost": "my_vhost",
  "Queue": "mymessage"
}
```

最后在 Utility 中进行注册：

```
services.AddScoped<IMessageRepublisher, RabbitMqMessageRepublisher>();
```

这样 ConsoleMessageDisplay 就可以接收来自 RabbitMQ 的消息了。

16.2.5 RabbitMQ 消息类型简介

这里简单介绍一下 RabbitMQ 的消息类型。

1. Direct 模式

Direct 模式如图 16-11 所示。

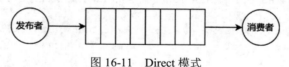

图 16-11 Direct 模式

Direct 模式最为直接，发送方的消息通过中间件到达接收方。

2. Fanout 模式

Fanout 模式如图 16-12 所示。

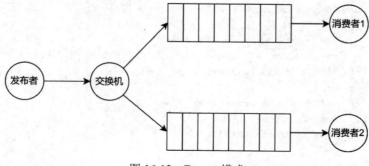

图 16-12 Fanout 模式

Fanout 模式用于处理一个消息有多个消费者的情况。在这种情况下，消息需要发送给交换机（exchange），然后将交换机与消息队列绑定，一个交换机可以绑定多个消息队列，这样不同的消息消费者都可以接收到消息。

3. RouteKey 模式

RouteKey 模式如图 16-13 所示。

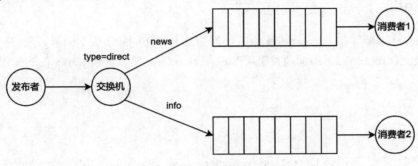

图 16-13　RouteKey 模式

在 Fanout 模式下，消息被发送到订阅消息的所有队列中，如果希望选择性地向队列发送消息，可以使用 RouteKey 模式，根据不同的 RouteKey 向不同的队列发送消息。

4. Topic 模式

Topic 模式如图 16-14 所示。

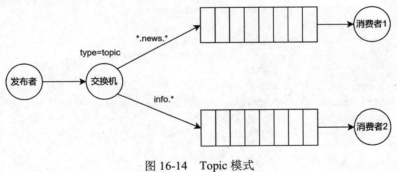

图 16-14　Topic 模式

在 RouteKey+RouteKey 模式中，RouteKey 是固定的，而 Topic 模式引入了通配符，RouteKey 可以是符合表达式的任何字符串。

- 通配符 "*"，代表一个字符。
- 通配符 "#"，代表 0 或多个字符。

仔细研究上面的规则，会发现 Topic 模式可以代替 Direct 和 Fanout，如果 RouteKey 被设置为"#"，就是队列，可以接收任何消息，这与 Fanout 模式相同；如果 RouteKey 中没有通配符，则和使用 Direct 模式的效果相同。

16.3　使用 Kafka 实现限界上下文集成

Kafka 是开源的分布式消息系统，基于 ZooKeeper，使用 Java 和 Scala 开发。本节介绍如何使用 Kafka 实现限界上下文集成。Kafka 的安装方法参见附录 A.9 的相关部分。

16.3.1　Kafka 消息发送端的编写

现在编写 Kafka 版本的 MessageCenter，编写方法与 RabbitMQ 版本类似。创建一个.Net 类库，名称为 MessageCenter.Kafka，添加项目引用 MessageCenter。然后安装 Kafka 的.Net 程序包：

```
Install-Package Confluent.Kafka
```

还要安装支持配置文件读取的程序包：

```
Install-Package Microsoft.Extensions.Configuration.Abstractions
```

在项目中添加类，名称为 KafkaMessageCenter，这个类实现接口 IMessageCenter：

```
using Confluent.Kafka;
using Microsoft.Extensions.Configuration;

namespace MessageCenter.Kafka
{
    public class KafkaMessageCenter:IMessageCenter
    {
        private readonly IConfiguration configuration;
        private readonly string bootstrapServers;
        private readonly string topic;
        public KafkaMessageCenter(IConfiguration _configuration)
        {
            configuration= _configuration;
            bootstrapServers = configuration["Kafka:BootstrapServers"]
 ?? "localhost:9092";
            topic= configuration["Kafka:Topic"] ?? "testDemo";
        }

        public async Task SendMessage(string message)
        {
            var config = new ProducerConfig
            {
                BootstrapServers = bootstrapServers
            };

            using var p = new ProducerBuilder<Null, string>(config).Build();

            var kafkamessage = new Message<Null, string>
            {
                Value = message
            };
```

```
            await p.ProduceAsync(topic, kafkamessage);
        }
    }
}
```

代码比较简单，首先通过构造函数获取读取配置的对象，从配置中读取 Kafka 的服务地址和使用的 topic，然后在 SendMessage 方法中使用 Kafka 的 ProducterBuilder 创建发送消息的对象并发布消息。

现在可以在控制台应用中使用 KafkaMessageCenter 替换 MQMessageCenter 了。在控制台项目中添加项目引用 KafkaMessageCenter，然后修改配置文件 appsettings.json，增加 Kafka 的相关配置：

```
"Kafka": {
  "BootstrapServers": "localhost:9092",
  "Topic": "testDemo"
}
```

在依赖注入容器配置中使用 KafkaMessageCenter 替换 MQMessageCenter：

```
            services
            // .AddScoped<IMessageCenter,SimpleMessageCenter>()
            // .AddScoped<IMessageCenter, MQMessageCenter>()
               .AddScoped<IMessageCenter, KafkaMessageCenter>()
```

运行项目，进行一个人机游戏，如图 16-15 所示。

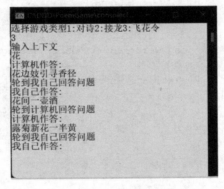

图 16-15　使用 Kafka 发送游戏消息

在游戏进行中已经发布消息了，只是还没有开发接收消息的客户端，所以还看不到效果，下面编写 Kafka 的消息接收端。

16.3.2　Kafka 消息接收端的编写

在解决方案中创建控制台项目，名称为 MessageDisplay.Kafka，用来接收并显示消息。在项目中安装 Kafka 程序包：

```
Install-Package Confluent.Kafka
```

然后实现接口 IMessageRepublisher：

```
using Confluent.Kafka;
using MessageDisplay.Base;
```

```csharp
using Microsoft.Extensions.Configuration;

namespace MessageDisplay.Kafka
{
    public class KafkaMessageRepublisher:IMessageRepublisher
    {
        private readonly IConfiguration configuration;
        public KafkaMessageRepublisher(IMessageReceiver messageReceiver,
                                       IConfiguration _configuration)
        {
            this.Receiver = messageReceiver;
            this.configuration = _configuration;
        }
        public Task Start()
        {
            var groupId = configuration["Kafka:GroupId"];
            var bootstrapServers = configuration["Kafka:BootstrapServers"];
            var topic = configuration["Kafka:Topic"];
            var conf = new ConsumerConfig
            {
                GroupId = groupId,
                BootstrapServers = bootstrapServers,
                AutoOffsetReset = AutoOffsetReset.Earliest
                //AutoOffsetReset = AutoOffsetReset.Error
            };
            using var c = new ConsumerBuilder<Ignore, string>(conf).Build();
            c.Subscribe(topic);
            var cts = new CancellationTokenSource();
            Console.CancelKeyPress += (_, e) =>
            {
                e.Cancel = true;
                cts.Cancel();
            };
            try
            {
                while (true)
                {
                    var cr = c.Consume(cts.Token);
                    Receiver.Update($"{cr.Message.Value}");
                    //Console.WriteLine($"{cr.Message.Value}");
                }
            }
            catch (OperationCanceledException)
            {
            }
            finally
            {
                c.Close();
            };
            return Task.CompletedTask;
        }
```

```
        public IMessageReceiver Receiver { get; set; }
    }
}
```

接着，在 ConsoleMessageDisplay 中配置并装配 Kafka 插件进行测试。在配置文件中增加 Kafka
服务的相关配置：

```
"Kafka": {
  "BootstrapServers": "localhost:9092",
  "Topic": "testDemo",
  "GroupId": "test-consumer-group3"
},
```

增加项目引用 MessageDisplay.Kafka，并在依赖注入容器中进行注册：

```
services.AddScoped<IMessageRepublisher, KafkaMessageRepublisher>();
```

现在可以运行项目进行测试了。将解决方案的启动项目设置为 MessageDisplay.Kafka，运行项
目，会发现可以显示前一节游戏过程中发出的消息，如图 16-16 所示。

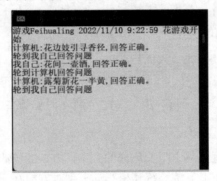

图 16-16　Kafka 接收消息端

如果将项目设置为多项目启动，同时运行游戏和消息接收，可以实时接收消息。

下面再来研究一下配置文件中 GroupId 的作用，将配置文件中的 GroupId 从 test-consumer-group1
修改为 test-consumer-group2，再次运行程序，结果如图 16-17 所示。

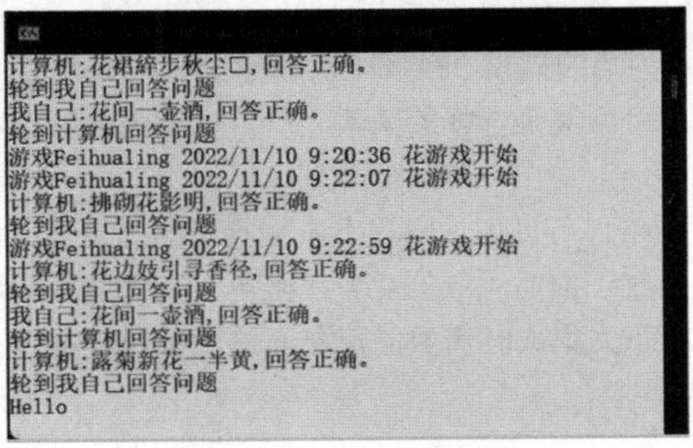

图 16-17　历史消息仍然可以回溯

查看运行结果，会发现不仅是上一次的消息，所有测试的消息都被显示了出来。这说明 Kafka
"记住"了接收到的所有消息，并且如果新的组没有消费过消息，还可以选择获取这些消息。是否

获取这些历史消息，取决于创建 Customer 时的设置：

```
var conf = new ConsumerConfig
{
    GroupId = groupId,
    BootstrapServers = bootstrapServers,
    AutoOffsetReset = AutoOffsetReset.Earliest
};
```

这里将 AutoOffsetReset 设置为 AutoOffsetRest.Earliest，也就是从最早的消息开始获取新的消息；如果将设置改为 AutoOffsetReset.Latest，那么就从最后的消息开始获取新的消息。Kafka 的 Offset 设置说明如下：

- AutoOffsetReset.Earliest：当各分区下有已提交的 offset 时，从提交的 offset 开始消费；无提交的 offset 时，从头开始消费。
- AutoOffsetReset.Latest：当各分区下有已提交的 offset 时，从提交的 offset 开始消费；无提交的 offset 时，消费新产生的该分区下的数据。
- AutoOffsetReset.Error：topic 各分区都存在已提交的 offset 时，从 offset 后开始消费；只要有一个分区不存在已提交的 offset，则抛出异常。

可以对消息进行回溯是 Kafka 的一大优势。

16.4　本 章 小 结

本章主要讲述使用消息实现限界上下文集成的方案，方案的核心是采用消息中间件作为消息发布和订阅的中介者，这样可以使上下游系统互相感觉不到对方的存在，没有耦合关系。方案的设计原则仍然是"架构无感知"：定义事件的发送和接收接口，将系统与所使用的消息中间件隔离，然后针对具体的消息中间件编写发送和接收插件，通过依赖注入容器进行注册和装配。本章使用了控制台应用模拟消息发送方和接收方，力图使用最少的代码进行说明。

在使用消息进行集成时，涉及消息中间件的选择，有很多种消息中间件可供选择，本章使用的 RabblitMQ 和 Kafka 是具有代表性的两种消息中间件，有各自的特点。在选择消息中间件时需要考虑的因素很多，例如需要发送消息的规模、网络环境、硬件环境、对可靠性的要求、维护的成本等。从需求角度看，是否支持消息可回溯是选择的因素之一，如果需要消息可回溯，可以选择 Kafka 等支持消息回溯的中间件。

最后需要说明的是，领域事件可以作为限界上下文集成的消息使用，但不是必要条件。领域事件是领域模型的一部分，重点在于描述领域的业务，限界上下文的集成属于应用层范畴，与实际的用例相关，不需要为了限界上下文集成时需要的消息而修改领域模型。

第 **3** 部分 构建以领域模型为核心的应用

第17章

"战略设计"与架构选择

本章是第 3 部分的开始，在这部分将要介绍应用的开发，我们会使用第 1 部分创建的领域模型和第 2 部分介绍的技术实现来搭建各种类型的应用。作为开始，本章首先回顾一下项目的"战略设计"，概括说明组成项目各部分的限界上下文的技术实现方法，然后概要介绍一下软件架构。在后面几章将架构模型应用到系统设计中。

软件技术发展到今天，积累了大量可用的软件架构，很多可以作为骨架在实际项目中直接使用。当开始一个新的项目时，不需要从零开始，而是选择合适的模板项目作为参考，创建项目的基础框架。因此，针对不同业务的应用系统，所使用的架构可能是完全一样的，因而使用架构描述这些应用系统的设计，可能会得出相似的结果，这显然是有问题的；业务的差异被隐藏在技术实现中了。在领域驱动设计中，使用"战略设计"（限界上下文）和"战术设计"（领域模型）将业务差别明示。

17.1 从业务出发规划项目架构

17.1.1 问题的提出

第 8 章介绍了架构的演变，不管什么样的架构，都分为若干互相依赖的层次，例如三层结构或者四层结构等，三层或者四层可以是领域层、服务层、表示层和基础设施层等。这些架构可以在几乎任何应用系统上使用，但却没有办法看到与业务相关的内容。从这个角度来说，这种架构的描述方法采用的是技术对齐，每一层代表一类特定的技术，这些技术与业务无关，所以可以通用。从技术和角度出发，使用通用的技术表述描述系统结构的方式可以称为"技术对齐"，这种描述方式一直被广泛使用，从二十多年前的 MIS 系统到现代的企业应用，很多系统都采用这种描述方式。在设计说明中看到的子系统、模块或者功能的描述都类似于"XXX 信息录入""XXX 信息管理""XXX 信息查询"等，更细化的设计主要针对技术实现，例如，如何访问数据库、如何实现查询等。用户可能感觉有问题，但又说不出来哪里不对，于是乎无论是"人事管理"还是"设备管理"，从设计上看，几乎没有什么太大的区别。看一下如图 17-1 所示的架构图。

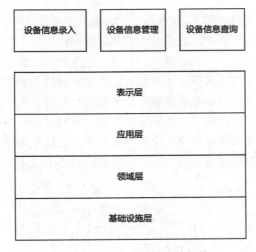

图 17-1 几乎万能的软件架构

上面的架构几乎是万能的，只要将"设备"换成其他的名称就行。"技术对齐"的描述方式的影响范围包括从团队组织到开发过程的方方面面。其弊端是只注意到技术实现的相似性，而忽略了业务的差异性。由于业务差异隐含在技术实现的过程中，项目初期就给人一种错觉，以为项目很简单，仅仅是实现的工作量问题。很多项目进度超期、费用超支都跟这种错觉有很大的关系，从客户、需求到销售，好像都不觉得项目工作量很大，这就影响了报价。低报价实际上是两败俱伤：客户花了钱，但得不到希望的产品；开发方没有赚到钱也没有让客户满意。

笔者曾经经历的一个项目中包含了一个"报表输出"功能，当时想象中已经有了一个从数据库表中输出报表的功能，大致修改一下就可以适应很多场景，所以报了个自己觉得不错的价格，用户也同意了。这个功能的技术实现本身没有问题，可是用户的报表类型很多，需要对每个报表进行个性化配置，报表工具才能完成报表输出，而业务含义隐含在配置中。起初的设想是我们完成软件开发，报表由用户自行配置，可实施过程中发现如果报表结构复杂，所对应的配置也就变得复杂，其过程与编程无异，只是使用了特定的配置语言。这导致了复杂的配置用户无法自行完成，最后大量的复杂报表还得由开发人员完成。由于报价时没有考虑配置的工作量，最终项目没有赚到钱。最后的结论是对于复杂报表，需要从业务角度考虑如何实现，而不是只考虑如何使用通用的配置实现。如果从业务角度出发，就会按报表的种类和业务复杂程度来估算工作量了，就不会出现过大的偏差。

单纯从技术出发规划项目会导致下面的问题：

● 业务模型不明确，业务实现分散在代码过程或配置中。
● 过度的"技术复用"导致业务之间的边界模糊。
● 业务过程碎片化，难以理解和测试。

我们需要从业务角度出发的整体设计，在领域驱动设计中，这就叫"战略设计"。

17.1.2 战略设计的作用

从上一节提出的问题可以看出，在考虑架构时，不仅需要考虑技术方面的问题，更重要的是要考虑业务方面的问题，这就是所谓的业务对齐。接下来的问题就是以什么粒度来划分业务，在这方面，DDD 给出的办法是采用领域、子域、限界上下文等概念进行战略设计，也就是项目的整体规划，业务按照限界上下文的概念进行划分，它们之间的依赖关系由限界上下文映射确定。每个限界上下文本身可以按照分层结构来设计。可以这样说，先进行业务对齐，找出限界上下文，再使用技术对齐，实现限界上下文。用到了技术对齐，不同限界上下文之间的业务区别就体现在领域层的领域模型中了。以设备管理为例，其包括的业务子域有设备档案、故障管理、检修管理、维修管理等，如果子域的粒度过大，仍然可以继续拆分，比如检修管理可以继续分解为检修计划编制、检修过程管理、检修费用管理等，每个子域可以对应一个限界上下文，在这个限界上下文中创建这个子域的领域模型，并且仍然可以使用分层结构完成实现。软件架构如图 17-2 所示。

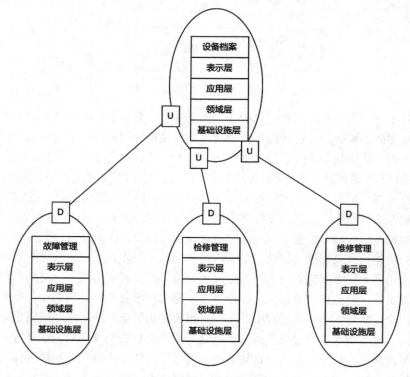

图 17-2　业务对齐的软件架构

"战略设计"的最大好处就是让领域专家和用户尽早介入项目设计，用户和领域专家可以很容易地发现子域划分过程中的问题。系统分解得越细，对应的软件模块的粒度就越小，也就越容易实现。"战略设计"工作做得越充分，后续的开发工作就越容易展开。

17.1.3　限界上下文之间的架构

当我们使用"战略设计"对项目进行规划后，得到了业务对齐的软件架构。如图 17-2 所示，应用的架构被分为两个部分：一是限界上下文内部的架构，图中每个限界上下文都采用了四层架构进行描述；二是限界上下文之间的架构，这个架构与应用软件采用的软件类型有关，是单体应用、前后端分离的应用还是使用微服务技术的分布式应用。

限界上下文之间的界限取决于应用的架构类型。在单体应用中，所有的业务模块是在一起开发的,即使不在一起开发,运行时也是部署在一起的。在前后端分离的应用中也是这样,应用层业务模块之间的界限部署不是很清晰。这种情况下,限界上下文只是逻辑上的概念,可能在开发上可以独立完成,但在部署和维护上无法做到独立:所有限界上下文的数据库是在一起的,配置文件是在一起的,诸如此类,为运行、维护和升级带来了麻烦。微服务的出现很大程度上解决了这个问题,按微服务方式开发的限界上下文有了明确的物理边界,每个限界上下文独立进行部署,有独立的配置文件,甚至有独立的数据库,这就使架构的业务对齐从概念和逻辑走向落地。

17.2 示例项目的"战略设计"

在第 2 章中已经对示例项目的限界上下文进行了初步划分,本节在此基础上,对每个限界上下文的实现做具体的说明,完成项目的"战略设计"。

17.2.1 限界上下文的划分

在第 2 章对诗词游戏系统划分了 4 个限界上下文:

- 诗词游戏上下文:是本系统的核心限界上下文。
- 用户认证上下文:属于通用限界上下文,使用成熟的第三方产品。
- 诗词服务上下文:为诗词游戏提供数据支持,属于支撑限界上下文。
- 游戏管理上下文:对诗词游戏和玩家进行管理,并提供历史数据查询分析等功能,属于支撑限界上下文。

上述限界上下文之间的关系如图 17-3 所示。

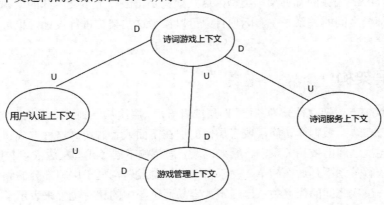

图 17-3　限界上下文之间的关系

17.2.2 诗词游戏上下文

诗词游戏上下文是核心限界上下文,也是我们讨论的重点,后面几章中会以这个限界上下文为例,实现 Web 单体应用、单页面 Web 应用、桌面应用以及移动应用等应用类型。

17.2.3 用户认证上下文

在本示例中，我们采用 Identity Server 4 作为认证服务，游戏系统中采用 OIDC 协议访问认证服务进行认证。这部分采用现成的系统，有关认证的实现参见"第 12 章 认证"。

用户认证上下文与诗词游戏上下文的集成方式是"已发布语言"（OIDC 协议），尽管示例中使用的是 Identity Server 4，但可以很方便地替换为其他支持 OIDC 协议的第三方产品。

17.2.4 诗词服务上下文

诗词服务为诗词游戏提供数据支持，采用基于 Web API 的开放主机服务为诗词游戏提供服务。诗词服务中的数据维护部分不涉及复杂的业务规则，所以我们采用数据驱动的开发方式实现，在第 22 章将会介绍数据驱动开发并与领域驱动设计进行比较。

17.2.5 游戏管理上下文

在游戏管理中，操作的对象仍然是玩家、游戏，然而在这个上下文中，关心的不是游戏进行过程，所以在这个限界上下文中，玩家和游戏具有与游戏上下文所不同的属性与方法：对玩家的操作有"锁定""解除锁定"等，对游戏的操作包括"软删除""恢复"等，这些数据单独存储，使用独立的查询服务完成玩家和游戏的跨上下文查询。

17.3　与 DDD 相关的架构类型

本节介绍与 DDD 相关的几种架构类型，这些架构是指限界上下文内部的架构，用来描述领域模型与软件其他部分之间的关系。在实际项目中可以参考这些架构进行设计，也可以使用这些架构模型检验现有的项目。

17.3.1 分层架构

传统的分层架构一般把软件分为三层、四层或者五层，层次从上到下或者从左到右。一般来说，表示层在上面或者左边，数据库访问层或者类似的层在下面或者右边。这种方式的好处是可以清晰地表明软件内部层次之间的依赖关系，一般来说，上层依赖下层（或者左边依赖右边）。但在 DDD 的分层架构中，依赖关系不是这么简单，由于引入了控制反转，处于中间部分的领域层成为需要被各层依赖的部分，层次之间的依赖关系已经不太容易通过图中的相对位置来表示了。还有一个问题是分层架构缺乏应用与外部的关系描述的灵活性，通常只有上下（或者左右）两端来表示与外界的交互：上面或者左边用来描述与用户的交互，下面或者右边用来描述与数据库的交互。如果有其他的交互，比如消息队列，就不太容易在图中表示。

17.3.2 六边形架构

六边形架构由 Alistair Cockburn 于 2005 年提出的，其初衷是允许应用被用户、外部程序、自动测试或者批处理脚本无差别地调用，并且可以独立于运行环境（数据库或者其他设备）进行开发和测试。为了实现这个目标，六边形架构使用"适配器"模式，将软件的内在逻辑与实现分开。如果需要与软件的内在逻辑进行交互，就要通过适配器。

六边形架构将软件架构的描述从"上到下"或者"左到右"，改为"内和外"，也就是软件的内部和外部。六边形的每一边用于描述某一种类型的内部和外部交互，例如，一条边代表用户交互，另一条边代表数据库交互，还有一条边代表消息队列的交互等。至于为什么是六条边，Alistair 认为通常情况下最多四条就够了，使用六条边是为了留有一些冗余。图 17-4 是使用六边形架构对某个系统进行描述的示例，这个示例来源于 Alistair Cockburn 介绍六边形架构的博客[33]。

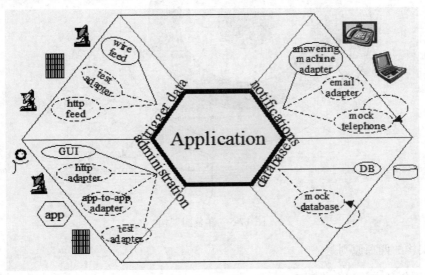

图 17-4 六边形架构示意（来自 Alistair Cockburn 的博客）

六边形架构使系统具有可装配性，在开发过程中，内部系统通过适配器与测试环境相连，例如测试数据库、测试的交互设备等；在运行环境中的系统由内部系统和运行环境适配器组成，连接生成环境数据库、用户交互界面等。

17.3.3 洋葱圈架构

Jeffrey Palermo 在 2008 年提出洋葱圈架构。洋葱圈架构与六边形架构一样，也将系统分为内部和外部，同时这种架构也是分层架构，只不过是由内及外的，极像把洋葱用刀切开的刨面，所以叫作洋葱圈架构，如图 17-5 所示。

架构说明：

- 领域模型：包括稳定的业务规则，由实体、值对象等组成。
- 领域服务：包括多个实体的领域逻辑。
- 应用服务：应用的进入点和退出点（用例等）。

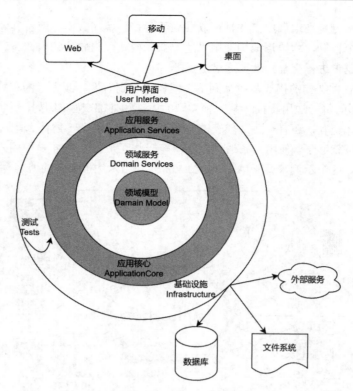

图 17-5　洋葱圈架构

洋葱圈架构的四项原则是：

- 应用围绕独立的对象模型建立。
- 内层定义接口，外层实现这些接口。
- 依赖方向由外到内，也就是外层依赖内层，内层对外层无感。
- 所有应用核心的代码可以独立于基础设施编译与运行。

　　洋葱圈架构并不是为 DDD 设计的，可以适用于多种设计方法和模型，但它很好地体现了 DDD 的特点。最内层是领域模型，包括聚合、实体、值对象、领域事件等；然后是领域服务层，处理涉及多个实体的领域逻辑，这一部分是应用的核心；接下来是应用服务层，通过编排领域模型和领域服务完成粗粒度的业务需求；最外面一层是与外界的交互，包括基础设施（与数据库、文件系统、消息队列的交互）、用户界面以及测试框架。

17.3.4　整洁架构

　　Robert C. Martin（Bob 大叔）于 2012 年在他的一篇博客中发表了整洁架构的观点，如图 17-6 所示。整洁架构的核心目标和端口与适配器（六边形）架构以及洋葱架构是一致的：

- 工具无关。
- 传达机制无关。
- 独立的可测试性。

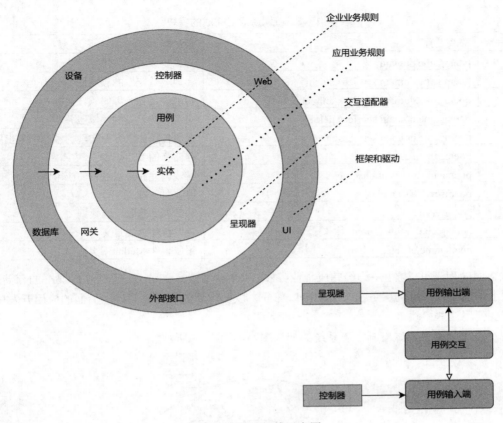

图 17-6 整洁架构示意图

整洁架构可以说是在六边形架构特别是洋葱圈架构的基础上进行了一些改进和整理，明示了这两个架构中没有明确的概念。有关整洁架构的更多内容，可以参考《架构整洁之道》[10]。

17.4 使用架构描述、设计应用系统

从上面可以看出，架构理论是在不断演化的，但是，与大部分软件理论一样，架构理论肯定是在应用系统中总结抽象出来的，而不是先于应用凭空产生的。可以使用理论规范新的应用开发，新的应用开发中肯定会出现新的理论，总是这样螺旋前进。也可以使用架构理论对照现有的项目进行检查，发现可能的缺陷，便于改进。在后面构造应用时，我们会用到这里介绍的架构理论，使用它们对应用的设计进行规划。

17.4.1 总体架构

总结一下现有的成果，目前已经完成的模块如表 17-1 所示。

表 17-1　诗词游戏已完成的模块

序　号	模块名称	说　明
1	poemgame.domain	诗词游戏的领域模型
2	poemgame.domain.services.duishi	实现"对诗"的领域服务
3	poemgame.domain.services.feihualing	实现"飞花令"的领域服务
4	poemgame.domain.services.jielong	实现"接龙"的领域服务
5	poemgame.domain.services.factory	采用依赖注入容器实现的领域服务工厂
6	poemgame.repository.ef	存储库的 EF 实现
7	poemgame.applicationservice	游戏创建和游戏过程的应用服务
8	poemservice.shared	诗词服务接口
9	poemservice.db	从数据库获取诗词数据
10	poemgame.events.shared	领域事件总线定义
11	poemgame.events.mediatr	领域事件 MediatR 实现

从上面的列表可以看出，已经完成了业务核心（领域模型）、持久化（基于 EF Core 的存储库）、与其他上下的集成（诗词服务上下文的接口部分）以及对外的事件发布，在后面的应用开发中，会根据需要使用这些模块。

现在按照架构模式试着画一下系统的架构图，如图 17-7 所示。

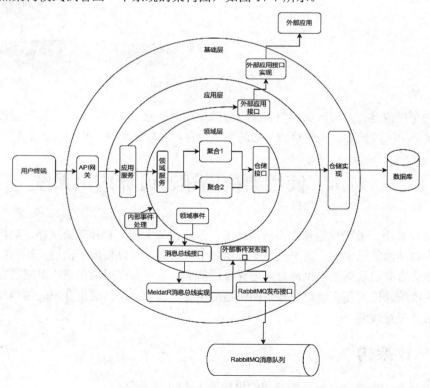

图 17-7　不严谨的诗词游戏架构草图

上面的草图是在项目规划初期完成的，有很多问题，最主要的问题是带箭头的线段含义不明确，箭头所指表示的不知道是数据流、控制流还是依赖关系。另一个问题是使用圆形绘制架构示意图显得布局局促，并且在圆形中绘制矩形会产生视觉错觉，矩形的边总觉得是弯曲的。改进后的架构示意图如图 17-8 所示，架构示意图中采用矩形描述分层，图中的线段表示依赖关系，从图中可以看到，依赖关系是从外向内的。

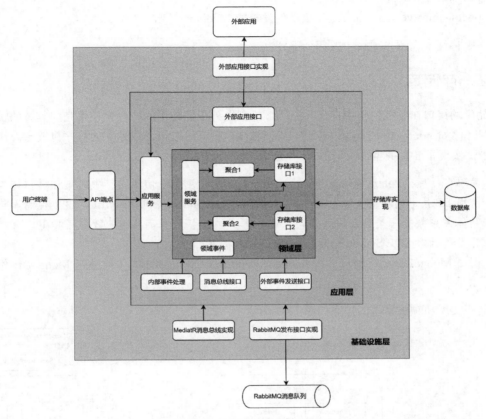

图 17-8 改进后的架构示意图

由于图形尺寸的限制，只能使用抽象的文字，我们可以将表 17-1 中的模块在图中对号入座，看一看已经开发完成的和下一步需要开发的部分。

领域层在本项目中就是 PoemGame.Domain 中包括的内容：

● 聚合：包括 Game 和 Player。
● 仓储接口：包括 IGameRepository 和 IPlayerRepository。
● 领域服务：包括 CheckAnswerService 和 CheckGameConditionService。
● 领域事件：包括 PlayerJoinGameEvent、PlayerLeaveGameEvent、GameStartEvent 等。

应用层由多个模块构成，这些模块间并无依赖关系：

● poemgame.applicationservice：提供基础的应用服务，包括游戏创建和游戏进行等。
● poemservice.shared：提供与外部系统、诗词服务系统的接口。
● poemgame.events.shared：提供发布领域事件的消息总线接口。
● poemgame.messagesender：外部事件发布接口。

在基础层实现领域层和应用层定义的各种接口，包括：

- poemgame.repository.ef：存储库的 EF Core 实现。
- poemservice.db：从数据库获取诗词服务数据。
- poemgame.events.mediatr：领域事件发布的 MediatR 实现。

接下来将逐一介绍本项目中的各个部分。

17.4.2 存储库

存储库的接口在领域模型中定义，在领域模型之外根据使用的持久化技术完成具体的实现。存储库实现（比如 poemgame.repository.ef）依赖领域模型，可以编译成独立的程序包发布。在诗词游戏示例中，实现了 3 种类型的存储库：

- 简单存储库：PoemGame.Repository.Simple，用于测试，使用内存中的集合模拟持久化层。
- 使用 EF 技术的面向关系数据库的存储库：PoemGame.Repository.EF，这个存储库与使用的具体关系数据库类型没有关系，只需在客户端组装时指定具体的数据库类型即可。项目中开发了针对 SQL Server 和 SQLite 数据库的扩展。
- 面向 MongoDB 的存储库：PoemGame.Repository.MongoDB，支持使用 MongoDB 作为持久化层。

存储库实现和领域模型的关系如图 17-9 所示。

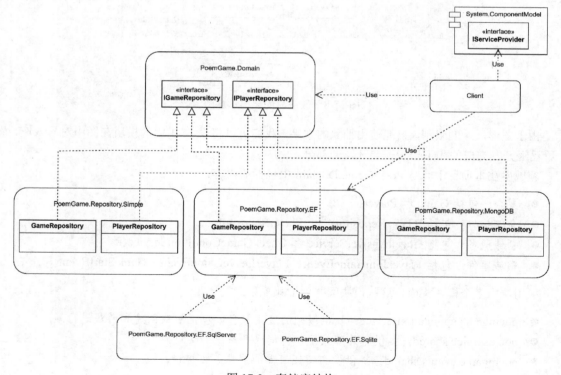

图 17-9 存储库结构

具体的存储库实现（PoemGame.Reposiory.Simple、PoemGame.Repository.EF或PoemGame.Repository.MongoDB）在宿主程序中被注册到依赖注入容器，当需要使用存储库的其他服务时，只需在构造函数中进行声明，就可以由依赖注入容器在创建服务实例时传入。

存储库接口是否应该在领域模型中定义，有很多争论，支持的和反对的都有各自的道理。从工程实践的角度看，只要能满足"低耦合，高内聚"的原则，在领域模型内定义和在领域模型外单独定义都可以，不需要纠结这个问题。如果存储库接口被领域模型内的领域服务使用，那么肯定需要在领域模型内部定义；如果存储库接口没有被领域模型内的其他部分引用，那么可以在领域模型外定义。

17.4.3　领域服务的扩展

领域模型中定义了两个服务接口：ICheckAnswerService 和 ICheckGameConditionService，当增加新的游戏类型后，通过实现这两个服务接口可以创建针对新游戏类型的领域服务。这部分的结构如图 17-10 所示。

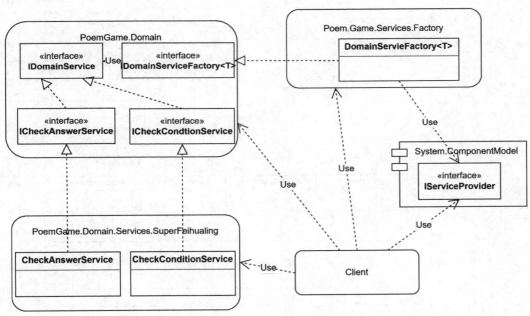

图 17-10　领域服务的扩展

这属于对领域模型中领域服务的扩展，新开发的扩展和现有领域模型的"装配"工作仍然是在依赖注入容器中完成的。依赖注入容器在应用的宿主（host）程序中完成各个部分的注册。

在结构图中，以"超级飞花令"为例进行说明。为超级飞花令创建新的程序集——PoemGame.Domain.Service.SuperFeihualing，这个程序集可以打包成独立的程序包进行发布。在这个程序集中创建了 ICheckAnswerService 和 ICheckGameConditionService 的实现。在使用时，将新的服务注册到宿主程序中，领域服务工厂 DomainServiceFactory<ICheckAnswerService> 和DomainServiceFactory<ICheckConditionService>就可以根据游戏类型从依赖注入容器中获取相应的服务。

17.4.4 领域事件发布

　　领域事件在领域模型中定义，聚合根或实体产生领域事件。领域模型中的事件分为内部事件和外部事件，内部事件在限界上下文内部进行处理，事件发布和处理可以在同一进程中进行；外部事件的发布和处理在不同进程中进行（甚至在不同的主机中进行）。对内部事件和外部事件的发布分别定义接口 ILocalEventBus 和 IOutBoundEventBus。这两个接口的定义在独立的程序集 PoemGame.Events.Shared 中。

　　领域事件的发布和处理在应用层进行，如果不存在适当的发布机制，领域事件不会起作用。如图 17-11 所示是使用 MediatR 实现领域事件发布的架构。

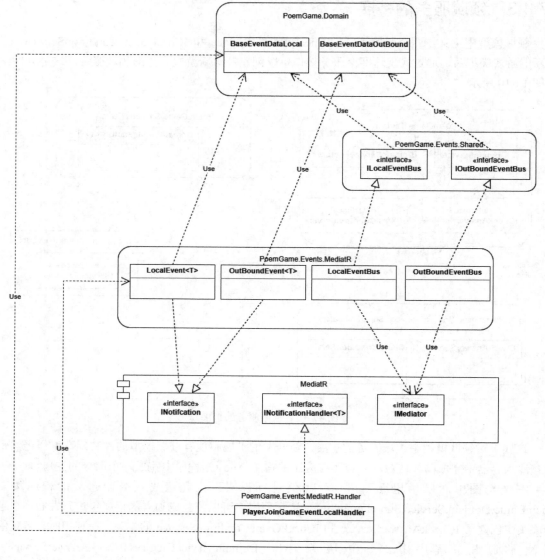

图 17-11　领域事件架构

PoemGame.Events.MediatR 中包括两部分内容：一是使用 LocalEvent<T>和 OutBoundEvent<T>

封装领域事件，同时实现 MediatR 中的消息接口 INotification；二是使用 IMediator 实现领域事件总线 LocalEventBus 和 OutBoundEventBus。在持久层中使用这两个事件总线发布聚合根中保存的领域事件。

领域事件的处理类型需要实现 MediatR 中的 INotificationHandler 接口，一个事件可以有多个处理程序，这些处理程序可以独立开发，并且存在于独立的程序集中。在图 17-11 中，以 PlayerJoinGameEvnetLocalHandler 为例进行说明，从图中可以看出，使用 MediatR 后，领域事件的发布和领域事件的处理已经完全解耦。

17.4.5 与其他限界上下文的集成

诗词游戏使用的诗词数据来源于其他限界上下文，这就涉及集成的问题。前面介绍了 3 种集成方式：直接访问另一个上下文的数据库，通过 Web API 实现集成，使用 gRPC 实现集成。

1. 直接访问数据库

在 PoemService.Shared 中定义了获取诗词数据的接口 IPoemService，这样诗词游戏就不需要考虑数据的具体来源，只需通过这个接口就可以获取需要的数据，如图 17-12 所示。

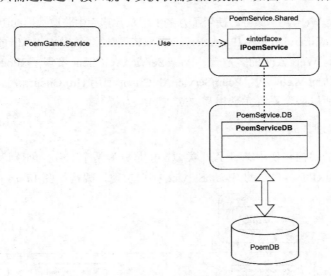

图 17-12 集成方案 1：直接访问数据库

图中 PoemServiceDB 实现 IPoemService 接口，使用 Dapper 框架直接访问诗词数据库。在开发时，PoemServiceDB 独立于诗词游戏；但在运行时，PoemService.DB 会作为应用的一部分进行部署，诗词游戏作为一个整体，还是要访问诗词数据库，两个系统还是存在一定的联系。如果希望完全独立，需要使用其他的方式。

2. 使用 Web API 实现集成

使用 Web API 集成诗词游戏和诗词服务分为两部分：创建诗词服务的 Web API 和创建访问诗词服务 Web API 的 IPoemService 接口的实现，架构如图 17-13 所示。

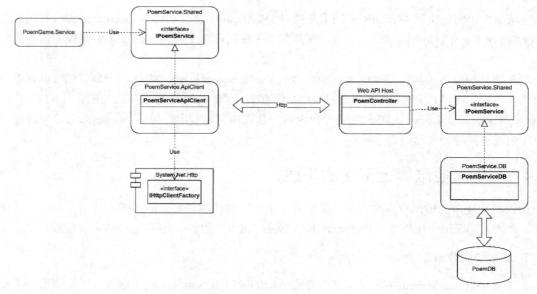

图 17-13　集成方案 2：使用 Web API 实现限界上下文集成

　　图 17-13 的右侧是 Web API 服务，使用了方案 1 中从数据库中获取数据的组件 PoemService.DB。Web API 的控制器 PoemController 调用 IPoemService 获取诗词数据，并以 Web API 的方式对外提供服务。

　　图 17-13 的左侧是 Web API 的客户端，PoemServiceApiClient 实现了 IPoemService 接口，这样诗词游戏可以通过它访问 Web API。PoemServiceApiClient 使用 HttpClient 访问 Web API，而访问通过 HTTP 协议进行，所以两个系统完全相互独立。

3. 使用 gRPC 实现集成

　　使用 gRPC 集成的架构与使用 Web API 类似，也是分为两个部分：创建诗词服务的 gRPC 服务和创建访问诗词服务 gRPC 客户端的 IPoemService 接口实现，架构如图 17-14 所示。

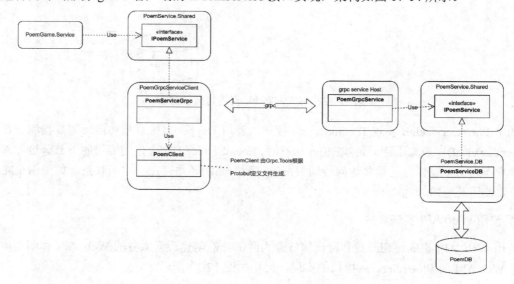

图 17-14　集成方案 3：使用 gRPC 实现限界上下文集成

图 17-14 的右侧是 gRPC 服务,同样使用了方案 1 中从数据库中获取数据的组件 PoemService.DB。gRPC 服务由 Grp.Tools 根据 Protobuf 定义文件生成,在服务宿主中创建 gRPC 服务的子类,这个子类调用 IPoemService 获取诗词数据,并以 gRPC 的方式对外提供服务。

图 17-14 的左侧是 gRPC 客户端,PoemServiceGrpc 实现了 IPoemService 接口,这样诗词游戏可以通过它访问 gRPC 服务。PoemServiceGrpc 使用 PoemClient 访问 gRPC 服务。PoemClient 由 Grpc.Tools 根据 Protobuf 定义的客户端文件生成。

17.4.6 使用消息实现与其他限界上下文的集成

使用 Web API 或者 gRPC 集成时,诗词游戏处于下游,需要从诗词服务中获取数据。当诗词游戏作为上游时,如果需要为下游系统提供数据,也可以编写相应的 Web API 或者 gRPC 服务,让下游系统调用 Web API 或者 gRPC 服务获取数据。这种方式适用于下游系统主动获取数据的方式。例如为诗词游戏创建的查询系统和统计分析系统等,这些系统根据需要主动获取数据。但如果下游系统需要根据游戏的动态进行某种处理,这种方法就不合适了。举一个例子,游戏社交上下文希望在游戏创建的同时,创建一个针对该游戏的话题供参与游戏的玩家讨论,这时,如果是社交上下文主动获取数据,就需要采用轮询的方式,每隔一段时间就向游戏上下文查询是否有新的游戏创建。这种方式显然不理想,如果轮询的频率过高,就会影响系统的性能;如果轮询频率过低,信息就会有明显的滞后,并且这种方式还需要诗词游戏提供相应的数据接口,形成事实上的系统间耦合。因此,这种情况下,最好的办法是采用消息机制进行限界上下文之间的集成:当新游戏创建时发送消息,社交上下文接收消息并创建话题。

如图 17-15 所示是使用 RabbitMQ 消息中间件实现限界上下文集成的架构。

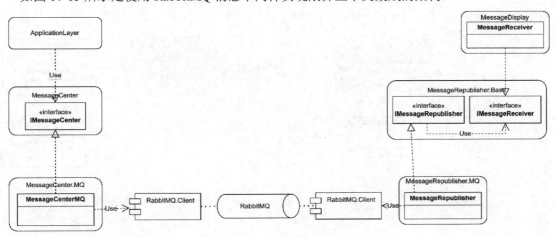

图 17-15   使用 RabbitMQ 消息中间件实现限界上下文集成

为了发送消息,在应用层定义了接口 IMessageCenter,应用层通过这个接口对外发送消息。在独立的类库 MessageCenter.MQ 中创建使用 RabbitMQ.Client 进行消息发布的 IMessageCenter 的实现,名称为 MessageCenterMQ。在应用的宿主服务中使用依赖注入容器组装上述各个部分,并从配置文件中读出 RabbitMQ 的各种设置。这样,应用层发送的消息就会通过 RabbitMQ 中间件对外发布,在 RabbitMQ 中订阅了这些消息的 RabbitMQ 客户端就可以接收到这些消息。

在消息的接收部分定义了接口 IMessageReceiver，这个接口的实现完成了对消息的后续处理。在 MessageDisplay 中实现的 MessageReceiver 仅仅是向控制台显示消息。这里定义的另一个接口是 IMessageRepublisher，负责将接收到的消息转发给 IMessageReceiver，针对 RabbitMQ 的客户端 MessageRepublisher 在程序集 MessageRepublisher.MQ 中。这部分结构实际上是观察者设计模式的变体，IMessageReceiver 就是模式中的观察者，IMessageRepublisher 就是模式中的主题。

需要说明的是领域事件与使用消息进行集成的区别和联系：可以将领域事件作为消息对外发布，这种情况下，需要编写领域事件的处理程序，在这个处理程序中调用 IMessageCenter 实现消息发布；不需要为集成中需要的消息定义专门的领域事件，领域事件用于描述核心业务，而系统间集成属于某种用例，相应的事件可以在应用层定义。

17.5   架构模型的总结

如果分析一下本书第 2 部分各章中涉及的架构，就会发现有些架构非常相似。如果将具体的实现进行抽象，可以得到更通用一些的架构，作为一种模式，指导未来的开发。

我们比较一下使用 Web API 进行的集成和使用 gRPC 进行的集成，就会发现它们非常类似。如果使用其他的客户端/服务器技术进行集成，可能架构也是类似的。因此，可以尝试将这两个架构进行抽象描述，如图 17-16 所示。

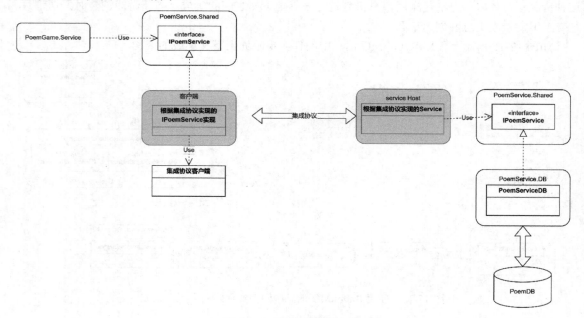

图 17-16   抽象的集成架构

使用这种抽象的架构，可以描述一般的集成方案。阴影部分是集成方案中随通信协议变化的部分，这些部分需要个性化开发。如果将集成协议改为 WCF（Windows 通信开发平台），就会发现这个架构通用、适用，客户端变为 WCF 客户端，而 Service Host 变为 WCF Host，其他部分没有发生变化。

使用消息实现限界上下文的集成方案也是一样，可以将 RabbitMQ 替换为抽象的中间件，得到的架构如图 17-17 所示。

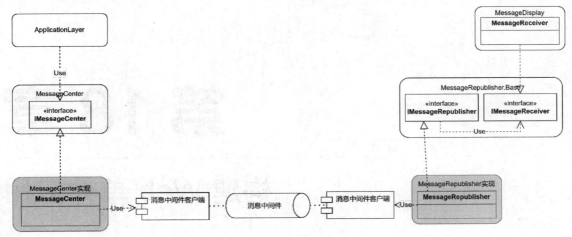

图 17-17　使用消息中间件的集成架构

这种架构对于采用其他中间件产品实现的集成同样适用。比如，将消息中间件替换为 Kafka，这个结构同样适用。在开发中，只需重新编写阴影部分，将基于 RabbitMQ 的代码替换为基于 Kafka 的代码，就可以完整实现上面的架构了。

通过对项目中出现的架构的不断总结，形成适合自己的架构库，有利于知识的积累，可以实现架构级别的复用。这比代码复用更有价值。

17.6　本 章 小 结

本章介绍了与 DDD 相关的软件架构类型，这些架构包括分层架构、六边形架构、洋葱圈架构和整洁架构。需要说明的是这些架构并不是只能用于领域驱动设计，使用其他开发方式也可以使用这些架构。但在领域驱动设计中使用这些架构作为参考模型，可以在设计中事半功倍。本章采用经过改进的架构模型对开发的示例系统进行描述，这样更能清楚地表现系统的结构并指导下一步的开发。

在整体架构描述的基础上，本章还总结了存储库、领域服务、领域事件发布、采用 Web API 和 gRPC 实现集成和使用消息实现集成等各个部分的结构，可以看作对第 2 部分各章的总结。

本章对涉及的几种架构进行了进一步的抽象和总结。抽象的架构复用价值高于代码，可以为将来的开发提供指导。

在接下来的第 3 部分，会将重点集中在各种类型的应用系统的开发上，涉及以下内容：

（1）根据不同用例开发服务层。

（2）用户交互界面。

（3）与运维有关的其他部分。

这些部分与应用类型和具体的应用场景密切相关，在后续章节会一一介绍。

第18章

构建 Web 单体应用

Web 单体应用是最基本也是最常见的应用形式之一。Web 单体应用结构简单，部署方便，不需要特殊的运维技术。对于很多应用场景来说，单体应用仍然是首选。另外，单体应用可以作为应用系统的原型对需求进行验证。很多系统的交互过程比较复杂，需要类似真实的系统作为参照进行思考，使用单体应用进行这部分工作就非常合适，可以让开发人员将注意力集中在用户交互和需求上，不用过多考虑架构带来的复杂性。本章构建的就是这样一个系统，目的是验证游戏的交互过程，为下一步开发打下基础。

18.1　单体应用概述

单体应用中仍然存在领域层、应用层和用户表示层等概念，只是这些分层属于逻辑划分，因为最终运行时需要部署在一起。很多单体应用甚至在开发时所有层次的代码在一个开发项目中，编译生成的运行代码在一套程序集中。由于没有物理上的限制，因此如果层次划分不合理或者层次间的关系不明确，很多问题在开发时不会被发现，在运行时也不会出现，可能得到需要重构结构时才会被发现，这也是单体应用的缺点。为了避免这个问题，在开发单体应用时，仍然采用分层和模块化的开发方式，领域层、服务层、表示层和实现各层接口的基础层都要分开在不同的项目中进行开发和测试，最后集成在一起。使用这种方式开发，可以帮助单体应用尽量避免演变为"大泥球"。

18.2　需 求 细 化

前面开发的示例应用目的在于说明技术实现，应用场景比较简单，本章和下一章将实现第 1 章和第 2 章描述的多人游戏的需求。

游戏可以由玩家创建，其他的玩家可以加入没有开始的游戏，在游戏开始前也可以退出（创建者不能退出），创建者可以决定何时开始游戏。游戏也可以由系统自动创建，系统可以从希望参与游戏的玩家中挑选若干组成游戏，创建完成后即自动开始。游戏创建时需要设定游戏的类型（对诗、接龙、飞花令等）、游戏上下文以及作答的顺序（轮流作答还是抢答）。

游戏开始后，玩家根据游戏的类型和游戏上下文作答，回答正确加分，回答错误出局，轮到下一个玩家作答，最后回答正确的玩家是赢家，游戏结束。

上面只是概要描述，还需要进行细化，才能作为确定服务层接口的用例。我们从上面的说明中抽取用例。

（1）玩家创建游戏：需要选择游戏类型，输入游戏说明和游戏条件。如果创建成功，就等待其他玩家加入。

（2）玩家创建游戏后，如果没有其他玩家加入，创建者可以删除游戏。

（3）玩家获取游戏列表：玩家可以获取游戏列表，游戏列表中包括游戏的状态，如果游戏状态是未开始，那么玩家可以加入游戏，列表中应有加入游戏的功能（比如有加入按钮或链接）。

（4）如果游戏没有开始，那么加入游戏的玩家可以退出游戏。

（5）如果游戏中有玩家加入游戏，那么游戏创建者可以开始游戏。

（6）游戏开始后，玩家依次作答，如果作答正确，那么下一个玩家作答；如果作答不正确，该玩家出局，直到剩下最后一个玩家。如果最后一个玩家回答正确，则该玩家为赢家，如果没有回答正确，则游戏没有赢家并结束。

根据上面的需求，可以初步确定需要的服务层方法，如表 18-1 所示。

表 18-1　应用层方法说明

序　号	方　法	说　明
1	CreateGame	玩家创建游戏
2	RemoveGame	如果没有其他玩家加入，创建者可以删除游戏
3	GetGame	获取游戏
4	JoinGame	玩家加入游戏
5	LeaveGame	玩家离开游戏
6	StartGame	游戏创建者开始游戏
7	GetGameCreator	获取游戏创建者
8	GetGames	获取游戏列表

上面是需要实现的基本方法，随着不断细化，会增加方法或者拆解某些方法。我们不需要在一开始就想得特别周全，在开发过程中可以逐步细化和重构。在这个过程中产生的术语要增加到通用语言的术语表中，过时的术语要删除，以保持通用语言在项目进行中的一致性。

根据上面细化的需求，需要创建两个页面：GameCenter 和 PlayGame。

● GameCenter 页面：在这个页面上，显示还没有开始的游戏和正在进行的游戏，玩家也可以创建新的游戏。列表中的游戏有 4 种情况，可能的操作有 3 种。如果游戏是当前玩家创建的，并且还没有其他玩家加入，这时显示"等待其他玩家加入"，没有对应的操作；如果游戏是当前玩家创建的，并且已经有其他玩家加入，这时显示"开始游戏"按钮，玩家可以启动游戏；如果游戏不是当前玩家创建的，并且没有开始，玩家可以加入游戏或者退出游戏；如果玩家加入游戏时游戏已经开始，可以直接进入游戏。

● PlayGame 页面：游戏在这个页面进行，页面上显示游戏的基本信息，如果轮到当前玩家作答，会显示输入作答的文本框和提交按钮，作答提交后，文本框和提交按钮会隐藏，显示作答是否正确，并且作答记录会发送给参与游戏的所有玩家；轮到的下一个玩家重复这个步骤，直到游戏结束。

这里需要解决的一个问题是游戏需要有一定的实时性，玩家在进行一轮游戏后，其他参与的玩家应该能实时看到作答。Web 环境下的实时技术很多，这里采用.Net 的 SignalR 技术。

18.3 系 统 架 构

在第 17 章绘制的系统架构图在这里仍然可以使用，只是 API 端点修改为 SignalR API 端点，如图 18-1 所示。

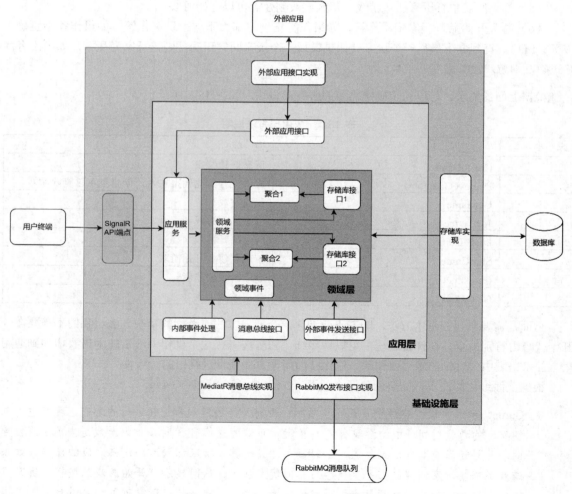

图 18-1 采用 SignalR API 网关的架构

- 用户管理与认证：由于是单体应用，可以采用 Asp.Net Core Identity 实现认证和用户管理功能，这部分在"第 12 章 认证"中已经讨论过，将按照前面所述的步骤进行创建。
- 应用服务：针对多玩家参与的情况，编写相应的应用服务。
- SignalR 端点：采用 SignalR 技术访问应用服务，实现与客户端实时通信。
- 前端：采用 Razor Page 加载页面，采用 jQuery+SignalR 客户端实现简单的前端。

可以使用在"第 12 章 认证"中创建的 PoemGameWeb 作为项目框架，这个框架中不仅包括了前端和 Identity 认证，还包括了根据用户自动创建玩家的功能，我们在这个项目的基础上继续单体应用的开发。

18.4 应 用 层

现在开始创建应用层。在解决方案中增加一个新的类库项目，名称为 PoemGame.MyApplication.Contracts，在这个项目中定义应用层的接口，这样做的目的是将抽象与实现分离。创建另一个类库项目，名称为 PoemGame.MyApplication，在这个项目中完成应用层接口的实现。

为 PoemGame.MyApplication.Contracts 添加 PoemGame.Domain 的引用，然后定义需要的服务接口。接口中的方法以需求细化中的列表为基础，逐步细化后得到，这里只列出最终结果。

```
namespace PoemGame.MyApplication.Contracts.Games
{
    public interface IGameAppService
    {
        /// <summary>
        /// 获取游戏
        /// 只包括游戏的基本信息，不包括游戏过程等子信息
        /// </summary>
        /// <param name="id"></param>
        /// <returns></returns>
        Task<GameDto> GetGame(Guid id);
        /// <summary>
        /// 玩家创建并加入游戏
        /// </summary>
        /// <param name="playername">创建者用户名</param>
        /// <param name="description">游戏描述</param>
        /// <param name="gametype">游戏类型</param>
        /// <param name="gamesubtype">游戏子类型</param>
        /// <param name="inturn">是否轮流作答</param>
        /// <param name="gamecondition">游戏条件</param>
        /// <returns>返回创建完成的游戏</returns>
        Task<GameDto> CreateGameAndJoin(string playername, string description, string
gametype, string gamesubtype,bool inturn, string gamecondition);
        /// <summary>
        /// 玩家加入游戏
        /// </summary>
```

```
/// <param name="playername">玩家用户名</param>
/// <param name="gameid">游戏标识</param>
/// <returns></returns>
Task<string> JoinGame(string playername, Guid gameid);
/// <summary>
/// 启动游戏
/// </summary>
/// <param name="playername">玩家用户名</param>
/// <param name="gameid">游戏标识</param>
/// <returns></returns>
Task<string> StartGame(string playername, Guid gameid);
/// <summary>
/// 离开游戏
/// </summary>
/// <param name="playername">玩家用户名</param>
/// <param name="gameid">游戏标识</param>
/// <returns></returns>
Task<string> LeaveGame(string playername, Guid gameid);
/// <summary>
/// 获取创建者
/// </summary>
/// <param name="gameid"></param>
/// <returns></returns>
Task<string> GetGameCreater(Guid gameid);
/// <summary>
/// 删除游戏
/// </summary>
/// <param name="gameid">游戏标识</param>
/// <returns></returns>
Task RemoveGame(Guid gameid);
/// <summary>
/// 设置当前作答的玩家
/// </summary>
/// <param name="playername">玩家用户名</param>
/// <param name="gameid">游戏标识</param>
/// <returns></returns>
Task<string> SetPlayer(string playername, Guid gameid);
/// <summary>
/// 游戏进行
/// </summary>
/// <param name="playername">玩家用户名</param>
/// <param name="gameid">游戏标识</param>
/// <param name="answer">作答内容</param>
/// <returns></returns>
Task<string> PlayGame(string playername, Guid gameid, string answer);
/// <summary>
/// 获取游戏当前玩家
/// </summary>
/// <param name="id">游戏标识</param>
/// <returns></returns>
Task<string> GetGameCurrentPlayer(Guid id);
```

```csharp
/// <summary>
/// 获取游戏中未被淘汰的玩家
/// </summary>
/// <param name="id">游戏标识</param>
/// <returns></returns>
Task<List<string>> GetGameActivatePlayers(Guid id);
/// <summary>
/// 获取游戏记录
/// </summary>
/// <param name="gameid">游戏标识</param>
/// <returns></returns>
Task<List<PlayRecordDto>> GetPlayRecords(Guid gameid);
/// <summary>
/// 玩家参与的游戏
/// </summary>
/// <param name="playername">玩家用户名</param>
/// <returns></returns>
Task<List<GameForPlayerDto>> GetGamesForPlayer(string playername);
/// <summary>
/// 检查是否存在玩家
/// </summary>
/// <param name="playername"></param>
/// <returns></returns>
Task<bool> CheckPlayer(string playername);
/// <summary>
/// 添加玩家
/// </summary>
/// <param name="playername"></param>
/// <returns></returns>
Task<string> AddPlayer(string playername,string nickname);
/// <summary>
/// 获取处于准备状态的游戏
/// </summary>
/// <returns></returns>
Task<List<GameDto>> GetReadyGames();
/// <summary>
/// 获取处于准备状态和正在进行的游戏
/// </summary>
/// <param name="username"></param>
/// <returns></returns>
Task<List<GameDto>> GetReadyAndRunningGames(string username);
/// <summary>
/// 设置玩家出局
/// </summary>
/// <param name="playername"></param>
/// <param name="gameid"></param>
/// <returns></returns>
Task SetPlayerOut(string playername, Guid gameid);
/// <summary>
/// 设置游戏结束
/// </summary>
```

```
    /// <param name="gameguid">游戏标识</param>
    /// <returns></returns>
    Task GameOver(Guid gameguid);
    }
}
```

上面的接口在 PoemGame.MyApplication 进行实现，这里省略具体的实现代码。

18.5 使用 SignalR 创建实时服务

现在轮到解决实时通信技术了。我们采用 Asp.Net Core 自带的 SignalR 实现实时通信。在.Net 6 中 SignalR 已经集成到 Asp.Net Core 中，所以不需要安装单独的程序包。

18.5.1 SignalR 介绍

ASP.NET Core SignalR 是一个开放源代码库，可用于简化向应用添加实时 Web 功能。实时 Web 功能使服务器端代码能够将内容推送到客户端。ASP.NET Core SignalR 提供了一个 API，用于创建服务器到客户端的远程过程调用（RPC）。RPC 从服务器端.NET Core 代码中调用客户端上的函数。SignalR 支持多种平台，每种平台都有各自的客户端 SDK。在本书示例中使用的是 JavaScript 客户端，支持从服务器调用客户端的 JavaScript 函数，驱动客户端执行某些逻辑。下面介绍 SignalR 涉及的一些概念。

1）通信

SignalR 支持 WebSockets、Server-Sent Events 和 Long Polling（长轮询）来处理实时通信，可以使用其中的任何一种传输。这 3 种通信方式的效率不同，所以有一定的优先级和回退顺序，WebSocket 优先于 Server-Sent Events，而 Server-Sent Events 优先于 Long Polling。SignalR 会自动选择服务器和客户端所接受的最佳传输方法。通信部分由框架管理，不需要额外的代码或配置。

2）服务器

服务器负责公开 SignalR 终节点（End Point）。终节点映射到 Hub 或 Hub<T> 子类。我们可以使用 Asp.Net Core 服务器作为 SignalR 的宿主。使用起来非常简单，只需几行代码：

```
//在项目中应用 SignalR
builder.Services.AddSignalR();
...
//映射 SignalR 的集线器到 URI
app.MapHub<GameHub>("/gameHub");
app.MapHub<GameCenterHub>("/gameCenterHub");
```

3）集线器（Hub）

在 SignalR 中，Hub 用于在客户端和服务器之间进行通信，允许客户端和服务器相互调用方法。SignalR 会自动跨计算机边界处理调度。可以将 Hub 看作所有连接的客户端和服务器之间的代理。实现自定义的 Hub，需要继承 Hub 类：

```
public class GameCenterHub : Hub
```

4）协议

SignalR 协议是通过基于消息的传输实现双向 RPC 的协议。连接中的任何一方都可以对另一方调用程序，并且程序可以返回 0 个或多个结果或者返回错误。默认情况下，使用基于 JSON 的文本协议。使用什么协议由框架确定，不需要编程或者配置。

5）用户

系统中的用户是一个个体，但也可以是组的一部分。可以将消息发送到组，所有组成员都会收到通知。单个用户可以从多个客户端应用程序进行连接。例如，同一用户可以使用一个移动设备和一个 Web 浏览器，同时在这两个终端上获取实时更新。在 Hub 中可以使用 Clients.Caller 获取通话用户，使用 Clients.Caller.SendAsync 向该用户发送消息。

6）组

一个组包含一个或多个连接。服务器可以创建组，将连接添加到组，以及从组中删除连接。组具有指定的名称，该名称充当其唯一标识符。组充当范围界定机制来帮助定位消息，也就是说，实时功能只能发送给已命名组中的用户。采用 Clients. Group(<groupkey>)可以对组进行操作，例如 Clients.Group(gameguid).SendAsync 就是向游戏中的玩家发送消息。

7）连接

与 Hub 的连接由唯一标识符表示，该标识符只有服务器和客户端知道。每个 Hub 类型都存在单个连接。每个客户端都有一个到服务器的唯一连接，也就是说，单个用户可以在多个客户端上表示，但每个客户端连接都有各自的标识符。在客户端，使用下面的 JavaScript 代码可以建立与 gameCenterHub 的连接：

```
var connection = new signalR.HubConnectionBuilder().withUrl("/gameCenterHub").build();
```

8）客户端

客户端负责通过 HubConnection 对象建立到服务器终节点的连接。SignalR 支持多种类型的客户端，包括.Net 客户端、JavaScript 客户端以及 Java 客户端等。

18.5.2　创建 SignalR 服务端

前面的需求提到了，玩家进行游戏涉及两个页面——GameCenter 和 PlayGame。针对这两个页面，定义两个后端的 SignalR 集线器，名称分别为 GameCenterHub 和 GameHub。

在 GameCenterHub 中处理创建游戏、加入游戏、退出游戏、开始游戏和进入游戏：

```
using Microsoft.AspNetCore.Authorization;
using Microsoft.AspNetCore.SignalR;
using PoemGame.MyApplication.Contracts.Games;

namespace PoemGame.Web.SignalRHubs
{
    public class GameCenterHub : Hub
    {
        private readonly IGameAppService _gameAppService;
        public GameCenterHub(IGameAppService gameAppService)
        {
```

```
        _gameAppService = gameAppService;
    }
    [Authorize]
    public async Task JoinGame(string user, string gameId)
    {
        var Result = await _gameAppService.JoinGame(user, Guid.Parse(gameId));
        await Clients.All.SendAsync("RefreshGames");
    }
    [Authorize]
    public async Task LeaveGame(string user, string gameId)
    {
        var Result = await _gameAppService.LeaveGame(user, Guid.Parse(gameId));
        await Clients.All.SendAsync("RefreshGames");
    }
    [Authorize]
    public async Task StartGame(string user, string gameId)
    {
        var Result = await _gameAppService.StartGame(user, Guid.Parse(gameId));
        await Clients.All.SendAsync("RefreshGames");
    }
    [Authorize]
    public async Task AddNewGame(string user,string description,
                                 string mainType,string contextString)
    {
        var game = await _gameAppService.CreateGameAndJoin(user,
                        description, mainType, "", true,contextString);
        await Clients.All.SendAsync("RefreshGames");
    }
    [Authorize]
    public async Task GetGames(string user)
    {
        var games = await _gameAppService.GetGamesForPlayer(user);
        await Clients.Caller.SendAsync("ShowGames", games);
    }
  }
}
```

> **注　意**
>
> 每响应一次客户端的请求，就要通知所有用户执行 RefreshGames，这是因为每个玩家在游戏中的状态是不同的，所获得的游戏列表也是不同的，我们不希望在客户端有过多的逻辑，所以在服务端的 _gameAppService.GetGamesForPlayer 方法中对针对用户的游戏列表进行了处理。

在 GameHub 中处理游戏中的各个操作：

```
using Microsoft.AspNetCore.SignalR;
using PoemGame.MyApplication.Contracts.Games;

namespace PoemGame.Web.SignalRHubs
```

```
{
    public class GameHub:Hub
    {
        private readonly IGameAppService _gameAppService;
        public GameHub(IGameAppService gameAppService)
        {
            _gameAppService = gameAppService;
        }

        public async Task ShowGame(string user,string gameguid)
        {
            var game = await _gameAppService.GetGame(Guid.Parse(gameguid));
            var currentuser = await
                        _gameAppService.GetGameCurrentPlayer(Guid.Parse(gameguid));
            var records = await
                        _gameAppService.GetPlayRecords(Guid.Parse(gameguid));

            await Clients.Caller.SendAsync("ShowGameResult",
                                            currentuser, game,records);
        }
        public async Task PlayGame(string user, string gameguid, string answer)
        {
            var Result = await _gameAppService.PlayGame(user,
                        Guid.Parse(gameguid), answer);
            var nextuser = await
                        _gameAppService.GetGameCurrentPlayer(Guid.Parse(gameguid));
            var records = await
                        _gameAppService.GetPlayRecords(Guid.Parse(gameguid));
            await Clients.All.SendAsync("PlayResult",
                        nextuser, Result,records.LastOrDefault());
        }
    }
}
```

编写完成后，需要在服务中进行注册，修改 Program.cs 文件，增加下面的代码：

```
//在项目中应用 SignalR
builder.Services.AddSignalR();
...
//映射 SignalR 的集线器到 URI
app.MapHub<GameHub>("/gameHub");
app.MapHub<GameCenterHub>("/gameCenterHub");
```

这样，服务端的工作就完成了。

18.5.3　创建 SignalR 的 JavaScript 客户端

客户端采用 JavaScript 版本。首先在 Visual Studio 中安装 SignalR 的 JavaScript 客户端，在 Visual Studio 解决方案管理器中，选择 PoemGameWeb 项目并右击，在弹出的快捷菜单中选择"添加→添加客户端库"，打开如图 18-2 所示的"添加客户端库"对话框。

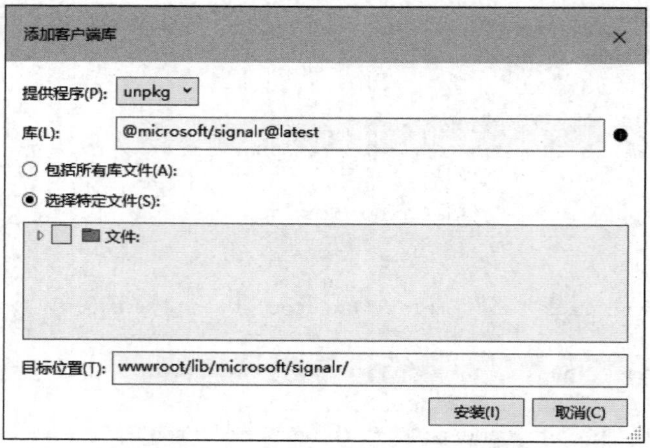

图 18-2　添加 SignalR 客户端

搜索 @microsoft/signalr@latest，可以只安装发布文件。安装完成后，项目的 wwwroot\lib\microsoft\signalr 目录下可以找到新安装的库文件。

在客户端与 GameCenterHub 和 GameHub 的通信使用的是 JavaScript 编写的程序。创建两个 JavaScript 文件，名称分别为 gamecenter.js 和 game.js，分别负责与 GameCenterHub 和 GameHub 的通信。

gamecenter.js 的代码如下：

```javascript
"use strict";

var connection = new signalR.HubConnectionBuilder().withUrl("/gameCenterHub").build();

connection.start().then(function () {
    connection.invoke("GetGames", user);
}).catch(function (err) {
    return console.error(err.toString());
});

connection.on("ShowGames", function (games) {
    $("#divGames").empty();
    for (var i = 0; i < games.length; i++) {
        var game = games[i];
        var button = "";
        if (game.status == 1) button = "<span class='btn btn-danger order-button'
onclick='joinGame(\"" + game.id + "\")'>加入游戏</span>";
        else if (game.status == 2) button = "<span class='btn btn-danger order-button'
onclick='startGame(\"" + game.id + "\")'>启动游戏</span>";
        else if (game.status == 3) button = "<span >等待玩家加入</span>";
        else if (game.status == 4) button = "<a class='btn btn-danger order-button'
href='/PlayGameSignalR?id=" + game.id + "'>进入游戏</a>";
        else if (game.status == 5) button = "<span class='btn btn-danger order-button'
onclick='leaveGame(\"" + game.id + "\")'>离开游戏</span>";
        var temp = `<div>${game.description}-${button}</div>`;
        $("#divGames").append(temp);
```

```
        }
    });

    connection.on("RefreshGames", function () {
        connection.invoke("GetGames", user);
    });

    function joinGame(id) {
        connection.invoke("JoinGame", user,id);
    }

    function leaveGame(id) {
        connection.invoke("LeaveGame", user, id);
    }

    function startGame(id) {
        connection.invoke("StartGame", user, id);
    }

    function addNewGame() {
        $("#divNewGame").show();
        $("#txtDescription").val(user + "创建的游戏" + Date.now());
        $("#txtContext").val("");

    }

    function createNewGame() {
        connection.invoke("AddNewGame", user, $("#txtDescription").val(),
$("#cboType").val(), $("#txtContext").val());
        $("#divNewGame").hide();
    }
```

game.js 的代码如下：

```
"use strict";

var connection = new signalR.HubConnectionBuilder().withUrl("/gameHub").build();

connection.on("PlayResult", function (nextuser, result,r) {
    $("#divResult").text(result);
    var li = document.createElement("li");
    document.getElementById("messagesList").appendChild(li);
    li.textContent = `${r.playerName}-${r.answer}-${r.isProperAnswer} `;
    if (user == nextuser) $("#divsend").show(); else $("#divsend").hide();
    $("#messageInput").val("");
});

connection.on("ShowGameResult", function (nextuser, game,records) {

    $("#divGameInfo").text(`${game.description}-${game.mainType}-${game.gameCondition}
`);
```

```
        for (var i = 0; i < records.length; i++) {
            var r = records[i];
            var li = document.createElement("li");
            document.getElementById("messagesList").appendChild(li);

            li.textContent = `${r.playerName}-${r.answer}-${r.isProperAnswer} `;
        }
        if (user == nextuser) $("#divsend").show(); else $("#divsend").hide();
    });


    connection.start().then(function () {
        connection.invoke("ShowGame", user,gameid);
    }).catch(function (err) {
        return console.error(err.toString());
    });

    document.getElementById("sendButton").addEventListener("click", function (event) {
        var message = $("#messageInput").val();//
document.getElementById("messageInput").value;
        connection.invoke("PlayGame", user,gameid, message).catch(function (err) {
            return console.error(err.toString());
        });
        event.preventDefault();
    });
```

JavaScript 客户端已经编写完成，下一步编写 Razor 页面，加载运行 JavaScript 客户端，并显示结果。

18.5.4　创建 Razor 页面

首先改造一下现有的 Index 页面，将这个页面改为玩家自动注册页面。如果登录用户已经是玩家，则直接显示信息；如果登录用户还不是玩家，则需要注册并显示结果。这部分的代码如下：

```
using Microsoft.AspNetCore.Mvc;
using Microsoft.AspNetCore.Mvc.RazorPages;
using PoemGame.Domain.PlayerAggregate;

namespace PoemGameWeb.Pages
{
    public class IndexModel : PageModel
    {
        private readonly IPlayerRepository playerRepository;
        public string Message;
        public IndexModel(IPlayerRepository _playerRepository)
        {
            playerRepository = _playerRepository;
        }
        public async Task OnGet()
        {
            if (User.Identity.IsAuthenticated)
```

```
                {
                    var player = await
                        playerRepository.GetPlayerByUserNameAsync(User.Identity.Name);
                    if (player != null)
                    {
                        Message = "玩家已存在: " + player.UserName;
                    }
                    else
                    {
                        Message = "玩家不存在: " + User.Identity.Name;
                        player = new Player(Guid.Empty,
                                User.Identity.Name, User.Identity.Name, 10);
                        var id = await playerRepository.AddAsync(player);
                        Message += ",玩家注册成功, id为" + id;
                    }
                }
                else
                {
                    Message = "用户没有登录";
                }
            }
        }
    }
```

接下来是 GameCenter 页面，这个页面几乎没有后台代码，主要通过 gamecenter.js 与 SignalR 的 Hub 进行交互：

```
@page
@model GameCenterModel
@{
}
<script>
    var user='@User.Identity.Name';
</script>

<div id="divGames">
</div>
<div id="addnew">
    <span class="btn btn-danger order-button" onclick="addNewGame()" >创建新游戏</span>
</div>
<div id="divNewGame" style="display:none">
    <div class="row">
        <div class="col-9">
            <div class="form-group">
                <span>游戏描述</span>
                <input type="text" id="txtDescription" />
            </div>
            <div class="form-group">
                <span>游戏类型</span>
                <select id="cboType" >
                    <option value="Jielong">接龙</option>
```

```
                        <option value="Feihualing">飞花令</option>
                        <option value="Duishi">对诗</option>
                    </select>
                </div>
                <div class="form-group">
                    <span>游戏条件</span>
                    <input type="text" id="txtContext" />
                </div>
                <div class="form-group">
                    <span class="btn btn-danger order-button" onclick="createNewGame()">创
建新游戏</span>
                </div>
            </div>
        </div>
</div>

    @section Scripts{
        <script src="~/lib/microsoft/signalr/dist/browser/signalr.js"></script>
        <script src="~/js/gamecenter.js"></script>
    }
```

还有一个页面是游戏进行页面，这个页面使用 gamejquery.js 与 SignalR 的 Hub 进行交互：

```
@page
@model PlayGameSignalRModel
@{
}
<script>
    var user='@User.Identity.Name';
    var gameid="@Model.Id";
</script>
 <div class="row">
        <div class="col-6">
            <span id="divGameInfo"></span>
        </div>
    </div>
    <div class="row">
        <div class="col-6">
            <span id="divResult"></span>
        </div>
    </div>
<div class="container" id="divsend" style="display:none">
        <div class="row"> </div>
        <div class="row">
            <div class="col-2">答案</div>
            <div class="col-4"><input type="text" id="messageInput" /></div>
        </div>
        <div class="row"> </div>
        <div class="row">
            <div class="col-6">
                <input type="button" id="sendButton" value="回答" />
```

```
                </div>
            </div>
        </div>
        <div class="row">
            <div class="col-12">
                <hr />
            </div>
        </div>
        <div class="row">
            <div class="col-6">
                <ul id="messagesList"></ul>
            </div>
        </div>
        @section Scripts{
            <script src="~/lib/microsoft/signalr/dist/browser/signalr.js"></script>
            <script src="~/js/gamejquery.js"></script>
```

18.6　装配依赖注入服务

最后一个步骤是注册服务，在项目中引用所有需要的程序包，然后在 Program.cs 中进行注册。为了简化在 Program.cs 中的代码，同时也为了将来的复用，可以开发依赖注入集合的扩展程序。这样，在 Program.cs 中只需调用这个扩展即可：

```
builder.Services.AddPoemGameDomainService(builder.Configuration);
```

扩展程序的开发规则是：

（1）扩展程序所在的类是静态类：

```
public static class PoemGameExtension
```

（2）扩展程序方法的第一个参数带 this 修饰符：

```
public static IServiceCollection AddPoemGameDomainService(this IServiceCollection
services, IConfiguration configuration)
```

上面的方法说明扩展程序是为 IServiceCollection 编写的，需要传入一个参数类型 IConfiguration。这样，只要是 IServiceCollection 类型的变量，都会具有 AddPoemGameDomainService 方法，例如：

```
builder.Services.AddPoemGameDomainService(builder.Configuration);
```

在这个扩展中，我们可以将自定义的服务注册到 IServiceCollection 中：

```
using PoemGame.ApplicationService;
using PoemGame.Domain.Services;
using PoemGame.Domain.Services.Factory;

namespace PoemGameWeb
{
    public static class PoemGameExtension
    {
```

```
    public static IServiceCollection AddPoemGameDomainService(
        this IServiceCollection services, IConfiguration configuration)
{
    var poemGameServices =
            configuration.GetSection("PoemGameServices").Get<string[]>();
    if (poemGameServices == null)
    {
        poemGameServices = "PoemGame.Domain.Services.Feihualing,
            PoemGame.Domain.Services.Duishi,PoemGame.Domain.Services.Jielong"
            .Split(",".ToCharArray(), StringSplitOptions.RemoveEmptyEntries);
    }
    AppDomain currentDomain = AppDomain.CurrentDomain;
    foreach (var item in poemGameServices)
    {
        currentDomain.Load(item);
    }
    var scanners = AppDomain.CurrentDomain.GetAssemblies().ToList()
        .SelectMany(x => x.GetTypes())
        .Where(t => t.GetInterfaces().Contains(typeof(IDomainService))
            && t.IsClass).ToList();

    foreach (Type type in scanners)
    {
        services.AddScoped(type);
    }
    services.AddScoped<IDomainServiceFactory<ICheckAnswerService>,
                DomainServiceFactory<ICheckAnswerService>>();
    services.AddScoped<IDomainServiceFactory<ICheckGameConditionService>,
                DomainServiceFactory<ICheckGameConditionService>>();
    services.AddScoped<IGameFactory, GameFactory>();
    services.AddScoped<GamePlayInturnService>();
    services.AddScoped<GamePlayFCFAService>();
    services.AddScoped<IGamePlayServiceFactory, GamePlayServiceFactory>();
    return services;
    }
  }
}
```

这个步骤完成后，单体应用的开发就基本完成了。

18.7 运行效果和待解决的问题

现在可以运行项目来查看效果。为了在同一台机器上模拟两个玩家同时进行游戏，我们启动两种不同的浏览器（Edge 和 Chrome）来模拟两个玩家。已经注册了两个玩家 test@test.com 和 zhangsan@test.com，在 Edge 和 Chrome 中访问测试网站，并使用两个用户分别登录。为了清楚地描述交互过程，把玩家 test 的截图放在左边，玩家 zhangsan 的截图放在右边。从登录后进入 GameCenter 页面开始，整个游戏过程如表 18-2 所示。

表 18-2　游戏过程

玩家 test	玩家 zhangsan
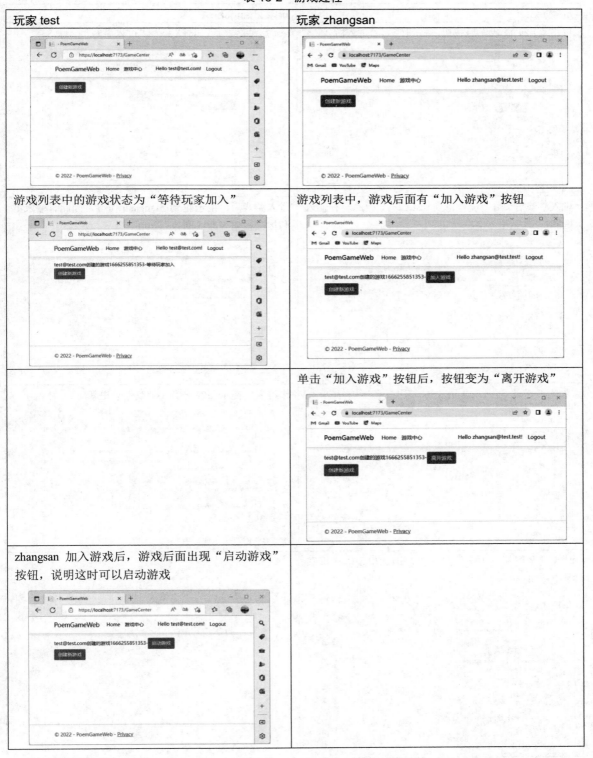	
游戏列表中的游戏状态为"等待玩家加入"	游戏列表中，游戏后面有"加入游戏"按钮
	单击"加入游戏"按钮后，按钮变为"离开游戏"
zhangsan 加入游戏后，游戏后面出现"启动游戏"按钮，说明这时可以启动游戏	

（续表）

玩家 test	玩家 zhangsan
单击"启动游戏"后按钮，按钮变为"进入游戏"	test 启动游戏后，按钮变为"进入游戏"
进入游戏后，由于没有轮到 test 回答，因此没有输入框和提交按钮	进入游戏后，由于轮到 zhangsan 作答，因此有输入框和提交按钮（即"回答"按钮）
	作答后，提示回答正确，游戏记录更新
游戏记录更新，由于轮到作答，因此出现输入框和提交按钮	

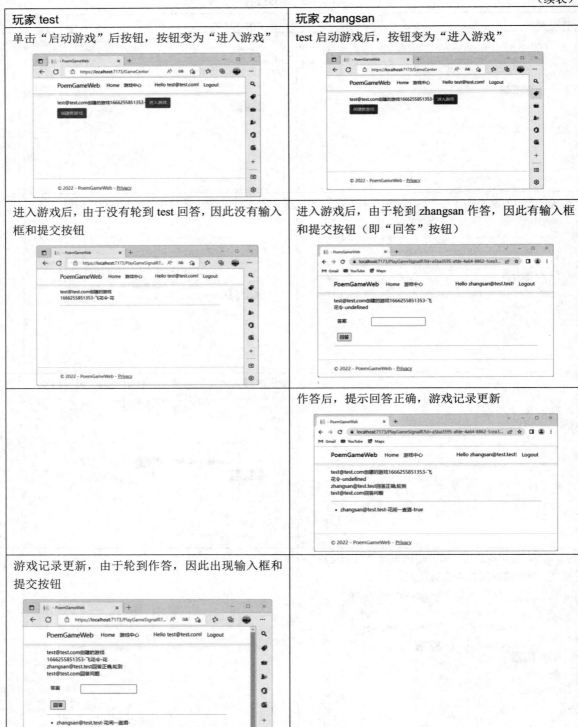

单体应用基本完成，作为一个原型可以验证玩家的交互过程。在这个过程中，我们发现一些问题：

（1）如果同时进行多个游戏，会出现混乱。这是因为在 Hub 发送消息时没有分组，所有的用户都接收到消息。下一步，需要按游戏进行分组。

（2）没有计时功能，如果用户在规定时间内回答不出，应该算答错。

（3）玩家创建游戏后，如果没有其他玩家加入，应该允许删除游戏。

（4）目前只能轮流作答，没有抢答模式。

（5）玩家在游戏过程中离开游戏，应该算作放弃并退出，不能再进入。

当然，用户界面还需要进一步美化。在后面开发前后端分离应用时需要解决这些问题。下一步我们先开发前后端分离应用的后端部分，需要做的是创建独立的游戏服务，满足上述功能。这个独立的服务也可以为其他类型的应用提供服务。

18.8 本章小结

本章构建了单体结构的诗词游戏，采用 SignalR 技术实现 Web 实时通信。使用单体应用验证了需求，初步实现了用户交互，也发现了设计上的一些缺陷。下一步，在开发前后端分离结构的应用时，会对这些问题进行改进。

第 19 章

构建游戏服务

游戏服务作为游戏应用的后端，支持多种类型的前端。本章在前一章的基础上将基于 SignalR 的服务独立出来，加以改进，创建独立运行的游戏服务。

19.1 需 求 分 析

我们需要解决以下几个问题：

（1）安全问题。在单体应用中，服务只对本应用有效，外部应用无法访问。而独立的游戏服务不同，本身就对外提供服务，因此必须允许外部应用的访问，但同时，只能接受信任的应用的访问，这就需要有措施对外部访问进行认证。

（2）服务端定时器。游戏应用需要有超时功能，需要在服务端设置定时器。

（3）服务的重新编排。有些功能需要改进，这就需要对某些服务进行重新设计。

还是要从需求分析入手，根据上面提出的问题，对用户界面和交互进行优化：

（1）游戏列表页面列出可以参加的游戏，也自己可以创建游戏，游戏创建完成，直接进入游戏，等待其他玩家加入。

（2）如果没有玩家加入，创建者可以退出，退出后，游戏会被删除。如果有其他玩家加入，创建者就不能退出。

（3）玩家加入游戏后直接进入游戏；进入游戏后，玩家可以退出，退出后，返回游戏列表。

（4）如果有玩家加入，游戏创建者可以开始游戏。游戏开始后，玩家如果退出，则认为是出局，需要扣分。

现在细化服务端与客户端的交互过程，分别从服务端和客户端两个视角列出方法之间的关系。服务端视角的方法调用关系如表 19-1 所示。例如，在服务端方法 CheckUser 中，如果用户已经是玩家，则执行客户端方法 PlayerExist，否则执行客户端方法 PlayerNotExist；如果还有后续的服务端方法，则参照客户端视角的方法调用关系。客户端视角的方法调用关系如表 19-2 所示。

表 19-1　服务端视角的方法调用关系

序　号	SignalR 服务端方法	JavaScript 客户端方法	说　明	客户端类型
1	CheckUser		检查当前用户是否为玩家	
		PlayerExist	玩家已存在	Caller
		PlayerNotExist	玩家不存在	Caller
2	AddPlayer		添加玩家	
		PlayerAdded	玩家添加完成	Caller
3	AddNewGame		创建游戏	
		EnterGame	创建者进入游戏	Caller
		RefreshGames	所有玩家的游戏列表刷新	All
4	JoinGame		加入游戏	
		EnterGame	进入游戏	Caller
		ShowMessage	显示信息	Group
5	LeaveGame		离开游戏	
		ShowMessage	显示已经有参与的玩家，不能退出	Caller
		OnExitGame	退出游戏	Caller
		RefreshGames	刷新游戏列表	All
		ShowMessage	显示退出	All
6	StartGame		开始游戏	
		ShowGameResult	显示游戏详情	Group
7	GetGames		获取用户游戏列表	Caller
		ShowGames	显示游戏	
8	EnterGame		进入游戏	
		ShowGameResult	显示游戏详情	Group
9	PlayGame		游戏进行	
		ShowGameResult	显示游戏详情	Group
10	StartGoToPlayTimer		抢答	
		ShowMessage	抢答开始	Group
11	SetPlayer		设置作答玩家	
		SetPlayerResult	设置作答玩家结果	Group
12	ShowGame		显示游戏，并增加用户到组	
		ShowGameResult		Group
13	<定时器>		定时触发	
		SetCount	刷新定时	Group

> **注　意**
>
> 表中 Caller 是指向服务端发起请求的客户端，也就是访问服务器的某个玩家的浏览器；All 是指与服务端连接的所有客户端，也就是当前所有玩家的浏览器；Group 是与 Caller 同组的客户端，也就是参与相同游戏的玩家的浏览器。

表 19-2　客户端视角的方法调用关系

序　号	客户端 JavaScript	服　务　端	说　明
1	PlayerExist		玩家已存在
		GetGames	
2	PlayerNotExist		玩家不存在
		AddPlayer	
3	RefreshGames		刷新
		GetGames	
4	ShowGames		显示游戏
5	EnterGame		进入游戏

使用时序图，也可以表示使用上面表格描述的用例，而使用表格的好处是与代码的对应关系明确，便于代码的验证，可以作为通用语言的一部分使用。

19.2　项目搭建

使用 Visual Studio 为后台服务新创建的解决方案，名称叫作 SignalRApplication。在解决方案中添加 Asp.Net Core Web 应用作为宿主项目，名称叫作 PoemGame.SignalR，负责服务注册、配置信息管理、认证等工作。在解决方案中增加另外两个项目 SignalRApplication.Contracts 和 SignalRApplication，分别是针对 SignalR 服务层的接口定义和实现。还有一个项目 PoemGame.SignalR.Backend，使用 SignalR Hub 封装服务层，将这个项目与运行项目分开的目的是可以将它集成到其他的宿主项目中。项目的结构如图 19-1 所示。

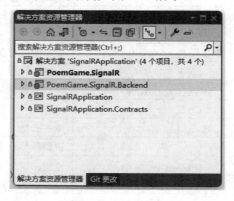

图 19-1　解决方案结构

19.3　编写服务层

根据 19.1 节提出的需求，创建服务层的接口，代码如下：

```
using System;
```

```csharp
using System.Collections.Generic;
using System.Threading.Tasks;

namespace SignalRApplication.Contracts
{
    public interface ISignalRAppService
    {
        /// <summary>
        /// 获取游戏详细信息
        /// </summary>
        /// <param name="id"></param>
        /// <returns></returns>
        Task<GameDetailDto> GetGame(Guid id);
        /// <summary>
        /// 创建游戏
        /// </summary>
        /// <param name="playerName">玩家用户名</param>
        /// <param name="description">游戏描述</param>
        /// <param name="gametype">游戏类型</param>
        /// <param name="gamesubtype">子类型</param>
        /// <param name="inturn">是否轮流作答</param>
        /// <param name="gamecondition">游戏条件</param>
        /// <returns></returns>
        Task<GameDetailDto> CreateGame(string playerName,
string description, string gametype,
string gamesubtype, bool inturn, string gamecondition);
        /// <summary>
        /// 加入游戏
        /// </summary>
        /// <param name="playername">玩家用户名</param>
        /// <param name="gameid">游戏 Id</param>
        /// <returns></returns>
        Task<string> JoinGame(string playername, Guid gameid);
        /// <summary>
        /// 开始游戏
        /// </summary>
        /// <param name="playername">玩家用户名</param>
        /// <param name="gameid">游戏 Id</param>
        /// <returns></returns>
        Task<string> StartGame(string playername, Guid gameid);
        /// <summary>
        /// 离开游戏
        /// </summary>
        /// <param name="playername">玩家用户名</param>
        /// <param name="gameid">游戏 Id</param>
        /// <returns></returns>
        Task<string> LeaveGame(string playername, Guid gameid);
        /// <summary>
        /// 删除游戏
        /// </summary>
        /// <param name="gameid">游戏 Id</param>
```

```
            /// <returns></returns>
        Task RemoveGame(Guid gameid);
            /// <summary>
            /// 获取玩家
            /// </summary>
            /// <param name="name">玩家用户名</param>
            /// <returns></returns>
        Task<PlayerDto> GetPlayerByUserName(string name);
            /// <summary>
            /// 设置作答玩家
            /// </summary>
            /// <param name="playername">玩家用户名</param>
            /// <param name="gameid">游戏 Id</param>
            /// <returns></returns>
        Task<string> SetAnswerPlayer(string playername, Guid gameid);
            /// <summary>
            /// 进行游戏
            /// </summary>
            /// <param name="playername">玩家用户名</param>
            /// <param name="gameid">游戏 Id</param>
            /// <param name="answer">作答</param>
            /// <returns></returns>
        Task<string> PlayGame(string playername, Guid gameid, string answer);
            /// <summary>
            /// 获取玩家可以参与的游戏，包括可以参加的游戏和已参加并正在运行的游戏
            /// </summary>
            /// <param name="playername">玩家用户名</param>
            /// <returns></returns>
        Task<List<GameDto>> GetCanPlayGames(string playername);
            /// <summary>
            /// 获取玩家参与的游戏
            /// </summary>
            /// <param name="playername">玩家用户名</param>
            /// <returns></returns>
        Task<List<GameDto>> GetPlayerGames(string playername);
            /// <summary>
            /// 检查是否存在玩家
            /// </summary>
            /// <param name="playername">玩家用户名</param>
            /// <returns></returns>
        Task<bool> CheckPlayer(string playername);
            /// <summary>
            /// 添加用户
            /// </summary>
            /// <param name="playername">玩家用户名</param>
            /// <returns></returns>
        Task<string> AddPlayer(string playername, string nickname);
            /// <summary>
            /// 用户出局
            /// </summary>
            /// <param name="playername">玩家用户名</param>
```

```
        /// <param name="gameid">游戏 Id</param>
        /// <returns></returns>
        Task SetPlayerOut(string playername, Guid gameid);
        /// <summary>
        /// 游戏结束
        /// </summary>
        /// <param name="gameguid">游戏 Id</param>
        /// <returns></returns>
        Task GameOver(Guid gameguid);
        /// <summary>
        /// 修改昵称
        /// </summary>
        /// <param name="dto"></param>
        /// <returns></returns>
        Task UpdateNickName(UpdateNickNameDto dto);
    }
}
```

在代码中可以看到，有两个为游戏设计的 DTO，分别用于返回游戏列表（GameDto）和返回游戏详细信息（GameDetailDto）。在游戏列表中，只需要游戏的基本信息：

```
using System;

namespace SignalRApplication.Contracts
{
    public class GameDto
    {
        public Guid Id { get; set; }
        public string Description { get; set; }
        public int Status { get; set; }
        public string GameType { get; set; }
        public string PlayType { get; set; }
        public string GameCondition { get; set; }
        public string StatusName
        {
            get
            {
                switch (Status)
                {
                    case 0: return "准备";
                    case 1: return "正在进行";
                    case 2: return "暂停";
                    case 3: return "结束";
                    case 4: return "结束(没有赢家)";
                }
                return "";
            }
        }
    }
}
```

为了使前端包括尽可能少的业务逻辑，在进行 DTO 转换时，将状态等转换为在前端显示的中文信息。

在游戏进行界面，不仅需要显示游戏的基本信息，还需要显示参与游戏的玩家和游戏记录，这个DTO 要复杂一些：

```csharp
using System;
using System.Collections.Generic;

namespace SignalRApplication.Contracts
{
    public class GameDetailDto
    {
        public Guid Id { get; set; }
        public string Description { get; set; }
        public int Status { get; set; }
        public string GameType { get; set; }
        public string PlayType { get; set; }
        public string GameCondition { get; set; }
        /// <summary>
        /// 创建者
        /// </summary>
        public string Creator { get; set; }
        /// <summary>
        /// 赢家
        /// </summary>
        public string Winner { get; set; }
        public string CurrentPlayer { get; set; }
        public List<PlayerInGameDto> Players { get; set; }
        public List<RecordDto> Records { get; set; }
        public List<string> ActivatePlayers { get
            {
                var res=new List<string>();
                foreach(var p in Players)
                {
                    if (p.PlayerStatus == "等待")
                        res.Add(p.PlayerName);
                }
                return res;
            }
        }
        public string StatusName
        {
            get
            {
                switch (Status)
                {
                    case 0:return "准备";
                    case 1:return "正在进行";
                    case 2: return "暂停";
                    case 3: return "结束";
```

```
                case 4: return "结束(没有赢家)";
            }
            return "";
        }
    }
    public GameDetailDto()
    {
        Players = new List<PlayerInGameDto>();
        Records = new List<RecordDto>();
    }

    }
}
```

在 SignalRApplication 中实现服务层，在构造函数中传入需要的接口实例：

```
public class SignalRAppService : ISignalRAppService
{
    private readonly IGameFactory gameFactory;
    private readonly IGamePlayServiceFactory gameServiceFactory;
    private readonly IGameRepository gameRepository;
    private readonly IPlayerRepository playerRepository;
    private readonly IUnitOfWorkManager unitOfWorkManager;

    public SignalRAppService(IGamePlayServiceFactory _gameServiceFactory,
        IGameRepository _gameRepository,
        IPlayerRepository _playerRepository,
        IGameFactory _gameFactory,
        IUnitOfWorkManager _unitOfWorkManager
        )
    {
        gameServiceFactory = _gameServiceFactory;
        gameRepository = _gameRepository;
        playerRepository = _playerRepository;
        gameFactory = _gameFactory;
        unitOfWorkManager = _unitOfWorkManager;
    }
```

由于篇幅有限，具体的实现代码这里不再列出。

19.4　SignalR Hub 的实现

在 PoemGame.SignalR.Backend 中使用 SignalR Hub 实现服务层对外的接口，这里定义了与客户端的交互过程：在 SignalR Hub 方法中，使用 Clients 的 SendAsync 方法回调客户端函数。例如 CheckUser 与后端的交互，如表 19-3 所示。

表 19-3　CheckUser 与后端的交互

1	CheckUser		检查当前用户是否为玩家	
		PlayerExist	玩家已存在	Caller
		PlayerNotExist	玩家不存在	Caller

在这个交互过程中，服务端通过 CheckUser 方法响应客户端请求，在这个方法中，根据用户是否存在调用客户端函数 "PlayerExist" 或 "PlayerNotExist"，所调用的对象是请求发起方（Caller）。CheckUser 的定义如下：

```
[Authorize]
public async Task CheckUser(string user)
{
    var isPlayer = await _gameAppService.CheckPlayer(user);

    if (isPlayer) await Clients.Caller.SendAsync("PlayerExist", user);
    else await Clients.Caller.SendAsync("PlayerNotExist", user);
}
```

按照相同的方法，表 19-1 和表 19-2 中所有的过程都进行描述。所有客户端需要执行的方法，在这里都有了定义。

```
using Microsoft.AspNetCore.SignalR;
using Microsoft.AspNetCore.Authorization;
using SignalRApplication.Contracts;

namespace PoemGame.SignalR.Backend
{
    /// <summary>
    /// 游戏列表页面有可以参加的游戏，自己也可以创建游戏
    /// 游戏创建完成，直接进入游戏，等待其他玩家加入
    /// 如果没有玩家加入，创建者可以退出，退出后，游戏会被删除
    /// 如果有其他玩家加入，创建者不能退出
    /// 加入游戏也是直接进入游戏，进入游戏后，可以退出，退出后，返回游戏列表
    /// 如果有玩家加入，游戏创建者可以开始游戏
    /// 游戏开始后，玩家如果退出，则认为是出局，需要扣分
    ///
    /// </summary>
    public class SingleGameHub : Hub
    {
        private IServiceScopeFactory serviceProviderFactory;

        protected readonly ISignalRAppService _gameAppService;

        protected static readonly Dictionary<string, MyTimer>
    _gameTimers = new Dictionary<string, MyTimer>();


        public SingleGameHub(ISignalRAppService gameAppService,
IServiceScopeFactory serviceProviderFactory)
        {
```

```
        _gameAppService = gameAppService;
        this.serviceProviderFactory = serviceProviderFactory;
    }


    [Authorize]
    public async Task CheckUser(string user)
    {
        var isPlayer = await _gameAppService.CheckPlayer(user);

        if (isPlayer) await Clients.Caller.SendAsync("PlayerExist", user);
        else await Clients.Caller.SendAsync("PlayerNotExist", user);
    }


    [Authorize]
    public async Task AddPlayer(string playername, string nickname)
    {
        var id = await _gameAppService.AddPlayer(playername, nickname);

        await Clients.Caller.SendAsync("PlayerAdded");
    }
    /// <summary>
    /// 创建游戏，创建完成后进入游戏
    /// </summary>
    /// <param name="user"></param>
    /// <param name="description"></param>
    /// <param name="mainType"></param>
    /// <param name="playtype"></param>
    /// <param name="contextString"></param>
    /// <returns></returns>
    [Authorize]
    public async Task AddNewGame(string user, string description,
        string mainType, string playtype, string contextString)
    {
        try
        {
            var game = await _gameAppService.CreateGame(user,
             description, mainType, "", playtype == "inturn", contextString);
            //刷新用户游戏列表
            //await GetGames();
            await Clients.All.SendAsync("RefreshGames");
            //创建者进入游戏
            await Clients.Caller.SendAsync("EnterGame", game.Id);
        }
        catch (Exception ex)
        {
            await Clients.Caller.SendAsync("Error", ex.Message);
            //throw;
        }
    }
    /// <summary>
    /// 加入并进入游戏
```

```
/// </summary>
/// <param name="user"></param>
/// <param name="gameId"></param>
/// <returns></returns>
[Authorize]
public async Task JoinGame(string user, string gameId)
{
    var Result = await _gameAppService.JoinGame(user, Guid.Parse(gameId));

    await Clients.Caller.SendAsync("EnterGame", gameId);
    await Clients.Group(gameId).SendAsync("ShowMessage",
        $"{user}加入游戏");
}
/// <summary>
/// 离开游戏
/// 如果游戏没有开始：对于创建者，如果已经有玩家加入，就提示不能离开；如果没有玩家加入，
则删除游戏并返回
/// 对于非创建者，离开游戏并返回
/// 如果游戏已经开始：玩家离开游戏，按出局处理
/// </summary>
/// <param name="user"></param>
/// <param name="gameid"></param>
/// <returns></returns>
[Authorize]
public async Task LeaveGame(string user, string gameid)
{
    var game = await _gameAppService.GetGame(Guid.Parse(gameid));
    if (game.Status == 0)
    {
        var creater = game.Creator;
        if (creater == user)
        {
            //创建者
            var players = game.ActivatePlayers;
            if (players.Count() > 1)
            {
                await Clients.Caller.SendAsync("ShowMessage",
                    "已经有参与的玩家，不能退出");
            }
            else
            {
                //删除
                await _gameAppService.RemoveGame(game.Id);
                await Clients.Caller.SendAsync("OnExitGame");
                await Clients.All.SendAsync("RefreshGames");
                //await GetGames();
            }
        }
        else
        {
            await _gameAppService.LeaveGame(user, Guid.Parse(gameid));
```

```
                await Clients.Caller.SendAsync("OnExitGame");
                await Clients.Group(gameid).SendAsync("ShowMessage",
                    $"{user}退出游戏");
            }
        }
        else if (game.Status == 1)
        {
            //这时退出，按出局处理
            await _gameAppService.SetPlayerOut(user, game.Id);
            await ShowGameBack(gameid, $"{user}退出游戏");
            await Clients.Caller.SendAsync("OnExitGame");
        }
        else
        {
            await Clients.Caller.SendAsync("OnExitGame");
        }
    }
    [Authorize]
    public async Task StartGame(string user, string gameId)
    {
        var Result = await _gameAppService.StartGame(user, Guid.Parse(gameId));
        await ShowGameBack(gameId, "");
    }
    [Authorize]
    public async Task GetGames(string user)
    {
        var games = await _gameAppService.GetCanPlayGames(user);
        await Clients.Caller.SendAsync("ShowGames", games);
    }
    [Authorize]
    public async Task EnterGame(string user, string gameguid)
    {
        //增加 Group
        await Groups.AddToGroupAsync(Context.ConnectionId, gameguid);
        await ShowGameBack(gameguid, $"{user}进入游戏");
    }
    [Authorize]
    public async Task PlayGame(string user, string gameguid, string answer)
    {
        var Result = await _gameAppService.PlayGame(user,
Guid.Parse(gameguid), answer);
        await ShowGameBack(gameguid, Result);
        if (_gameTimers.ContainsKey(gameguid))
        {
            var timer = _gameTimers[gameguid];
            timer.StopTimer();
        }
    }
    [Authorize]
    public async Task StartGoToPlayTimer(string gameguid)
    {
```

```
    await Clients.Group(gameguid).SendAsync("ShowMessage", "抢答开始");
    if (!_gameTimers.ContainsKey(gameguid))
    {
        var timer = new MyTimer(Clients, gameguid, serviceProviderFactory);
        _gameTimers.Add(gameguid, timer);
        timer.StartGoToPlayTimer();
    }
    else
    {
        var timer = _gameTimers[gameguid];
        timer.StartGoToPlayTimer();
    }
}
[Authorize]
public async Task SetPlayer(string user, string gameguid)
{
    try
    {
        if (_gameTimers.ContainsKey(gameguid))
        {
            var timer = _gameTimers[gameguid];
            timer.StopTimer();
        }
        var Result = await _gameAppService.SetAnswerPlayer(user,
                Guid.Parse(gameguid));

        var game = await _gameAppService.GetGame(Guid.Parse(gameguid));
        await Clients.Group(gameguid).SendAsync("SetPlayerResult",
            game.CurrentPlayer, Result);

        //设置超时
        if (!_gameTimers.ContainsKey(gameguid))
        {
            var timer = new MyTimer(Clients, gameguid, serviceProviderFactory);
            _gameTimers.Add(gameguid, timer);
            timer.StartPlayTimer(user);
        }
        else
        {
            var timer = _gameTimers[gameguid];
            timer.StartPlayTimer(user);
        }
    }
    catch (Exception ex)
    {
        await Clients.Caller.SendAsync("Error", ex.Message);
        //throw;
    }
}
[Authorize]
public async Task ShowGame(string user, string gameguid)
```

```
    {
        //增加 Group
        await Groups.AddToGroupAsync(Context.ConnectionId, gameguid);
        await ShowGameBack(user, gameguid);
    }
    protected async Task ShowGameBack(string gameguid, string message)
    {
        var game = await _gameAppService.GetGame(Guid.Parse(gameguid));
        await Clients.Group(gameguid).SendAsync("ShowGameResult",
                            game, message);
    }
    }
}
```

上面的代码与单体应用代码最大的不同是使用了 SignalR 组（Group）的概念，当玩家进入游戏后，相应的连接被添加到组中：

```
public async Task EnterGame(string user, string gameguid)
{
    //增加 Group
    await Groups.AddToGroupAsync(Context.ConnectionId, gameguid);
    await ShowGameBack(gameguid, $"{user}进入游戏");
}
```

发送消息时，就可以向组中所有的玩家发送消息了：

```
protected async Task ShowGameBack(string gameguid, string message)
{
    var game = await _gameAppService.GetGame(Guid.Parse(gameguid));
    await Clients.Group(gameguid).SendAsync("ShowGameResult",
            game, message);
}
```

代码编写完成后，可以按照 19.1 节中列出的需求进行检查。另外，还需要解决的一个问题是如何实现回答问题时的计时器功能。

19.5　定时器的引入

在 SignalR Hub 的实现中，需要特别说明的是定时器的使用。我们希望限制玩家的作答时间，比如 30 秒，如果在 30 秒内没有作答，就认为玩家没有回答出来，按回答错误处理。定时器放在客户端是否可行呢？由于时间变化要通知游戏内的所有玩家，也就是所有玩家都能看到倒计时的过程，如果在客户端使用定时器，需要在时间发生变化时向服务器发送请求，由服务器向所有玩家广播时间的变化。这种方案看上去也可以，但存在一个解决不了的问题：如果玩家关闭浏览器，或者由于其他原因导致退出，定时器就会失效；如果这个玩家的网络情况不好，所有其他玩家都会感到延迟。在本示例中，选择在服务器设置定时器。

在服务器设置定时器，需要保持定时器与客户端的连接，让所有玩家都可以看到倒计时的过程，当玩家超时后，会将相关的处理发送给参与的所有玩家。将定时器的实现封装在一个类（MyTimer）

中，与主干代码分开，便于后续的维护。

定时器的实现如下：

```
using Microsoft.AspNetCore.SignalR;
using SignalRApplication.Contracts;

namespace PoemGame.SignalR.Backend
{
    public class MyTimer
    {
        private IHubCallerClients clients;
        private Timer timer;
        private string gameguid;
        private IServiceScopeFactory serviceProviderFactory;
        public MyTimer(IHubCallerClients clients, string gameguid)
        {
            this.clients = clients;
            this.gameguid = gameguid;
        }

        public MyTimer(IHubCallerClients clients,
            string gameguid,
            IServiceScopeFactory serviceProviderFactory
            )
        {
            this.clients = clients;
            this.gameguid = gameguid;
            this.serviceProviderFactory = serviceProviderFactory;
        }

        /// <summary>
        /// 设置抢答倒计时，30 秒内无人抢答，游戏结束
        /// </summary>
        /// <param name="caller"></param>
        public void StartGoToPlayTimer()
        {
            var c = 60;
            TimerCallback tc = new TimerCallback(async (o) =>
            {
                await clients.Group(gameguid).SendAsync("SetCount", c--);
                if (c <= 0)
                {
                    var t = timer.Change(-1, 10000);
                    using (var scope = serviceProviderFactory.CreateScope())
                    {
                        var _gameAppService =
                            scope.ServiceProvider.GetService<ISignalRAppService>();
                        await _gameAppService.GameOver(Guid.Parse(gameguid));
                        await ShowGameBack(clients, _gameAppService,
                                gameguid, "没人抢答，游戏结束");
```

```
            }
            StopTimer();
        }
    }
    );
    if (timer != null) StopTimer();
    timer = new Timer(tc, null, 1, 1000);
}


/// <summary>
/// 设置游戏倒计时
/// </summary>
/// <param name="caller"></param>
public void StartPlayTimer(string userName)
{
    var c = 60;
    TimerCallback tc = new TimerCallback(async (o) =>
    {
        await clients.Group(gameguid).SendAsync("SetCount", c--);
        if (c <= 0)
        {
            var t = timer.Change(-1, 10000);
            using (var scope = serviceProviderFactory.CreateScope())
            {
                var _gameAppService =
                    scope.ServiceProvider.GetService<ISignalRAppService>();

                await _gameAppService.SetPlayerOut(userName,
                        Guid.Parse(gameguid));
                await ShowGameBack(clients, _gameAppService,
                        gameguid, userName + "超时");
            }
            StopTimer();
        }
    }
    );
    if (timer != null) StopTimer();
    timer = new Timer(tc, null, 1, 1000);
}

public void StopTimer()
{
    if (timer != null)
    {
        timer.Dispose();
        timer = null;
    }
}

protected async Task ShowGameBack(IHubCallerClients Clients,
```

```
                    ISignalRAppService _gameAppService, string gameguid, string message)
        {
            var game = await _gameAppService.GetGame(Guid.Parse(gameguid));
            await Clients.Group(gameguid).SendAsync("ShowGameResult",
                                game, message);
        }
    }
}
```

后台定时器实现时的难点在于如何获取所需要的服务。通常情况下，依赖注入容器在每次请求时产生所需要的对象，通过构造函数传递给控制器或者 SignalR Hub，在整个请求的生命周期中，可以使用这些对象，当生命周期结束，这些对象也就失效了。而在使用定时器的情况下，定时器所触发的线程是在后台运行的，所以没有前端请求产生的 scope，也就无法使用从构造函数中传入的服务对象。解决这个问题的一个办法是使用 serviceProviderFactory，在需要时创建 scope 并获取服务：

```
        using (var scope = serviceProviderFactory.CreateScope())
        {
            var _gameAppService =
                    scope.ServiceProvider.GetService<ISignalRAppService>();
            await _gameAppService.GameOver(Guid.Parse(gameguid));
            await ShowGameBack(clients, _gameAppService,
                    gameguid, "没人抢答，游戏结束");
        }
```

在创建 MyTimer 实例时，使用构造函数直接创建，并将 serviceProviderFactory 作为参数传入。服务端定时器的引入可以将时间变化动态地发送给每个玩家。

19.6 安 全 认 证

使用前面创建的 Identity Server 4 对访问服务的客户端进行认证，如果没有通过认证，客户端就无法访问服务。对 SignalR 的认证方式与 Web API 是一样的。

在 PoemGame.SignalR 项目中，安装程序包 ZL.IdentityServer4ClientConfig，这个程序包中封装了 Identity Server 4 客户端的设置；另外，还需要安装 ZL.SameSiteCookiesService，这个程序包使服务可以在 HTTP 协议下运行，便于测试。

在 appSettings.json 中，需要对认证服务进行配置：

```
"IdentityServer4Api": {
    "Authority": "http://host.docker.internal:7010",
    "CorsOrgins": [
     "http://host.docker.internal:5015",
     "http://host.docker.internal:5149"
    ],
    "Policies": [
     {
      "Name": "ApiScope",
      "RequireAuthenticatedUser": "true",
      "Claims": [
```

```
      {
        "ClaimType": "scope",
        "AllowValues": [ "poemapi" ]
      }
    ]
  }
],
"RequireHttpsMetadata": "false"
}
```

这里，认证服务的地址是 http://host.docker.internal:7010，在 CorsOrgins 中保存的是可以访问这个服务的客户端地址。在 Policies 中设置可以访问的 scope，这里是 poemapi，下面会在 Identity Server 4 的管理应用中设置这个 scope。

因为测试网站没有使用 HTTPS，所以需要设置：

```
"RequireHttpsMetadata": "false"
```

对于 SignalR 来说，还需要编写额外的代码来保护 SignalR Hub。为依赖注入容器创建一个扩展，用于 Identity Server 4 客户端的注册：

```
using Microsoft.AspNetCore.Authentication.JwtBearer;
using Microsoft.IdentityModel.Tokens;
using ZL.IdentityServer4ClientConfig;

namespace PoemGame.SignalR
{
    public static class IDS4Extension
    {
        public static IServiceCollection AddIdentityServer4ApiNew(
                this IServiceCollection services, IConfiguration configurateion)
        {
            var cfg = configurateion.GetSection("IdentityServer4Api");
            var opt = new ApiOption();
            cfg.Bind(opt);

            services.AddCors(option => option.AddPolicy("cors",
                policy => policy.AllowAnyHeader()
                .AllowAnyMethod()
                .AllowCredentials()
                .WithOrigins(opt.CorsOrgins.ToArray())));
            services.AddAuthentication("Bearer")
                .AddJwtBearer("Bearer", options =>
                {
                    options.Authority = opt.Authority;
                    options.RequireHttpsMetadata = opt.RequireHttpsMetadata;
                    options.TokenValidationParameters =
                                          new TokenValidationParameters
                    {
                        ValidateAudience = false
                    };
                    options.Events = new JwtBearerEvents
```

```
            {
                OnMessageReceived = context =>
                {
                    var accessToken =
                            context.Request.Query["access_token"];
                    var path = context.HttpContext.Request.Path;
                   .if (!string.IsNullOrEmpty(accessToken) &&
                        (path.StartsWithSegments("/gameHub") ||
                            path.StartsWithSegments("/gameCenterHub") ||
                            path.StartsWithSegments("/singlegamehub")))
                    {
                        context.Token = accessToken;
                    }
                    return Task.CompletedTask;
                }
            };
        });
        services.AddAuthorization(options =>
        {
            foreach (var p in opt.Policies)
            {
                options.AddPolicy(p.Name, policy =>
                {
                    if (p.RequireAuthenticatedUser)
                            policy.RequireAuthenticatedUser();
                    foreach (var c in p.Claims)
                    {
                        policy.RequireClaim(c.ClaimType,
                                            c.AllowValues.ToArray());
                    }
                });
            }
        });
        return services;
    }
  }
}
```

在这个扩展中首先从配置文件中读取 Identity Server 4 客户端的相关配置，然后根据配置设置 CORS、SignalR Hub 的保护和访问策略。在 SignalR Hub 保护中，下面两句代码是关键：

```
//从 query 中获取 access_token
    var accessToken = context.Request.Query["access_token"];
    ...
    //将 token 赋值给 context.Token
context.Token = accessToken;
```

在 Program.cs 中调用这个扩展，并增加相关的代码，增加的部分见下面代码中的注释：

```
builder.Services.AddIdentityServer4ApiNew(builder.Configuration);
...
app.UseCors("cors");//增加代码
```

```
app.UseAuthentication();
app.UseAuthorization(); //增加代码
app.MapControllers().RequireAuthorization("ApiScope");//增加代码;
```

最后，还需要在 Identity Server 4 的管理应用中配置 ApiScope。登录到管理应用，增加 ApiScope，如图 19-2 所示。

图 19-2　增加作用域

增加作用域后，在需要访问服务的客户端还需增加 poemapi，这样客户端就可以访问 SignalR 服务了。

19.7　使用依赖注入服务进行装配

在前面进行单体应用开发时，SignalR Hub 定义在项目内部，而在当前项目中，SignalR Hub 作为独立的项目开发，以独立的程序集形式存在，可以在其他项目中使用。这种程序集是 Asp.Net Core 的一种插件，叫作 Application Part。

Application Part 是 ASP.NET Core 的一个重要组件，是应用程序资源的一种抽象，可以是包含控制器、视图组件、TagHelper 和预编译 Razor 视图等 MVC 功能的程序集。程序集作为 Application Part 加载到应用中后，使用方式不会发生变化。在开发中引入 Application Part 的概念可以将应用分解为更小的粒度进行开发，使软件模块更加独立，提高复用性和可维护性。需要注意的是，采用 Application Part 开发的应用，在运行时整个应用系统仍然是一个单体系统。Application Part 需要加载到宿主应用中才能运行，这与微服务等分布式系统是完全不同的。

在我们的示例项目中，涉及 SignalR 的部分被开发为独立的程序集，首先需要作为 Application Part 加载到宿主项目中：

```
builder.Services.
```

```
        .AddApplicationPart(Assembly.Load(new AssemblyName("PoemGame.SignalR.Backend")));
```

上面的代码将 **PoemGame.SignalR.Backend** 作为 Application Part 加载到当前的运行环境。

然后，仍然使用依赖注入服务进行装配，对需要的服务进行注册：

```
var poemGameConnectionString =
        builder.Configuration.GetConnectionString("PoemGameConnection");
builder.Services.AddDbContext<PoemGameDbContext>(
    options => options.UseSqlServer(poemGameConnectionString));

builder.Services.AddScoped<IDbConnection, SqlConnection>(serviceProvider => {
    SqlConnection conn = new SqlConnection();
    conn.ConnectionString =
        builder.Configuration.GetConnectionString("PoemServiceConnection");// ;
    return conn;
});
builder.Services.AddScoped<IPoemService, PoemServiceDb>();
builder.Services.AddScoped<IPlayerRepository, PlayerRepositoryUoW>();
builder.Services.AddScoped<IGameRepository, GameRepositoryUoW>();
builder.Services.AddScoped<IUnitOfWorkManager, UnitOfWorkManager>();
builder.Services.AddPoemGameDomainService(builder.Configuration);
builder.Services.AddScoped<ISignalRAppService, SignalRAppService>();
```

最后，添加 SignalR 的 Hub：

```
app.MapHub<SingleGameHub>("/singlegamehub");
```

19.8　本　章　小　结

本章主要任务是为后续的应用创建游戏服务。前一章已经创建了基于 SignalR 的原型系统，本章在此基础上增加定时器等功能，构建基于 SignalR 的应用服务。

首先编写服务层，主要作用是使用领域模型中的聚合根、领域服务和存储库完成用例中规定的功能。这部分与具体的实现技术没有关系。

然后是编写 SignalR Hub 实现实时服务。SignalR Hub 调用服务层完成具体的功能。在 SignalR Hub 中引入了定时器，完成游戏需要的倒计时功能。

应用服务使用认证服务进行保护，只有通过认证的用户才可以访问服务。本示例中使用 Identity Server 4 作为例子完成这个工作。

SignalR 部分作为独立的项目进行开发，在使用时作为 Application Part 动态加入宿主应用中。

在本章构建的应用服务基础上，可以开发各种类型的应用。后面几章分别介绍这些应用的开发。

第20章

单页面客户端

前一章开发了基于 SignalR 的游戏服务，现在开发单页面客户端，使用的技术包括 Vue 3、Vant、@microsoft/signalr 和 odic-client，开发环境为 Node.js，开发工具为 Visual Studio Code（VS Code）。假设已经安装了 Node.js 和 VS Code。

20.1 需 求 概 述

在单页面客户端，需要实现诗词游戏涉及的所有用例，包括新玩家的加入、玩家创建游戏、玩家加入游戏、玩家退出游戏、游戏启动、游戏进行等。所有用例需要的与服务端的交互，在前一章已经有了说明，表 20-1 只列出需要实现的前端函数。

表 20-1 从服务端视角的方法调用顺序

序　号	SignalR 服务端方法	JavaScript 客户端方法	说　明	客户端类型
1	CheckUser		检查当前用户是否为玩家	
		PlayerExist	玩家已存在	Caller
		PlayerNotExist	玩家不存在	Caller
2	AddPlayer		添加玩家	
		PlayerAdded	玩家添加完成	Caller
3	AddNewGame		创建游戏	
		EnterGame	创建者进入游戏	Caller
		RefreshGames	所有玩家的游戏列表刷新	All
4	JoinGame		加入游戏	
		EnterGame	进入游戏	Caller
		ShowMessage	显示信息	Group

（续表）

序 号	SignalR 服务端方法	JavaScript 客户端方法	说 明	客户端类型
5	LeaveGame		离开游戏	
		ShowMessage	显示已经有参与的玩家，不能退出	Caller
		OnExitGame	退出游戏	Caller
		RefreshGames	刷新游戏列表	All
		ShowMessage	显示退出	All
6	StartGame		开始游戏	
		ShowGameResult	显示游戏详情	Group
7	GetGames		获取用户游戏列表	Caller
		ShowGames	显示游戏	
8	EnterGame		进入游戏	
		ShowGameResult	显示游戏详情	Group
9	PlayGame		游戏进行	
		ShowGameResult	显示游戏详情	Group
10	StartGoToPlayTimer		抢答	
		ShowMessage	抢答开始	Group
11	SetPlayer		设置作答玩家	
		SetPlayerResult	设置作答玩家结果	Group
12	ShowGame		显示游戏,并增加用户到组	
		ShowGameResult		Group
13	<定时器>		定时触发	
		SetCount	刷新定时	Group

20.2 技 术 方 案

本节介绍单页面客户端实现的技术方案。

20.2.1 单页面客户端在架构中的位置

单页面客户端在系统架构中的位置如图 20-1 所示。

单页面客户端与 SignalR 服务和认证服务一起构成诗词游戏应用。

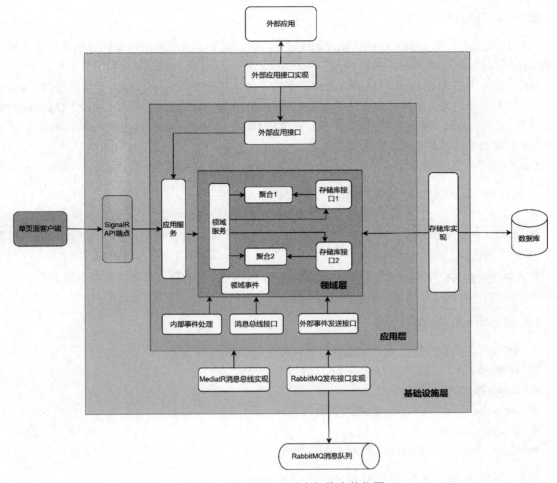

图 20-1 单页面客户端在架构中的位置

20.2.2 关键技术

单页面前端使用 JavaScript 编写，与.Net 平台没有直接的关系，属于独立发展的生态，下面简单介绍一下本示例中涉及的技术。

1. Vue.js + Vant

编写单页面应用有很多种前端框架可供选择，本项目使用 Vue.js 3。

Vue 是一款用于构建用户界面的 JavaScript 框架。它基于标准的 HTML、CSS 和 JavaScript 构建，并提供了一套声明式的、组件化的编程模型，帮助开发人员高效地开发用户界面。

本项目选择 Vue 的原因有：① 上手快，感觉比起 React 和 AngularJS 学习起来要快一些；② 有快速发展且成熟的生态，遇到问题可以很容易地在社区中找到答案。

为了提高开发效率，保证用户交互的一致性，我们希望选择使用成熟的 UI 框架和组件库。对此有很多种产品可供选择，从简单易用、轻量级、面向移动用户等几方面考虑，最终选择更适合移动端的 Vue 前端组件库 Vant。

2. OIDC 认证 JavaScript 客户端

诗词游戏系统采用 OIDC（Open ID Connect）认证，对于单页面应用需要使用相应的客户端。这里采用 oidc-client 库作为客户端。

oidc-client 提供了 OIDC 和 OAuth2 协议的支持，并为用户会话（sessions）和访问令牌（access tokens）提供管理功能。本项目主要使用 oidc-client 中的 UserManager 完成认证功能。UserManager 提供了高级别的 API，用于用户登录、注销、管理从 OIDC 提供者返回的用户声明（claims），以及管理从 OIDC/OAuth2 提供者返回的访问令牌。

UserManager 构造函数需要一个设置对象作为参数，设置对象属性包含：

- authority（string）：OIDC/OAuth2 提供者的 URL。
- client_id（string）：客户端应用程序在 OIDC/OAuth2 提供程序中注册的标识符。
- redirect_uri（string）：客户端应用程序的重定向 URI，用于接收来自 OIDC/OAuth2 提供者的响应。
- response_type（string，默认值: 'id_token'）：OIDC/OAuth2 提供者所需的响应类型。
- scope（string，默认值: 'openid'）：OIDC/OAuth2 提供者规定的请求范围。

UserManager 的主要方法如下：

- getUser：返回当前通过身份验证的用户对象。
- removeUser：从存储中移除当前已经认证的用户。
- signinRedirect：重定向登录。
- signinRedirectCallback：重定向登录回调。
- signoutRedirect：重定向注销。
- signoutRedirectCallback：重定向注销回调。

使用 UserManager 的示例代码如下：

```
var mgr = new Oidc.UserManager(config.odicconfig);
    mgr.getUser().then(function (user) {
    if (user) {
       //用户已经通过认证
    }else{
        //重定向到认证服务的登录页面
      mgr.signinRedirect();
    }
});
```

我们需要在项目中结合 Vue 进行使用。

3. SignalR JavaScript 客户端

本项目使用 SignalR 实现服务器和客户端的实时通信，SignalR 客户端支持 C#、JavaScript 和 Java 等多种语言，这里使用微软提供的 SignalR JavaScript 客户端@microsoft/signalr。

SignalR JavaScript 客户端的使用包括三部分：创建连接，在连接上定义响应和发送请求。

创建连接的示例代码如下：

```
var connection = new HubConnectionBuilder()
        .withUrl(config.signalRUrl, {
          accessTokenFactory: () => user.access_token,
        })
        .withAutomaticReconnect()
        .build();
```

连接创建完成后，可以使用连接定义来响应服务端的请求，下面的代码表示响应服务端发出的
PlayExist 命令：

```
connection.on("PlayerExist", function () {
        me.message = "玩家存在，获取游戏列表......";
      });
```

也可以发出对服务器的请求：

```
      connection
        .invoke("CheckUser", me.userName)
        .catch(function (err) {
          me.message = "发生错误：" + err.toString() + "，请重新登录。";
        });
      })
```

需求明确了，关键技术也准备完成了，可以创建项目编写实现代码了。

20.3　前端项目构建

本节将从零开始构建前端项目。

20.3.1　创建项目

有很多种工具可以帮助我们创建 Vue 项目，这里使用官方推荐的方法。首先使用下面的命令创建项目：

```
npm init vue
```

这个命令会自动安装并执行 create-vue。create-vue 是官方的项目脚手架工具。

按照提示输入或选择需要的信息。推荐的设置如图 20-2 所示。

这里我们选择使用 JavaScript 作为编程语言，并且不使用 JSX 模板语言。

项目创建成功后，在控制台进入创建的项目路径，执行 npm install 命令可以安装需要的程序包。

如果顺利的话，npm install 的执行情况如图 20-3 所示。

注　意
一定要进入项目路径执行安装命令，否则会导致后续操作出现错误。

```
D:\vuejs\test>npm init vue

Vue.js - The Progressive JavaScript Framework

√ Project name: ... vue-project
√ Add TypeScript? ... No / Yes
√ Add JSX Support? ... No / Yes
√ Add Vue Router for Single Page Application development? ... No / Yes
√ Add Pinia for state management? ... No / Yes
√ Add Vitest for Unit Testing? ... No / Yes
√ Add an End-to-End Testing Solution? » No
√ Add ESLint for code quality? ... No / Yes
√ Add Prettier for code formatting? ... No / Yes

Scaffolding project in D:\vuejs\test\vue-project...

Done. Now run:

  cd vue-project
  npm install
  npm run dev
```

图 20-2　初始化 Vue 项目

```
D:\vuejs\test>cd vue-project

D:\vuejs\test\vue-project>npm install

added 158 packages, and audited 159 packages in 44s

34 packages are looking for funding
  run `npm fund` for details

found 0 vulnerabilities
```

图 20-3　安装依赖包

安装完成后，执行 npm run dev 命令运行项目，如图 20-4 所示。

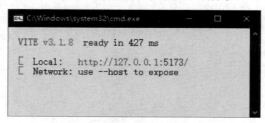

图 20-4　运行 Vue 项目

这时如果在浏览器打开 http://127.0.0.1:5173，可以看到运行效果。也可以在按住 Ctrl 键的同时，使用鼠标单击控制台中的链接打开浏览器访问这个网站来查看运行效果。

现在需要对项目进行一些配置。首先，我们希望项目可以运行在自定义的端口上；其次，我们希望能够使用外网 IP 进行访问，这样就可以使用 Docker Desktop 创建的本地测试域名 host.docker.internal 进行访问。这样做的目的是避免由于动态 IP 地址而导致网站地址发生变化。因为我们需要在认证服务中配置网站的地址，如果使用的 IP 地址发生变化，就会导致认证失败。

首先解决第一个问题，通过修改 package.json 来设置启动的端口号。在命令行中进入项目目录，执行命令 code .（不要忘记后面这个"."）可以启动 VS Code 并打开当前目录，找到并打开 package.json，修改"dev"选项，在执行的命令中增加端口号，如图 20-5 所示。

```
"dev": "vite --port 5149",
```

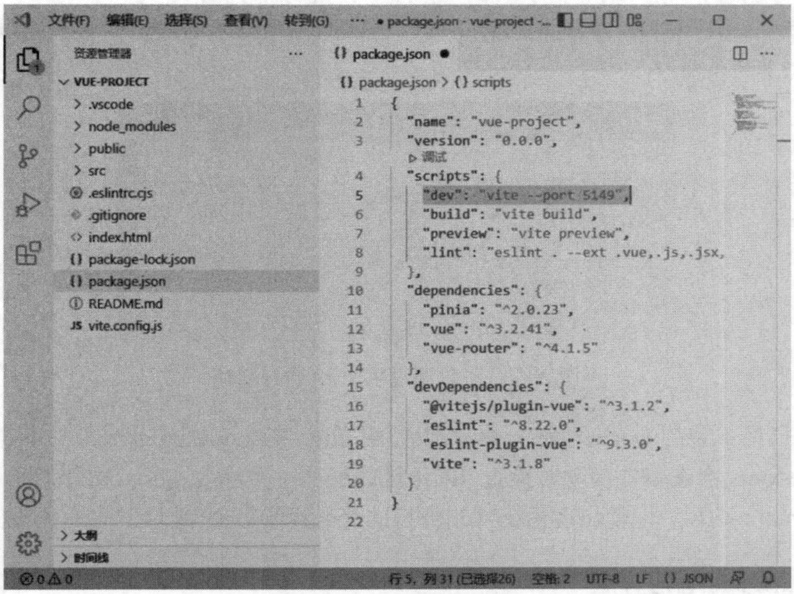

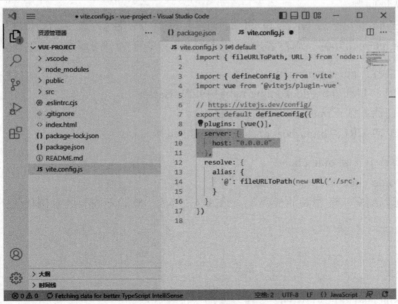

图 20-5 使用自定义的端口

在 VS Code 终端中执行 npm run dev，可以看到端口号已经修改为 5149。

接下来解决第二个问题，通过修改 vite.config.js 为应用绑定所有的 IP 地址。在配置中增加以下代码绑定所有 IP 地址，如图 20-6 所示。

```
server: {
  host: "0.0.0.0"
},
```

图 20-6 绑定所有 IP 地址

这样可以使网站使用外部 IP 地址进行访问。再次运行项目，会发现多出了使用外部 IP 的访问地址，如图 20-7 所示。

图 20-7　可以通过多个 IP 访问前端

这时，如果已经安装的 Docker Desktop，可以使用 http://host.docker.internal:5149 访问这个网站。

Docker Desktop 会在每次启动时检查 IP 地址的变化，并修改 hosts 文件，将 IP 地址映射到 host.docker.internal。这样，即使出现由于网络环境的变化而导致 IP 地址发生变化，也不会影响调试环境。

接下来安装需要的其他组件：

```
npm install vant
npm install @microsoft/signalr
npm install oidc-client
```

然后就可以进行下一步开发了。

20.3.2　使用 oidc-client 进行认证

本节解决认证问题。

首先，在认证服务配置单页面访问的客户端。进入认证服务管理页面 http://host.docker.internal:7003，创建客户端。创建过程参见第 12 章的内容，客户端的参数如下：

- 客户端名称：poemgamevant。
- 回调 URL：http://host.docker.internal:5149/CallBack。
- 允许访问的范围：openid profile poemapi。
- 注销后返回 URL：http://host.docker.internal:5149/。

然后，在项目中安装 oidc-client：

npm install oidc-client。

接下来就可以编写认证相关的代码了。修改 App.vue，删除不需要的示例代码：

```
<script setup></script>
<template>
  <RouterView />
</template>
```

改造 Components/HomeView.vue 文件，增加认证代码：

```
<template>
  <main>
```

```
      {{ userName }}
  </main>
</template>
<script>
import Oidc from "oidc-client";
const config = {
  odicconfig: {
    authority: import.meta.env.VITE_AUTHORITY,
    client_id: import.meta.env.VITE_CLIENTID,
    redirect_uri: import.meta.env.VITE_REDIRECTURI,
    response_type: "code",
    scope: import.meta.env.VITE_SCOPE,
    post_logout_redirect_uri: import.meta.env.VITE_POSTLOGOUTREDIRECTURI,
  }
};

export default {
  data() {
    return {
      userName: "",
      mgr: null
    };
  },
  created() {
    var mgr = new Oidc.UserManager(config.odicconfig);
    var me = this;
    me.mgr = mgr;
    mgr.getUser().then(function (user) {
      if (user) {
        me.userName = user.profile.name;
      }else{
        mgr.signinRedirect();
      }

    });
  }
}
</script>
```

认证代码分为下面 3 个部分：

（1）引入 oidc-client。

（2）读出配置数据，这里将配置数据从.env 文件中读出来。

（3）在 created 中创建 Oidc.UserManager 进行认证。认证办法是调用 getUser()方法，如果返回用户，说明认证成功，否则会跳转到认证中心的登录页面要求进行认证。

配置数据保存在根目录下的.env 文件中，如果没有就创建一个。配置文件如下：

```
VITE_AUTHORITY=http://host.docker.internal:7010/
VITE_CLIENTID=poemgamevant
VITE_REDIRECTURI=http://host.docker.internal:5149/CallBack
```

```
VITE_SCOPE=openid profile poemapi
VITE_POSTLOGOUTREDIRECTURI=http://host.docker.internal:5149/
```

使用配置文件的目的是发布到生产环境时方便进行修改。

执行 npm run dev 运行程序，测试一下效果。程序跳转到认证中心的登录页面，登录后返回，出现如图 20-8 所示的警告错误。

```
http://host.docker.internal:7010/
⚠ ▶ [Vue Router warn]: No match found for location with path "/CallBack?
code=A500F3F833BF64477C2296CA1ADB05EA6A1F8383343A01BE63842C2F6C68301A&scope=op
pi&state=71a367ac2a4e45139175e3d5eece51ca&session_state=goZpHuEJNFIioW-ZJdfFAE
A0luzMz72yzkUkU.50545CBF6C65B5C7020B7395F9BEDD86"
```

图 20-8　需要创建 CallBack 页面

这是因为没有创建配置中需要的 CallBack 页面。下面我们创建这个页面。

在 components 目录下创建 CallBack.vue：

```
<template>
  <div>CallBack</div>
</template>
<script>
import Oidc from "oidc-client";
new Oidc.UserManager({ response_mode: "query" })
  .signinRedirectCallback()
  .then(function () {
    window.location = "/";
  })
  .catch(function (e) {
    console.log(e);
  });
export default {};
</script>
```

在路由文件 router/index.js 中进行配置：

引入 CallBack：

```
import CallBack from "../components/CallBack.vue";
```

在路由中增加以下代码：

```
{
    path: "/CallBack",
    name: "callback",
    component: CallBack,
},
```

重新运行应用，登录后可以正确返回，并显示用户名。认证部分就完成了。

20.3.3　访问游戏服务的 SignalR Hub

单页面应用访问 SignalR Hub 需要安装 SignalR 客户端：

```
npm install @microsoft/signalr
```

还需要引入访问 SignalR Hub 的组件，引入 HubConnectionBuilder：

```
import { HubConnectionBuilder } from "@microsoft/signalr";
```

这样就可以通过创建 connection 与服务进行通信了。下面通过编写访问服务中的 CheckUser 作为示例进行说明。

首先，修改模型中的 username，改为 message，用于显示返回信息，在模板中也做相应的修改，将{{username}}修改为{{message}}。还需要在模型中增加 connection 的定义，用来保存 SignalR 连接。

然后，在认证成功的分支中增加创建连接的代码：

```
me.connection = new HubConnectionBuilder()
  .withUrl(config.signalRUrl, {
    accessTokenFactory: () => user.access_token,
  })
  .withAutomaticReconnect()
  .build();
me.connection.Error += (ex) => {
  console.WriteLine("Error: {0}", ex.Message);
  me.message = ex.Message;
};
```

接下来启动连接，并调用 CheckUser 检查当前用户是否为玩家：

```
me.connection
    .start()
    .then(function () {
      me.message = "检查玩家是否存在......";
      me.connection
        .invoke("CheckUser", me.userName)
        .catch(function (err) {
          me.message = "发生错误: " + err.toString() + "，请重新登录。";
        });
    })
    .catch(function (err) {
      me.message = err.toString();
      //return console.error(err.toString());
    });
```

在连接创建完成并启动后，执行 invoke("CheckUser", me.userName)来访问游戏服务中的 CheckUser 方法，看一下服务器代码：

```
[Authorize]
public async Task CheckUser(string user)
{
    var isPlayer = await _gameAppService.CheckPlayer(user);
    if (isPlayer) await Clients.Caller.SendAsync("PlayerExist", user);
    else await Clients.Caller.SendAsync("PlayerNotExist", user);
}
```

当用户是玩家时，服务器调用 PlayerExist，否则调用 PlayerNotExist。因此，还需要在客户端编写这两个方法响应服务器的调用，代码如下：

```
        me.connection.on("PlayerExist", function () {
          me.message = "玩家存在，获取游戏列表......";
        });
        me.connection.on("PlayerNotExist", function (userName) {
          me.message = "玩家不存在，创建玩家......";
        });
```

还需要在配置文件中增加 SignalR 的地址：

```
VITE_SIGNALRURL=http://host.docker.internal:5189/singlegamehub
```

运行一下，效果如图 20-9 所示。

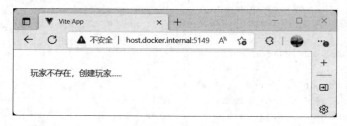

图 20-9　运行效果

由于 admin 用户不是玩家，因此执行 PlayerNotExist 所关联的函数，显示"玩家不存在"。至此，完整的代码如下：

```
<template>
  <main>
      {{ message }}
  </main>
</template>

<script>
import Oidc from "oidc-client";
import { HubConnectionBuilder } from "@microsoft/signalr";

console.log(import.meta.env.VITE_AUTHORITY);
const config = {
  odicconfig: {
    authority: import.meta.env.VITE_AUTHORITY,
    client_id: import.meta.env.VITE_CLIENTID,
    redirect_uri: import.meta.env.VITE_REDIRECTURI,
    response_type: "code",
    scope: import.meta.env.VITE_SCOPE,
    post_logout_redirect_uri: import.meta.env.VITE_POSTLOGOUTREDIRECTURI,
  },
  signalRUrl: import.meta.env.VITE_SIGNALRURL,
};

export default {
  data() {
```

```
    return {
      message: "",
      connection: null,
      mgr: null
    };
  },
  created() {
    var mgr = new Oidc.UserManager(config.odicconfig);
    var me = this;
    me.mgr = mgr;
    mgr.getUser().then(function (user) {
      if (user) {
        me.message = user.profile.name;
        me.connection = new HubConnectionBuilder()
          .withUrl(config.signalRUrl, {
            accessTokenFactory: () => user.access_token,
          })
          .withAutomaticReconnect()
          .build();
        me.connection.Error += (ex) => {
          console.WriteLine("Error: {0}", ex.Message);
          me.message = ex.Message;
        };
        me.connection
          .start()
          .then(function () {
            me.message = "检查玩家是否存在......";
            me.connection
              .invoke("CheckUser", me.userName)
              .catch(function (err) {
                me.message = "发生错误: " + err.toString() + "，请重新登录。";
              });
          })
          .catch(function (err) {
            me.message = err.toString();
            //return console.error(err.toString());
          });
        me.connection.on("PlayerExist", function () {
          me.message = "玩家存在，获取游戏列表......";
        });
        me.connection.on("PlayerNotExist", function (userName) {
          me.message = "玩家不存在，创建玩家......";
        });

      }else{
        mgr.signinRedirect();
      }

    });
  }
}
```

```
</script>
```

接下来，就要完成所有的业务逻辑，将服务中定义的方法串联起来。

20.3.4　编写客户端逻辑

客户端最主要的部分就是实现服务端定义的回调函数，通过这些函数驱动客户端的显示和业务流转。下面是主页面部分的代码：

```
me.connection = new HubConnectionBuilder()
    .withUrl(config.signalRUrl, {
      accessTokenFactory: () => user.access_token,
    })
    .withAutomaticReconnect()
    .build();
me.connection.Error += (ex) => {
    console.WriteLine("Error: {0}", ex.Message);
    me.message = ex.Message;
};
me.connection.on("PlayerExist", function () {
    me.message = "获取游戏列表......";
    me.connection.invoke("GetGames", me.userName);
});
me.connection.on("PlayerNotExist", function (userName) {
    me.message = "创建玩家......";
    me.connection.invoke("AddPlayer", userName, userName);
});

me.connection.on("PlayerAdded", function () {
    me.message = "获取游戏列表......";
    me.connection.invoke("GetGames", me.userName);
});
me.connection.on("RefreshGames", function () {
    me.message = "获取游戏列表......";
    me.connection.invoke("GetGames", me.userName);
});
me.connection.on("ShowGames", function (games) {
    me.message = "数据获取完成";
    me.ShowGames(games);
});
me.connection.on("EnterGame", function (gameid) {
    me.playGame(gameid);
});
me.connection.on("Error", function (message) {
    me.message = message;
});
me.$refs.playcomp.init(me.connection);
me.connection
    .start()
    .then(function () {
```

```
          me.message = "检查玩家是否存在......";
          me.connection
            .invoke("CheckUser", me.userName)
            .catch(function (err) {
              me.message = "发生错误: " + err.toString() + "，请重新登录。";
            });
      })
```

由于篇幅有限，其他部分的代码这里不再列出。

20.4 交 互 设 计

交互设计与代码设计同样重要，因为应用系统的"可用性"和"用户体验"最终是通过与用户交互来实现的。交互设计起源于网站设计，现在已经成为一个独立的领域。交互设计不是本书的重点，这里仅结合示例项目做简单的说明。

20.4.1 交互设计原则

随着交互设计发展为一个独立的领域，很多相关的设计原则就出现了。流行的设计原则包括"诺曼设计原则""尼尔森十大可用性原则""Tog 的交互设计法则"以及"Petrie and Power 的设计原则"等。这些设计原则由于出发点不同，侧重点也有所不同，但如下几个方面是所有原则都涉及并需要在交互设计中遵守的。

1. 可见性

系统功能必须是可见的，不能是隐藏或者必须通过某种特定的操作才能达到的。举个例子来说，如果能用按钮或者链接显示，就不要使用隐藏菜单。

可见性还包括系统状态的可见性，系统必须以某种反馈形式为用户提供系统状态说明。

2. 一致性

界面和操作符合统一的标准，各种操作保持一致性，不要有非标准的操作。如果相同的操作在不同的场景有不同的结果，就会让用户感到困惑。

符合一致性原则最好的办法是使用成熟的 UI 组件库，流行的组件库包括 Element、iView 以及 Vant 等。这些组件库的界面和操作设计采用统一的标准，在项目中使用它们可以提高开发效率。

3. 可控性

用户对应用有完整的控制权，可以方便地进行退出、返回等操作。

4. 识别好于回忆

通过使对象、操作和选项可见，最大程度地减少用户的记忆负荷。

5. 界面简洁、清晰

文字和交互元素的默认尺寸和常规尺寸应该要足够大，易于阅读和操作。确保页面上的信息布局清晰，易于阅读且能反映信息的组织逻辑。应该去除不相关的信息或几乎不需要的信息，突出重要功能。因为每个多余的信息都会分散用户对有用或者相关信息的注意力。

6. 容错性

错误信息应该用语言表达，较准确地反映问题所在，而非代码。提出一个建设性的解决方案，帮助用户从错误中恢复，将损失降到最低。如果无法自动恢复，则提供详尽的说明文字和指导方向。

遵守上述原则，可以使设计少走弯路。

20.4.2 诗词游戏的交互设计

为了保证设计的一致性，提高开发效率，我们决定选择一种成熟的 UI 组件库作为设计基础。可选择的组件库很多，包括 Element Plus、iView 和 Vant 等。由于诗词游戏首先考虑在移动设备上使用，因此选择 Vant 作为项目的组件库。

交互设计需要从使用软件的用户角度来考虑问题，在诗词游戏中，玩家参与游戏只需两个步骤：一是创建或者选择游戏，二是在游戏中作答。对应这两个步骤，创建两个交互页面：游戏选择页面和游戏进行页面。

游戏选择页面中包括游戏创建功能和可以参与的游戏列表，还包括显示玩家基本信息以及从系统注销等功能，这个页面的示意图如图 20-10 所示。

玩家单击"用户名"可以跳转到玩家相关信息页面，单击"注销"会从系统注销并重定位到登录页面。创建新游戏在当前页面弹出的模态窗中完成，示意图如图 20-11 所示。

图 20-10　游戏选择页面

图 20-11　创建新游戏

玩家创建或选择游戏后，进入游戏页面，该页面的示意图如图 20-12 所示。

这个页面中细节比较多，示意图中只画出相关区域，具体说明如下：

- 游戏基本信息区：需要显示游戏的基本信息和游戏的状态，包括准备、开始、暂停、结束等。
- 玩家列表区：需要显示玩家的昵称和状态，包括等待、作答、出局等。
- 作答区：只有当玩家处于作答状态时才显示。玩家在这里输入并提交作答。
- 游戏进行过程记录区：显示玩家的作答记录，按照时间顺序排列。

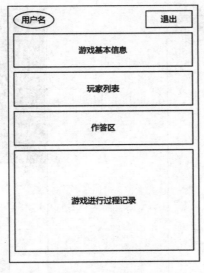

图 20-12　游戏页面

游戏进行过程中还需要显示倒计时状态条。

界面中的元素既要鲜明，又要有层次感，可操作的按钮和信息显示需要分开。主要选择如下几种控件：

- 按钮：主要的操作都使用按钮完成。
- 列表：游戏列表、记录列表等。
- 徽章：用于显示分类和状态信息。
- 编辑控件：使用的编辑控件包括文本框、选择按钮等。
- 模态窗：增加新游戏时使用。
- 状态条：显示倒计时状态。

20.4.3　运行效果

现在看一下完成后的运行效果。

某个用户登录后，会验证是否为玩家，如果不是玩家，就自动注册；如果是玩家，就列出可以参与的游戏列表，如图 20-13 所示。

玩家可以在这里创建新的游戏，如图 20-14 所示。

新游戏创建完成后，创建者直接进入游戏，等待其他玩家加入，如图 20-15 所示。

这时如果创建者退出，也没有其他玩家参与游戏，游戏就会被删除。

为了在同一台机器上模拟多个用户，可以使用不同类型的浏览器。这里使用 Chrome 浏览器模拟另一个用户参与游戏。在认证中心创建用户 zhangsan，然后登录游戏测试网站，显示可以参与的游戏列表，如图 20-16 所示。

图 20-13 游戏列表页面

图 20-14 创建新游戏

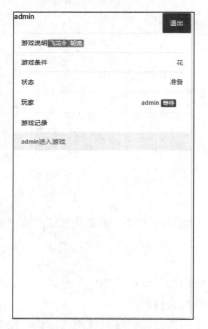

图 20-15 进入游戏

图 20-16 可参与的游戏

　　选择刚刚由 admin 创建的游戏，进入游戏，可以看到游戏的说明、游戏的类型、游戏的条件、当前状态以及参与游戏的玩家，如图 20-17 所示。

　　同时，admin 用户的界面也发生了变化，如图 20-18 所示。

图 20-17　玩家进入游戏

图 20-18　游戏中其他玩家的界面也显示新加入玩家

admin 用户界面上出现了"开始"按钮，说明已经符合游戏开始的条件，可以进行游戏了。

当 admin 单击"开始"按钮启动游戏后，zhangsan 的界面发生了变化，如图 20-19 所示。

被轮到的用户界面上出现回答框和回答按钮，并且出现计时状态条，要求在一分钟内作答，如果作答不正确或者超时，玩家就出局。其他参与游戏的用户界面上也同时显示计时条，这样所有参与用户都可以了解游戏的进行过程，如图 20-20 所示。

图 20-19　游戏开始

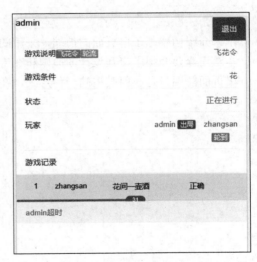

图 20-20　超时提示

如果所有玩家都出局，游戏结束。如果最后一个玩家回答正确，游戏结束，该玩家胜出，如图 20-21 所示。

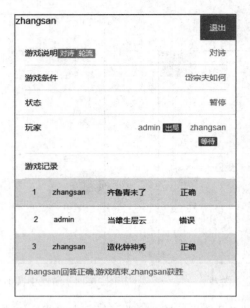

图 20-21　游戏结束

至此，基于单页面的客户端已经基本完成了。

20.5　本章小结

本章介绍构建基于单页面的前端，采用的技术是 Vue 3+Vant+@microsoft/signalr +odic-client。本章还概要介绍了交互设计的原则和在诗词游戏中使用这些原则进行交互设计的示例。单页面前端只是应用类型的一种形式，在下一章会介绍其他类型应用的实现。

第21章

使用.Net 构建多种类型客户端

前一章介绍了使用单页面创建前后端分离的应用，本章介绍构建其他类型的客户端，这些客户端包括控制台类型、以 WinForm 为代表的桌面类型和以 Android App 为代表的移动应用。在构造这些客户端时，所使用的关键技术基本相同，因此在同一章中介绍。

21.1　概　　述

回顾一下我们的架构，如图 21-1 所示。

不同类型的应用体现在不同的用户终端类型，由于交互方式的不同，可能需要创建相应的应用服务，也可能复用现有的服务，但架构的其他部分是相同的。对于我们的应用来说，不同类型的终端，需要解决如下 3 个技术问题：

（1）如何进行认证。

（2）如何访问 Web API。

（3）如何访问 SignalR Hub。

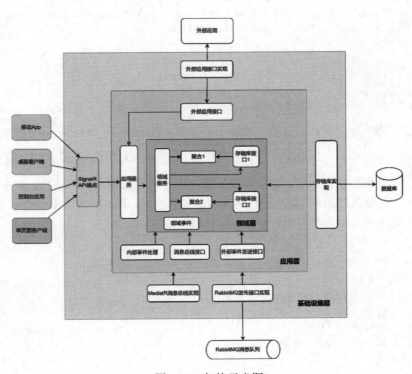

图 21-1　架构示意图

前面介绍的单页面客户端使用 JavaScript 作为开发语言，使用 Vue.js+Vant 作为前端框架。本章的这几种客户端都是在.Net 平台上使用 C#进行开发的，应用类型为控制台应用、基于 WinForm 的桌面应用和 Android 移动应用。

21.2 认 证

本节解决客户端的认证问题，首先介绍 IdentityModel.OidcClient，然后分别介绍它在控制台应用、WinForm 应用以及 Android App 中的使用。

21.2.1 IdentityModel.OidcClient 介绍

IdentityModel.OidcClient 是开源的 Oidc 客户端库，项目地址为：

https://github.com/IdentityModel/IdentityModel.OidcClient

使用 OidcClient 可以为多种.Net 应用类型创建 Oidc 客户端。在工作时，OidcClient 启动本地浏览器访问认证服务，在浏览器中完成认证后，返回到本地应用进行处理。OidcClient 提供两种工作方式：手工方式和自动方式。

使用手工方式时，OidcClient 辅助创建访问浏览器的参数，代码如下：

```
var options = new OidcClientOptions
{
    Authority = "http://host.docker.internal:7010",
    ClientId = "native",
RedirectUri = redirectUri,
Policy = new Policy { Discovery = new DiscoveryPolicy { RequireHttps = false } }
    Scope = "openid profile poemapi"
};

var client = new OidcClient(options);

var state = await client.PrepareLoginAsync();
```

需要使用代码启动浏览器并进行访问，OidcClient 可以对访问结果进行处理：

```
var result = await client.ProcessResponseAsync(data, state);
```

使用自动方式时，首先需要创建一个类来实现 IBrowser 接口，以实现与浏览器的各种互动。然后，在 OidcClient 辅助创建访问浏览器的参数时，需要在参数中设置这个类的实例，这样 OidcClient 就可以启动浏览器完成登录。示例代码如下：

```
var options = new OidcClientOptions
{
    Authority = "http://host.docker.internal:7010",
    ClientId = "native",
RedirectUri = redirectUri,
Policy = new Policy { Discovery = new DiscoveryPolicy { RequireHttps = false } }
Scope = "openid profile poemapi",
```

```
Browser = new myBrowser()
};

var client = new OidcClient(options);
```

直接访问登录方法完成登录：

```
var result = await client.LoginAsync();
```

在下面的示例中采用自动模式，通过为各种应用定制 IBrowser 接口的实现完成与浏览器的交互。

21.2.2　控制台应用的认证功能实现

首先在 Identity Server 4 的管理应用中创建新的客户端，名称为 consoleapp。创建完成后，选择作用域 poemapi、profile 和 openid，并设置客户端密钥。需要注意的是，返回地址需要设置为 http://127.0.0.1:5555。

在前面的测试解决方案中增加一个新的.Net 6 控制台项目，名称为 ConsoleApp，创建完成后，引入程序包 IdentityModel，如图 21-2 所示。

图 21-2　引用 IdentityModel

然后，需要编写实现 IBrowser 的类。假设这个类的名称为 SystemBrowser，在使用时，SystemBrowser 在新的进程中启动系统浏览器，并创建进程内 Http 消息监听器，接收由 SystemBrowser 启动的浏览器发送的消息。在启动的浏览器中访问认证服务的登录页面，通过监听器接收浏览器返回的信息，并传递给控制台应用。由于篇幅有限，这里省略了 SystemBrowser 的代码实现，如果需要，可以在 OIDCClient 项目的示例中找到相关代码，项目地址已在上一节中列出。

现在，可以编写 Oidc 的客户端代码了。在类 myProg 中封装 OidcClient 的访问：

```
using IdentityModel.Client;
using IdentityModel.OidcClient;

namespace ConsoleApp
{
    internal class myProg
    {
        string _authority = "http://host.docker.internal:7010";
        OidcClient _oidcClient;
        public async Task<LoginResult> SignIn()
        {
            var browser = new SystemBrowser(5555);
            string redirectUri = string.Format($"http://127.0.0.1:{browser.Port}");
```

```
        var options = new OidcClientOptions
        {
            Authority = _authority,
            ClientId = "poemgamewinform",// "interactive.public",
            RedirectUri = redirectUri,
            Scope = "openid profile poemapi",
            Policy = new Policy
            {
                Discovery = new DiscoveryPolicy { RequireHttps = false }
            },//disable https
            Browser = browser,
        };

        _oidcClient = new OidcClient(options);
        var result = await _oidcClient.LoginAsync(new LoginRequest());
        return result;
    }

    public static void ShowResult(LoginResult result)
    {
        if (result.IsError)
        {
            Console.WriteLine("\n\nError:\n{0}", result.Error);
            return;
        }

        Console.WriteLine("\n\nClaims:");
        foreach (var claim in result.User.Claims)
        {
            Console.WriteLine("{0}: {1}", claim.Type, claim.Value);
        }

        Console.WriteLine($"\nidentity token: {result.IdentityToken}");
        Console.WriteLine($"access token:   {result.AccessToken}");
        Console.WriteLine($"refresh token:  {result?.RefreshToken ?? "none"}");
    }

    }
}
```

在这里设定返回地址是 http://127.0.0.1:5555。

在主程序中调用 SignIn 获取认证信息：

```
using System.Diagnostics;
using ConsoleApp;
using IdentityModel.Client;

var p = new myProg();
var loginResult = await p.SignIn();
```

```
myProg.ShowResult(loginResult);
```

运行控制台应用，会发现系统浏览器被启动并重定向到认证服务的登录页面，如图 21-3 所示。

图 21-3　从控制台应用启动认证服务的登录页面

登录完成后，浏览器中显示"You can now return to the application."。

这时，控制台应用中会输出返回的认证信息，如图 21-4 所示。

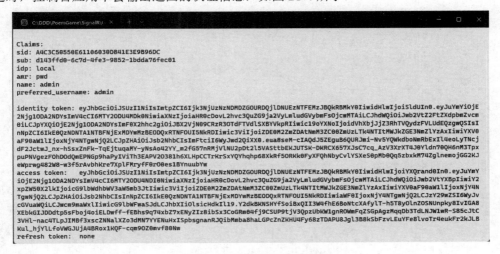

图 21-4　控制台返回认证信息

至此，完成了控制台应用的认证。

21.2.3　WinForm 应用认证功能实现

现在实现 WinForm 应用的认证功能。

首先，在认证管理中为桌面应用配置一个客户端，名称为 poemgamewinform。然后，在 WinForm 项目中安装程序包 IdentityModel.OidcClient，通过程序包中提供的 OidcClient 可以实现与 Oidc 服务的交互。与前面的示例一样，创建 OidcClient 需要提供认证服务的地址、客户 Id 等信息。除此以外，还需要提供一个满足 Identity.Model.Browser 接口的对象实例，用于调用认证服务的登录页面。我们需要先创建实现这个接口的控件。

Identity.Model 提供了 Browser 接口，实现这个接口就可以与 Identity.Model 进行交互，这部分代码如下：

```
using IdentityModel.OidcClient.Browser;

namespace PoemGame.WinForm.Browser
{
    public class WinFormsWebView : IBrowser
    {
        private readonly Func<Form> _formFactory;

        public WinFormsWebView(Func<Form> formFactory)
        {
            _formFactory = formFactory;
        }

        public WinFormsWebView(
string title = "Authenticating ...", int width = 1024, int height = 768)
            : this(() => new Form
            {
                Name = "WebAuthentication",
                Text = title,
                Width = width,
                Height = height
            })
        { }

        public async Task<BrowserResult> InvokeAsync(
         BrowserOptions options, CancellationToken token = default)
        {
            using (var form = _formFactory.Invoke())
            using (var browser = new ExtendedWebBrowser()
            {
            Dock = DockStyle.Fill
            })
            {
                var signal = new SemaphoreSlim(0, 1);
                var result = new BrowserResult
                {
                    ResultType = BrowserResultType.UserCancel
                };
                form.FormClosed += (o, e) =>
                {
                    signal.Release();
```

```
            };
            browser.NavigateError += (o, e) =>
            {
                if (e.Url.StartsWith(options.EndUrl))
                {
                    e.Cancel = true;
                    result.ResultType = BrowserResultType.Success;
                    result.Response = e.Url;
                    signal.Release();
                }
            };
            browser.DocumentCompleted += (o, e) =>
            {
                if (e.Url!=null &&
                  e.Url.AbsoluteUri.StartsWith(options.EndUrl))
                {
                    result.ResultType = BrowserResultType.Success;
                    result.Response = e.Url.AbsoluteUri;
                    signal.Release();
                }
            };
            try
            {
                form.Controls.Add(browser);
                browser.Show();
                form.Show();
                browser.Navigate(options.StartUrl);
                await signal.WaitAsync();
            }
            finally
            {
                form.Hide();
                browser.Hide();
            }
            return result;
        }
    }
}
```

这里使用了一个内嵌的浏览器组件 ExtendedWebBrowser，由这个组件实现真正的浏览器功能，扩展系统内部的 WebBrowser，增加对 cookie 的处理。由于篇幅有限，这里省略了这个组件的代码，如果需要，可以在 OIDCClient 项目的示例中找到相关代码，项目地址参见 21.2.1 节。

有了浏览器控件，就可以创建登录功能了。在 Form 上添加一个名为 login 的按钮，以及一个文本框，用于显示信息。

在 Form 的初始化代码中设置 OidcClient：

```
public Form1()
    {
        InitializeComponent();
```

```
        var options = new OidcClientOptions
        {
            Authority = "http://host.docker.internal:7010/",
            ClientId = "poemgamewinform",
            Scope = "openid profile poemapi",
            RedirectUri = "http://localhost/winforms.client",
            Policy = new Policy { Discovery = new DiscoveryPolicy
                { RequireHttps = false } },
            Browser = new WinFormsWebView()
        };
        _oidcClient = new OidcClient(options);
    }
```

上面的 Authority 是认证服务的地址，ClientId 和 Scope 在认证服务管理中已经进行了设置。RedirectUri 需要设置为 http://localhost/winforms.client，由于不需要使用 https，因此增加 Policy 的设置。最后还要将 Browser 设置为前面创建的浏览器控件。在接下来的代码中，可以使用_oidcClient 实例完成登录，并获取从认证中心返回的数据。

登录按钮响应事件的代码如下：

```
    private async void LoginButton_Click(object sender, EventArgs e)
    {
        var result = await _oidcClient.LoginAsync();

        if (result.IsError)
        {
            MessageBox.Show(this, result.Error, "Login",
                        MessageBoxButtons.OK, MessageBoxIcon.Error);
        }
        else
        {
            if (result.User != null && result.User.Identity != null)
            {
                username = result.User.Identity.Name??"";
                token = result.AccessToken;
                var sb = new StringBuilder(128);
                sb.AppendLine($"登录用户名: {result.User.Identity.Name}");
                foreach (var claim in result.User.Claims)
                {
                    sb.AppendLine($"{claim.Type}: {claim.Value}");
                }

                if (!string.IsNullOrWhiteSpace(result.RefreshToken))
                {
                    sb.AppendLine();
                    sb.AppendLine($"refresh token: {result.RefreshToken}");
                }

                if (!string.IsNullOrWhiteSpace(result.IdentityToken))
                {
                    sb.AppendLine();
```

```
                sb.AppendLine($"identity token: {result.IdentityToken}");
            }

            if (!string.IsNullOrWhiteSpace(result.AccessToken))
            {
                sb.AppendLine();
                sb.AppendLine($"access token: {result.AccessToken}");
            }

            Output.Text = sb.ToString();
        }
    }
}
```

　　在代码中，如果返回的结果没有问题，就将返回的用户名保存到 username 中，将返回的
AccessToken 保存在 token 中，以方便后续的使用。

　　下面来验证登录功能。首先启动应用，如图 21-5 所示。

图 21-5　测试用客户端

　　单击 Login 按钮，弹出认证对话框，对话框中内置了浏览器访问认证中心的登录页面，如图 21-6
所示。

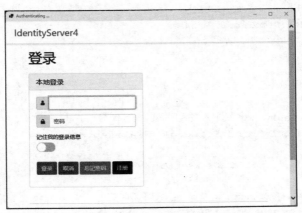

图 21-6　嵌入 Web Form 的认证服务登录页面

在登录页面完成登录后，认证对话框将关闭，并返回结果，显示的内容如图 21-7 所示。

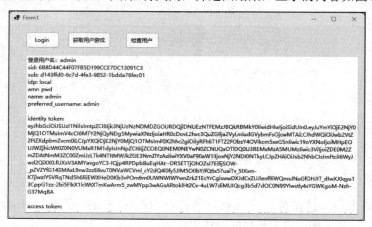

图 21-7　登录完成

21.2.4　Android 移动应用的认证功能实现

现在实现 Android 移动应用的认证功能。首先在认证服务管理应用中创建名称为 mymobileclient 的 客 户 端， 创 建 方 法 与 前 两 节 相 同， 所 不 同 的 是 需 要 将 重 定 向 Uri 设 置 为 io.identitymodel.native://callback。

然后使用 Visual Studio 创建 Android 应用（Xamarin），名称为 PoemApp，在项目中安装程序 包 IdentityModel.OidcClient。

接着在项目中增加 IBrowser 接口的实现，名称为 ChromeCustomTabsBrowser：

```
using Android.App;
using Android.Content;
using System;
using System.Threading;
using System.Threading.Tasks;
using Android.Graphics;
using AndroidX.Browser.CustomTabs;
using IdentityModel.OidcClient.Browser;

namespace PoemApp
{
    public class ChromeCustomTabsBrowser : IBrowser
    {
        private readonly Activity _context;
        private readonly CustomTabsActivityManager _manager;

        public ChromeCustomTabsBrowser(Activity context)
        {
            _context = context;
            _manager = new CustomTabsActivityManager(_context);
        }
        public Task<BrowserResult> InvokeAsync(BrowserOptions options,
```

```
                CancellationToken
                    cancellationToken = default(CancellationToken))
        {
            var task = new TaskCompletionSource<BrowserResult>();
            var builder = new CustomTabsIntent.Builder(_manager.Session)
                .SetToolbarColor(Color.Argb(255, 52, 152, 219))
                .SetShowTitle(true)
                .EnableUrlBarHiding();
            var customTabsIntent = builder.Build();
            customTabsIntent.Intent.AddFlags(ActivityFlags.NoHistory);
            Action<string> callback = null;
            callback = url =>
            {
                OidcCallbackActivity.Callbacks -= callback;
                task.SetResult(new BrowserResult()
                {
                    Response = url
                });
            };
            OidcCallbackActivity.Callbacks += callback;
            customTabsIntent.LaunchUrl(_context,
                    Android.Net.Uri.Parse(options.StartUrl));
            return task.Task;
        }
    }
}
```

还需要编写 CallBack 页面：

```
using Android.App;
using Android.Content;
using Android.OS;
using System;

namespace PoemApp
{
    [Activity(Label = "OidcCallbackActivity",Exported=true)]
    [IntentFilter(new[] { Intent.ActionView },
        Categories = new[] { Intent.CategoryDefault, Intent.CategoryBrowsable },
        DataScheme = "io.identitymodel.native",
        DataHost = "callback")]
    public class OidcCallbackActivity : Activity
    {
        public static event Action<string> Callbacks;

        protected override void OnCreate(Bundle savedInstanceState)
        {
            base.OnCreate(savedInstanceState);

            Finish();
```

```
            Callbacks?.Invoke(Intent.DataString);
        }
    }
}
```

修改 App 的主页面（Resources\layout\activity_main.xml），增加几个测试按钮：

```xml
<?xml version="1.0" encoding="utf-8"?>
<LinearLayout xmlns:android="http://schemas.android.com/apk/res/android"
            android:orientation="vertical"
            android:layout_width="match_parent"
            android:layout_height="match_parent">
    <Button
        android:text="登录"
        android:layout_width="match_parent"
        android:layout_height="wrap_content"
        android:id="@+id/LoginButton" />
    <Button
        android:text="获取玩家游戏"
        android:layout_width="match_parent"
        android:layout_height="wrap_content"
        android:id="@+id/GetGamesButton" />
    <Button
        android:text="检查玩家是否存在"
        android:layout_width="match_parent"
        android:layout_height="wrap_content"
        android:id="@+id/CheckPlayerButton" />
    <TextView
        android:layout_width="match_parent"
        android:layout_height="match_parent"
        android:id="@+id/Output" />
</LinearLayout>
```

在后台代码中，增加对这几个按钮的事件响应：

```csharp
protected override void OnCreate(Bundle savedInstanceState)
    {
        base.OnCreate(savedInstanceState);
        Xamarin.Essentials.Platform.Init(this, savedInstanceState);
        SetContentView(Resource.Layout.activity_main);
        var loginButton = FindViewById<Button>(Resource.Id.LoginButton);
        loginButton.Click += _loginButton_Click;

        var getGamesButton = FindViewById<Button>(Resource.Id.GetGamesButton);
        getGamesButton.Click += _getGamesButton_Click;
    }
```

在_loginButton_Click 中编写登录逻辑：

```csharp
private async void _loginButton_Click(object sender, System.EventArgs e)
    {
        try
        {
```

```
            var _authority = "http://192.168.124.15:7010";
            var _options = new OidcClientOptions
            {
                Authority = _authority,
                Policy = new Policy()
                {
                    Discovery = new DiscoveryPolicy { RequireHttps = false },
                },

                ClientId = "mymobileclient",
                Scope = "openid profile poemapi",
                RedirectUri = "io.identitymodel.native://callback",
                Browser = new ChromeCustomTabsBrowser(this),
            };
                var oidcClient = new OidcClient(_options);
                var result = await oidcClient.LoginAsync();
                _state = new State
                {
                    IdToken = result.IdentityToken,
                    AccessToken = result.AccessToken,
                    RefreshToken = result.RefreshToken,
                    User = result.User,
                    Error = result.Error,
                };
                StartActivity(GetType());
            }
            catch (Exception ex)
            {
                Log("Exception: " + ex.Message, true);
                Log(ex.ToString());
            }
        }
```

注　意
这里的认证服务地址使用的不是自定义的域名 host.docker.internal，而是具体的 IP 地址。因为在调试时启动的模拟器与本机不是同一个系统，所以在本机 hosts 中定义的自定义域名在模拟器中不起作用。

运行模拟器或者使用 USB 连接手机进行测试，模拟器的启动界面如图 21-8 所示。

单击"登录"按钮启动浏览器并重定位到认证服务的登录页面，如图 21-9 所示。

输入用户名和密码完成登录后，会返回到应用界面，在应用界面显示返回的详细信息，如图 21-10 所示。

图 21-8　Android 客户端

图 21-9 在 Android 客户端调用认证服务登录   图 21-10 在 Android 客户端显示登录信息

21.3 Web API 的访问

前面已经介绍过使用 HttpClient 访问 Web API 的方法，本章使用相同的技术实现本地应用对 Web API 的访问。

21.3.1 使用 HttpClient 访问 Web API

HttpClient 的作用是发送 HTTP 请求并从 URI 标识的资源接收 HTTP 响应。HttpClient 的使用很简单，只要创建实例，然后发送 GET 或者 POST 请求就可以了。

需要注意的是，HttpClient 可以使用构造函数创建实例，本章中的示例都是使用这种方法。但这样不利于资源的重复使用，在实际项目中应该使用工厂进行创建。

本章中所有的请求都需要增加认证信息，将从认证服务中获取的 AccessToken 添加到请求中，示例代码如下：

```
var apiClient = new HttpClient();
apiClient.SetBearerToken(currentAccessToken);
```

21.3.2 控制台应用的 Web API 访问

现在继续编写控制台应用。在认证完成后，测试使用 HttpClient 访问 Web API。下面是控制台访问 Web API 的代码：

```
Console.WriteLine("认证测试完成，按回车继续......");
Console.ReadLine();

var apiClient = new HttpClient();
apiClient.SetBearerToken(currentAccessToken);
var response = await apiClient.GetAsync(
    "http://host.docker.internal:5189/api/Game/GetPlayerByUserName?name="+user);
if (!response.IsSuccessStatusCode)
{
    Console.WriteLine(response.StatusCode);
    Console.WriteLine(await response.Content.ReadAsStringAsync());
}
else
{
    var content = await response.Content.ReadAsStringAsync();
    Console.WriteLine(content);
}

Console.ReadLine();
```

返回的结果是字符串形式的 JSON 对象。如果要使用，需要使用反序列化将 JSON 字符串转换
为需要的对象。

21.3.3　WinForm 的 Web API 访问

在 WinForm 中对 Web API 的访问与在控制台中的访问方法基本相同，也是使用 HttpClient。在
Form 中增加一个按钮，调用获取用户游戏的 Web API，代码如下：

```
    private async void btnGetGames_Click(object sender, EventArgs e)
    {
        var lst1 = await getGames();
        var str = "";
        foreach (var g in lst1)
        {
            str += g.Description + "\n";
        }
        Output.Text = str;
        return;
    }

    private async Task<List<GameDto>> getGames()
    {
        var apiClient = new HttpClient();
        apiClient.SetBearerToken(token);
        var response = await
apiClient.GetAsync(
http://host.docker.internal:5189/api/Game/GetPlayerGames?name=
 + username);
        var lst = await response.Content.ReadFromJsonAsync<List<GameDto>>();
        if(lst== null)  lst= new List<GameDto>();
```

```
        return lst;

    }
```

代码的执行结果如图 21-11 所示。

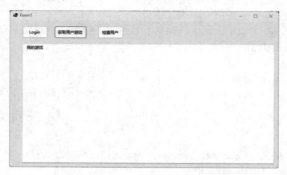

图 21-11　WinForm 访问 Web API

21.3.4　Android 应用的 Web API 访问

在 Android 应用中访问 Web API 的代码与在 WinForm 中的代码类似，下面的代码响应 getGamesButton_Click 事件，在单击"获取用户游戏"按钮后从 Web API 获取当前用户可以参与的游戏：

```
private async void _getGamesButton_Click(object sender, EventArgs e)
{
    if (_state?.IsError == false)
    {
        var lst1 = await getGames();
        var str = "";
        foreach (var g in lst1)
        {
            str += g.Description + "\n";
        }

        Log(str,true);
    }
    else
    {
        Log("Login to call API");
    }
}

private async Task<List<GameDto>> getGames()
{
    var apiClient = new HttpClient();
    apiClient.SetBearerToken(_state.AccessToken);
    var response = await apiClient.GetAsync(
        "http://192.168.124.15:5189/api/Game/GetPlayerGames?name="
        + _state.User.Identity.Name );
```

```
                var lst = await response.Content.ReadFromJsonAsync<List<GameDto>>();
                if (lst == null) lst = new List<GameDto>();
                return lst;


        }
```

访问 Web API 的效果如图 21-12 所示。

本节介绍了客户端使用 HttpClient 访问 Web API 的技术，在控制台应用、WinForm 和 Android 客户端中进行了测试。访问的方式大同小异，唯一需要注意的是，当使用 Android 模拟器进行测试时，模拟器在虚拟主机中运行，不能使用在本机设置的域名（如 host.docker.internal），需要使用局域网中分配的 IP 地址。

图 21-12　Android 客户端访问 Web API

21.4　SignalR 的访问

游戏使用 SignalR 作为实时通信框架，在单页面应用中使用的是 SignalR 的 JavaScript 客户端，本节介绍如何在本地应用中使用 SignalR 的 C#客户端访问 SignalR 服务。

21.4.1　SignalR 的 C#客户端

使用 SignalR 的 C#客户端需要安装相应的程序包，在控制台应用、WinForm 应用和 Android App 应用中的安装方法相同，在程序包管理控制台中执行下面的命令安装 SignalR 客户端：

```
Install-Package Microsoft.AspNetCore.SignalR.Client
```

使用客户端连接服务器的 SignalR Hub，首先需要使用 HubConnectionBuilder 创建连接：

```
var connection = new HubConnectionBuilder()
        .WithUrl("http://host.docker.internal:5189/singlegamehub", options =>
        {
            options.AccessTokenProvider = () =>
Task.FromResult(tokenResponse.AccessToken);
        })
        .Build();
```

注　意
由于连接需要认证，因此在创建连接时，要把前 9762 获取的 AccessToken 作为参数传递到连接创建方法中。

然后，设置断线重连。当发生 Closed 事件时进行重连：

```
connection.Closed += async (error) =>
{
    await Task.Delay(new Random().Next(0, 5) * 1000);
    await connection.StartAsync();
};
```

接下来，定义服务器的回调事件，下面的方法响应服务器调用 PlayerExist 和 PlayerNotExist：

```
connection.On<string>("PlayerExist", (user) =>
{
    Console.WriteLine("用户存在:"+user);
});

connection.On<string>("PlayerNotExist", (user) =>
{
    Console.WriteLine("用户不存在:" + user);
});
```

最后，开始连接和向服务器发送请求。下面的代码向服务器 Signal Hub 发送执行 CheckUser 的请求，参数是 admin：

```
try
{
    await connection.StartAsync();
    await connection.InvokeAsync("CheckUser","admin");
}
catch (Exception ex)
{
    Console.WriteLine(ex.Message);
}
```

注　意
服务器响应的定义代码应该在连接开始之前，否则连接开始后，响应代码的定义无效。

21.4.2　控制台应用访问 SignalR Hub

继续编写控制台应用的测试代码，增加对 SignalR 的访问。按照前一节的说明安装 SignalR 客户端，并编写代码：

```
var connection = new HubConnectionBuilder()
    .WithUrl("http://host.docker.internal:5189/singlegamehub", options =>
    {
        options.AccessTokenProvider = () =>
Task.FromResult(tokenResponse.AccessToken);
    })
    .Build();

connection.Closed += async (error) =>
{
    await Task.Delay(new Random().Next(0, 5) * 1000);
    await connection.StartAsync();
```

```
    };

    connection.On<string>("PlayerExist", (user) =>
    {
        Console.WriteLine("用户存在:"+user);
    });

    connection.On<string>("PlayerNotExist", (user) =>
    {
        Console.WriteLine("用户不存在:" + user);
    });

    try
    {
        await connection.StartAsync();
        await connection.InvokeAsync("CheckUser","admin");
    }
    catch (Exception ex)
    {
        Console.WriteLine(ex.Message);
    }
}
```

21.4.3　WinForm 访问 SignalR Hub

在 WinForm 应用中增加访问 SignalR Hub 的部分。首先按照 21.4.1 节的说明安装 SignalR.Client 程序包，然后创建一个"检查用户"按钮来测试这个功能。在按钮的响应事件中编写如下代码：

```
private async void btnCheckUser_Click(object sender, EventArgs e)
{
    var connection = new HubConnectionBuilder()
        .WithUrl("http://host.docker.internal:5189/singlegamehub",
        options =>
        {
            options.AccessTokenProvider = () => Task.FromResult(token);
        })
        .Build();
    connection.Closed += async (error) =>
    {
        await Task.Delay(new Random().Next(0, 5) * 1000);
        await connection.StartAsync();
    };
    connection.On<string>("PlayerExist", (user) =>
    {
        Output.Text = "玩家存在:" + user;
    });
    connection.On<string>("PlayerNotExist", (user) =>
    {
        Output.Text = "玩家不存在:" + user;
    });
    try
```

```
        {
            await connection.StartAsync();
            await connection.InvokeAsync("CheckUser", username);
        }
        catch (Exception ex)
        {
            Console.WriteLine(ex.Message);
        }
    }
}
}
```

上面的代码检测当前登录用户是否已经是玩家，如果是，则回调客户端中的 PlayerExist，否则回调 PlayerNotExist，执行结果如图 21-13 所示。

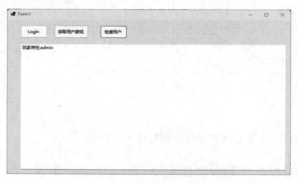

图 21-13　WinForm 访问 SignalR

21.4.4　Android App 访问 SignalR

在 Android App 中增加访问 SignalR Hub 的部分。首先按照 21.4.1 节的说明安装 SignalR.Client 程序包，然后在"检查玩家"是否存在按钮的后台代码中编写代码测试这个功能。在按钮的响应事件中编写如下代码：

```
private async void _checkPlayerButton_Click(object sender, EventArgs e)
    {
        if (_state?.IsError == false)
        {
            var connection = new HubConnectionBuilder()
                .WithUrl("http://192.168.3.174:5189/singlegamehub", options =>
                {
                    options.AccessTokenProvider = () =>
Task.FromResult(_state.AccessToken);
                })
                .Build();

            connection.Closed += async (error) =>
            {
                await Task.Delay(new Random().Next(0, 5) * 1000);
                await connection.StartAsync();
```

```
    };
    connection.On<string>("PlayerExist", (user) =>
    {
        Log("玩家存在:" + user,true);
    });
    connection.On<string>("PlayerNotExist", (user) =>
    {
        Log("玩家不存在:" + user, true);
    });
    try
    {
        await connection.StartAsync();
        await connection.InvokeAsync("CheckUser",
          _state.User.Identity.Name);
    }
    catch (Exception ex)
    {
        Console.WriteLine(ex.Message);
    }
}
else
{
    Log("No Refresh Token", true);
}
}
```

代码执行结果如图 21-14 所示。

图 21-14 Android APP 访问 SignalR

SignalR 的访问与 Web API 类似，不同类型的客户端可以使用相同的技术。本节介绍了使用

SignalR C#客户端与 SignalR 服务端交互的方法，并在控制台应用、WinForm 应用和 Android APP 中进行了测试。

21.5　客户端交互模式与应用服务

到这里，我们解决了多种客户端类型涉及的关键技术，下一步可以使用这些技术构建这些客户端了。由于这些客户端的交互模式不同，实现起来会有很大的不同：控制台应用的交互方式为应答方式，WinForm 桌面应用以鼠标操作为主，而 Android App 移动应用需要以触屏操作为主。在前两种方式中，从键盘输入不是问题，但在移动应用中，如果在作答时使用模拟键盘输入，用户体验就会很差，这时需要考虑引入语音输入等方式。

客户端的人机交互方式有很大不同，这些交互方式可能会影响到与后端服务器的交互过程，因此，这些客户端所对应的应用服务可能是不同的。可以为每种客户端定义相应的应用服务，不要试图使应用服务适应所有的客户端。在本书最后一章，会讨论引入语音输入方式对架构的影响。

21.6　本 章 小 结

本章说明了使用.Net 构建多种类型的本地应用，这些应用作为客户端可以与前面编写的游戏服务一起工作。.Net 可以构建的应用类型很多，本章以控制台应用、WinForm 桌面应用和 Android 应用为例进行了说明。

在构建这些应用时，需要解决认证、Web API 访问以及 SignalR 访问等技术问题。本章介绍了在各种类型的应用中使用 IdentityModel.OidcClient 实现认证、使用 HttpClient 访问 Web API 以及使用 SignalR Client 访问 SignalR 的方法，并给出代码示例。在此基础上，可以结合各自应用的特点，构建不同类型的客户端。

各种类型的客户端尽管交互方式不同，但与游戏服务之间的交互过程基本一致，这种一致的交互方式可以抽象为统一的交互框架。

第 22 章

微 服 务

微服务为限界上下文提供了理想的物理边界，因而极大促进了领域驱动设计的应用。同时，领域驱动设计也为微服务的划分提供了理论基础，使用限界上下文规划的微服务具有高内聚、低耦合的特点，易于管理和维护。本章简单介绍微服务的概念和技术，并使用微服务架构构建诗词游戏示例项目。

22.1 微服务简介

本节简单介绍一下微服务，包括基本概念、优点、使用的代价，并给出一个简单的微服务示例。

22.1.1 基本概念

按照 Martin Fowler 的说法，微服务架构样式是一种开发方法，将一个应用分解为一组小型的服务进行开发，每个服务都在自己的进程中运行，并使用轻量级的机制（通常是基于 HTTP 的 API）进行通信。这些服务围绕业务构建，可以使用自动部署机制独立部署。这些服务不需要集中管理，可以使用不同的编程语言来编写，也可以使用不同的数据存储技术。

微服务架构的好处是可以降低业务和功能间的耦合性，由小团队独立开发这些功能，并且可以使用不同的开发语言和技术。微服务架构使用不当，也会有巨大的风险。信息系统不是由软件模块简单叠加而成，而是需要这些模块间的协作完成系统功能。如果微服务的划分不合理，各个微服务之间会形成业务上的耦合，尽管它们在物理上是分离的。微服务架构对系统各部分之间的关系设计的要求变得更高了。

限界上下文提供了微服务的划分方法，如果微服务按照限界上下文的划定进行设计，会降低各个微服务之间的耦合性。然而，限界上下文的划分过程就是对需求的理解过程，不是一蹴而就可以完成的，需要经过反复沟通和尝试，是一个迭代的过程。因此，在实际项目中，不要在项目初期就进行微服务的划分，仅按限界上下文做逻辑上的划分，系统的验证限制在业务层面，不引入过多的技术框架。这不仅是指微服务框架，也包括其他重量级的框架，如持久层、消息中间件等。当限界上下文基本稳定并且各限界上下文中的领域模型有一定的规模后，再引入技术框架。这时也可以按照微服务的框架来进行规划了。

使用微服务也是会有代价的，如果微服务设计不合理，就会导致微服务之间有逻辑上的耦合，最直接的结果就是互相之间的调用频繁，以及多个微服务中的数据在运行一段时间之后形成数据冗余。在这种情况下，微服务的相互调用与事务脚本类似：很多业务过程是依赖微服务之间的相互调用来实现的，本应该明示的业务过程模型被隐含在调用过程中，使本来的技术问题带有了业务含义，将本该在开发中解决的问题转移到运维上，使运维变得复杂。

22.1.2　微服务的优点

微服务具有如下优点：

1. 易于开发

由于微服务粒度比较小，功能比较单一，与其他服务之间有明确的物理界限，因此微服务的代码量和逻辑复杂程度都比较低，比较容易开发。

2. 易于修改维护

每个微服务独立运行，如果需要进行修改，只需在修改后重新部署相应的微服务就可以了，不需要修改系统其他部分。比较一下单体结构的应用：在单体结构中，一个地方的修改就会导致整体系统的更新；而使用微服务改动过程中只需停止和重启修改后的微服务，不需要重启整个项目。

3. 可以使用任何开发技术

由于微服务独立运行，只需各个服务之间的接口保持一致，不需要考虑服务本身的实现方式，每个微服务可以采用需要的技术实现。比如某个微服务使用 Java 开发，另一个微服务使用 C#开发，还可以使用 Python 开发。微服务的这个优势使系统避免了对具体技术和架构的依赖。

4. 弹性计算

使用微服务架构，可以根据需要为某个服务扩展性能支持，而不需要考虑对其他服务的影响，从而实现按需伸缩。

22.1.3　使用微服务的代价

使用微服务也需要付出一定的代价。

1. 分布式结构复杂

使用微服务构建的系统属于分布式系统，由于各个微服务运行在不同的进程中，互相之间的调用需要使用 Web API 或者 gRPC 等技术实现，从而增加了系统的复杂程度。

2. 运维要求高

在使用微服务构建的系统中，某个服务出现问题，就会影响到与其相关的其他服务。当系统出现问题时，问题的定位比使用单体架构的应用要复杂得多。因此，需要有较高的运维水平。

22.1.4 一个没有很好设计的微服务示例

本节用一个示例说明微服务划分时的设计问题，这个示例是从实际项目中抽取出来的，为了描述方便，进行了大量的简化。在实际项目中，这仅是众多功能中的一个，所涉及的问题被大量其他的业务问题掩盖了，问题的发现和解决没有这里描述的那么容易。

在业务系统设计时，组织机构和岗位职责往往是第一手的资料，因为比较明确，也相对确定，所以是系统分析设计的抓手之一。在对业务不是很熟悉的情况下，从组织机构和岗位职责入手，能够比较容易进入。在进行项目模块划分时，也经常以组织机构或者岗位职员作为基础。实际上很多企业应用也是这样，组织机构中有人力资源部门，信息系统中就有对应的人力资源管理系统；组织机构中有财务部门，信息系统中就有对应的财务管理系统；如此等等。

某个项目在设计时也是采用这种方式进行模块划分的，只是采用了微服务作为架构，每个模块有独立的数据库，作为一个微服务独立部署，模块之间使用消息中间件通过消息进行集成。一开始进行比较顺利，在构建某一个业务的审批功能时就出现问题了。随着项目的进行，发现某些数据库表一直在调整。现在将这个例子简化一下来说明问题：

有服务 A 和服务 B，服务 A 中某个业务需要服务 B 进行审批。在服务 A 中，设计了提报功能，包括提报内容、时间、提报人等，提报后数据保存在服务 A 的数据库中，提报数据通过消息中间件发布。服务 B 通过订阅消息获取提报数据，并将数据保存到服务 B 的数据库中。服务 B 的用户可以获取这些数据并进行审批，审批结果保存到服务 B 的数据库中，并通过消息中间件进行发布。服务 A 从消息中获取审批结果数据，并将审批结果保存到服务 A 的数据库中。

从上面的过程中我们发现，针对这个审批业务，服务 A 和服务 B 所涉及的数据模型必然是一样的，因为服务 B 只有知道服务 A 提供的数据才能进行审批，而服务 A 也必须知道服务 B 的审批结果，虽然针对一个审批过程的功能被拆分到两个服务中，但数据结构需要保持一致，并且数据最终也是一致的。在这个简化的例子中，只提到了两个服务，而实际上，涉及的环节远不止两个，如果都照此设计，那么大量的消息和数据流转实际上只是维持各个服务之间的数据一致。有人据此提出这是微服务的问题，还不如原来单体应用来得方便。实际上，导致这种问题的原因是服务划分得不合理：在同一上下文中的业务被强制拆分到不同的上下文之间，本来具有内聚性的信息变成了不同上下文之间的强耦合。而这也正说明了限界上下文的重要性，在使用微服务时，如果设计不恰当，产生的问题会超过采用单体应用等传统模式。

从上面的例子可以看出，不管采用什么样的技术架构，首先要进行业务设计，然后才是技术架构设计。使用先进的架构（如微服务）可以帮助设计良好的系统。架构有优良的表现，不代表使用了这些架构就可以获得良好的设计。

22.2 微服务相关的技术

本节简要介绍有关微服务的技术，便于后续内容的展开。

22.2.1　容器

容器是一种虚拟化技术，类似于一个轻量级的沙箱，可以运行和隔离应用。容器技术有很多种，其中 Docker 最为流行，下面以 Docker 为例进行简单介绍。

Docker 有 3 个基本概念：仓储（Repository）、镜像（Image）和容器（Container）。仓储创建在远程服务器中，存放的是镜像，如果本地需要哪个镜像，可以从仓储中获取；开发的镜像也可以上传到仓储供其他用户使用。Docker 镜像类似于虚拟机的镜像，存储了应用系统运行所必需的各种文件。在 Docker 环境中可以使用镜像创建容器，容器是镜像可以运行的实例。每个容器都包括简易版本的 Linux 系统环境和在这个环境中运行的应用系统，容器之间是相互隔离的，不互相影响。容器的这种特征使微服务的部署变得简单，易于维护。

虽然微服务可以采用多种方式进行部署，以容器的方式进行部署只是方式之一，但容器的出现确实使微服务成为流行的架构样式。

22.2.2　微服务编排

使用微服务架构的应用中许多功能需要服务之间的协作完成，协作主要依靠服务之间的相互调用或者消息传输，这就需要将服务之间的调用关系进行组织，这就是服务编排。如果微服务部署在容器中，微服务的编排就通过容器编排来实现。本节简单介绍 Docker Compose 和 Kubernetes（k8s）。

Docker Compose 是基于单主机的容器编排工具，Docker Compose 使用 YML 格式的配置文件来定义应用程序需要的所有服务，然后，使用一个命令就可以从 YML 文件中启动所有服务。Docker Compose 的使用很简单：

（1）使用 Dockerfile 为每个服务定义容器环境。

（2）使用 YML 定义应用程序的所有服务，这样可以使它们在隔离的环境中一起运行。

（3）执行 docker compose up 命令启动应用程序。

Docker Compose 适合在开发时对基于微服务的应用进行测试，在 22.3 节会结合实例说明 Docker Compose 的使用。但由于 Docker Compose 只支持容器在单主机运行，因此在生产环境中使用有很大的局限性，这时，就需要使用 Kubernetes 等功能更强大的工具。

Kubernetes 是容器集群管理系统，用于管理云平台中多个主机上的容器应用。Kubernetes 提供了应用部署、规划、更新和维护的一整套完整机制。Kubernetes 自成体系，其管理工具可以实现容器调度、资源管理、服务发现、健康检查、自动伸缩、更新升级等功能。

22.2.3　微服务相关的其他技术

这里简单介绍一下微服务相关的其他技术。

1. 分布式配置

每个应用都有自己的配置文件，在配置文件中保存可能变化的数据，如数据库的地址、消息中间件的配置等。在微服务的应用中，每个微服务都有自己的配置文件，因此配置文件的管理就成了问题。分布式配置的目的就是使用工具管理所有微服务的配置文件。

2. 服务发现

服务发现类似于互联网的 DNS，所要解决的问题是如何精准地定位需要调用的服务 IP 以及端口。很多平台都提供了服务发现功能，基本原理大致相同，通常包括以下 3 部分功能：

- 注册（Register）：服务启动时进行注册。
- 查询（Query）：查询已注册的服务信息。
- 健康检查（Healthy Check）：检查服务状态是否健康。

服务发现的执行过程很好理解：在服务启动的时候，先向服务发现机制进行注册，并且定时反馈本身功能是否正常（即所谓的心跳）。由服务发现机制统一负责维护一份可用的服务清单，当需要某个服务时，可向服务发现机制进行查询。

3. 服务容错

传统的单体应用中，模块之间的调用在同一进程中进行，基本不用考虑函数调用时会产生通信错误。微服务之间的调用就不同了，进程之间的远程调用涉及很多复杂的因素，由于各种问题导致的服务调用失败不可避免。如果某个服务出现问题，会影响到调用该服务的其他服务，进而引起连锁反应，形成所谓的服务雪崩效应。为了增加系统的健壮性，必须对这种错误提出解决办法，这就是服务容错。

服务容错常见的实现模式有集群容错、服务隔离、服务熔断和服务回退。

- 集群容错：集群容错的基本思路就是冗余，为某个服务构建多个实例，当某个实例出现问题后，可以尝试使用其他实例。
- 服务隔离：服务隔离的基本思路是当一个服务不可用后，对它进行隔离，避免其他服务受到影响从而使系统崩溃。
- 服务熔断：服务熔断的基本思路是快速失败，如果服务不可用，直接断开，避免调用该服务的其他服务一直等待直到超时，从而避免资源浪费。
- 服务回退：服务回退不直接抛出异常，而是使用另外一种处理机制来应对异常，这种处理不一定能满足业务逻辑，只是提示服务消费者当前调用存在的问题。

4. 服务网关

微服务可以部署在不同的服务器中，有不同的 IP 地址和端口。当外部客户端访问由微服务构成的系统时，希望通过统一的域名或者 IP 地址对这些微服务进行访问，这种情况下，就需要服务网关。

服务网关充当服务客户端和被调用的服务之间的中介者，服务客户端仅与服务网关管理的单个 URL 通信，服务网关根据服务客户端的请求路径中的参数来确定需要访问的服务地址，并转发请求。

5. 分布式消息

使用 Web API 或者 gRPC 调用的方式的微服务通信属于"拉"的方式：信息消费者主动向信息提供者提出请求，并接收返回的数据。但在某些场景，需要采用"推"的方式，信息提供者发布消息，订阅了消息的信息消费者被动地接收数据。这种方式需要有消息中间件的帮助，常用的消息中间件包括 Apache ActiveMQ、RabbitMQ、Apache RocketMQ、Apache Kafka 等。第 16 章已经介绍了 RabbitMQ 和 Kafka，这里不再赘述。

22.3   使用微服务架构的诗词游戏

本节使用微服务架构构建人机互动游戏。

22.3.1   需求分析

诗词游戏的一个需求就是要求游戏类型可以扩展。前面已经创建了支持软件扩展的接口，基于这些接口可以编写游戏的扩展而不需要修改领域模型。如果不考虑部署问题，这种方式已经可以满足要求了。如果采用的是部署到 IIS 等 Web 服务器的单体应用或者前后端分离应用，这种方式也可以满足要求，新创建的游戏类型可以封装在动态库中，增量部署到应用网站的目录下。这种方式前面已经介绍过，见 9.4.节 Pluggable component Framework，采用这种方式可以将新的模块插入现有系统中。这种方案的缺点是增加了系统维护的难度。增量部署的缺点是"增加容易，去除难"，增加文件与原有文件叠加在一起，很难分清哪些是新增的，哪些是原来就存在的。新增模块与现有系统在同一宿主中被加载，如果新增模块中有缺陷，可能会导致整个系统不可用，并且这些新引入的缺陷很难找到原因。我们需要找到新的方式实现诗词游戏的扩展，这种新的方式就是微服务。

每种诗词游戏类型都需要实现两个接口——ICheckAnswerService（用于游戏中判断作答是否正确）和 ICheckGameConditionService（用来判断创建游戏的条件是否成立）。如果为每种游戏类型编写一个微服务实现上述两个接口，并通过 Web API（开放主机服务）为游戏主程序提供服务，那么这个问题就解决了。我们人机诗词游戏为例，对使用微服务架构的诗词游戏进行介绍，系统的结构如图 22-1 所示。

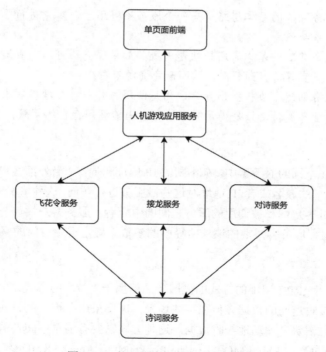

图 22-1   使用微服务的诗词游戏结构

图 22-1 中每个模块是一个容器，飞花令服务、接龙服务和对诗服务是 3 个针对诗词类型的微服务。这 3 个微服务名副其实，因为每个服务只有两个方法 CheckAnswer 和 CheckGameCondition。诗词服务的粒度稍大，要提供对诗词的基本查询，还需要访问数据库。人机游戏应用服务严格来说是容器化部署的应用，其中包括了对数据库的操作、与消息中间件的交互等。单页面前端的容器只提供静态文件存储和基本的 Web 静态文件访问功能，访问时被加载到浏览器中运行。

22.3.2　后端实现

第 15 章已经介绍了使用 Web API 实现诗词服务，在这个项目的基础上，增加其他服务。首先，使用 Visual Studio 打开解决方案 PoemServiceWebApi，在解决方案中增加新的 Asp.Net Core Web 应用项目，名称为 PoemGameFeihualingWebApi（飞花令的 Web API）、PoemGameDuishiWebApi（对诗的 Web API）和 PoemGameJielongWebApi（接龙的 Web API）。还需要创建一个类库项目 PoemGameWebApiService.Shared，在这个项目中定义这些服务类库的共用 DTO。添加这些项目后的解决方案结构如图 22-2 所示。

图 22-2　添加诗词类型服务后的解决方案

在些项目中，分别引用已经存储在本地包管理器中的服务类库。例如，对诗服务 PoemGameDuishiWebApi 项目需要引用 PoemGame.Domain.Service.Duishi，还需要引用项目 PoemService.ApiClient 和 PoemGameWebApiService.Shared。PoemGameDuishiWebApi 的项目结构如图 22-3 所示。

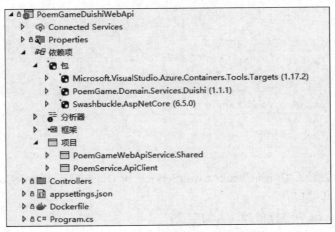

图 22-3　PoemGameDuishiWebApi 结构

从图 22-3 中可以看出，项目中还引用了 Swashbuckle.AspNetCore，用于支持 Swagger，方便我们对 Web API 进行测试。

然后，删除不必要的文件，创建 Controllers 目录，并在目录中增加 DuishiController:

```
using Microsoft.AspNetCore.Mvc;
using PoemGame.Domain.Services.Duishi;
using PoemGameWebApiService.Shared;
using PoemService.Shared;

namespace PoemGameJielongWebApi.Controllers
{
    [Route("api/[controller]")]
    [ApiController]
    public class DuishiController : ControllerBase
    {
        private readonly IPoemService poemService;
        private readonly DuishiCheckAnswerService duishiCheckAnswerService;
        private readonly DuishiCheckGameConditionService
duishiCheckGameConditionService;

        public DuishiController(IPoemService poemService,
            DuishiCheckAnswerService duishiCheckAnswerService,
            DuishiCheckGameConditionService duishiCheckGameConditionService)
        {
            this.poemService = poemService;
            this.duishiCheckAnswerService = duishiCheckAnswerService;
            this.duishiCheckGameConditionService = duishiCheckGameConditionService;
        }

        [HttpPost("CheckAnswer")]
        public async Task<bool> CheckAnswer(CheckAnswerServiceDto dto)
        {
            return await duishiCheckAnswerService.CheckAnswer(dto.Input, dto.Answer);
        }

        [HttpPost("CheckCondition")]
        public async Task<bool> CheckCondition(CheckConditionServiceDto dto)
        {
            return await duishiCheckGameConditionService
.CheckGameCondition(dto.Condition);
        }
    }
}
```

代码很简单，就是封装 DuishiCheckAnswerService 和 DuishiCheckGameConditionService，为这两个服务提供 Web API 接口。

接着，在 Program.cs 中进行依赖注入的定义：

```
using PoemGame.Domain.Services.Duishi;
using PoemService.ApiClient;
using PoemService.Shared;

var builder = WebApplication.CreateBuilder(args);
```

```
builder.Services.AddScoped<IPoemService, PoemServiceApiClient>();
builder.Services.AddScoped<DuishiCheckAnswerService>();
builder.Services.AddScoped<DuishiCheckGameConditionService>();
builder.Services.AddControllers();
builder.Services.AddHttpClient();
builder.Services.AddEndpointsApiExplorer();
builder.Services.AddSwaggerGen();

var app = builder.Build();

if (app.Environment.IsDevelopment())
{
    app.UseSwagger();
    app.UseSwaggerUI();
}

app.UseAuthorization();

app.MapControllers();

app.Run();
```

这里定义了使用 PoemServiceApiClient 实现对 PoemService 的访问，因此在配置文件中，需要增加 PoemService 服务的地址：

```
"PoemServiceApi": http://poemservicewebapi/api/PoemService/
```

后面会解释这里的地址为什么是 poemservicewebapi，而不是域名或者 IP 地址。

其他两个服务的编写方法与对诗服务一样，不再重复。

在第 14 章应用层开发中，已经编写了人机游戏的服务层和相应的 Web API，这里不再重复，只需把相关代码加入当前的解决方案中。还需要做的工作是编写远程访问 CheckAnswer 服务和 CheckGameCondition 服务的类库。

在解决方案中增加新的类库，名称为 PoemGame.Domain.Services.Factory.WebApi，这个类库中包括两个工厂类，负责根据游戏类型创建 CheckAnswer 服务和 CheckGameCondition 服务的实例。这两个类的工作模式相同，下面以 CheckAnswerService 为例进行说明。创建一个类，名称为 CheckAnswerServiceRemote，这个类实现 ICheckAnswerService 接口：

```
using PoemGameWebApiService.Shared;
using System.Text.Json;

namespace PoemGame.Domain.Services.Factory.WebApi
{
    public class CheckAnswerServiceRemote:ICheckAnswerService
    {
        private readonly HttpClient _httpClient;
        private readonly string url;

        public CheckAnswerServiceRemote(HttpClient httpClient, string url)
```

```
        {
            _httpClient = httpClient;
            this.url = url;
        }

        public async Task<bool> CheckAnswer(CheckAnswerServiceInput input,
    string answer)
        {
            var dto = new CheckAnswerServiceDto() { Input = input,Answer = answer};
            var str = JsonSerializer.Serialize(dto);
            var content = new StringContent(str);
            content.Headers.ContentType =
    new System.Net.Http.Headers.MediaTypeHeaderValue("application/json");

            var response = await _httpClient.PostAsync(url, content);
            response.EnsureSuccessStatusCode();
            var res = await response.Content.ReadAsStringAsync();
            return bool.Parse(res);
        }
    }
}
```

CheckAnswerServiceRemote 的作用类似一个路由，将应用的请求转发到相应的 Web API 进行处理。Web API 的地址由 CheckAnswerFactory 根据游戏类型确定：

```
using Microsoft.Extensions.Configuration;
using PoemGame.Domain.GameAggregate;

namespace PoemGame.Domain.Services.Factory.WebApi
{
    public class CheckAnswerServiceFactory :
    IDomainServiceFactory<ICheckAnswerService>
    {
        private readonly IConfiguration _configuration;
        private readonly IHttpClientFactory httpClientFactory;

        public CheckAnswerServiceFactory(IConfiguration configuration,
    IHttpClientFactory httpClientFactory)
        {
            _configuration = configuration;
            this.httpClientFactory = httpClientFactory;
        }

        public ICheckAnswerService GetService(GameType gamePlayType)
        {
            var remoteurl = _configuration["CheckAnswerServices:"
                                    + gamePlayType.MainType
    + "_" + gamePlayType.SubType];
            var httpClient = this.httpClientFactory.CreateClient();
            httpClient.Timeout = new TimeSpan(0, 0, 30);
          return new CheckAnswerServiceRemote(httpClient,remoteurl);
```

```
                      ;
                  }
              }
          }
```

Web API 的地址保存在配置文件中，使用游戏类型和游戏子类型的组合作为配置文件项的关键字。这样根据传入的游戏类型和子类型，就可以从配置文件中获取需要的 Web API 地址，将请求转发到 Web API，然后返回结果。如此便实现了游戏类型的动态配置。每增加一种游戏类型，只需编写一个相应的 Web API 并部署到容器中，再通过修改配置文件，就可以实现游戏类型的增加。配置文件的结构如下：

```
"CheckConditionServices": {
  "Duishi_": "http://poemgameduishiwebapi/api/Duishi/CheckCondition",
  "Feihualing_": "http://poemgamefeihualingwebapi/api/Feihualing/CheckCondition",
  "Jielong_": "http://poemgamejielongwebapi/api/Jielong/CheckCondition"
},
"CheckAnswerServices": {
  "Duishi_": "http://poemgameduishiwebapi/api/Duishi/CheckAnswer",
  "Feihualing_": "http://poemgamefeihualingwebapi/api/Feihualing/CheckAnswer",
  "Jielong_": "http://poemgamejielongwebapi/api/Jielong/CheckAnswer"
}
```

至此，我们就完成了应用后端的编写。应用的前端采用单页面结构，使用 Vue.js 编写。在项目中，创建一个简单的宿主项目，用来保存和加载开发完成的单页面前端。增加一个 Asp.Net Core Web 项目，名称为 SAPHost，只保留 wwwroot 目录，并将 Program.cs 中的代码简化：

```
var builder = WebApplication.CreateBuilder(args);
var app = builder.Build();
app.UseStaticFiles();
app.UseRouting();
app.UseEndpoints(endpoints =>
{
    endpoints.MapGet("/", async context =>
    {
        context.Response.Redirect("index.html");
    });
});
app.Run();
```

这样，整个项目结构就完成了。下一步，开发单页面的前端。

22.3.3　前端实现

在第 20 章单页面客户端的开发中，已经介绍了使用 Vue.js 和 Vant 进行前端开发的方法，这里不再重复。本示例应用的前端很简单，只需完成创建游戏和游戏进行两部分功能。为了说明问题，将所有的代码在一个 Vue 文件中完成。

```
<script setup lang="ts">
import { inject, ref } from "vue"
const axios: any = inject("axios")
```

```
    const service = axios.create()
    const apiroot = import.meta.env.VITE_ROOTAPIURL + "api/Game/";
  let gameType: any = ref("")
  let gameTypeName: any = ref("")
  let gameCondition: any = ref("花")
  let createshow: any = ref(false)
  let playshow: any = ref(false)
  let computerAnswer: any = ref("")
  let myAnswer: any = ref("")
  let gameid: any = ""
  let answers: any = ref([])
  let popshow: any = ref(false)
    const options = [{ text: "飞花令", value: "Feihualing" }, { text: "接龙", value: "Jielong" },
{ text: "对诗", value: "Duishi" }]
    const cascaderValue = ref('');
    async function createGame() {
      computerAnswer.value = ""
      answers.value=[]
      myAnswer.value = ""
      let res = await service.post(apiroot+"CreateGame", {
        UserName: "我自己",
        GameType: gameType.value,
        GameSubType: "",
        GameCondition: gameCondition.value
      })
      createshow.value = false
      console.log(res)
      if (res.data.success) {
        playshow.value = true
        computerAnswer.value = res.data.computerAnswer
        answers.value.push(computerAnswer.value)
        gameid = res.data.gameId
      } else {
        alert("创建失败")
      }
    }
  async function answer() {
    answers.value.push(myAnswer.value)
    let res = await service.post(apiroot+"Play", {
      UserName: "我自己",
      GameId: gameid,
      Answer: myAnswer.value
    })
    if (res.data) {
      computerAnswer.value = res.data.computerAnswer
      myAnswer.value = ""
      answers.value.push(computerAnswer.value)
      if (res.data.isGameDone) {
        answers.value.push("游戏结束")
      }
    } else {
```

```
        alert("err")
      }
    }
    const onFinish=(selectedOptions:any)=>{
      popshow.value=false
      console.log(selectedOptions)
      gameType.value=selectedOptions.value;
      gameTypeName.value=selectedOptions.selectedOptions[0].text
    }
  </script>
  <template>
    <div>
      <div v-show="createshow">
        <van-cell-group inset>
          <van-field v-model="gameTypeName" is-link readonly label="游戏类型" placeholder="
请选择游戏类型" @click="popshow = true" />
          <van-field v-model="gameCondition" label="游戏条件" placeholder="" />
          <van-button type="warning" :round="true" @click="createGame">创建游戏
</van-button>
        </van-cell-group>
      </div>
      <van-button type="success" :round="true" @click="createshow = true"
v-show="!createshow">创建并开始游戏</van-button>
      <div v-show="playshow">
        <van-cell v-for="item in answers" :key="item" :title="item" />
        <van-cell-group inset>
          <van-field v-model="myAnswer" label="我的作答" placeholder="" />
          <van-button type="warning" :round="true" @click="answer">作答</van-button>
        </van-cell-group>
      </div>
      <van-popup v-model:show="popshow" round position="bottom">
        <van-cascader v-model="cascaderValue" title="请选择游戏类型" :options="options"
@close="popshow = false"
          @finish="onFinish" />
      </van-popup>
    </div>
  </template>
```

代码中访问服务的部分在.env 文件中设置：

```
VITE_ROOTAPIURL=http://host.docker.internal:9000/
```

代码编写完成后，编译为单页面文件，将 dist 中的文件复制到 22.3.2 节中创建的 SAPHost 项目的 wwwroot 目录中。

22.3.4 使用 Docker Compose 创建容器

到目前为止，我们已经创建了各个服务项目，现在需要按照 22.3.1 节的方案进行部署，图 22-4 是增加了服务名称的解决方案示意图。

使用 Docker Compose 对这些服务进行编排。在 Visual Studio 解决方案管理器中，选中图 22-4

中的某个服务项目并右击，在弹出的快捷菜单中选择"容器业务流程协调程序支持"，如图 22-5 所示。

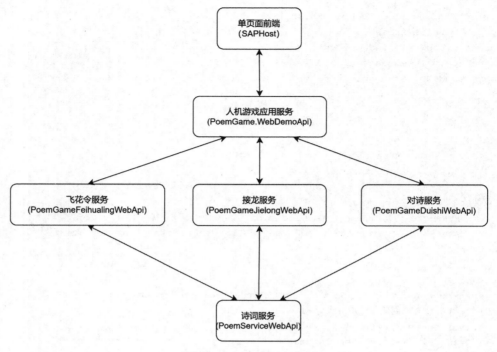

图 22-4　细化的解决方案

图 22-5　选择容器支持

然后选择 Docker Compose，如图 22-6 所示。

最后，选择 Linux。Visual Studio 会在解决方案中创建 docker-compose 目录，如图 22-7 所示。

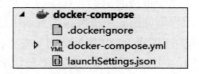

图 22-6 选择 Docker Compose   图 22-7 新创建的 docker-compose 目录

将图 22-4 中所有的项目都加入 Docker Compose 中，然后查看 docker-compose.yml 文件，对其中的内容略作修改：

```yaml
version: '3.4'

services:
  poemgame.webdemoapi:
    image: ${DOCKER_REGISTRY-}poemgamewebdemoapi
    build:
      context: .
      dockerfile: PoemGame.WebDemoApi/Dockerfile
    ports:
      - 9000:80
  poemservicewebapi:
    image: ${DOCKER_REGISTRY-}poemservicewebapi
    build:
      context: .
      dockerfile: PoemServiceWebApi/Dockerfile
  poemgameduishiwebapi:
    image: ${DOCKER_REGISTRY-}poemgameduishiwebapi
    build:
      context: .
      dockerfile: PoemGameDuishiWebApi/Dockerfile
  poemgamefeihualingwebapi:
    image: ${DOCKER_REGISTRY-}poemgamefeihualingwebapi
    build:
      context: .
      dockerfile: PoemGameFeihualingWebApi/Dockerfile
  poemgamejielongwebapi:
    image: ${DOCKER_REGISTRY-}poemgamejielongwebapi
    build:
      context: .
      dockerfile: PoemGameJielongWebApi/Dockerfile
  saphost:
    image: ${DOCKER_REGISTRY-}saphost
    build:
      context: .
      dockerfile: SAPHost/Dockerfile
    ports:
      - 9001:80
```

粗体的部分是增加的对外暴露的接口。现在可以知道，前面配置文件中 URL 的地址使用的是

Docker Compose 的服务名，Docker 可以将服务名转换为容器内部的 IP 地址。使用这种方法避免了 IP 地址改变带来的配置失效。

　　因为单页面应用需要在浏览器中访问 poemgamewebdemoapi，而访问在 Docker 容器之间进行，需要使用宿主机的 IP 地址访问服务容器，所以需要将 poemgamewebdemoapi 的端口进行映射。同样的原因，因为我们需要在浏览器访问单页面应用，所以需要将 SAPHost 的端口进行设置。现在，可以在 Visual Studio 中执行 Docker Compose 了，如图 22-8 所示。

图 22-8　执行 Docker Compose

启动后，在 Docker Desktop 中可以看到运行的 Docker Compose，如图 22-9 所示。

☐ ∨ ⊟	dockercompose1471166707948814713 6 containers	-	-	Running (6/6)	-		◁ Open Ⅱ ↻ ■ 🗑
☐	PoemGameDuishiWebApi c25868238c59 ⧉	poemgameduishiwebapi		Running	64553	7 hours ago	☑ ▣ Ⅱ ↻ ■
☐	PoemServiceWebApi f6a8e4c619e4 ⧉	poemservicewebapi		Running	64552	7 hours ago	☑ ▣ Ⅱ ↻ ■
☐	PoemGameFeihualingWebApi 9d4015f8a258 ⧉	poemgamefeihualingwebapi		Running	-	7 hours ago	▣ Ⅱ ↻ ■
☐	PoemGame.WebDemoApi e3f570241215 ⧉	poemgamewebdemoapi		Running	9000.6...	7 hours ago	☑ ▣ Ⅱ ↻ ■
☐	PoemGameJielongWebApi c2dc162841e6 ⧉	poemgamejielongwebapi		Running	-	7 hours ago	▣ Ⅱ ↻ ■
☐	SAPHost dec30e544a97 ⧉	saphost		Running	64938...	7 hours ago	☑ ▣ Ⅱ ↻ ■

图 22-9　运行中的 Docker Compose

在浏览器中，可以访问本地的 9001 端口创建游戏并与计算机对战，如图 22-10 和图 22-11 所示。

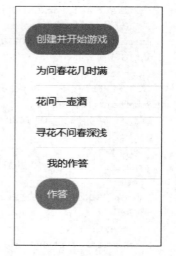

图 22-10　创建游戏　　　　　　　　　　　　图 22-11　游戏进行

　　至此，我们完成了微服务架构的人机对战游戏。下一节介绍其他部分的容器化部署。

22.4 容器化部署

容器是微服务的技术基础，但不一定只有微服务才能部署到容器，任何架构的应用都可以采用容器化部署。本节介绍.Net 应用容器化部署的方法。

22.4.1 单页面前端的容器化部署

将单页面文件发布为 Docker 容器，实际上是在 Nginx 镜像基础上，将已编译的单页面文件部署在 Nginx 中，再创建新的镜像的过程。首先，需要在单页面项目中创建 Dockerfile，内容如下：

```
FROM nginx
WORKDIR /mywebapp
COPY ./dist /usr/share/nginx/html/
```

将 Vue 单页面文件进行编译，输出目录为 dist。在 Dockerfile 中指明将 dist 目录中的文件复制到/usr/share/nginx/html/目录中。这是 Nginx 的默认目录，当 Nginx 运行时，会以这个目录作为默认路径，浏览器访问时会直接访问 index.html。

然后，构建镜像：

```
docker build -t mydockerimage .
```

最后，创建容器并运行：

```
docker run -d -p 5555:80 mydockerimage
```

22.4.2 Asp.Net Core 项目的容器化部署

在创建 Asp.Net Core 项目时，可以选择"启用 Docker"，如图 22-12 所示。这样，在项目文件中会自动创建 Dockerfile 文件。

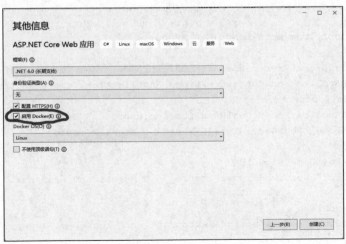

图 22-12　选择"启用 Docker"

如果在项目创建时没有选择启用 Docker，可以在 Visual Studio 的解决方案管理器中选择需要增加 Docker 支持的项目并右击，在弹出的快捷菜单中选择"添加→Docker 支持"，如图 22-13 所示。

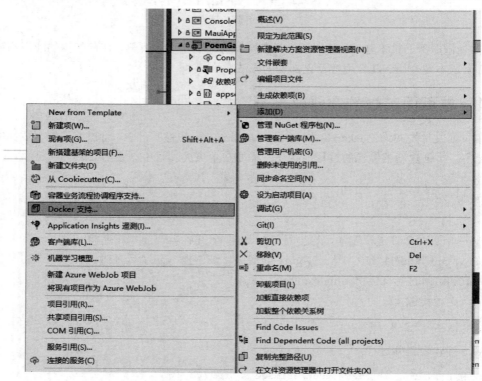

图 22-13　为项目添加 Docker 支持

生成的 Dockerfile 文件如下：

```
FROM mcr.microsoft.com/dotnet/aspnet:6.0 AS base
WORKDIR /app
EXPOSE 80

FROM mcr.microsoft.com/dotnet/sdk:6.0 AS build
WORKDIR /src
COPY ["PoemGame.SignalR/PoemGame.SignalR.csproj", "PoemGame.SignalR/"]
COPY ["SignalRApplication.Contracts/SignalRApplication.Contracts.csproj",
"SignalRApplication.Contracts/"]
COPY ["SignalRApplication/SignalRApplication.csproj", "SignalRApplication/"]
RUN dotnet restore "PoemGame.SignalR/PoemGame.SignalR.csproj"
COPY . .
WORKDIR "/src/PoemGame.SignalR"
RUN dotnet build "PoemGame.SignalR.csproj" -c Release -o /app/build

FROM build AS publish
RUN dotnet publish "PoemGame.SignalR.csproj" -c Release -o /app/publish

FROM base AS final
WORKDIR /app
COPY --from=publish /app/publish .
```

```
ENTRYPOINT ["dotnet", "PoemGame.SignalR.dll"]
```

在 Visual Studio 中可以生成 Docker 镜像,并自动部署到本地的 Dock Desktop 环境中进行测试。也可以将生成的 Docker 镜像发布到 Docker Hub 等资源库。

注意,如果希望使用 docker 命令行工具创建镜像,那么 Dockerfile 文件应该与解决方案文件在同一个目录中。这种情况下,需要将 Dockerfile 复制到解决方案所在的目录。如果解决方案中有多个需要生成镜像的项目,可以重命名 Dockerfile 以避免冲突。在命令行中执行 docker build 时指定 Dockerfile 文件名,命令格式如下:

```
docker build -f ./AdminDockerfile --force-rm -t myids4admin:dev .
```

生成的镜像文件被加载到本地的 Docker Desktop 环境中。如果希望将镜像导出,可以使用下面的命令:

```
docker save test-image > test-image.tar
```

这样镜像 test-image 就被保存到文件 test-image.tar 中。要将这个文件复制到需要部署的机器上,可以执行以下命令加载镜像:

```
docker load --input test-image.tar
```

Visual Studio 开发基于 Docker 的应用时,调试时默认情况下使用 HTTP 协议,并且端口是随机的;如果使用指定端口,需要在 launchsettings.json 中进行设置,参数为 httpPort 和 sslPort;如果启动 SSL,需要设置 useSSL 为 true:

```
"Docker": {
    "commandName": "Docker",
    "launchBrowser": true,
    "launchUrl": "{Scheme}://{ServiceHost}:{ServicePort}",
    "publishAllPorts": true,
    "httpPort": 4090,
    "useSSL": true,
    "sslPort": 4091
}
```

设置完成后,会发现仍然有问题,类似 SSL 证书无效错误。需要在命令行执行下面的命令:

```
dotnet user-secrets init
```

注　意

执行时的当前目录应为 csproj 文件所在目录。

22.4.3　基础设施的容器化部署

1. MS SQL Server 的容器化部署

MS SQL Server 支持容器化部署,可以在 Linux 等操作系统上运行。

首先,执行下面的命令下载 Sql Server 镜像:

```
docker pull mcr.microsoft.com/mssql/server:2019-latest
```

下载完成后，可以使用 docker images 查看是否正确下载。

然后，启动容器：

```
docker run -e "ACCEPT_EULA=Y" -e "SA_PASSWORD=1q2w3e4R*" -u 0:0 -p 1433:1433 --name mssql
-v /data:/var/opt/mssql -d mcr.microsoft.com/mssql/server:2019-latest
```

这里需要注意的是初始密码的设置，如果密码设置不符合要求，容器就不能正常运行。使用 docker logs mssql 进行查看，会发现是初始密码设置错误，初始密码必须包含大写字母、小写字母、数字和特殊字符，并且至少 8 位。

如果需要从外部访问 SQL Server，则需要设置防火墙，将 1433 端口打开。

2. MongoDB 的容器化部署

在 Docker 安装 MongoDB 需要设置本地数据的存储路径，并把端口映射到本地。在 Linux 下执行下面的命令安装并运行：

```
sudo docker run --name mongodb -d  -p 27017:27017  -v /data/mongodb:/data/db mongo
```

在安装有 Docker Desktop 的 Windows 系统下，使用下面的命令将 D 盘目录/data/mongodb 映射到容器中的/data/db 目录：

```
docker run --name mongodb -d  -p 27017:27017  -v D:/data/mongodb:/data/db mongo
```

如果是本地应用访问，则需要使用连接串：mongodb://localhost:27017。

在本地安装客户端可以管理数据库，可以在本地安装管理 Mongodb 数据库的客户端工具，如 mongodb compass。从官网可以下载，下载地址：https://www.mongodb.com/products/compass。

3. RabbitMQ 的容器化部署

在 Docker 中安装 RabbitMQ 很简单，只需执行下面的命令即可：

```
docker run -d --hostname myrabbit --name rabbitmq -e RABBITMQ_DEFAULT_USER=admin -e
RABBITMQ_DEFAULT_PASS=admin -e  RABBITMQ_DEFAULT_VHOST=my_vhost -p 15672:15672 -p 5672:5672
rabbitmq:management
```

上面的命令中设置了默认的管理员用户是 admin，默认密码是 admin，并且设置了默认的虚拟主机，名称为 my_vhost；还映射了 RabbitMQ 的运行端口（5672）和管理端口（15672）。为了管理方便，使用 RabbitMQ 的默认端口。

安装完成后，可以打开浏览器访问管理网站 http://127.0.0.1:15672，使用安装时设置的用户名和密码登录就可以进行管理了。

4. 认证服务的容器化部署

在第 12 章介绍了认证服务的容器化部署，这里不再重复。

22.4.4　诗词游戏的容器化部署

我们使用容器化技术将诗词游戏以容器方式进行部署，包括如下几个部分。

● 游戏单页面前端：使用 Nginx 镜像作为基础，运行单页面前端。

- 认证服务：认证服务作为独立的容器运行。
- 认证服务管理：认证服务管理负责客户端和用户的管理。
- 游戏 SignalR 服务：使用 Asp.Net Core 镜像为基础进行创建。
- 游戏管理：使用 Asp.Net Core 镜像为基础进行创建。
- 游戏动态：使用 Asp.Net Core 镜像为基础进行创建。
- 游戏类型服务：针对不同的游戏类型提供合法性验证等服务。
- MS SQL Server：采用 Docker 部署，提供数据存储。
- RabbitMQ：采用 Docker 部署，提供消息服务。

22.4.5 使用反向代理服务器整合应用的各个部分

22.4.4 节所列的 Docker 容器中，有后台服务，也有用户访问的应用，它们在不同的端口中运行。例如，单页面前端运行在 5555 端口，认证服务运行在 7010 端口，认证服务管理运行在 7003 端口，游戏管理运行在 5050 端口，游戏动态运行在 6050 端口等。用户需要通过统一的域名来访问这个系统，所以需要将这些端口映射到不同的应用路径。假设提供服务的网站地址是 poemgame.jiagoush.cn，那么上面这些应用的访问路径如表 22-1 所示。

表 22-1 端口与访问路径

序 号	说 明	端 口	对外 URL
1	单页面前端	5555	poemgame.jiagoushi.cn/
2	SignalR 游戏服务	5189	poemgame.jiagoushi.cn/back
3	认证服务	7010	poemgame.jiagoushi.cn/ids4sts
4	认证服务管理	7003	poemgame.jiagoushi.cn/ids4admin
5	游戏管理	5050	poemgame.jiagoushi.cn/mgr
6	游戏动态	6050	poemgame.jiagoushi.cn/board

为了整合这些应用，可以使用反向代理服务器。反向代理是指将客户端请求定向到特定的后端服务器，例如用户在浏览器中访问表 22-1 中的 URL "poemgame.jiagoushi.cn/game"，反向代理在 poemgame.jiagoushi.cn 服务器 80 端口监听，接收到请求后，根据代理设置将/game 转发到在本地 5555 端口运行的服务，并将从服务接收到的数据发回给用户浏览器。有很多 Web 服务器可以作为反向代理服务器使用，其中 Nginx 是使用最为广泛的反向代理服务器，在本示例中使用这种代理服务器整合部署在容器中的应用。

在 Windows 下安装 Nginx，需要从官网下载 Windows 版本的 Nginx（http://nginx.org），解压后运行 nginx.exe 相关命令：

```
启动 Nginx: start nginx.exe
停止 Nginx: nginx.exe -s stop
重新加载 Nginx: nginx.exe -s reload
退出 Nginx: nginx.exe -s quit
```

在 CentOS 等 Linux 下可以使用 yum 等安装 Nginx：

```
sudo yum install -y nginx
默认的网站目录为: /usr/share/nginx/html
```

默认的配置文件为：/etc/nginx/nginx.conf
自定义配置文件目录为：/etc/nginx/conf.d/

在自定义配置文件目录中增加配置文件，对需要进行反向代理的网站进行配置。下面的配置文件将端口 80 映射到本地服务 http://localhost:5555，将/back 路径映射到 http://localhost:5182：

```
server {
listen        80;
listen   [::]:80;
server_name  poemgame.jiagoushi.cn;

location / {
 proxy_pass http://localhost:5555/;
 proxy_http_version 1.1;
 proxy_set_header Upgrade $http_upgrade;
 proxy_set_header Connection keep-alive;
 proxy_set_header Host $host;
 proxy_set_header X-Real-IP $remote_addr;
 proxy_set_header X-Forwarded-For $proxy_add_x_forwarded_for;
 proxy_set_header X-Forwarded-Proto $scheme;
 proxy_cache_bypass $http_upgrade;
 proxy_set_header Via    "nginx";
 fastcgi_buffers 16 16k;
 fastcgi_buffer_size 32k;
 proxy_buffer_size        128k;
 proxy_buffers         4 256k;
 proxy_busy_buffers_size   256k;
}

location ^~/back/ {
 proxy_pass http://localhost:5182/back/;
 proxy_http_version 1.1;
 proxy_set_header Upgrade $http_upgrade;
 proxy_set_header Connection "upgrade";
 proxy_set_header Host $host;
 proxy_set_header X-Real-IP $remote_addr;
 proxy_set_header X-Forwarded-For $proxy_add_x_forwarded_for;
 proxy_set_header X-Forwarded-Proto $scheme;
 proxy_cache_bypass $http_upgrade;
 proxy_set_header Via    "nginx";
 fastcgi_buffers 16 16k;
 fastcgi_buffer_size 32k;
 proxy_buffer_size        128k;
 proxy_buffers         4 256k;
 proxy_busy_buffers_size   256k;
}
}
```

本节以 Nginx 为例介绍了使用反向代理服务器整合微服务的方法，这种方法适用于服务不多的简单项目。对于复杂的微服务项目，反向代理服务器就力不从心了，需要引入更专业的微服务网关和微服务注册发现服务，这些内容超出了本书的范围，这里不做深入介绍。

22.5　持　续　集　成

本节介绍持续集成的相关内容。

22.5.1　持续集成简介

当软件被分解为若干个模块进行独立开发后，每个模块的开发就变得简单了，随之而来的问题是这些模块能否一起正确地工作，完成软件的所有功能。解决这个问题的办法就是将这些独立开发的模块集成在一起，按照一个整体进行测试。集成和测试越频繁，发现问题就越及时，问题对项目的影响就越小。最好是当模块发生变化时就进行一次集成，或者是每天进行一次集成，这就是持续集成。项目越大，模块越多，就越有必要进行持续集成。

集成的工作量很大，好在有成熟的持续集成平台可供使用。这里我们以 Jenkins 为例，简单介绍持续集成的工作过程。

22.5.2　手工集成过程

首先看一下手工完成集成和部署的过程。回顾一下前面开发的人机游戏，其结构如图 22-14 所示。

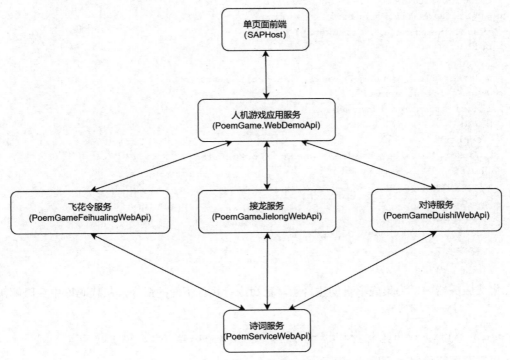

图 22-14　人机诗词游戏的结构

图中的各个部分以容器的形式进行部署。各个部分可以独立开发，使用 Git 代码库进行管理。假定这些项目在同一个代码库中，但属于不同的分支，开发完成后，合并到一个分支。在 Gitee 创建并保存代码库，路径为 https://gitee.com/zldnn/poem-service-web-api.git。我们编写一个新的 Docker Compose 文件，使用这个文件可以不通过 Visual Studio，在 Docker 环境使用 docker-compose 命令直接执行。文件名称为 docker-compose-new.yml，内容如下：

```yaml
version: '3.4'
services:
 poemgame.webdemoapi:
   image: poemgamewebdemoapi
   build:
     context: .
     dockerfile: PoemGame.WebDemoApi/Dockerfile
   ports:
     - 9000:80
 poemservicewebapi:
   image: poemservicewebapi
   build:
     context: .
     dockerfile: PoemServiceWebApi/Dockerfile
 poemgameduishiwebapi:
   image: poemgameduishiwebapi
   build:
     context: .
     dockerfile: PoemGameDuishiWebApi/Dockerfile
 poemgamefeihualingwebapi:
   image: poemgamefeihualingwebapi
   build:
     context: .
     dockerfile: PoemGameFeihualingWebApi/Dockerfile
 poemgamejielongwebapi:
   image: poemgamejielongwebapi
   build:
     context: .
     dockerfile: PoemGameJielongWebApi/Dockerfile
 saphost:
   image: saphost
   build:
     context: .
     dockerfile: SAPHost/Dockerfile
   ports:
     - 9001:80
```

在集成服务器中，为集成项目创建目录，在命令行执行下面的命令，从代码库中克隆解决方案代码：

```
git clone https://gitee.com/zldnn/poem-service-web-api.git
```

如果需要更新代码，可以使用下面的命令：

```
git pull
```

这里使用的是 Linux 服务器，操作系统是 Ubuntu。

代码更新完成后，执行 docker compose 命令：

```
docker-compose -f docker-compose-new.yml up -d
```

容器启动，可以在浏览器中进行访问，如图 22-15 所示。

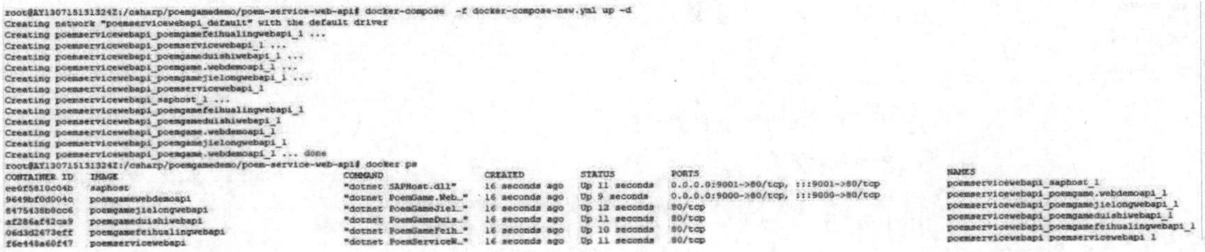

图 22-15　手工集成

现在我们已经完成了手工集成，接下来，使用 Jenkins 自动执行上面的操作。

22.5.3　使用 Jenkins 完成自动集成

Jenkins 的安装过程参见附录 A.10 中的相关说明，这里只列出集成的过程。

登录 Jenkins 后，选择创建新的项目，如图 22-16 所示。

输入项目名称后，选择 Freestyle 类型的项目，这种类型的项目允许自定义项目步骤，如图 22-17 所示。

图 22-16　Jenkins 创建新项目

图 22-17　创建 FreeStyle 类型项目

在源码管理部分，添加项目的 Git 仓库位置，如果仓库为私有，还需要设置访问权限，如图 22-18 所示。

下一步，设置构造触发器，可以是周期触发的构建，也可以是外部触发的构建，如图 22-19 所示。

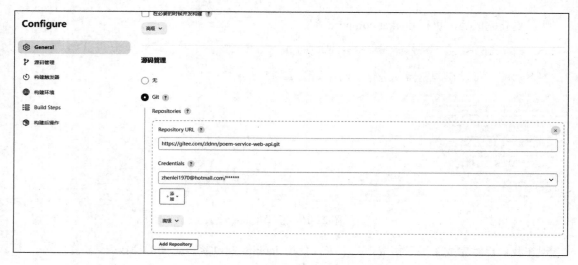

图 22-18　设置源码管理

接下来，定义构建步骤，这里只需要执行 docker compose 命令，如图 22-20 所示。

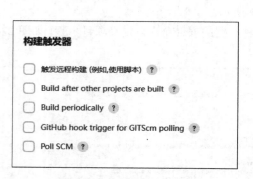

图 22-19　构建触发器

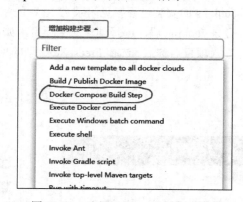

图 22-20　选择 Docker Compose 命令

然后选择自定义 Compose 文件，并输入 docker-compose-new.yml，如图 22-21 所示。

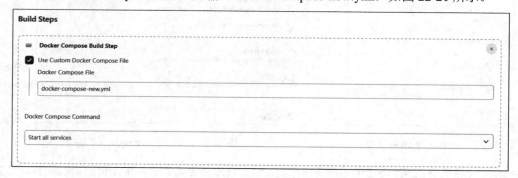

图 22-21　定义 Docker Compose 文件

定义完成后，单击"保存"按钮，回到项目主页面，执行 Build Now，如图 22-22 所示。

图 22-22　　执行部署命令

　　Jenkins 会从 Git 仓库下载项目文件，并执行 docker compose 命令，创建并启动各个微服务的容器。在构建历史的控制台输出中，可以查看详细的构建过程。

　　这个例子非常简单，目的是使读者了解持续集成所涉及的技术和一般步骤。实际项目中要复杂得多，有兴趣的读者可以参考相关资料[26]做进一步的研究。

22.6　本章小结

　　领域驱动设计被越来越重视的原因之一就是微服务的广泛应用。微服务使限界上下文可以具有明确的物理边界，实现业务范围与技术实现之间的统一，使系统从业务角度更容易被理解。本章首先介绍了微服务的基本概念，以及在实际项目中使用微服务时需要注意的问题；然后介绍了应用的容器化部署，以及如何使用微服务对诗词游戏进行扩展；最后介绍了使用 Jenkins、Git 代码管理和 Docker Compose 进行持续集成的步骤。

第23章

诗词服务数据维护——非 DDD 技术的限界上下文

软件系统的开发方法有很多种，每种方法有各自产生的背景、适用的技术，领域驱动设计与这些方法相比，有哪些优势和劣势，需要在选择之前做到心中有数。我们不可能把所有的方法列举出来一一比较，这里只对有代表性的并且跟领域驱动设计有一定渊源的数据驱动开发进行比较。

23.1　数据驱动开发简介

数据驱动开发严格来说应该叫数据模型驱动开发，其核心是数据模型的设计，以 E-R（实体-关系）图的方式展现系统的数据模型。使用 CASE 工具（比如 PowerDesigner），E-R 图很容易转换为可以创建数据库的物理模型，进而生成创建数据库的脚本。

从软件结构上，数据驱动开发支持传统的四层结构：表示层-业务逻辑层-数据访问层和数据库。数据访问层一般是采用特定的技术，与业务无关的部分通常采用 ADO.Net 或者是在此基础上进行封装的框架.业务逻辑层的代码分为两个部分：一部分是数据实体对象和操作数据实体对象完成 CRUD 的控制类；另一部分是控制类的扩展，完成特定查询和特定的数据库访问功能。数据实体和控制类可以使用 CASE 工具或者模板从数据模型中生成，这部分代码完全自动化生成，如果数据模型发生了改变，可以使用工具再次生成，覆盖现有的代码即可。由于代码可能被自动化工具覆盖，因此这部分代码不能手工修改，如果需要特定的功能，需要放到控制类的扩展部分。采用这种方式开发的系统中，经常可以看到 xxxInfo 和 xxxService 或者 xxxController（这里的 Controller 是数据实体控制类，不是 MVC 中的控制器），例如 StudentInfo、StudentController。很多轻量级的数据库访问框架甚至不需要编写控制类，使用通用的控制类就可以完成一般的 CRUD 和查询功能。例如将在 23.2 节中使用的 Dapper 扩展 Dapper.SimpleCRUD，就封装了通用的数据库访问。

对于仅限于 CRUD 的应用来说，界面也是可以由数据模型驱动生成的。针对"单表模式""一对多模式""多对多模式"和"层级关系模式（又叫树形结构模式）"，可以设计各种由数据模型驱动的模板，由模板直接产生表示层文件，可能是 Razor Page，也可能是 MVC 的视图-控制器。这时，表示层的后端代码也是数据模型驱动生成的，因为大部分的 CRUD 代码大同小异。对于可以从数据模型中获得的业务逻辑，比如"字符串长度限制""是否必填"等，也可以从数据模型驱动产生，在业务逻辑层和表示层生成对应的代码。

对于以数据收集为主的系统来说，采用数据驱动设计可以大大降低开发重复 CRUD 功能的工作量，很多系统甚至只需要做少许配置就可以运行。因此，在相当长的时间内甚至到现在，数据驱动开发都非常流行。曾经在.Net 社区风靡一时的 DotNetNuke，以及会在 Python 社区仍然流行的 Django 都使用数据驱动开发方式。

23.2　诗词服务数据维护的开发

诗词游戏的数据来源是诗词数据库，数据库的维护部分非常适合使用数据驱动开发。这部分的数据库使用 MS SQL Server 已经创建完成，数据库关系图如图 23-1 所示。

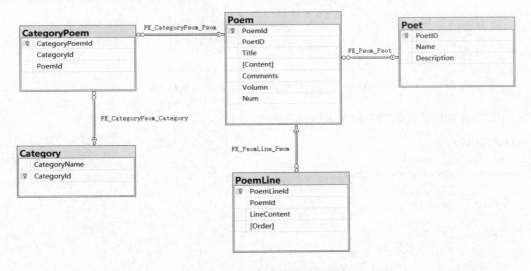

图 23-1　诗词服务数据模型

各个表的说明如下：

- Poet：诗人。
- Poem：诗。
- PoemLine：诗句，其中的内容是从诗的内容拆解的，不需要录入。
- Category：分类，与 Poem 是多对多关系。
- CategoryPoem：Category 和 Poem 的中间表。

在此基础上创建一个简单的应用来说明数据驱动开发的过程。首先，使用 Visual Studio 创建一个 Asp.Net Core Web 应用，名称为 PoemManagement，在项目中添加程序包 Dapper.SimpleCRUD 和

Microsoft.Data.SqlClient（因为使用的数据库是 SQL Server，所以安装这个程序包，如果使用其他类型数据库，需要安装相应的程序包）；然后创建一个目录，名称为 Entities，在这个目录中创建数据实体类。项目结构如图 23-2 所示。

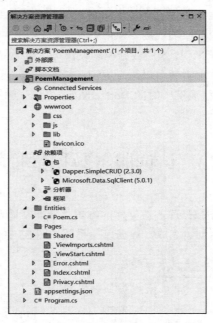

图 23-2　诗词服务数据维护的项目结构

下面以 Poet 为例进行说明。创建数据实体类代码如下：

```csharp
using Dapper;

namespace PoemManagement.Entities
{
    public class Poet
    {
        [Key]
        public int PoetID { get; set; }
        public string Name { get; set; }
        public string Description { get; set; }
    }
}
```

这个数据实体类的属性与数据库中的字段一一对应，在标识属性上需要使用[Key]关键字进行标注。

这个类创建完成后，只需要获取或创建 IDbConnect 数据库连接对象，就可以进行数据库访问了。例如，可以用下面的语句获取 10 条数据：

```csharp
var lst= await _connection.GetListPagedAsync<Poet>(1, 10, "", "");
```

所有这些扩展由 Dapper.SimpleCRUD 提供，可以使用的扩展如下：

● GetAsync(id)：根据 id 获取记录。

- GetListAsync\<Type\>(): 获取所有记录。
- GetListAsync\<Type\>(anonymous object for where clause): 根据 where 获取记录。
- GetListAsync\<Type\>(string for conditions, anonymous object with parameters): 根据条件获取记录。
- GetListPagedAsync\<Type\>(int pagenumber, int itemsperpage, string for conditions, string for order, anonymous object with parameters): 获取分页数据。
- InsertAsync(entity): 插入记录，假定标识字段为 int 类型。
- InsertAsync\<Guid,T\>(entity): 插入标识为 GUID 类型的记录，返回插入记录的 id。
- UpdateAsync(entity): 更新记录。
- DeleteAsync\<Type\>(id): 根据标识删除记录。
- DeleteAsync(entity): 删除记录。
- DeleteListAsync\<Type\>(anonymous object for where clause): 删除符合 where 的所有记录。
- DeleteListAsync\<Type\>(string for conditions, anonymous object with parameters): 删除符合条件的记录。
- RecordCountAsync\<Type\>(string for conditions, anonymous object with parameters): 返回记录数。

也就是对应一般的 CRUD 操作和简单的查询，不再需要编写数据库访问代码，定义完数据实体后，直接使用这些扩展就可以了。

现在，我们在页面上显示查询的数据。首先，在 Program.cs 中添加注册 IDbConnection 的代码，将实例化数据库连接的工作交给依赖注入框架：

```
builder.Services.AddScoped<IDbConnection, SqlConnection>(serviceProvider => {
    SqlConnection conn = new SqlConnection();
    conn.ConnectionString =
builder.Configuration.GetConnectionString("PoemServiceConnection");// ;
    return conn;
});
```

然后，在 Index 页面增加查询代码：

```
using System.Data;
using Dapper;
using Microsoft.AspNetCore.Mvc.RazorPages;
using PoemManagement.Entities;

namespace PoemManagement.Pages
{
    public class IndexModel : PageModel
    {
        private readonly ILogger<IndexModel> _logger;
        private readonly IDbConnection _connection;
        public List<Poet> Poets;
        public IndexModel(ILogger<IndexModel> logger, IDbConnection connection)
        {
            _logger = logger;
```

```
        _connection=connection;
    }

    public async Task OnGet()
    {
      var lst= await _connection.GetListPagedAsync<Poet>(1, 10, "", "");
      Poets = lst.ToList();
    }
  }
}
```

接着，在页面上显示模型中的数据：

```
@page
@model IndexModel
@{
    ViewData["Title"] = "Home page";
}

<div class="text-center">
  @foreach (var poet in Model.Poets)
  {
    <div>@poet.Name</div>
  }

</div>
```

显示效果如图 23-3 所示。

图 23-3　诗人列表

只需要编写不到 10 行代码，就可以完成这些工作。当然还需要增加表单处理等工作，如果使用模板创建分页显示界面和表单维护界面，还可以减少这部分的工作量。限于篇幅，这里就不再说明。

23.3　数据驱动开发与 DDD 的比较

如何使用 DDD 开发只有 CRUD 等功能的应用呢？首先需要确定几个聚合根——Poet、Poem、PoemLine 和 Category，由于没有涉及过多的业务，因此聚合根与前面定义的数据实体类似。还需要定义存储库接口，因为主要是 CRUD 功能，所以存储库接口可以定义为泛型接口。存储库的实现可以采用 EF Core，也可以使用 Dapper，针对 CRUD 功能，实现起来都不复杂。服务层可以很薄，直接调用存储库就可以，服务层到表示层的 DTO 可以使用自动映射框架映射到领域模型。表示层仍然可以用模板辅助实现，只是调用的是服务层接口。

在这里比较一下数据驱动开发与领域驱动设计。数据驱动开发结构简单，直接明了；使用 DDD 开发，因为层次比较多，所以架构有些复杂。由于领域模型与数据模型在这种情况下区别不大，因此 DTO 与领域模型中的实体几乎一样，这些多出来的层次看上去有些多余。如果从工作量的角度来看，这两者其实差别不大，因为都可以使用模板自动生成代码，有很多工具可以辅助生成面向 DDD 的 CRUD 功能的各层次代码。

可以这样说，对于只有 CRUD 等功能的应用来说，使用数据驱动开发有一定的优势，但前提是将来引入复杂业务的可能性不大。

如果使用数据驱动开发方法进行诗词游戏的开发，又会如何呢？这里简单看一下。首先是设计数据模型，假设根据分析，得出了如图 23-4 所示的数据模型，这也是我们在前面示例中根据领域模型产生的数据模型。

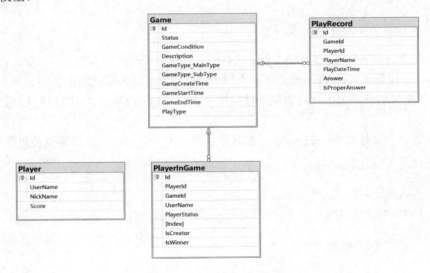

图 23-4　根据领域模型产生的数据模型

然后按照数据驱动来进行设计。首先创建几个数据实体类——Game、PlayRecord、Player 和 PlayerInGame，这些类中只包含与字段对应的属性，没有方法。创建完这些实体类后，结合前面的 Dapper.SimpleCRUD 的使用，可以进行数据库操作了。可是我们需要完成的是游戏的过程，这部分代码只能在业务逻辑类中编写。

下面以实现一个比较简单的功能——玩家加入游戏为例来进行说明。这个功能在 DDD 的领域模型中是聚合根 Game 的一个方法：

```
/// <summary>
/// 玩家加入游戏
/// </summary>
/// <param name="player"></param>
/// <returns></returns>
public GeneralResult PlayerJoinGame(Player player)
{
    var res = new GeneralResult();
    var p = _players.Find(o => o.PlayerId == player.Id);
    if (p != null)
    {
        res.IsSuccess = false;
        res.Message = "已经加入游戏";
    }
    else
    {
        var playeringame = new PlayerInGame(this.Id, player.Id,
player.UserName, false, PlayersInGame.Count + 1);
        _players.Add(playeringame);
        res.IsSuccess = true;
        res.Message = $"{player.UserName}加入游戏";
        AddPlayerJoinGameEvent(player);
    }
    return res;
}
```

代码很简单，如果玩家已经在 players 集合中，就返回"已经加入游戏"的信息；如果没有，则向集合中添加一个新创建的 PlayerInGame 实例，然后将玩家加入游戏的消息添加到事件队列中，用于发布。接下来我们使用前面已经创建的数据实体类和 Dapper.SimpleCRUD 提供的数据库操作功能实现这个功能。

首先创建一个服务类 GameService，在这个类的构造函数中传入后面需要使用的数据库连接：

```
public class GameService
{
    private readonly IDbConnection _connection;
    public GameService(IDbConnection _connection)
    {
        this._connection = _connection;
    }
```

在这个类中创建一个方法 PlayerJoinGame，返回类型仍然是 GeneralResult，这个方法的签名如下：

```
public async Task<GeneralResult> PlayerJoinGame(Game game, Player player)
{
    var obj = await _connection.QueryFirstOrDefaultAsync<PlayerInGame>(
        $"select * from Player_InGame where GameId={game.Id} and PlayerId={player.Id}
");
    if (obj != null) return new GeneralResult { IsSuccess=false,
```

```
                    Message = "已经在游戏中"};

            var playerInGame = new PlayerInGame
            {
                GameId = game.Id,
                PlayerId = player.Id
            };
            await _connection.InsertAsync<PlayerInGame>(playerInGame);
            PublishEvent("PlayerJoinGame", $"{player.UserName}加入游戏");
            return new GeneralResult { IsSuccess=true,Message= $"{player.UserName}加入游
戏" };
        }
```

从上面的代码就可以看出数据驱动开发和 DDD 的不同：

（1）将存储从内存中的集合改为数据库。

（2）service 本身没有状态，一切状态保存在数据库。

由此产生的问题是不容易进行单元测试。使用 DDD 的实现很容易编写测试用例，因为只要查看_players 集合中的数目，就可以确定是否正确。上面这段代码的测试就不一样了：首先要创建一个测试的数据库（内存的或者是 SQLite 等轻量级数据库）；然后要创建测试环境，需要创建 Game 和 Player 的实例并保存到数据库；还要在执行完成后，从数据库查询数据检查执行是否正确；测试完成后，为了避免与下次测试产生冲突，还需要清理测试数据。

数据驱动开发的另一个比较大的缺陷是思考过程出现割裂：我们必须先设计数据模型，再设计表示行为的方法，如果数据模型的量比较大，在设计过程中就会将关注点放在数据实体之间的静态关系上，而这些静态关系能否符合业务需求往往不会被考虑。当开始设计表示业务行为的方法时，如果发现前面的设计有缺陷，大部分的情况是迁就数据模型，在方法实现上做出妥协，导致业务规则和业务过程的实现不明确。我们经常会在数据库或者代码中看到这些痕迹。这带来的另一个问题是迭代周期变长，数据模型的问题往往在后续的行为设计中才被发现，而修改数据模型的工作量是比较大的，这个周期远大于领域模型设计时的代码修改。

回想一下使用 DDD 进行开发的过程，在建模初期，Game 和 Player 之间是没有中间实体的，我们通过快速地迭代和开发原型来发现需要引入的新实体。新实体的加入也很容易，几行代码就能解决。如果使用数据驱动开发，就需要多次修改数据模型，重新生成数据实体和操作数据实体的服务，每一次迭代需要花费更多的时间。

23.4　本章小结

数据驱动开发适合的场景：数据模型确定，并且需要大量的 CRUD 操作功能，业务功能不复杂并且在可预见的将来不会有很大的变化。

数据驱动开发的不足：设计过程是先数据，后业务方法，这两者的割裂会导致思维不连贯。因为没有数据模型支持的数据实体，就没有办法设计业务方法，而这两者本不应该有先后顺序。

第 24 章

游戏管理上下文的实现与 CQS 模式

在诗词游戏部署运行一段时间后，随之而来的是查询和统计的需求和对游戏管理的需求。玩家希望查询自己参与的游戏过程，分析师希望统计哪些诗句被引用得最多，管理员希望可以限制恶意玩家、删除过时的游戏等。而我们的领域模型是为游戏过程设计的，不是为查询统计和管理而设计的。使用聚合根进行查询是否可以呢？对于简单的查询是可以的，比如前面我们编写了查询玩家是否可以进行游戏的代码。但是对于复杂的查询，就超出了存储库的职责范围。对于查询和统计来说，不需要修改数据，因此不需要将数据填充到实体对象，使用 SQL 语句直接从数据库查询，返回诸如数据集等数据实体要方便得多。对于管理部分，在原有的领域模型中增加新的功能，可以满足需求，但管理功能毕竟与游戏本身无关，增加这些功能会使领域模型的职责不再单一，并且如果继续有新增加的需求又该怎么办呢？是否还要修改领域模型呢？我们希望现在的领域模型可以适用于多个场景，不希望增加过多的职责。因此，对于这些功能，需要单独设计，将它们归到与核心域平行的支撑子域中。

24.1　游戏管理部分的设计

现在进行游戏管理部分的设计。为了方便起见，将游戏管理上下文简称为管理上下文。在这个上下文中，"玩家"和"游戏"是被管理的对象，与游戏上下文中的"玩家"和"游戏"有关系，但职责不同：对玩家的操作有"锁定""解除锁定"等，对于游戏的操作包括"软删除""恢复"等。在管理上下文中使用游戏上下文产生的数据，这里只对现有数据进行管理，不增加新的数据。

我们采用命令与查询分离（CQS）的方式将管理功能与查询功能分开设计，这样，游戏管理就分为两个部分——以命令方式进行处理的管理部分和查询部分，这两部分的职责是分开的。查询是幂等的，无论查询一个系统多少次，该系统的状态都不会改变，所以查询没有副作用，也就没有使用领域模型的必要。管理功能需要改变系统的状态，因此使用命令操作领域模型来完成。

查询和命令所使用的技术也是不同的，查询统计使用轻量级的框架 Dapper，而管理功能部分仍然使用 EF Core。

游戏管理是诗词游戏的辅助部分，可以独立于诗词游戏进行部署，游戏管理的数据独立于诗词游戏，但为了查询方便将它与诗词游戏一起部署在相同的数据库中。只有管理员用户可以对游戏和玩家进行管理，包括软删除游戏和锁定玩家等。游戏管理对外通过 Web API 提供查询功能，玩家可以查询自己参与的游戏并可以进行基本的统计；管理员可以查询所有游戏并进行相关统计。

游戏管理的结构如图 24-1 所示。

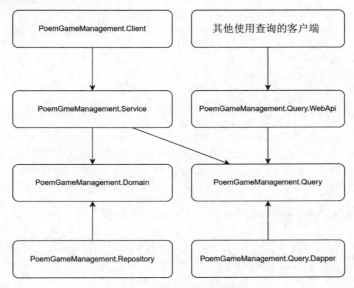

图 24-1　游戏管理的软件模块

在 PoemGameManagement.Domain 中定义领域模型，这部分的领域模型很简单，目的是完成 Game 和 Player 的管理操作，通过 Repository 访问数据库。为了降低与游戏主体部分的耦合性，这部分的数据在数据库中保存在独立的表中，不对已有的数据表进行修改。PoemGameManagement.Query 中定义针对 Game 和 Player 的查询接口，不仅包括 Game 本身的查询，还包括游戏过程 GamePlayRecord 和游戏玩家 PlayerInGame 的查询。查询的具体实现可以采用任何合适的数据库访问技术，这里采用 Dapper 进行实现。

PoemGameManagement.Service 使用 PoemGameManagement.Domain 和 PoemGameManagement.Query 完成对 Game 和 Player 的管理工作，在设计上使用命令与查询分离方式，所有的查询通过 Query 完成，所有的操作使用聚合根和存储库完成。PoemGameManagement.Query.WebApi 以 Web API 的方式对外公开查询方法，可以由其他客户端或服务进行调用。

24.2　游戏管理部分的领域模型

24.2.1　领域模型定义

首先看一下 PoemGameManagement.Domain 中定义的领域模型。注意，在这个限界上下文中，Game 和 Player 负责的是管理功能，与游戏上下文中的同名聚合根不同。为了说明问题，将 Game

和 Player 进行简化，只包含最基本的属性，下面是 Game 和 Player 的代码：

```csharp
using PoemGame.Management.Domain.Seedwork;

namespace PoemGame.Management.Domain;

/// <summary>
/// 负责游戏管理的聚合根
/// </summary>
public class Game : AggregateRoot
{
    private Game()
    {

    }

    public Game(Guid id, bool isDeleted)
    {
        Id = id;
        IsDeleted = isDeleted;
    }
    public bool IsDeleted { get; set; }
}

using PoemGame.Management.Domain.Seedwork;

namespace PoemGame.Management.Domain
{
    /// <summary>
    /// 负责玩家管理的聚合根
    /// </summary>
    public class Player:AggregateRoot
    {
        private Player()
        { }
        public Player(Guid id, bool isBlocked)
        {
            Id = id;
            IsBlocked = isBlocked;
        }
        public bool IsBlocked { get;  set; }
    }
}
```

对应的存储库也很简单，只有增加、更新和删除功能：

```csharp
namespace PoemGame.Management.Domain
{
    /// <summary>
    /// 用于管理的游戏存储库，只有增加、更新和删除功能
    /// </summary>
```

```
    public interface IGameRepository
    {
        Task Add(Game game);
        Task Update(Game game);
        Task Delete(Game game);
    }
}

namespace PoemGame.Management.Domain;

public interface IPlayerRepository
{
    Task Add(Player player);
    Task Update(Player player);
    Task Delete(Player player);
}
```

24.2.2　存储库的实现

这里使用 EF Core 实现存储库。为存储库创建一个独立的类库，名称为 PoemGame.Management.Repository，为项目添加程序包 Microsoft.EntityFrameworkCore、Microsoft.EntityFrameworkCore.Relational 和 Microsoft.EntityFrameworkCore.Tools。首先，增加 DbContext：

```
namespace PoemGame.Management.Repository
{
    public class ManagementDbContext:DbContext
    {
        public DbSet<Player> Players { get; set; }
        public DbSet<Game> Games { get; set; }
        public ManagementDbContext(DbContextOptions<ManagementDbContext> options) :
                                            base(options)
        {
        }
        protected override void OnModelCreating(ModelBuilder modelBuilder)
        {
            modelBuilder.ApplyConfiguration(new PlayerEntityTypeConfiguration());
            modelBuilder.ApplyConfiguration(new GameEntityTypeConfiguration());
        }
    }
}
```

然后，在 PlayerEntityTypeConfiguration 和 GameEntityTypeConfiguration 中定义了管理上下文中 Player 和 Game 对应的数据库表。GameEntityTypeConfiguration 的代码如下：

```
using Microsoft.EntityFrameworkCore;
using Microsoft.EntityFrameworkCore.Metadata.Builders;
using PoemGame.Management.Domain;
namespace PoemGame.Management.Repository
{
```

```
    internal class GameEntityTypeConfiguration : IEntityTypeConfiguration<Game>
    {
        public void Configure(EntityTypeBuilder<Game> builder)
        {
            builder.ToTable("GameManagement");
            builder.HasKey(o => o.Id);
        }
    }
}
```

PlayerEntityTypeConfiguration 的代码如下：

```
using Microsoft.EntityFrameworkCore;
using Microsoft.EntityFrameworkCore.Metadata.Builders;
using PoemGame.Management.Domain;

namespace PoemGame.Management.Repository;
internal class PlayerEntityTypeConfiguration : IEntityTypeConfiguration<Player>
{
    public void Configure(EntityTypeBuilder<Player> playerConfiguration)
    {
        playerConfiguration.ToTable("PlayerManagement");
        playerConfiguration.HasKey(o => o.Id);
    }
}
```

管理上下文中 Player 和 Game 对应的数据库表分别为 PlayerManagement 和 GameManagement。接下来就可以使用 DbContext 完成存储库接口中定义的功能了：

```
using PoemGame.Management.Domain;

namespace PoemGame.Management.Repository
{
    public class GameRepository:IGameRepository
    {
        private readonly ManagementDbContext dbContext;
        public GameRepository(ManagementDbContext dbContext)
        {
            this.dbContext = dbContext;
        }
        public async Task Add(Game game)
        {
            await dbContext.Games.AddAsync(game);
            await dbContext.SaveChangesAsync();
        }
        public async Task Update(Game game)
        {
            dbContext.Games.Update(game);
            await dbContext.SaveChangesAsync();
        }
        public async Task Delete(Game game)
        {
```

```
            dbContext.Games.Remove(game);
            await dbContext.SaveChangesAsync();
        }
    }
}

using PoemGame.Management.Domain;

namespace PoemGame.Management.Repository
{
    public class PlayerRepository:IPlayerRepository
    {
        private readonly ManagementDbContext dbContext;
        public PlayerRepository(ManagementDbContext dbContext)
        {
            this.dbContext = dbContext;
        }
        public async Task Add(Player player)
        {
            await dbContext.Players.AddAsync(player);
            await dbContext.SaveChangesAsync();
        }
        public async Task Update(Player player)
        {
            dbContext.Players.Update(player);
            await dbContext.SaveChangesAsync();
        }
        public async Task Delete(Player player)
        {
            dbContext.Players.Remove(player);
            await dbContext.SaveChangesAsync();
        }
    }
}
```

这部分的设计与数据库的类型没有关系，还需要根据具体的数据库类型创建数据库迁移文件，并初始化数据库。下面以 SQL Server 为例说明创建方法。首先，创建一个新的类库，名称为 PoemGame.Management.Repository.SqlServer，添加 PoemGame.Management.Repository 作为项目引用，添加程序包 Microsoft.EntityFrameworkCore.Design 和 Microsoft.EntityFrameworkCore.SqlServer。在这个类库项目中添加 DesignDbContextFactory：

```
using Microsoft.EntityFrameworkCore;
using Microsoft.EntityFrameworkCore.Design;

namespace PoemGame.Management.Repository.SqlServer
{
    public class DesignDbContextFactory :
IDesignTimeDbContextFactory<ManagementDbContext>
    {
        public ManagementDbContext CreateDbContext(string[] args)
```

```
        {
            var optionsBuilder =
    new DbContextOptionsBuilder<ManagementDbContext>();
            optionsBuilder.UseSqlServer(
                "Server=(local);Database=MyPoemGame;uid=sa;pwd=pwd;Encrypt=False",
                x =>
    x.MigrationsAssembly("PoemGame.Management.Repository.SqlServer"));
            return new ManagementDbContext(optionsBuilder.Options);
        }
    }
}
```

然后，将这个项目设为启动项目，在程序包管理控制台中将这个项目设置为默认项目。
接下来，在程序包管理控制台中执行下面的命令生成迁移文件：

```
Add-Migration Init
```

在项目中会创建文件夹 Migrations，迁移文件就保存在这个文件夹中。

最后，可以执行下面的命令在数据库中创建相应的表：

```
Update-Database
```

这里为了简化起见，使用与游戏上下文相同的数据库，以方便查询。当然，也可以使用更复杂的技术实现跨数据库的查询，但这不是我们介绍的重点，就不进行展开。

24.3　查询部分设计

本节主要设计查询部分。

24.3.1　查询接口

现在来看查询部分。查询的接口在 PoemGameManagement.Query 中定义，查询返回的结果类似于 DTO，是数据模型的投影。以对游戏的查询为例，查询接口如下：

```
namespace PoemGame.Query
{
    /// <summary>
    /// 游戏查询接口
    /// </summary>
    public interface IGameQuery
    {
        /// <summary>
        /// 根据 Id 获取游戏
        /// </summary>
        /// <param name="gameId"></param>
        /// <returns></returns>
        Task<GameRes?> GetGameResAsync(Guid gameId);
        /// <summary>
        /// 根据查询条件获取游戏
```

```
        /// </summary>
        /// <param name="wherecondition">条件的 where 表达式</param>
        /// <param name="orderby">排序字段</param>
        /// <returns></returns>
        Task<IQueryable<GameRes>> GetGamesByConditionAsync(
            string wherecondition,
            string orderby);
        /// <summary>
        /// 根据查询条件获取游戏
        /// </summary>
        /// <param name="pageindex">起始页从 1 开始</param>
        /// <param name="pagesize">每页记录数</param>
        /// <param name="wherecondition">条件的 where 表达式</param>
        /// <param name="orderby">排序字段</param>
        /// <returns></returns>
        Task<IQueryable<GameRes>> GetPagedGamesByConditionAsync(
            int pageindex,
            int pagesize,
            string wherecondition,
            string orderby);
        /// <summary>
        /// 符合条件的记录数
        /// </summary>
        /// <param name="wherecondition"></param>
        /// <returns></returns>
        Task<long> GetGamesCountByConditionAsync(
            string wherecondition);
    }
}
```

查询接口中定义了对单条记录的查询和根据条件的查询，还包括的分页查询。为了说明问题，查询接口假定使用的是关系数据库，查询条件为类似 SQL 语句中的 where 语句。返回的查询结果填充到 GameRes 中，包括了游戏上下文和管理上下文中游戏相关的属性合集：

```
namespace PoemGame.Query;
/// <summary>
/// 游戏相关查询结果
/// </summary>
public class GameRes
{
    public GameRes()
    {
    }
    public GameRes(Guid id,
        string gameCondition,
        string description,
        string gameType_MainType,
        string gameType_SubType,
        DateTime? gameCreateTime,
        DateTime? gameStartTime,
        DateTime? gameEndTime,
```

```csharp
    int playType,
    int status,
    bool isDeleted)
{

    Id = id;
    GameCondition = gameCondition;
    Description = description;
    GameType_MainType = gameType_MainType;
    GameType_SubType = gameType_SubType;
    GameCreateTime = gameCreateTime;
    GameStartTime = gameStartTime;
    GameEndTime = gameEndTime;
    PlayType = playType;
    Status = status;
    IsDeleted = isDeleted;
}

/// <summary>
/// 游戏 Id
/// </summary>
public Guid Id { get; set; }
/// <summary>
/// 游戏条件
/// </summary>
public string GameCondition { get; set; }
/// <summary>
/// 游戏说明
/// </summary>
public string Description { get; set; }
/// <summary>
/// 游戏类型
/// </summary>
public string GameType_MainType { get; set; }
/// <summary>
/// 游戏子类型
/// </summary>
public string GameType_SubType { get; set; }

/// <summary>
/// 创建时间
/// </summary>
public DateTime? GameCreateTime { get; set; }
/// <summary>
/// 开始时间
/// </summary>
public DateTime? GameStartTime { get; set; }
/// <summary>
/// 结束时间
/// </summary>
public DateTime? GameEndTime { get; set; }
/// <summary>
```

```
    /// 作答类型
    /// </summary>
    public int PlayType { get; set; }
    /// <summary>
    /// 游戏状态
    /// </summary>
    public int Status { get; set; }
    /// <summary>
    /// 是否被删除，来源于游戏管理
    /// </summary>
    public bool IsDeleted { get; set; }
}
```

玩家的查询接口定义和查询结果与此类似：

```
namespace PoemGame.Query
{
    /// <summary>
    /// 玩家查询接口
    /// </summary>
    public interface IPlayerQuery
    {
        /// <summary>
        /// 根据 Id 查询玩家
        /// </summary>
        /// <param name="playerId"></param>
        /// <returns></returns>
        Task<PlayerRes?> GetPlayerResAsync(Guid playerId);
        /// <summary>
        /// 根据条件查询玩家
        /// </summary>
        /// <param name="wherecondition">查询条件</param>
        /// <param name="orderby">排序字段</param>
        /// <returns></returns>
        Task<IQueryable<PlayerRes>> GetPlayersByConditionAsync(
            string wherecondition,
            string orderby);
        /// <summary>
        /// 根据条件查询玩家，获取分页结果
        /// </summary>
        /// <param name="pageindex">起始页从 1 开始</param>
        /// <param name="pagesize">每页记录数</param>
        /// <param name="wherecondition">条件的 where 表达式</param>
        /// <param name="orderby">排序字段</param>
        /// <returns></returns>
        Task<IQueryable<PlayerRes>> GetPagedPlayersByConditionAsync(
            int pageindex,
            int pagesize,
            string wherecondition,
            string orderby);
        /// <summary>
```

```
        /// 符合条件的记录数
        /// </summary>
        /// <param name="wherecondition"></param>
        /// <returns></returns>
        Task<long> GetPlayersCountByConditionAsync(
            string wherecondition);
    }
}
```

玩家的查询结果对象：

```
namespace PoemGame.Query
{
    /// <summary>
    /// 玩家相关查询的结果
    /// </summary>
    public class PlayerRes
    {
        public PlayerRes()
        {
        }
        public PlayerRes(Guid id, string userName,
            string nickName, int score, bool isBlocked)
        {
            Id = id;
            UserName = userName;
            NickName = nickName;
            Score = score;
            IsBlocked = isBlocked;
        }
        /// <summary>
        /// 玩家 Id
        /// </summary>
        public Guid Id { get; set; }
        /// <summary>
        /// 用户名
        /// </summary>
        public string UserName { get; set; }
        /// <summary>
        /// 昵称
        /// </summary>
        public string NickName { get; set; }
        /// <summary>
        /// 积分
        /// </summary>
        public int Score { get; set; }
        /// <summary>
        /// 是否被锁定
        /// </summary>
        public bool IsBlocked { get; set; }
    }
```

```
}
```

由于需要对游戏记录和玩家参与游戏的情况进行查询，还需要定义对 GamePlayRecord 和 PlayerInGame 的查询。以 GamePlayRecord 的查询为例：

```
namespace PoemGame.Query
{
    public interface IGamePlayRecordQuery
    {
        /// <summary>
        /// 根据游戏 Id 获取游戏记录
        /// </summary>
        /// <param name="gameId"></param>
        /// <returns></returns>
        Task<IQueryable<GamePlayRecordRes>> GetRecordsByGameAsync(Guid gameId);
        /// <summary>
        /// 根据玩家获取记录
        /// </summary>
        /// <param name="playerId"></param>
        /// <returns></returns>
        Task<IQueryable<GamePlayRecordRes>> GetRecordsByPlayerAsync(Guid playerId);
        /// <summary>
        /// 根据条件获取游戏记录
        /// </summary>
        /// <param name="wherecondition"></param>
        /// <param name="orderby"></param>
        /// <returns></returns>
        Task<IQueryable<GamePlayRecordRes>> GetRecordsByConditionAsync(
            string wherecondition,
            string orderby);
        /// <summary>
        /// 根据条件获取分页的游戏记录
        /// </summary>
        /// <param name="pageindex"></param>
        /// <param name="pagesize"></param>
        /// <param name="wherecondition"></param>
        /// <param name="orderby"></param>
        /// <returns></returns>
        Task<IQueryable<GamePlayRecordRes>> GetPagedRecordsByConditionAsync(
            int pageindex,
            int pagesize,
            string wherecondition,
            string orderby);
        /// <summary>
        /// 根据条件获取游戏记录数
        /// </summary>
        /// <param name="wherecondition"></param>
        /// <returns></returns>
        Task<long> GetRecordsCountByConditionAsync(string wherecondition);
    }
}
```

从这个查询接口中可以看到与使用游戏上下文中 Game 聚合根查询的不同。由于前面增加"在游戏上下文中"PlayRecord 是 Game 聚合根中的实体，因此操作和查询必须通过聚合根，如果希望进行其他查询，比如查询玩家的所有作答，就有些困难。而这里的查询接口是专门针对查询设计的，不需要考虑业务操作问题，具有更多的查询灵活性。

24.3.2　查询实现

这里使用 Dapper 实现查询接口定义的功能。创建一个独立的类库，名称为 PoemGame.Query.Dapper，在这个类库中创建针对查询接口的实现。

在编写代码之前，需要确定查询的实现方式。以玩家查询为例，我们需要查询数据库中 Player 和 PlayerManagement 两张表中的数据，下面是使用 SQL 语句实现的查询：

```
SELECT Player.*, isnull(IsBlocked,0) as IsBlocked FROM [Player] left outer join
PlayerManagement on Player.Id= PlayerManagement.Id
```

由于 Player 与 PlayerManagement 是"1 对 0 或 1"的关系，因此这里使用 left outer join，并且如果 IsBlocked 为空，那么认为返回值为 0，也就是没有被锁定。

可以在代码中使用上面的 SQL 语句进行查询，但这并不是一个好办法，最好是从数据库层面解决。我们为上面的 SQL 语句创建一个视图，在代码中针对这个视图进行查询就可以了。以 SQL Server 为例，创建名称为 PlayerView 的视图：

```
CREATE VIEW [dbo].[PlayerView]
AS
SELECT   dbo.Player.UserName, dbo.Player.NickName, dbo.Player.Score,
dbo.PlayerManagement.IsBlocked, dbo.Player.Id
FROM     dbo.Player LEFT OUTER JOIN
             dbo.PlayerManagement ON dbo.Player.Id = dbo.PlayerManagement.Id
GO
```

这样在代码中可以访问这个视图获取数据。

下面要解决的问题是将视图的名称与代码中定义的查询结果实体关联起来。查询结果实体在 PoemGame.Query 中定义，名称为 PlayerRes。一种办法是直接在这个类的定义上增加 Dapper 的[Table]标记，但这样做带来的问题是 PoemGame.Query 必须引用 Dapper，这不是我们所希望的。解决办法是在 PoemGame.Query 中定义 PlayerRes 的子类，在这个类上使用[Table]标签：

```
using Dapper;

namespace PoemGame.Query.Dapper
{
    [Table("PlayerView")]
    public class PlayerView:PlayerRes
    {
    }
}
```

这样在查询接口实现时就可以使用这个类了：

```
using System.Data;
```

```
using Dapper;

namespace PoemGame.Query.Dapper
{
    public class PlayerQuery:IPlayerQuery
    {
        private readonly IDbConnection connection;

        public PlayerQuery(IDbConnection connection)
        {
            this.connection = connection;
        }

        public async Task<PlayerRes?> GetPlayerResAsync(Guid playerId)
        {
            return await connection.GetAsync<PlayerView>(playerId);
        }

        public async Task<IEnumerable<PlayerRes>> GetPlayersByConditionAsync(
            string wherecondition)
        {
            return await connection.GetListAsync<PlayerView>(wherecondition); ;
        }

        public async Task<IEnumerable<PlayerRes>> GetPagedPlayersByConditionAsync(
            int pageindex, int pagesize, string wherecondition, string orderby)
        {
            return await connection.GetListPagedAsync<PlayerView>(
                pageindex,pagesize,wherecondition,orderby);
        }

        public async Task<long> GetPlayersCountByConditionAsync(string wherecondition)
        {
            return await connection.RecordCountAsync<PlayerView>(wherecondition);
        }
    }
}
```

因为 PlayerView 是 PlayerRes 的子类，所以返回的 PlayerView 也是 PlayerRes，符合接口的要求。使用同样的方法可以实现其他的查询接口。

24.4　游戏管理服务设计

游戏管理服务负责对玩家和游戏进行管理，这里为了说明问题，只包括基本功能，接口如下：

```
namespace PoemGame.Management.Application
{
    /// <summary>
    /// 游戏管理服务
```

```
        /// </summary>
        public interface IManagementService
        {
            /// <summary>
            /// 锁定用户
            /// </summary>
            /// <param name="playerId"></param>
            /// <returns></returns>
            Task BlockPlayer(Guid playerId);
            /// <summary>
            /// 解锁用户
            /// </summary>
            /// <param name="playerId"></param>
            /// <returns></returns>
            Task UnBlockPlayer(Guid playerId);
            /// <summary>
            /// 软删除游戏
            /// </summary>
            /// <param name="gameId"></param>
            /// <returns></returns>
            Task MakeGameDeleted(Guid gameId);
            /// <summary>
            /// 恢复删除的游戏
            /// </summary>
            /// <param name="gameId"></param>
            /// <returns></returns>
            Task RestoreDeletedGame(Guid gameId);


        }
    }
```

管理服务需要同时使用 PoemGame.Management.Domain 和 PoemGame.Query，在进行操作之前，先使用 Query 中的方法获取对象，然后根据该对象的 Id 创建需要修改的实体，再使用存储库进行增加或修改。实现如下：

```
using PoemGame.Management.Domain;
using PoemGame.Query;

namespace PoemGame.Management.Application
{
    /// <summary>
    /// 游戏管理的实现
    /// </summary>
    public class ManagementService:IManagementService
    {
        private readonly IGameRepository _gameRepository;
        private readonly IPlayerRepository _playerRepository;
        private readonly IGameQuery _gameQuery;
        private readonly IPlayerQuery _playerQuery;
        /// <summary>
        /// 依赖注入传入存储库实现和查询实现
```

```csharp
/// </summary>
/// <param name="gameRepository"></param>
/// <param name="playerRepository"></param>
/// <param name="gameQuery"></param>
/// <param name="playerQuery"></param>
public ManagementService(IGameRepository gameRepository,
    IPlayerRepository playerRepository,
    IGameQuery gameQuery,
    IPlayerQuery playerQuery)
{
    _gameRepository = gameRepository;
    _playerRepository = playerRepository;
    _gameQuery = gameQuery;
    _playerQuery = playerQuery;
}

public async Task BlockPlayer(Guid playerId)
{
    var player=await _playerQuery.GetPlayerResAsync(playerId);
    if (player == null)
    {
        await _playerRepository.Add(new Player(playerId, true));
    }
    else
    {
        await _playerRepository.Update(new Player(playerId, true));
    }
}
public async Task UnBlockPlayer(Guid playerId)
{
    var player = await _playerQuery.GetPlayerResAsync(playerId);
    if (player == null)
    {
        await _playerRepository.Add(new Player(playerId, false));
    }
    else
    {
        await _playerRepository.Update(new Player(playerId, false));
    }
}
public async Task MakeGameDeleted(Guid gameId)
{
    var game = await _gameQuery.GetGameResAsync(gameId);
    if (game == null)
    {
        await _gameRepository.Add(new Game(gameId, true));
    }
    else
    {
        await _gameRepository.Update(new Game(gameId, true));
    }
```

```
    }
    public async Task RestoreDeletedGame(Guid gameId)
    {
        var game = await _gameQuery.GetGameResAsync(gameId);
        if (game == null)
        {
            await _gameRepository.Add(new Game(gameId, false));
        }
        else
        {
            await _gameRepository.Update(new Game(gameId, false));
        }
    }
}
```

需要注意的是，游戏管理上下文属于诗词游戏上下文的下游，游戏和玩家的创建在游戏上下文中进行，游戏管理上下文中相关的记录的 Id 从游戏上下文中获取，这也就是 3.2.1 节中介绍的产生实体标识的第 4 种方法。如果游戏管理上下文中不存在相关游戏或者玩家的记录，就认为该游戏没有被删除，该玩家没有被锁定。在进行查询设计时需要进行相应的考虑。

24.5　游戏管理客户端设计

客户端负责将领域模型、存储库实现、查询模块组装在一起，并提供管理界面。为了说明问题，我们将控制台应用作为游戏管理客户端。创建一个控制台应用，名称为 PoemGame.Management.Console，引入前面开发的各个项目：

- PoemGame.Management.Domain
- PoemGame.Management.Repository
- PoemGame.Management.Repository.SqlServer
- PoemGame.Query
- PoemGame.Query.Dapper
- PoemGame.Management.Application

还需要引用程序包：

- Microsoft.EntityFrameworkCore.SqlServer
- Microsoft.Extensions.DependencyInjection

然后编写依赖注入代码：

```
using PoemGame.Query;
using PoemGame.Query.Dapper;


namespace PoemGame.Management.Console
{
```

```
public class Utility
{
    public static IServiceProvider GetService()
    {
        var services = new ServiceCollection();
        services.AddDbContext<ManagementDbContext>(
            options =>
options.UseSqlServer("Server=(local);Database=MyPoemGame;uid=sa;pwd=pwd;Encrypt=False"));
        services.AddScoped<IDbConnection, SqlConnection>(serviceProvider => {
            SqlConnection conn = new SqlConnection();
            conn.ConnectionString =
"Server=(local);Database=MyPoemGame;uid=sa;pwd=pwd;Encrypt=False";
            return conn;
        });
        services
            .AddScoped<IGameRepository,GameRepository>()
            .AddScoped<IPlayerRepository, PlayerRepository>()
            .AddScoped<IManagementService,ManagementService>()
            .AddScoped<IGameQuery, GameQuery>()
            .AddScoped<IPlayerQuery,PlayerQuery>()
            .AddScoped<IPlayerInGameQuery,PlayerInGameQuery>()
            .AddScoped<IGamePlayRecordQuery,GamePlayRecordQuery>()
            ;
        return services.BuildServiceProvider();
    }
}
```

这样，在客户端中就可以使用注册的服务操作已经获取的数据了。下面是获取玩家列表的代码：

```
using PoemGame.Management.Console;
using PoemGame.Query;

var service=Utility.GetService();
var playerQuery = service.GetService(typeof(IPlayerQuery)) as IPlayerQuery;
var lst = await playerQuery.GetPlayersByConditionAsync("");
foreach (var player in lst)
{
    Console.WriteLine(player.UserName);
}
```

上面列出的是简单的示例代码，限于篇幅，省略了其他功能代码。

24.6　CQRS 简介

　　我们使用 CQS 的原则实现游戏管理，将命令与查询分开实现，但这并不是理论上严格的"命令与查询职责分离（CQRS）"模式。这里简单介绍一下 CQRS。

　　CQRS 所解决的问题是读写模型不匹配的问题。在一个应用中，当对数据库读写的目的和需求不同时，如果在同一个数据库中同时适合两种需求，要么顾此失彼，要么模型过于复杂。为了解决这个问题，CQRS 将读取和写入分离到不同的模型，使用命令来更新数据，使用查询来读取数据。

这里的命令是基于任务的，命令本身具有可存储的数据结构，因此可以将命令排入队列，使用异步方式执行，这与传统的调用方式不同。例如，传统的更新方法可能是这样的：

```
gameRepository.Update(game)
```

而采用命令方式，写法是这样的：

```
var updateGame=new UpdateGameCommand(game);
execCommand(updateGame);
```

CQRS 经常与事件溯源模式一起使用，应用程序状态存储为事件序列。每个事件表示对数据所作的一系列更改，通过重播事件构造当前状态。

CQRS 带来的好处包括读写相互独立，互不干扰，可以针对读写分别优化数据结构，使查询变得更简单。

然而 CQRS 在实现时会遇到一些挑战，最主要的是会使设计变得复杂。虽然 CQRS 的理念很容易理解，在基本概念上很简单，但在实现上却比较复杂。

- 首先是与 ORM 框架之间的关系，ORM 框架并不提供对 CQRS 的直接支持，将命令映射为存储库的执行方法需要手工完成。
- 第二，当读写数据库分离时，涉及使用消息让二者同步的问题，为了保证数据的一致性，必须处理消息失败或消息重复，这为设计增加了难度。
- 第三，如何保证数据最终一致性，由于读写异步，读到的数据很可能是过时数据，这对于数据实时性和准确性要求比较高的系统，需要有相应的保障机制。

基于以上原因，在实际项目中，我们经常会使用 CQS 原理，但如果选择使用 CQRS，则需要慎重，只有在必要的情况下才使用这种模式，或者用在系统中最能体现其价值的有限部分。

24.7 本章小结

本章采用 CQS（命令查询分离）原则设计游戏管理部分，对命令和查询分别采用不同的技术进行实现。CQS 原则在实际中经常会用到，要注意它与 CQRS 的区别。CQRS 是系统设计中重量级的模式，选择使用这种模式需要慎重。

第 25 章

使用成熟的 DDD 技术框架

DDD 中涉及的技术因素很多，包括聚合根、实体、值对象、领域事件、存储库、工作单元、领域服务、应用服务等，还涉及架构的组织，如分层架构、微服务架构等，还得加上日志、审计等需求。一个项目如果从头构建，集成所有这些技术就是一个比较大的工程。从另一方面讲，所涉及的这些技术因素都有成熟的解决方案，如果将它们设计在一起，形成支撑框架，在框架的基础上引入业务特定的领域模型，在工程实践中是一种不错的选择。本章介绍.Net 生态中流行的 DDD 技术框架，说明如何在项目中使用这些框架来提高生产率，同时也指出使用技术框架会带来的问题。

25.1　ABP 和 ABP vNext

ASP.NET Boilerplate（ABP）和 ABP vNext 是.Net 社区中两个流行的 DDD 技术框架，本节对这两个框架做概要介绍。

25.1.1　ASP.NET Boilerplate（ABP）

Asp.Net Boilerplate 是基于.Net 平台的开源 Web 应用框架，采用多层结构和模块化的开发方法，同时支持 Asp.Net Core 和 Asp.Net MVC，是.Net 社区流行的 Web 应用框架。主要特点如下：

- 模块化：框架设计为模块化和可扩展，ABP 提供模块化的开发方法。
- 多租户：从数据库到表示层，都支持多租户的设计。
- 多层结构：采用多层结构。
- 集成成熟的技术：框架集成了各种流行技术，采用模块化开发，因此很容易进行技术替换。

可以通过网站提供的模板导航（https://aspnetboilerplate.com/Templates）创建项目的基础框架。在该网页选择需要使用的 Asp.Net 版本和前端技术，网站就可以创建项目的基础模板，供开发使用。

25.1.2 ABP vNext

从名称中可以看出，ABP vNext（https://abp.io）是下一代的 ABP，它同样是基于.Net 平台开源的 Web 应用框架。由于 ABP 同时支持 Asp.Net Core 和 Asp.Net Framework，因此很多.Net 平台新引入的特性不能使用。出于商业化的需求，在 ABP 的基础上派生出了 ABP vNext。

ABP vNext 具有社区版和商业版两个版本，仍然采用模块化方式，支持微服务架构，支持 DDD 开发，支持多种前端技术。

ABP vNext 提供了命令行工具，可以通过命令行交互的方式方便地创建项目。同时还提供了各种项目类型的模板，很容易创建单体 Web 应用、前后端分离的 Web 应用和基于微服务的应用等各种形式的应用。本章余下部分基于 ABP vNext 开发实例项目。

25.2 使用 ABP vNext 开发项目

可以在 ABP vNext 网站上创建项目骨架，也可以使用 CLI 工具完成创建工作。使用下面的命令可以安装 ABP CLI：

```
dotnet tool install -g Volo.Abp.Cli
```

安装完成后，可以使用 abp new 命令创建项目，创建过程需要使用 npm 或 yarn，所以要预先安装。下面的命令使用默认模板，创建前端为 Razor Page 的单体应用：

```
abp new jiagoushi.cn.PoemManagement
```

创建完成后，在输出目录中可以找到创建的项目。使用 Visual Studio 2022 打开解决方案，ABP 项目结构如图 25-1 所示。

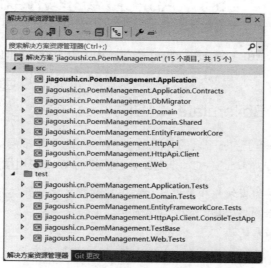

图 25-1 ABP 项目结构

尽管这是一个单体应用，但已经将各个模块在物理上分开，从图中可以看出分层结构，领域层、应用层和表示层都是独立的模块，存储库使用 EntityFrameworkCore 实现。

　　这个解决方案中已经集成了权限管理和用户认证。在运行之前，先要创建数据库，项目 **jiagoushi.cn.PoemManagement.DbMigrator** 负责数据库的创建与迁移。首先，检查一下这个项目中的 **appsettings.json**，修改数据库连接到希望的数据库，这里我们使用默认的本地数据库。然后，将这个项目设置为启动项目，并运行它。如果顺利的话，运行结果如图 25-2 所示。

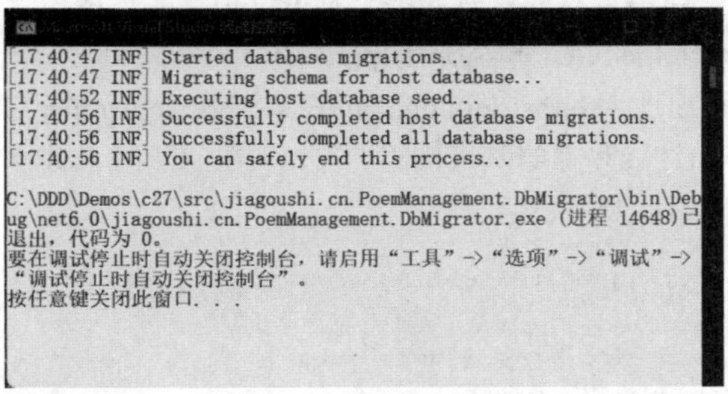

图 25-2　ABP 项目初始化数据库

　　这时，数据库已经创建完成。接下来可以将启动项目设置为 jiagoushi.cn.PoemManagement.Web，并运行它，结果如图 25-3 所示。

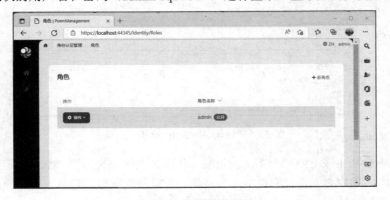

图 25-3　项目初始运行效果

可以使用默认的用户名和密码（admin/1q2w3E*）进行登录，登录后的页面如图 25-4 所示。

图 25-4　登录后的页面

　　至此，项目的基架就创建完成了，可以在此基础上进行后续开发。

25.3 使用辅助工具进行开发

开发 ABP 应用时，很大一部分工作量在于创建领域实体相关的存储库、DTO、权限声明，以及用户界面等，很多工作是简单重复的。有一些工具可以根据实体或聚合根生成这些代码，这里介绍两种开源的工具——AbpHelper.GUI 和 AbpHelper.CLI。

AbpHelper.GUI 的项目地址为 https://github.com/EasyAbp/AbpHelper.GUI。这个项目可以根据实体或聚合根代码生成界面、DTO 和存储库等代码。首先，在创建的 ABP 解决方案中的 Domain 项目中，创建需要的聚合根或实体，例如：

```csharp
public class Product:AggregateRoot<int>
    {
        public virtual string Name { get; set; }
        public virtual string ShortDescription { get; set; }
        public virtual string Description { get; set; }
        public virtual string OrderUrl { get; set; }
        public virtual string ModuleName { get; set; }
        public virtual string FriendlyName { get; set; }
    }
```

然后，启动 AbpHelper.GUI 工具，如图 25-5 所示。

图 25-5 启动 AbpHelper.GUI 工具

可以在工具中选择生成 CRUD 代码、应用服务代码和控制器代码等。默认情况下会生成 DTO、权限定义、存储库、用户界面、视图模型、本地化文件以及测试等。还可以在界面中选择不生成的项目。运行目录是项目的根目录，实体名称填写刚刚创建的实体。然后单击"保存"按钮，工具会创建或修改相关的文件。使用 Visual Studio 的代码管理工具可用查看增加和修改的文件，如图 25-6

所示。

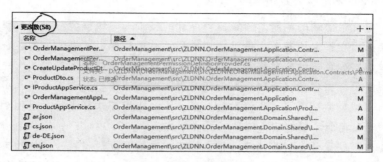

图 25-6　修改的项目文件

生成完成的代码会保存在项目中，可以直接编译执行。

AbpHelper.GUI 使用 Blazor 和 Electron 创建，在 Windows 下安装时会提示是不安全的应用，也会被杀毒软件屏蔽，使用起来有些不方便。可以使用 AbpHelper.CLI 命令行工具替代 GUI 工具。AbpHelper.CLI 地址是 https://github.com/EasyAbp/AbpHelper.CLI。

这个工具可以使用 dotnet tool 进行安装：

```
dotnet tool install EasyAbp.AbpHelper -g
```

如果已经安装，可以使用下面的命令更新：

```
dotnet tool update EasyAbp.AbpHelper -g
```

它的使用方式与 GUI 工具的类似，先创建 ABP 应用项目，再手工创建实体，然后就可以运行工具了：

```
abphelper generate crud Todo -d C:\MyTodo
```

完成后需要运行 DbMigrator 更新数据库。详细的使用方法可以使用参数--help 进行查看。

ABP vNext 官方提供收费服务，如果订阅服务，可以使用官方发布的辅助开发工具。详细介绍可以访问 https://abp.io。

25.4　使用技术框架开发的优势和代价

使用成熟的技术框架开发项目具有如下优势：

- 降低了技术门槛。技术框架中集成了大量优秀且成熟的技术，使用技术框架可以方便快速地将这些技术引入项目中，降低了使用这些技术的门槛。
- 减少了技术集成工作量。DDD 开发涉及多种技术，将这些技术有机地集成在一起，形成可以运行的系统，需要投入资源进行研究。成熟的技术框架解决了技术集成问题，可以缩短技术落地的时间。
- 使开发人员专注于业务。技术框架解决了基础的技术问题，并且提供了构建系统的模板，使得开发人员的注意力可以集中在业务逻辑的实现上。

然而，使用技术框架开发也有相应的代价：

● 领域模型与框架协调的问题。领域驱动设计的核心是领域模型，我们希望领域模型不依赖任何框架。而在框架的基础上设计领域模型，必然需要引入框架中的各种定义，这使项目在初期就绑定到具体的实现框架，这种方式显然不是我们所希望的。有一种方法是在设计领域模型时不考虑框架，后期引入框架时再改造领域模型以适应框架。不推荐使用这种方法，因为领域模型是需要迭代修改的，第一个迭代周期这样进行，后面如果需要修改，该如何处理呢？显然不可能回退修改，再次集成。

● 框架的使用限制了开发过程的灵活性。框架本身对开发过程有一定的约束，这种约束与实际中采用的开发过程可能发生冲突。使用框架开发，必须结合开发过程的设计和调整。

● 与其他系统的集成。框架本身自带的某些功能可能成为系统间集成的限制。例如框架提供的认证方式不被其他系统支持等。这种情况下，需要对框架有深层次的了解，而对框架本身的深入学习削弱了使用框架的动力——使用框架的目的是将注意力集中在业务上，减少对技术问题的精力投入。

● 遇到问题难以找到原因。如果系统比较复杂，当系统出现问题时，如果对框架的结构和运行原理了解不多，那么往往难以找到原因。以 ABP vNext 为例，框架大量使用了动态代理，当出现问题时，从日志中往往只能找到是某个动态代理出现了问题，不能直接定位到导致问题的源头，需要按照模块之间的引用层级逐级检查，往往很小的问题，需要很长时间才能发现原因。这种情况下，对框架的了解和研究时间抵消了使用框架带来的好处。

25.5　如何使用技术框架

从上一节的分析可以看出，技术框架的使用是项目开发战略性的问题，不是战术问题。因为框架本身会影响整个开发过程，所以，在面向 DDD 的开发中使用某种技术框架时，需要：

（1）对该技术框架有深入的了解，不能因为项目时间紧就抓来就用。

（2）建立基于技术框架的领域模型构建方法，包括解决如何将领域模型无缝集成到框架中、在领域模型设计时如何进行测试等问题。

（3）建立基于技术框架的集成方案，包括实现与其他系统的认证集成，例如单点登录等。

只有当这些问题都得到解决后，才可以在项目中使用技术框架。当然，一旦上述问题得到解决，在多个项目中使用相同的框架还是收益大于成本的。

25.6　本 章 小 结

本章介绍了.Net 社区中流行的 DDD 技术框架 ABP 和 ABP vNext，并以 ABP vNext 为例进行了说明。本章也介绍了使用框架进行开发带来的好处和需要付出的代价，并对如何在项目中使用技术框架给出了建议。

第 26 章

系统提升与持续改进

到现在，我们已经完成了起初设定的诗词游戏的功能，包括人机游戏和多人游戏，尝试了多种应用类型，完整实现了基于微服务架构的单页面应用。与所有软件系统一样，诗词游戏也需要持续地改进与提升。随着软件投入使用，新的需求会出现，原有设计的不合理之处会暴露，所有这些都会驱动软件持续改进，提升与改进会伴随软件的整个生命周期[9]。本章继续以诗词游戏为例，说明领域驱动设计如何帮助进行系统提升与持续改进。

26.1　模型对需求变化的适应性

需求的扩展是不可避免的，在设计模型时，通常对需求的扩展要有一定的预估，如果模型有一定的弹性，很多扩展就不会导致模型的修改。本节讨论可能的需求扩展，以及如何使模型适应这些扩展。在我们完成模式设计后，需要使用各种案例对模型进行测试，以便对模型的适用范围做到心中有数。

26.1.1　游戏类型的增加

对诗词游戏来说，最典型的扩展就是游戏类型的增加，可能是一个新增的游戏大类，也可能是某个大类游戏的扩展。在设计之初已经考虑到了类型增加对软件的影响，下面用几个实例进行验证。

1. 新增加集联游戏

集联是指在唐诗范围内，使用来自不同的诗文中的诗句，组成新诗文，是一种二次创作的形式。例如，玩家 A 说："四十无闻懒慢身。"这句诗来源于戴叔伦的《暮春感怀》：

……
四十无闻懒慢身，
放情丘壑任天真。

悠悠往事杯中物，

赫赫时名扇外尘。

……

如果玩家 B 接"放情丘壑任天真"就错了，因为下一句必须来源于不同的诗文，可以接"生涯还似旧时贫"，这句诗来源于朱庆馀的《题章正字道正新居》：

独在御楼南畔住，

生涯还似旧时贫。

全无竹可侵行径，

一半花犹属别人。

……

同样，接下来的玩家不能接"全无竹可侵行径"，必须找其他合适的诗句。

从技术角度看，这种游戏的扩展并不复杂。首先，约定游戏的名称，可以叫作 Jilian。然后，创建一个新的类库，名称为 PoemGame.Domain.Service.Jilian，在类库中创建实现 ICheckGameConditionService 和 ICheckAnswerService 的类，在这两个类中编写检查初始条件和判断作答是否合适的方法。

这个游戏的初始判断条件不难，只要能在诗词库中查询到相关诗句就可以了。判断作答诗句是否合适有相当的难度，按难度类型可以分为如下 3 级：

- 初级难度：作答诗句在诗词库中存在，并且与其他作答不在相同的诗中，诗句长度与条件诗句的长度一致。
- 中级难度：作答诗句合辙押韵。这需要辅助的数据支持。首先创建汉语拼音的字库，将汉字注音和音调保存在数据库中，如表 26-1 所示。

表 26-1　汉字的拼音库

ID	PinYin	HanZi	p	sd
1	ā	吖	a	1
2	ā	阿	a	1
3	ā	啊	a	1
4	ā	锕	a	1
5	ā	錒	a	1
6	á	嘎	a	2
7	āi	哎	ai	1
8	āi	哀	ai	1
9	āi	唉	ai	1
10	āi	埃	ai	1
11	āi	挨	ai	1
12	ě	欸	e	3
13	āi	溾	ai	1

然后将所有诗句注音，形成诗句的注音库。当进行判断时，可以对两条诗句的注音进行比较，检查结尾的声调是否符合押韵的规则。

- 高级难度：需要上下句诗句的意境相符，一般的技术无法满足这个需求，可能需要借助人工智能模型来实现。但不管算法如何复杂，都不会改变软件的结构，现有的软件结构仍然适用。

2. 超级飞花令

飞花令是指在诗句中必须包含某一个字或者词，超级飞花令是指使用飞花令的方式，但诗句中需要包含的字或词是一个规定的范围，更复杂一点的是需要包括两个字或词。例如，如果条件中规定范围是"四季"，那么诗句中可以包含"春、夏、秋、冬"；如果范围是"四君子"，那么诗句中可以包含"梅、兰、竹、菊"等。还可以是更宽泛的范围，比如"鸟"，那么"黄鹂、燕雀"都算正确。

可以将游戏类型定义为 ChaojiFeihualing。在条件中包括需要包含的词的范围，比如"四季""鸟""数字"等。检查的算法需要有字库的支持：根据条件得到相应的字库，再根据字库查询作答是否符合要求。

26.1.2　增加不同数据源的游戏类型

尽管我们设计的是诗词游戏，但很多游戏类型不限于诗词，比如"成语接龙""歇后语飞花令"等。有了这些数据源，是否可以比较容易地向游戏中增加针对这些数据源的游戏类型呢？我们以微服务结构为例进行说明。

首先，针对不同的数据源，需要实现相应的 IPoemService 接口，并创建相应的微服务。以成语数据源为例，叫作"ChengyuServiceWebApi"，创建的服务名称为 chengyusericewwebapi。

其次，检查接龙和飞花令的算法，我们发现算法与数据源无关，只要数据服务实现了 IPoemService 中的 IsPoemLineExist，算法就可以工作。因此，仍然可以使用 PoemGameFeihualingWebApi 和 PoemGameJielongWebApi 镜像，创建新的容器，容器中运行的微服务名称为 chengyufeihualingwebapi 和 chengyujielongwebapi，在配置文件中，设置数据源的服务为 chengyusercieWebApi。

最后，约定创建的成语飞花令和成语接龙的游戏类型为 ChengyuFeihualing 和 ChengyuJielong，在配置文件中设置相应的服务地址：

```
    "CheckConditionServices": {
      "Duishi_": "http://poemgameduishiwebapi/api/Duishi/CheckCondition",
      "Feihualing_": "http://poemgamefeihualingwebapi/api/Feihualing/CheckCondition",
      "Jielong_": "http://poemgamejielongwebapi/api/Jielong/CheckCondition",
      "ChengyuFeihualing_":
"http://chengyufeihualingwebapi/api/Feihualing/CheckCondition",
      "ChengyuJielong_": "http://chengyujielongwebapi/api/Jielong/CheckCondition"
    },
    "CheckAnswerServices": {
      "Duishi_": "http://poemgameduishiwebapi/api/Duishi/CheckAnswer",
      "Feihualing_": "http://poemgamefeihualingwebapi/api/Feihualing/CheckAnswer",
      "Jielong_": "http://poemgamejielongwebapi/api/Jielong/CheckAnswer",
      "ChengyuFeihualing_": "http://chengyufeihualingwebapi/api/Feihualing/CheckAnswer",
      "ChengyuJielong_": "http://chengyujielongwebapi/api/Jielong/CheckAnswer"

    }
```

使用这种方式，可以增加不同数据源的游戏类型，并且不需要修改程序的结构。

26.1.3　限制数据范围

如果诗词游戏需要限制数据范围，该如何处理呢？例如，需要限定作答范围是"唐诗三百首"，或者只能是"唐初四杰"的诗，如此等。如果要是对整个游戏进行限制的话，只需在数据源进行处理就可以。在数据源增加分类功能，根据分类对诗词进行查询，然后在配置文件中增加当前需要的分类，就可以实现限制数据范围的功能。增加分类的数据库结构如图 26-1 所示。

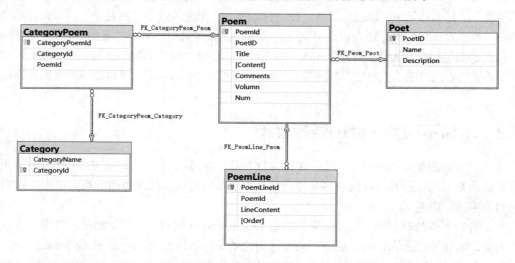

图 26-1　增加分类的数据库结构

然而，要为每个游戏设定不同的限定，就需要研究是否对领域模型进行修改。

如果需要选择的范围是固定的几种，例如可以选择"全部""唐诗三百首""小学生必读诗词"等，那么可以参考 26.1.2 节的解决方案，将数据源的范围映射到游戏类型上，根据游戏类型确定范围的选择。

如果允许创建用户自定义范围，情况就比较复杂了。例如，可以让用户选择诗人，那么范围就是动态变化的，不能够使用预制的数据源进行处理。在这种情况下，需要对领域模型进行修改，将数据范围作为一个新的领域对象进行处理。下一节讨论软件升级时模型的修改。

26.2　软件升级时模型的修改

上一节中我们讨论了模型对需求变化的适应性，很多需求变化不需要改变模型，可以通过增加扩展、改变应用层等方式完成。当需求变化超过了模型的适用范围时，就可能需要比较大的修改才可以满足变化的需要。软件应用后的修改与新建软件不一样，需要考虑已经存在的数据和用户的使用习惯。本节讨论模型修改的策略。

26.2.1　挖掘现有模型的潜力

修改现有模型一定要慎重，需要评估对现有数据的影响。如果增加或修改方法会影响相关的应用服务，但不会影响持久化数据；如果增加属性，影响的范围就会扩大，涉及的存储库以及已存在的历史数据都会受到影响，那么在这种情况下，不仅要修改代码，还需要制订详细的部署和数据迁移计划。

在 26.1.3 节"限制数据范围"的例子中提到，如果允许玩家在创建游戏时自定义诗词数据的范围，那么最直接的方案是在 Game 中增加指定数据范围的属性，而这个属性几乎影响到软件的所有部分：

- Game 的构造函数需要修改，增加表示数据范围的参数。
- Game 的工厂方法需要修改，传入表示数据范围的变量。
- GameRepository 的实现需要修改，在数据库表中需要增加保存数据范围的字段。还需要确保当前的数据不受影响。
- 需要增加 ICheckAnswerService 和 ICheckGameConditionService 的接口实现，完成在限定数据范围下的判断。
- 需要在 IPoemService 中增加限定数据范围的查询。
- 表示层和应用层都需要修改，接收表示数据范围的变量，并调用领域层的相关方法。

如果这种需求是必要的，就需要下一番功夫制订解决方案。在实际项目中，类似的需求很多，这种需求貌似只是在现有系统上增加了一点功能，可实际上会影响到系统的方方面面。

那么是否有更好的办法解决这个问题呢？我们先分析一下数据范围的实际含义。假设数据范围是"只包括李白的诗"，那么实际上是在现有的查询中增加了新的查询条件，来限定查询结果的范围。如果使用关系数据库，在实现时，就是在查询中增加了限定条件：

```
select PoemLine.* from PoemLine inner join Poem on Poem.PoemId=PoemLine.PoemId where
LineContent='床前明月光' and PoetID in (select PoetID from Poet where [Name]='李白')
```

可以认为游戏的条件除了针对具体游戏类型的条件外，还包括数据范围等其他条件，可以将这些条件与原有条件一起作为创建游戏时的游戏条件。由于游戏条件 Condition 是字符串类型，因此可以将复杂条件对象序列化后，以字符串形式传递。这样，不需要为 Game 增加新的属性，也可以满足增加数据范围的需求。需要进行的工作如下：

为增加数据范围的游戏类型定义子类型，例如，主类型为 Feihualing，子类型为 limitpoets，这种类型的游戏条件为 JSON 字符串：

```
{
    "Condition": "花",
    "Poets": ["李白","杜甫"]
}
```

所针对的 ICheckAnswerService 的实现名称为 Feihualing_limitpoetsCheckAnswerService：

```
public class Feihualing_limitpoetsCheckAnswerService : ICheckAnswerService
{
    protected readonly IPoemServiceWithCondtion poemService;
    public Feihualing_limitpoetsCheckAnswerService(IPoemService _poemService)
    {
        poemService = _poemService;
    }
    public virtual async Task<bool> CheckAnswer(CheckAnswerServiceInput game, string
answer)
    {
```

```
            var targetWord = getTargetWord(game.GameCondition);
             var dataCondition=getDataCondition(game.GameConditon);
            if (!await poemService.IsPoemLineExist(answer,dataCondition)
|| !answer.Contains(targetWord)) return false;
            var records = game.ProperAnswers;
            var record = records.Find(o => o == answer);
            return record == null;
        }
          private string getTargetWord(string gameCondition)
    {
     //省略
    }
    private string getDataCondition (string gameCondition)
    {
        //省略
    }

    }
```

我们不希望修改现有的 IPoemService，而是增加一个新的接口 IPoemServiceWithCondtion，在这个接口中增加限定范围的查询条件：

```
public interface IPoemServiceWithConditioin:IPoemService
    {

    /// <summary>
    /// 诗句是否存在
    /// </summary>
    /// <param name="line"></param>
/// <param name="condition"></param>
    /// <returns></returns>
    Task<bool> IsPoemLineExist(string line,string condition);
    /// 获取诗句
    /// </summary>
    /// <param name="line"></param>
    /// <param name="condition "></param>
    /// <returns></returns>
    Task<PoemLine> GetPoemLine(string line,string condition);
```

只要将新的接口实现在依赖注入服务中进行注册，就可以实现自动装配。

在应用层增加将数据范围条件和游戏条件合成为 JSON 的方法，并将序列化的 JSON 字符串在创建游戏时作为游戏条件传入。这种方案的好处是在不修改领域模型的前提下完成了需求的增加，软件的现有部分修改最小，基本上是通过扩展来完成的。

26.2.2　引入新的领域概念

回到 26.1.3 节的"集联"的需求，我们目前找不到好的计算机算法确定玩家作答是否正确，考虑一下人工介入，由参与游戏的玩家投票确定作答是否正确：某个玩家作答后，需要由其他玩家进行评判，根据评判的结构确定作答是否合适。这种方式实际上是引入了第三方裁判，在玩家和软件系统之外，加入新的角色。在本例中玩家同时承担了裁判的角色，这与我们最初的设计基础不同，这种情况下，现有的软件结构是否适用？如果不适用，应该如何进行修改？

先看一下游戏作答在领域模型 Game 中的定义：

```
        public async Task<bool> Play(Player player, string answer,
IDomainServiceFactory<ICheckAnswerService> checkAnswerServiceFactory)
    {
        var checkAnswerService = checkAnswerServiceFactory.GetService(GameType);
        CheckAnswerServiceInput checkinput = GetCheckAnswerServiceInput(this);
        bool isProper = await checkAnswerService.CheckAnswer(checkinput, answer);
        AddPlayRecord(player, answer, DateTime.Now, isProper);
        AddPlayGameEvent(player,answer,isProper);
        return isProper;
    }
```

从 Play 的方法中可以看出，作答过程被设计为一个原子动作，只要输入答案，就会给出答案正确与否的判断，而新的需求中，需要在外部判断作答是否正确，现有的领域模型就不适用于这种场景。如何处理这个问题呢？

方案一：将 Play 拆成两个方法，一个是作答，另一个设置作答是否正确，还需要增加一种新的游戏状态，可以叫作"等待评判"。两个新的方法的编排在应用服务完成。这种方案虽然可以解决问题，但也要付出一定的代价，现有的与此相关的部分都需要修改，而这种修改可能导致现有可用的功能出现问题。

方案二：不改变现有模型的结构，在应用层进行处理。增加新的 CheckAnswerService 类型，只根据投票结果返回 true 或者 false。在应用层增加针对这种判断的新的应用服务，当用户提交答案后，并不马上执行 Play 方法，而是等到投票判断后再调用 Play 方法，在 Play 中使用新增加的 CheckAnswerService 设置作答结果。这种方法是典型的打补丁的做法，业务被泄露到应用层，如果使用多了，会导致领域模型的腐朽化。

方案三：不改变现有的模型，引入新的实体"裁判（Moderator）"，在应用层通过 Moderator 与 Game 的交互完成新的需求。

方案四：结合方案一与方案三，彻底修改模型。

在实际项目中，由于需求提升导致的变化是经常发生的。最理想的状态是在现有模型上进行扩展就可以满足需要，如同 26.1 节中大部分示例所示。但如果出现了如本节所示的需求，这个需求超出了模型的最初设计范围，就需要慎重选择解决方案了。在上面四种解决方案中，方案二的诱惑最大，因为可以在局部解决问题，但这种方案的缺点也很明显：某些业务被隐藏在应用层中实现，在应用层中实际上存在一个隐式的上下文，在这个上下文中有隐含的领域模型，在这个模型中保存了用户投票，并根据投票判断作答是否正确，如果频繁使用这种方案处理变更，领域模型会逐渐变得腐朽。

第一种方案需要修改模型 Game，虽然能够解决目前的问题，但需要修改的部分比较多，并且似乎遗漏了某些业务概念。

第三种方案提供了比较理想的解决办法，也揭示了问题的关键。在最初的分析中，由于只考虑了由软件算法确定作答是否正确，因而忽略了"裁判（Moderator）"这个概念的存在。引用这个概念，可以使诗词游戏的结构更加合理。这种方案实际上是第二种方案的改进，将隐含的概念显式化，并且仍然可以使用方案二中的技巧，保持现有的部分不进行修改。如果希望不进行大的修改，可以采用这种方案。

第四种方案可以比较彻底地解决问题，与第三种方案相比，该方案需要对软件进行比较大的修改。如果要进行比较大的升级，可以采用这种方案。

从这个例子中可以看出，一个需求的变化可以有若干种解决方案，在实际项目中，使用何种解决方案需要根据实际情况做出决定。

26.3　使用语音输入对系统的影响

当玩家使用移动设备参与游戏时，希望使用语音而不是键盘输入答案，本节讨论引入语音输入的解决方案。

最简单的办法是接入第三方的语音识别系统，将识别后的文字等同于键盘输入的作答。这种方式最简单，但可能带来不好的用户体验。因为语音识别系统对诗词识别的准确率不一定能满足游戏的要求，很有可能会因为一个字识别不准确就导致作答失败，玩家进行游戏时会有挫折感。

更好的解决办法是由诗词服务根据读音返回诗句，这需要做两个基础工作：

（1）由语音识别系统将语音转换为汉语拼音而不是具体的文字。

（2）根据诗句的汉语拼音从诗词服务中查询对应的诗句。第一个工作比较容易完成，识别读音要比识别文字简单。第二个工作也不复杂，只需将所有的汉字注音输入数据库，在拆解诗句时，将诗句的读音一同保存就可以了。用户与服务器的交互增加了三个步骤：

步骤 01 客户端将语音发送到识别系统，获取注音。

步骤 02 将诗句注音发送到诗词服务，获取对应的文字诗句。

步骤 03 按照现有步骤提交作答。这个方案的好处是提高了用户体验，并且现有服务层不需要进行修改；缺点是增加了与诗词服务的交互。

如果进一步改进上述方案，减少客户端与外部的交互，可以修改应用层，使应用层可以接收语音输入，由应用层调用识别系统，获取注音，并由应用层将注音发送到诗词服务，获取对应的文字诗句并提交作答。

上述方案中第二种方案和第三种方案各有优缺点，如果使用智能终端，第二种方案可能更好，因为终端本身可能就带有语音识别功能，使用本地服务就可以解决识别问题，不需要服务端介入。结合这两者方案，可以让客户端负责语音识别，由服务端负责将拼音转换为文字。

从这个例子可以看出，用户交互方式对系统的应用层是有影响的，针对不同的用户交互方式，可能需要定制不同的应用服务。用户交互方式对领域层没有影响，因为领域层面向业务核心，与用例无关。

26.4　架构的持续改进

需求的变化是软件演化的驱动力量，这种变化是被动的，而改进软件的结构以适应可能的变化，是主动的。软件在完成之初，完成了当前的需求，但完成当前需要，只是软件的基本要求，不代表软件结构本身已经没有改进的余地。在需求没有变化时进行的架构改进，是为了使软件更有弹性，更容易扩展。本节我们以人机游戏为例，说明如何改进软件架构，使其更加合理。

在第 22 章中使用微服务架构构建了人机游戏，图 26-2 是完成时的结构。

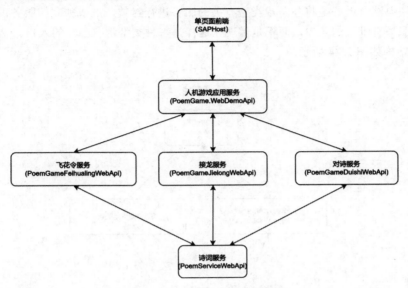

图 26-2　人机游戏的微服务结构

我们使用 Docker Compose 将上述服务编排在一起作为一个整体运行。如果作为一个产品，这样部署问题不大，但作为持续改进的项目，这种方式就不太灵活。单页面前端需要作为其他应用的一部分，这样就需要将前后端进行分离，结构如图 26-3 所示。

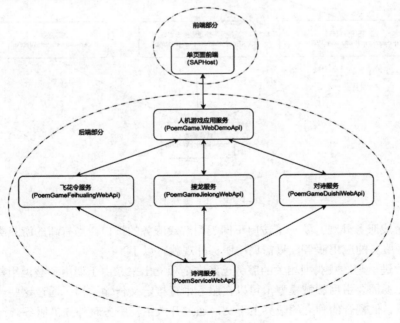

图 26-3　前后端分离结构

继续研究可能的改进。在图 26-3 中，人机游戏应用服务直接与游戏类型的服务进行交互，这样的缺点是如果要增加游戏类型，就需要修改应用服务。如果其他类型的应用服务（比如多人游戏）也需要使用游戏类型服务，仍然需要创建新的 Docker Compose，将所有这些服务封装在一起。这显然不是好的解决办法，最好是将与游戏类型有关的服务进行封装，形成独立的服务供所有的应用服务调用。这个服务有唯一的入口，而不是像现在这样，每种类型都有独立的入口。

改进后的结构如图 26-4 所示。

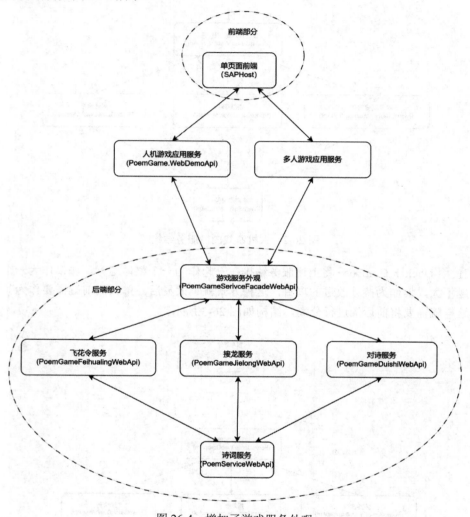

图 26-4　增加了游戏服务外观

通过增加游戏服务外观，统一了访问不同类型游戏服务的接口，当有新的游戏类型加入时，无须修改使用这些服务的应用服务，只需调用服务外观就可以了。

通过这些改进，与游戏类型相关的服务已经完全独立出来，由于调用和被调用都是通过 HTTP 协议，因此已经不需要引用领域模型，可以在服务中直接定义传输结构。通过这些改进，游戏服务已经成为高内聚、低耦合的独立的限界上下文，通过开放主机服务对外提供服务。

26.5　本　章　小　结

　　软件的提升与改进是持续的过程，可以说整个软件的生命周期都在进行持续改进。软件的改变有多种情况，最容易处理的情况是只涉及基础设施的变化，这种情况不涉及领域模型的改变。例如，新增数据库类型的支持、改变消息中间件的类型等，只需要增加相关类型的接口实现就可以满足要求。另一种情况是新增用例或者现有用例需要修改，这种情况需要增加或者修改应用服务，而领域模型不需要修改。最复杂的情况是软件的提升涉及领域模型，这种情况下，首先要充分挖掘领域模型的潜力，能够使用现有领域模型实现新增需求是最理想的；然后，如果需要修改领域模型，就需要考察是否可以通过引入新的领域概念解决问题。如果可以通过增加新的领域对象（聚合根、实体、值对象等）以及相关的应用服务来解决问题，就可以避免现有的存储库、领域服务、应用服务等的修改，从而减少由于变更带来的风险。

　　本章还讨论了架构的持续改进，良好的架构是软件提升的基础，软件的架构越合理，就越容易修改，迭代周期就越短。

后　记

计算机技术一直在飞速发展，用日新月异来形容一点也不过分，新的概念不断涌现，同时也有很多概念逐渐过时并退出。领域驱动设计的发展也是如此，从问世到现在二十几年的时间里，不断有新的概念加入，也出现了各种相关的理论，伴随而来的是原本需要解决的问题反而有些模糊了，对初次接触的人来说更是如此。因此，本书的目的不是完整介绍领域驱动设计所涉及的所有方面（实际上也不可能），而是力图将最基本的概念落地，打通从概念到实现的各个环节。

本书没有涉及领域专家的引入、与领域专家沟通等项目团队组织和管理等问题。一方面，这些问题非常重要（其实它们并不是领域驱动设计专有的问题，无论采用何种开发方法都会遇到这些问题），但这些问题不是一般开发人员所能解决的，而且在实际操作中，负责解决这些问题的也并不是技术人员，使用的也不完全是技术手段；另一方面，在无法面对面交流的情况下，项目仍然需要进行。实践证明，传统的面对面的交流固然有效，但并不是不可替代。互联网时代的交流方式多种多样，有些欧美客户有着十几二十年的业务联系，却很少见面。

本书没有对建模方法做过多介绍，在文献[1][2]中有很多关于建模的模式和方法，但笔者认为这些方法不仅适用于领域驱动设计建模，也可适用于使用其他开发方法的软件建模。同样，很多传统的建模方法也可以用于领域驱动设计中的模型创建。针对软件建模，有很多专著进行了介绍，如文献[11][32][34]等。

本书也没有对某些高级技术的实现做过多介绍，比如"长时处理过程（Saga）"和"命令查询职责分离（CQRS）"等，因为这些技术的实现涉及大量的细节，如果完整呈现，则篇幅过长，会喧宾夺主，偏离本书最初的目的；而如果只是泛泛介绍，对读者就不会有太大的帮助，所以只是一带而过。

最后，谈一下笔者对领域驱动设计发展的几点看法。

（1）"限界上下文"这个概念会越来越重要：不管是否使用领域驱动设计作为开发方法，在应用系统的整体规划时，都要进行模块的划分，引入"限界上下文"的概念可以使业务边界更加清晰，如果使用微服务等分布式技术，还可以实现软件模块物理边界和业务逻辑边界的统一，使应用系统的构成实现业务对齐，可维护性更高。

（2）"模型驱动"仍然很重要，但"模型"的形式和内容可能会随着技术的发展而变化。领域驱动设计中的模型是使用编程语言开发的代码，这是模型驱动的关键，也是解决分析与设计之间信息不对称的有效方法，这种方法是有生命力的。但"领域模型"是以面向对象设计作为基础的，如果新的编程范式，如函数式编程被广泛使用，则"领域模型"的形式和内容就要发生变化。

（3）领域驱动设计方法会延伸到前端。随着单页面应用特别是 Serverless 应用的广泛使用，前端已经不单纯只负责表现，很多业务逻辑转移到前端，在前端也需要有模型，也需要进行软件的分层处理，领域驱动设计所要解决的问题在前端都存在。

　　总之，领域驱动设计仍然在不断发展中，掌握其精髓，并在实际项目中有效地使用，是我们学习它的根本目的。

附录 A

本书使用的开发工具、开发环境介绍

A.1　Docker

Docker Desktop 是 Docker 的桌面环境，在 Windows 中安装 Docker Desktop 可以创建 Docker 的开发环境。Docker Desktop 的安装比较简单，从官网下载安装包进行安装：

https://www.docker.com/products/docker-desktop/

安装完成后，就可以在 Windows 的控制台执行 docker 命令。

如果希望向 Docker Hub 提交镜像，需要在 https://hub.docker.com 创建账户。账户创建完成后，首先在控制台使用 docker login 进行登录，然后就可以提交镜像了。

如果需要将本地的私有镜像提交到 Docker Hub，需要先设置 tag，否则会出现权限错误。例如，在本地使用 Visual Studio 创建了镜像 poemservicewebapi，需要将它推送到 Docker Hub，可以执行下面的命令：

```
docker tag poemservicewebapi:latest zhenlei1970/poemservicewebapi:latest
docker push zhenlei1970/poemservicewebapi:latest
```

A.2　Git

本书使用 Git 作为源代码管理工具。在 Visual Studio 中集成了 Git 支持后，可以很方便地创建 Git 存储库，并提交到远程存储库。

常用的远程存储库有 GitHub 和 Gitee，它们都支持创建私有的和开放的代码库。

A.3 NuGet

创建 NuGet 账户：访问 https://www.nuget.org/，可以创建免费的 NuGet 账户，也可以使用现有的微软账户登录。

创建 API Key：使用命令行工具发布 NuGet 包时需要使用 API Key，登录 NuGet 后，访问 https://www.nuget.org/account/apikeys，可以创建和管理 API Key，如图 A-1 所示。

图 A-1 创建和管理 API Key

API Key 创建完成后，单击 Copy 可以将其复制到剪贴板中，将 API Key 保存下来用于发布软件包。下面是 donet nuget push 的示例：

```
dotnet nuget push PoemService.Xml.1.0.0.nupkg --api-key apikey --source
https://api.nuget.org/v3/index.json
```

A.4 xUnit

本书使用 xUnit 作为单元测试框架。在 Visual Studio 中包括 xUnit 测试项目模板，可以使用新建项目创建基于 xUnit 的单元测试项目。

A.5 SpecFlow

SpecFlow 是.Net 的行为驱动设计测试框架。在 Visual Studio 中使用 SpecFlow 需要安装相应的插件。在 Visual Studio 菜单中依次单击"扩展→管理扩展"选项，打开管理扩展界面，搜索"SpecFlow"，进行下载和安装。安装完成后，会在项目模板中添加新的 SpecFlow 项目类型，在解决方案中创建 SpecFlow Project 就可以创建 SpecFlow 测试项目。

A.6 MongoDB

在 Docker 环境下，可以很方便地安装 MongoDB，安装命令如下：

```
docker run -d -p 27017:27017 --name example-mongo mongo:latest
```

如果需要将数据映射到容器的卷中，可以使用下面的命令来启动：

```
docker run -d   -p 27017:27017      --name example-mongo      -v mongo-data:/data/db
mongo:latest
```

这是在开发环境中的安装方法，没有设置访问权限，如果在生产环境中使用，需要设置访问权限。

A.7　MS SQL Server

首先执行下面的命令下载 Sql Server 镜像：

```
docker pull mcr.microsoft.com/mssql/server:2019-latest
```

然后创建并启动容器：

```
docker run -e "ACCEPT_EULA=Y" -e "SA_PASSWORD=1q2w3e4R*" -u 0:0 -p 1433:1433 --name mssql
-v /data:/var/opt/mssql -d mcr.microsoft.com/mssql/server:2019-latest
```

需要注意的是初始密码的设置，如果密码设置不符合要求，容器就不能正常运行。如果使用 docker logs mssql 查看，会发现是初始密码设置错误：初始密码必须包含大写字母、小写字母、数字和特殊字符，并且至少 8 位。

A.8　RabbitMQ

为了方便起见，我们使用 Docker 镜像的方式安装 RabbitMQ。如果是 Windows 系统，使用 Docker 需要安装 Docker Desktop。在命令行中执行下面的命令安装 RabbitMQ 容器：

```
docker run -d --hostname myrabbit --name rabbitmq -e RABBITMQ_DEFAULT_USER=admin -e
RABBITMQ_DEFAULT_PASS=admin -e  RABBITMQ_DEFAULT_VHOST=my_vhost -p 15672:15672 -p 5672:5672
rabbitmq:management
```

参数的解释如下：

- --name rabbitmq：容器名称为 rabbitmq。
- -e RABBITMQ_DEFAULT_USER=admin：设置默认用户为 admin。
- -e RABBITMQ_DEFAULT_PASS=admin：设置默认密码为 admin。
- -e RABBITMQ_DEFAULT_VHOST=my_vhost：设置默认的虚拟主机名称为 my_host。
- -p 15672:15672：将端口 15672 映射到本地的端口 15672，这是 RabbitMQ 的管理端口。
- -p 5672:5672：将端口 5672 映射到本地的端口 5672，这是 RabbitMQ 的运行端口。
- rabbitmq:management：使用带有管理程序的镜像。

安装完成后，可以打开浏览器访问管理网站 http://127.0.0.1:15672，使用安装时设置的用户名和密码登录后，就可以进行管理了。在创建时设置的用户名和密码都是 admin，在下面的示例中使用它们作为凭证。也可以在 Admin→Users 界面增加新的用户，如图 A-2 所示。

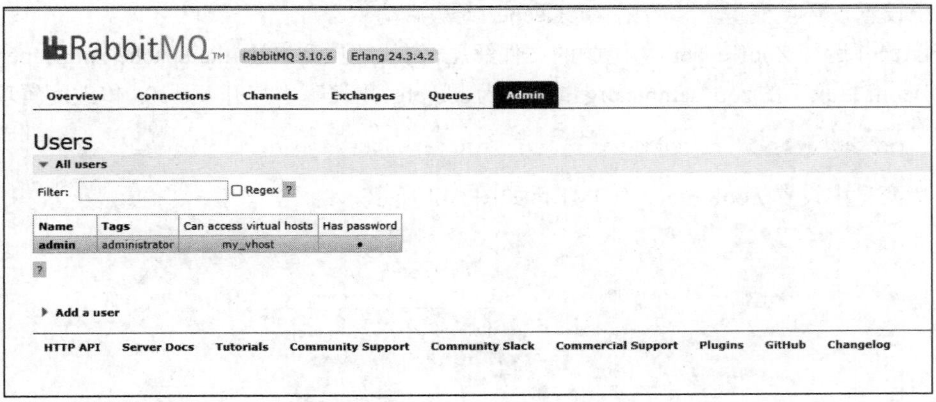

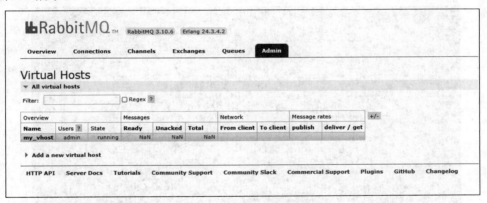

图 A-2　RabbitMQ 管理界面

这里使用了 my_vhost 作为虚拟主机的名称，如果没有定义，还需要在 Virtual Hosts 页面进行定义，如图 A-3 所示。

图 A-3　在管理页面定义虚拟主机

A.9　Kafka

在 Windows 中安装 Kafka 比安装 RabbitMQ 要复杂一些。Kafka 的安装和配置过程如下：
首先下载需要的环境：

（1）JDK，在 Oracle 官网下载。

（2）ZooKeeper，Kafka 依赖 ZooKepper，可以在 Apache 官网下载：

https://www.apache.org/dyn/closer.lua/zookeeper/zookeeper-3.8.0/apache-zookeeper-3.8.0-bin.tar.gz

（3）Kafka，在官网下载：

https://downloads.apache.org/kafka/3.3.1/kafka_2.13-3.3.1.tgz

然后安装 JDK。注意：JDK 安装完成后需要在环境变量中配置 JAVA_HOME（控制面板→系统→高级系统设置→环境变量），否则 ZooKeeper 无法启动。

接着配置并运行 ZooKeeper。将下载的文件解压，例如解压到 C:\kafka\apache-zookeeper-3.8.0-bin 目录中，将\conf 目录下的 zoo_sample.cfg 重命名为 zoo.cfg。用记事本打开 zoo.cfg，修改配置项 dataDir：

```
dataDir=/kafka/apache-zookeeper-3.8.0-bin/data/tmp/zookeeper
```

在环境变量中设置 ZooKeeper_HOME，如图 A-4 所示。

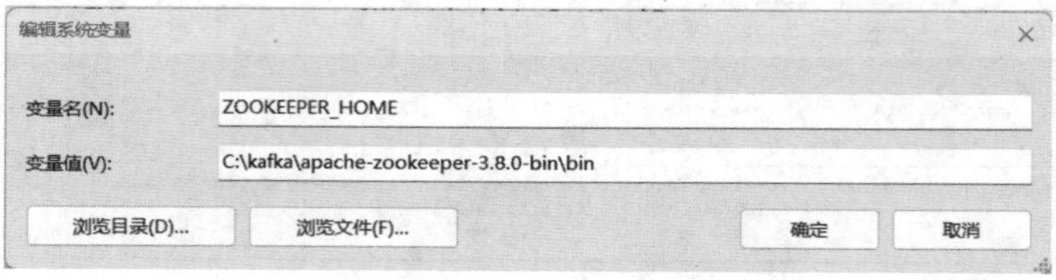

图 A-4 设置环境变量

现在，可以在控制台启动 ZooKeeper 服务了。在控制台运行 zkserver，如图 A-5 所示。

图 A-5 在控制台运行 zkserver

最后，安装配置 Kafka。将下载的压缩包解压到需要的位置，例如 C:\kafka\kafka_2.13-3.3.1。打开 config 目录下的 server.properties 文件，把 log.dirs 修改为 log.dirs=C:/kafka/kafka_2.13-3.3.1/kafka-logs。

配置完成后，可以从终端运行 Kafka。在 Kafka 目录下执行 .\bin\windows\kafka-server-start.bat .\config\server.properties，启动 Kafka，如图 A-6 所示。

Kafka 启动后，首先需要创建一个 topic：

```
.\kafka-topics.bat --create --bootstrap-server localhost:9092 --replication-factor 1
--partitions 2 --topic testDemo
```

topic 的名称为 testDemo。

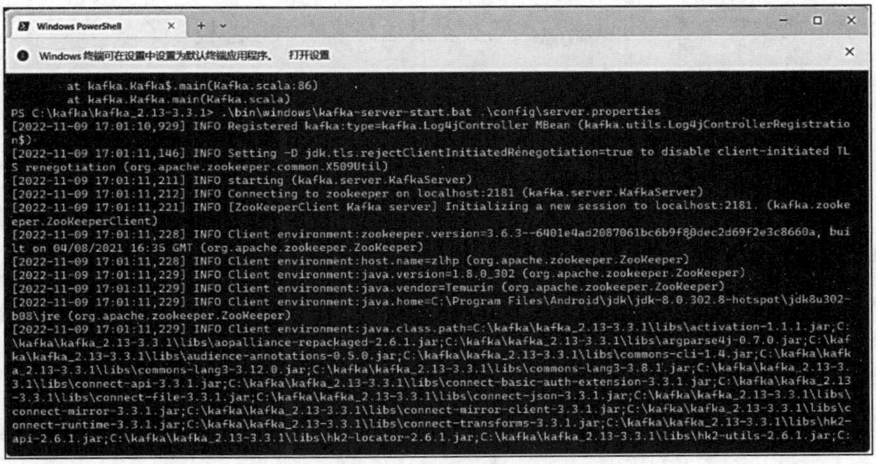

图 A-6 启动 Kafka

现在可以使用终端测试消息的发送和接收了。启动新的终端，运行发送消息的送批处理命令：

```
.\kafka-console-producer.bat --broker-list localhost:9092 --topic testDemo
```

结果如图 A-7 所示。

图 A-7

再启动一个终端，运行接收消息的批处理命令：

```
.\kafka-console-consumer.bat --bootstrap-server localhost:9092 --topic testDemo
```

在发送终端输入一些消息，在接收终端可以接收到这些消息，如图 A-8 所示。

图 A-8

至此，Kafka 的安装完成，可以编写代码实现发送与接收消息的程序了。

A.10　Jenkins

Jenkins 是开源的持续集成工具，基于 Java 开发，最新版本的 Jenkins 需要 Java 11 或者 Java 17 作为运行环境。

安装 Jenkins 的最简单的方式是从官网（https://www.jenkins.io/download/）下载最新的 war 文件，使用 java -jar jenkins.war 启动 Jenkins。启动后访问 8080 端口，如果是第一次使用，会产生一个临时的密码，使用这个密码可用继续完成初始化工作。初始化会安装必要的插件，如果在项目中要使用 Docker 或者 Docker Compose，也需要安装相应的插件。

A.11　Identity Server 4 admin

本节介绍基于 Identity Server 4 的认证服务和管理工具在 Docker 中的安装方法。需要安装两个部分：一个是认证中心，另一个是认证中心的管理工具。在安装之前，需要为这两个部分准备配置文件，管理工具的配置文件包括运行时使用的配置文件和初始化数据，文件的内容如下：

（1）管理工具的 appsettings.json：

```json
{
    "ConnectionStrings": {
        "ConfigurationDbConnection":
"Server=host.docker.internal;Database=IDS4Admin;uid=sa;pwd=pwd",
        "PersistedGrantDbConnection":
"Server=host.docker.internal;Database=IDS4Admin;uid=sa;pwd=pwd",
        "IdentityDbConnection":
"Server=host.docker.internal;Database=IDS4Admin;uid=sa;pwd=pwd",
        "AdminLogDbConnection":
"Server=host.docker.internal;Database=IDS4Admin;uid=sa;pwd=pwd",
        "AdminAuditLogDbConnection":
"Server=host.docker.internal;Database=IDS4Admin;uid=sa;pwd=pwd",
        "DataProtectionDbConnection":
"Server=host.docker.internal;Database=IDS4Admin;uid=sa;pwd=pwd"
    },
    "SeedConfiguration": {
        "ApplySeed": true
    },
    "DatabaseMigrationsConfiguration": {
        "ApplyDatabaseMigrations": true
    },
    "DatabaseProviderConfiguration": {
        "ProviderType": "SqlServer"
    },
    "AdminConfiguration": {
```

```
        "PageTitle": "Identity Server",
        "FaviconUri": "~/favicon.ico",
        "IdentityAdminRedirectUri": "http://host.docker.internal:7003/signin-oidc",
        "IdentityServerBaseUrl": "http://host.docker.internal:7010",
        "IdentityAdminCookieName": "IdentityServerAdmin",
        "IdentityAdminCookieExpiresUtcHours": 12,
        "RequireHttpsMetadata": false,
        "TokenValidationClaimName": "name",
        "TokenValidationClaimRole": "role",
        "ClientId": "IDS4AdminClient",
        "ClientSecret": "AdminClientSecret",
        "OidcResponseType": "code",
        "Scopes": [
            "openid",
            "profile",
            "email",
            "roles"
        ],
        "AdministrationRole": "AdminRole",
        "HideUIForMSSqlErrorLogging": false
    },
    "SecurityConfiguration": {
        "CspTrustedDomains": [
            "fonts.googleapis.com",
            "fonts.gstatic.com",
            "www.gravatar.com"
        ]
    },
    "SmtpConfiguration": {
        "Host": "",
        "Login": "",
        "Password": ""
    },
    "SendGridConfiguration": {
        "ApiKey": "",
        "SourceEmail": "",
        "SourceName": ""
    },
    "AuditLoggingConfiguration": {
        "Source": "IdentityServer.Admin.Web",
        "SubjectIdentifierClaim": "sub",
        "SubjectNameClaim": "name",
        "IncludeFormVariables": false
    },
    "CultureConfiguration": {
        "Cultures": [],
        "DefaultCulture": null
    },
"HttpConfiguration": {
  "BasePath": ""
},
```

```
    "IdentityOptions": {
      "Password": {
        "RequiredLength": 8
      },
      "User": {
        "RequireUniqueEmail": true
      },
      "SignIn": {
        "RequireConfirmedAccount": false
      }
    },
    "DataProtectionConfiguration": {
      "ProtectKeysWithAzureKeyVault": false
    },

    "AzureKeyVaultConfiguration": {
      "AzureKeyVaultEndpoint": "",
      "ClientId": "",
      "ClientSecret": "",
      "TenantId": "",
      "UseClientCredentials": true,
      "DataProtectionKeyIdentifier": "",
      "ReadConfigurationFromKeyVault": false
    }

}
```

　　配置文件中的大部分可以作为默认配置保留，现在说明需要根据项目情况修改的部分。首先是数据库配置，使用本地的 SQL Server 数据库，数据库的名称为 IDS4Admin，如果数据库不存在，初始化时会自动创建。这里需要注意的是，从 Docker 容器访问数据库时，不能使用 localhost 或者 127.0.0.1 作为数据库地址，必须使用外部网络可以访问的 IP 地址，还需要启动允许 SQL Server 进行外部访问和使用 TCP/IP 进行访问。如果使用 Windows 系统，并且安装了 Dock Desktop，则建议使用 host.docker.internal 代替 localhost，因为 Dock Desktop 会在每次启动时根据网络环境的变化自动修改 host 文件，修改 host.docker.internal 对应的 IP 地址。

　　然后还需要注意 AdminConfiguration 部分，这里的配置需要和下一步数据中的配置以及创建 Docker 容器的配置相同，主要是管理工具的地址和认证中心的地址：

- 管理工具地址：http://host.docker.internal:7003/
- 认证中心地址：http://host.docker.internal:7010/

（2）管理员的初始化数据 identitydata.json：

```
{
  "IdentityData": {
    "Roles": [
      {
        "Name": "AdminRole"
      }
```

```
    ],
    "Users": [
      {
        "Username": "admin",
        "Password": "P@$$word123",
        "Email": "admin@example.com",
        "Roles": [
          "AdminRole"
        ],
        "Claims": [
          {
            "Type": "name",
            "Value": "admin"
          }
        ]
      }
    ]
  }
}
```

（3）认证中心初始化数据 identityserverdata.json：

```
{
    "IdentityServerData": {
        "IdentityResources": [
            {
                "Name": "roles",
                "Enabled": true,
                "DisplayName": "Roles",
                "UserClaims": [
                    "role"
                ]
            },
            {
                "Name": "openid",
                "Enabled": true,
                "Required": true,
                "DisplayName": "Your user identifier",
                "UserClaims": [
                    "sub"
                ]
            },
            {
                "Name": "profile",
                "Enabled": true,
                "DisplayName": "User profile",
                "Description": "Your user profile information (first name, last name, etc.)",
                "Emphasize": true,
                "UserClaims": [
                    "name",
                    "family_name",
```

```
                    "given_name",
                    "middle_name",
                    "nickname",
                    "preferred_username",
                    "profile",
                    "picture",
                    "website",
                    "gender",
                    "birthdate",
                    "zoneinfo",
                    "locale",
                    "updated_at"
                ]
            },
            {
                "Name": "email",
                "Enabled": true,
                "DisplayName": "Your email address",
                "Emphasize": true,
                "UserClaims": [
                    "email",
                    "email_verified"
                ]
            },
            {
                "Name": "address",
                "Enabled": true,
                "DisplayName": "Your address",
                "Emphasize": true,
                "UserClaims": [
                    "address"
                ]
            }
        ],
        "Clients": [
            {
                "ClientId": "IDS4AdminClient",
                "ClientName": "IDS4AdminClient",
                "ClientUri": "http://host.docker.internal:7003",
                "AllowedGrantTypes": [
                    "authorization_code"
                ],
                "RequirePkce": true,
                "ClientSecrets": [
                    {
                        "Value": "AdminClientSecret"
                    }
                ],
                "RedirectUris": [
                    "http://host.docker.internal:7003/signin-oidc"
                ],
```

```
                "FrontChannelLogoutUri":
"http://host.docker.internal:7003/signout-oidc",
                "PostLogoutRedirectUris": [
                    "http://host.docker.internal:7003/signout-callback-oidc"
                ],
                "AllowedCorsOrigins": [
                    "http://host.docker.internal:7003"
                ],
                "AllowedScopes": [
                    "openid",
                    "email",
                    "profile",
                    "roles"
                ]
            }
        ]
    }
}
```

这里配置管理工具客户端在数据库中保存的初始数据。注意，需要与客户端的 appsettings 中的设置一致，否则管理工具无法与认证中心一起工作。

（4）设置认证中心的 appsettings.json：

```
{
    "ConnectionStrings": {
        "ConfigurationDbConnection":
"Server=host.docker.internal;Database=IDS4Admin;uid=sa;pwd=pwd",
        "PersistedGrantDbConnection":
"Server=host.docker.internal;Database=IDS4Admin;uid=sa;pwd=pwd",
        "IdentityDbConnection":
"Server=host.docker.internal;Database=IDS4Admin;uid=sa;pwd=pwd",
        "DataProtectionDbConnection":
"Server=host.docker.internal;Database=IDS4Admin;uid=sa;pwd=pwd"
    },
    "DatabaseProviderConfiguration": {
        "ProviderType": "SqlServer"
    },
    "CertificateConfiguration": {

        "UseTemporarySigningKeyForDevelopment": true,

        "CertificateStoreLocation": "LocalMachine",
        "CertificateValidOnly": true,

        "UseSigningCertificateThumbprint": false,
        "SigningCertificateThumbprint": "",

        "UseSigningCertificatePfxFile": false,
        "SigningCertificatePfxFilePath": "",
        "SigningCertificatePfxFilePassword": "",
```

```
            "UseValidationCertificatePfxFile": false,
            "ValidationCertificatePfxFilePath": "",
            "ValidationCertificatePfxFilePassword": "",

            "UseValidationCertificateThumbprint": false,
            "ValidationCertificateThumbprint": "",

            "UseSigningCertificateForAzureKeyVault": false,
            "UseValidationCertificateForAzureKeyVault": false
        },
        "RegisterConfiguration": {
            "Enabled": true
        },

        "ExternalProvidersConfiguration": {
            "UseGitHubProvider": false,
            "GitHubClientId": "",
            "GitHubClientSecret": "",
            "UseAzureAdProvider": false,
            "AzureAdClientId": "",
            "AzureAdTenantId": "",
            "AzureInstance": "",
            "AzureAdSecret": "",
            "AzureAdCallbackPath": "",
            "AzureDomain": ""
        },
        "SmtpConfiguration": {
            "Host": "",
            "Login": "",
            "Password": ""
        },
        "SendGridConfiguration": {
            "ApiKey": "",
            "SourceEmail": "",
            "SourceName": ""
        },
        "LoginConfiguration": {
            "ResolutionPolicy": "Username"
        },
    "AdminConfiguration": {
        "PageTitle": "IdentityServer4",
        "HomePageLogoUri": "~/images/noimage.GIF",
        "FaviconUri": "~/favicon.ico",
        "Theme": null,
        "CustomThemeCss": null,
        "IdentityAdminBaseUrl": "http://host.docker.internal:7003",
        "AdministrationRole": "AdminRole"
    },
        "CspTrustedDomains": [
            "www.gravatar.com",
            "fonts.googleapis.com",
```

```
            "fonts.gstatic.com"
        ],
    "CultureConfiguration": {
        "Cultures": [],
        "DefaultCulture": null
    },
    "AdvancedConfiguration": {
        "IssuerUri": ""
    },
    "BasePath": "/ids4sts",
    "IdentityOptions": {
        "Password": {
            "RequiredLength": 8
        },
        "User": {
            "RequireUniqueEmail": true
        },
        "SignIn": {
            "RequireConfirmedAccount": false
        }
    },

    "DataProtectionConfiguration": {
        "ProtectKeysWithAzureKeyVault": false
    },
    "AzureKeyVaultConfiguration": {
        "AzureKeyVaultEndpoint": "",
        "ClientId": "",
        "ClientSecret": "",
        "TenantId": "",
        "GitHubCallbackPath": "",
        "UseClientCredentials": true,
        "IdentityServerCertificateName": "",
        "DataProtectionKeyIdentifier": "",
        "ReadConfigurationFromKeyVault": false
    }

}
```

大部分设置可以使用默认值，需要注意的是阴影部分，需要与前面的配置文件保持一致。

所有的配置文件准备好后，可以执行 Docker 命令创建镜像。假定上面针对管理工具和认证中心的配置文件分别保存在 c:\ids4\admin 和 c:\ids4\sts 目录下，Docker 的创建命令如下：

● Windows 下创建认证中心管理应用 Docker 命令：

```
docker create --name ids4admin -v C:/ids4/admin/log:/app/Log -v
C:/ids4/admin/appsettings.production.json:/app/appsettings.json -v
C:/ids4/admin/identitydata.json:/app/identitydata.json -v
C:/ids4/admin/identityserverdata.json:/app/identityserverdata.json -p 7003:80
zhenlei1970/ids4adminadmin
```

- Windows 下创建认证中心 Docker 命令：

```
docker create --name ids4sts -v C:/ids4/sts/log:/app/Log -v
C:/ids4/sts/appsettings.production.json:/app/appsettings.json -p 7010:80
zhenlei1970/ids4adminstsidentity
```

如果是在 Linux 环境下，采用如下命令：

- Linux 环境下认证中心管理工具容器创建命令：

```
docker create --name ids4admin -v /mydata/ids4/admin/log:/app/Log \
 -v /mydata/ids4/admin/appsettings.production.json:/app/appsettings.json \
 -v /mydata/ids4/admin/identitydata.json:/app/identitydata.json \
 -v /mydata/ids4/admin/identityserverdata.json:/app/identityserverdata.json -p 7003:80
zhenlei1970/ids4adminadmin
```

- Linux 环境下认证中心创建命令：

```
docker create --name ids4sts -v /mydata/ids4/sts/log:/app/Log -v
/mydata/ids4/sts/appsettings.production.json:/app/appsettings.json \
 -p 7010:80 zhenlei1970/ids4adminstsidentity
```

创建完成后使用 docker start ids4admin 和 docker start ids4sts 运行管理工具和认证中心。

附录 B

参 考 文 献

[1] Evans E. 领域驱动设计——软件核心复杂性应对之道[M].第二版.赵俐，盛海艳，刘霞，等译. 北京：人民邮电出版社，2016

[2] Vernon V. 实现领域驱动设计[M]. 滕云，译. 北京：电子工业出版社，2014

[3] Vernon V. 领域驱动设计精粹[M]. 覃宇，笪磊，译. 北京：电子工业出版社，2018

[4] 彭晨阳. 复杂软件设计之道：领域驱动设计全面解析与实践[M]. 北京：机械工业出版社，2020

[5] Millet S，Tune N.领域驱动设计模式、原理与实践[M]. 蒲成，译. 北京：清华大学出版社，2016

[6] 张逸. 解构领域驱动设计[M]. 北京：人民邮电出版社，2021

[7] Fowler M. Domain Driven Design[OL]. https://martinfowler.com/bliki/DomainDrivenDesign.html

[8] 甄镭. .Net 与设计模式[M]. 北京：电子工业出版社，2005

[9] 甄镭. 信息系统升级与整合[M]. 北京：电子工业出版社，2004

[10] Martin R C. 架构整洁之道[M]. 孙宇聪，译. 北京：电子工业出版社，2018

[11] Fowler M. 企业应用架构模式[M]. 王怀民，周斌，译. 北京：机械工业出版社，2016

[12] 大冢弘记. GitHub 入门与实践[M]. 支鹏浩，刘斌，译. 北京：人民邮电出版社，2015

[13] 陶辉. 深入理解 Nginx[M].第二版. 北京：机械工业出版社，2016

[14] Smart J F. Jenkins 权威指南[M]. 郝树伟，于振苓，熊熠，译. 北京：电子工业出版社，2016

[15] 朱忠华. 深入理解 Kafka[M]. 北京：电子工业出版社，2019

[16] Daigneau R. 服务设计模式[M].姚军，译. 北京：机械工业出版社，2013

[17] 陈禹六. IDEF 建模分析与设计方法[M]. 北京：清华大学出版社，1999

[18] Chodorow K. MongoDB 权威指南[M].邓强，王明辉，译. 北京：人民邮电出版社，2014

[19] 贝勒马尔 亚当. 微服务与事件驱动架构[M].温正东，译. 北京：人民邮电出版社，2021

[20] Copeland R. MongoDB 应用设计模式[M]. 陈新，译. 北京：中国电力出版社，2015

[21] Jacobson I，Booch G，Rumbaugh J. 统一软件开发过程[M]. 周伯生，冯学民，樊东平，译.

北京：机械工业出版社，2002

[22] Shalloway A，Trott J R. 设计模式解析[M].徐宫声，译. 北京：人民邮电出版社，2016

[23] Jacobson I，Booch G，Rumbaugh J. UML 用户指南[M].邵维忠，麻志毅，张文娟，等译. 北京：机械工业出版社，2001

[24] Fowler M. 重构——改善既有代码的设计[M].熊节 译. 北京：人民邮电出版社，2015

[25] Martin R C. 代码整洁之道[M]. 韩磊译. 北京：人民邮电出版社，2010

[26] 翟志军. Jenkins 2.x 实践指南[M]. 北京：电子工业出版社，2019

[27] Copper J W. C#设计模式[M].张志华，刘云鹏，译. 北京：电子工业出版社，2003

[28] Rady B. Serverless 架构无服务器单页应用开发[M]. 郑美赞，简传挺，译. 北京：电子工业出版社，2017

[29] 陈耿. 深入浅出 Serverless 技术原理与应用实践[M]. 北京：机械工业出版社，2018

[30] 杨飞. 面向业务语义的工作流技术研究[M]. 北京：知识产权出版社，2015

[31] 邱小平. 基于工作流的业务流程管理与优化[M]. 北京：科学出版社，2019

[32] Fowler M. 分析模式——可复用对象模型[M]. 北京：中国电力出版社，2003

[33] Cockburn A. Hexagonal architecture[OL]. https://alistair.cockburn.us/hexagonal-architecture/

[34] 潘家宇. 软件方法[M]. 北京：清华大学出版社，2018

[35] 张志檩. 实时数据库原理及应用[M]. 北京：中国石化出版社，2001

附录 C

本书代码说明

本书中的代码分为多个解决方案，每个解决方案对应一个 Git 存储库。

PoemGame.Domain

Gitee 地址：https://gitee.com/zldnn/poemgamev1.git。

这个解决方案中包括两部分：诗词游戏的领域模型，以及诗词服务的 XML 数据源和关系数据库数据源。

ComputerPlayerConsole

Gitee 地址：git@gitee.com:zldnn/poemgame.computerplayer.git。

人机游戏的控制台版本。

ComputerPlayerSAP

Gitee 地址：https://gitee.com/zldnn/poemgame.computerplayersap.git。

人机游戏单页面版本，包括诗词服务的 WebApi。

SignalRApplication

Gitee 地址：https://gitee.com/zldnn/signal-rapplication.git。

包括：多人游戏后端、多人游戏单体结构、控制台应用前端示例、WinForm 应用前端示例、MauiApp 应用前端示例。

PoemGame.Management

Gitee 地址：https://gitee.com/zldnn/poemgame.management.git。

游戏管理。

VantGame

Gitee 地址：https://gitee.com/zldnn/vantgame.git。

多人游戏前端。

PoemGame.Computer.Vue

Gitee 地址：https://gitee.com/zldnn/poemgame.computerplayer.vue.git。

人机游戏前端。

PoemGame.Repository.EF

Gitee 地址：https://gitee.com/zldnn/poemgamerepository.git。

EF Core 实现的诗词游戏存储库。

PoemGame.Repository.MongoDb

Gitee 地址：https://gitee.com/zldnn/poemgamerepositorymongodb.git。

基于 MongoDB 的诗词游戏存储库。